Zabbix
实战手册
从6.0到7.0

上海宏时数据系统有限公司 著

电子工业出版社
Publishing House of Electronics Industry
北京·BEIJING

内 容 简 介

本书介绍了如何设置具有内置高可用的 Zabbix、使用改进的业务服务监控、设置自动报告及创建高级触发器。Zabbix 提供了有关基础设施性能和故障的有效洞察手段，并能够利用其强大的功能增强监控。

本书提供了易于遵循的操作步骤，用于使用 Zabbix 6.0 有效地监控网络设备和应用程序的性能。

本书首先介绍了安装 Zabbix 6.0，并构建了可扩展且易于管理的环境，介绍了为不同类型的监控构建模板和使用代理构建项目与触发器的操作步骤。然后，本书使用 Zabbix 6.0 API 进行定制，并有效地管理 Zabbix 6.0 服务器和数据库。本书还介绍了在 Zabbix 6.0 监控工作中可能遇到的问题的快速解决方案。

本书适合具有一定 Zabbix 应用经验并想要进一步理解 Zabbix 工作机制的读者阅读，包括相关企业的运维人员、技术主管、架构师、产品经理和决策者。

图书在版编目（CIP）数据

Zabbix 实战手册：从 6.0 到 7.0 / 上海宏时数据系统有限公司著. —北京：电子工业出版社，2024.5
ISBN 978-7-121-47670-9

Ⅰ. ①Z… Ⅱ. ①上… Ⅲ. ①计算机监控系统—手册 Ⅳ. ①TP277.2-62

中国国家版本馆 CIP 数据核字（2024）第 074750 号

责任编辑：石 悦
印　　刷：三河市鑫金马印装有限公司
装　　订：三河市鑫金马印装有限公司
出版发行：电子工业出版社
　　　　　北京市海淀区万寿路 173 信箱　　　　邮编：100036
开　　本：787×980　1/16　印张：30.5　　　字数：581 千字
版　　次：2024 年 5 月第 1 版
印　　次：2024 年 5 月第 1 次印刷
定　　价：129.00 元

凡所购买电子工业出版社图书有缺损问题，请向购买书店调换。若书店售缺，请与本社发行部联系，联系及邮购电话：(010) 88254888，88258888。

质量投诉请发邮件至 zlts@phei.com.cn，盗版侵权举报请发邮件至 dbqq@phei.com.cn。

本书咨询联系方式：faq@phei.com.cn。

序 1

大家好！

对于我来说，书籍一直都是获取海量信息和灵感之源！

当得知有一本关于 Zabbix 的新书面世时，我格外开心。Zabbix 的官方文档固然详细，但按照它操作并不总能完成所有的监控任务并使用最佳方法。这就是本书独特的地方：使用 Zabbix 的详细操作和实际案例，尤其可以让新用户更好地理解许多复杂的主题，就连经验丰富的工程师也能够从中汲取经验。

遗憾的是，我不懂中文，很难评价本书的内容。我由衷地希望本书能够找到属于它的读者。本书不仅能让想要扩展知识边界的现有用户感到有趣，还会引起对监控感兴趣的工程师的关注。

Alexei Vladishev

Zabbix 创始人兼 CEO

2024 年 3 月

序 2

自 2018 年起，Zabbix 大中华区由上海宏时数据系统有限公司运营。

2019 年，Zabbix 中国峰会的参与者达到 500 多人。

2020 年，Zabbix 开源社区的用户突破万人。

2021 年，Zabbix 认证工程师达到 600 多人。

2022 年，Zabbix 6.0 和中文版操作手册发布。

2023 年，Zabbix 开源社区文章的全网阅读量突破百万次，线上和线下活动的参与量达 10 万人次。

2024 年，Zabbix 中国城市行活动将走进十多个城市。

2022 年，我们出版了《Zabbix 监控系统之深度解析和实践》，该书受到读者热烈欢迎。很多读者对更多的实战教学非常期待。于是，我们在实践中积累，争取在本书中提供更丰富的内容。

最近两年，我与 Zabbix 创始人 Alexei Vladishev（昵称"蟹老板"）的交流更加密切。我前往 Zabbix 总部参加 Zabbix 全球峰会，讨论 Zabbix 的发展态势。Alexei Vladishev 到上海、北京、深圳等城市与用户面对面交流。Alexei Vladishev 对 Zabbix 7.0 新功能的分享引起了用户的广泛关注，用户都期待 Zabbix 满足当前的需求。

我们对 Zabbix 在中国市场中充满信心。中国是 Zabbix 下载量较大的国家之一，这得益于其开源、免费、易用的特性，赢得了众多用户的青睐。然而，我们都知道，真正的企业级监控软件需要提供 7 天×24 小时的专业技术支持。

迄今为止，我们已经为华为、咪咕视讯、交通银行、太平洋保险等知名企业提供了服务，服务涉及金融、制造、互联网、零售等多个行业。在新冠病毒感染疫情期间，我们为了保障客户业务系统的稳定性和连续性全力以赴，收到了来自海证期货、广东农信、中国农业银行等的感谢信。

我们关注信创方向，致力于打造在信创环境中稳定运行的运维监控解决方案。目前，Zabbix 支持主流的国产操作系统（如麒麟、统信、龙蜥、欧拉等），以及主流的国产数据库系统（如巨杉等）。此外，我们还加入了中国电子工业标准化技术协会信息技术应用创新工作委员会、上海市软件行业协会信息技术应用创新工作委员会。Zabbix 在信创环境中可以无忧使用，在信创适配、信创生态建设上有了进一步的发展！

Zabbix 诞生于东欧的拉脱维亚，其创始人对 Zabbix 长达 25 年的专注深深地感动和鼓舞着每一个 Zabbix 爱好者。我们衷心感谢 Zabbix 用户多年来对 Zabbix 开源社区的关注，感谢给 Zabbix 开源社区投稿的作者，以及在各类活动中与我们合作的伙伴。

未来，我们将继续提供高质量的技术内容和丰富的社区服务。我们期待更多的技术爱好者加入，与我们共同见证开源监控生态蓬勃发展。

侯健

上海宏时数据系统有限公司创始人兼总经理

2024 年 3 月

序 3

Zabbix 是一个知名的开源项目，提供企业级分布式开源监控解决方案，包括数据收集、数据处理、告警和数据可视化等，能够监控众多网络参数和服务器的健康度、完整性。Zabbix 可以从任何设备、系统、应用程序上采集指标，自动检测所采集的指标的状态，通过多种渠道和方式将告警通知发送给相关管理人员，适时保护用户的数据安全。Zabbix 支持实时监控数万台服务器、虚拟机和网络设备，支持采集百万个级监控指标。Zabbix 被广泛地应用于金融、制造、航空航天、医药健康、零售快消等行业。

Zabbix 的发起人 Alexei Vladishev 是拉脱维亚人，1997 年任大型 AIX 和 HP-UX 系统管理员，负责系统运维工作。由于工作需要，他编写自动运维工具并将其命名为 Zabbix，于 2001 年采用 GPLv2 许可证开源发布。Zabbix 一发布即受到热捧，用户的赞誉给了 Alexei Vladishev 极大鼓励，促使其不断完善产品。随着全球用户数增加，咨询及培训服务需求日增，Alexei Vladishev 于 2005 年成立 Zabbix 公司，为专业用户提供技术服务支持。Zabbix 是一条数字商品生产线，也是保障系统安全、稳定运行的数字商品。

虽然 Zabbix 的员工仅有 150 人，但是因为采用开源，所以全球无数"极客"都可以同时参与产品开发与设计。Zabbix 开源社区非常活跃，仅在中国就有近万人。Zabbix 的每年新增下载量达 400 万次。

目前，Zabbix 在北美洲、南美洲、欧洲、亚洲和澳大利亚等国家和地区有 257 个合作伙伴。开源文化和开源价值观是一个开源项目成功的关键。Alexei Vladishev 是一个充满激情并有人格魅力的人，用开源理念吸引越来越多有共同愿景的人，组成了核心团队。他们敢于挑战监控解决方案闭源、收费高昂的现状，不断完善产品。Zabbix 坚持完全开源，不附加任何条件，并建立了成熟、可靠的供应商服务网络。

Zabbix 开源项目的成功不是个案，而是一种趋势。因为开源，所以任何人都可以自由下载、分发、使用，也可以提出优化方案。用户在使用的过程中，可以将使用中发现的问题快速地反馈给社区，也可以在开源协作平台上贡献代码。这样，生产者可以及时地从用户那里获得反馈，甚至发现更好的解决方案，从而推动产品不断完善。从生产经营的角度来看，这是数字商品最有效的生产协作模式。其实，这种产销一体化模式，早在 1980 年就出现在著名的未来学家阿尔文·托夫勒的《第三次浪潮》一书中，产消者（Prosumer）既是消费者（Consumer）又是生产者（Producer）。2006 年，阿尔文·托夫勒在《财富的革命》一书中提出产消合一经济。开源在传统工业社会萌芽、发展，逐步成为数字经济创新创业的主导模式。软件天然可以共享，使用的人越多，价值就越大，开源正是这种数字经济底层逻辑的反映。开源的价值和意义远不止我们今天所看到的。

在开源软件成功后，人们开始在更多领域尝试开源。2014 年，特斯拉开源了智能汽车软硬件技术，让传统燃油车生产商感受到了空前的压力。开源让智能汽车标准体系的形成加快，增加了智能汽车零部件的通用性。所以，从社会成本来看，智能汽车具有明显的优势。可以预见，开源还将重构交通、医疗、家电、家具、智能制造、工业互联网、人工智能、金融、教育等行业的产业链和供应链。开源新工业革命正在到来。开源是伟大的事业，也是比工业革命还要深刻影响人类社会未来的创新运动。开源软件、开源硬件、开放数据、开放算法、开放标准及开放内容将加快新质生产力的形成，并催生开源新商业文明！以此激励和鼓舞开源创新人士，同时也向开源人过去、现在及未来的所有开拓性探索表示敬意！

张国锋
上海开源信息技术协会秘书长
2024 年 3 月

前　　言

尽管近年来信息技术面临诸多挑战，但其发展速度仍在不断加快。无论回顾多长时间的历史，我们都能发现现在的信息技术与当时截然不同。对于监控解决方案而言，对新技术趋势的持续追求是永恒的主题，这是为了支持新的解决方案并满足不断增长的业务需求。

作为产品发展的一个领域，监控变得更加饱和且灵活，也因此变得更加复杂，尤其对于初学者来说。开源的美妙之处在于，社区成员可以团结起来，共同努力，互相帮助，分享不同的想法、最佳实践方法。我也尝试发布有关 Zabbix 的功能、监控理念及不同用例的文章来参与社区合作。

重要的是，我们要明白，没有人能够为所有请求提供解决方案，但我们的目标是，深入了解如何使用工具来构建满足需求的精准、可用的解决方案。

任何使用 Zabbix 监控解决方案的人，都不应该错过为社区和团队分享知识的机会。我有幸在多年前与周松见面。当时，他作为国内首位 Zabbix 培训师，负责讲授 Zabbix 认证课程，我作为社区爱好者参会并分享使用经验。那时，他就已经展现出远超一般专家的技术水平，甚至在当时，他就已经尽力分享经验，并帮助那些刚开始使用 Zabbix 的学生。多年过去了，我看到他的激情依然存在，这真的太棒了。

时过境迁，我已经从社区爱好者转变为 Zabbix 培训师，从旁观者变成了参与者。经过多年实践，我积累了丰富的经验，能够将这些经验传授给那些在监控领域远非专家的人。

可以确信的是，让任何人在任何地方都能使用 Zabbix，是我写本书的目的。将所有经验和教训汇集于一处，为我们的社区服务。

本书共分为 14 章，旨在为读者提供一个系统的 Zabbix 使用指南，内容由浅入深。

第 1 章介绍 Zabbix 的安装和部署，通过使用最流行的 Zabbix 6.0，逐步搭建一个 Zabbix 高可用集群监控平台。

第 2 章至第 6 章主要介绍 Zabbix 的日常使用功能，包括创建用户组、分配权限、创建和使用各种监控类型、配置触发器、配置告警、自定义监控模板，以及通过 Zabbix 的数据可视化功能展示数据。

第 7 章至第 10 章介绍了 Zabbix 的一些高级功能，例如自动注册监控对象、分布式监控、Zabbix API 的使用方法，以及与外部系统的集成方法。

第 11 章和第 12 章介绍了 Zabbix 监控平台的日常维护，包括备份、升级、性能维护，以及数据库管理等方面的知识。

第 13 章主要介绍对各种公有云（如 AWS 云、Azure 云、华为云等）的监控思路，以及使用 Zabbix 监控 Docker。

第 14 章为 Zabbix 7.0 的发布预热，介绍 Zabbix 7.0 中令人期待的内容。

我的写作水平有限，但是我在上海宏时数据系统有限公司创始人侯健的鼓励、支持、信任下，克服了重重困难，实现了个人成长。我只是众多对技术饱含热情的运维工程师中的一员。虽然我无法写出华丽的辞藻或留下经典的语录，但是我热衷于分享。在学习与应用 Zabbix 的过程中，我积累了丰富的开发和实践经验，编写了本书，旨在帮助读者全面、深入地了解和掌握 Zabbix 监控系统，提高读者在监控领域的技术水平。同时，我希望能与 Zabbix 爱好者共同努力，携手维护和建设 Zabbix 开源社区。上海宏时数据系统有限公司作为 Zabbix 大中华区总代理将一如既往地为用户提供优质的服务。

由于个人能力有限，本书中可能存在一些不足之处。另外，随着 Zabbix 版本不断更新和技术持续发展，本书的内容可能不够全面。敬请各位专家和读者不吝赐教，提出宝贵的意见和建议。

在本书的编写过程中，余伟男、李根、田川、周松等同事也有辛勤付出。我在此表示衷心的感谢。

电子工业出版社石悦编辑促成了我们与电子工业出版社的合作。在审稿的过程中，石悦编辑多次提出宝贵意见，对书稿的完善起了重要作用。我在此感谢石悦编辑对本书的重视，以及为本书出版所做的一切。

米宏

2024 年 2 月

目　　录　|

第 1 章　Zabbix 安装和部署

Zabbix 从 1.0 版本发布至今，经过了 20 多年的打磨，不仅获得了全球 IT 用户的认可，还获得了各 IT 软件权威评测机构（如 Gartner、G2 Crowd、TrustRadius、Capterra 等）的一致好评。2021 年和 2022 年，Zabbix 连续两年荣获"最佳网络监控工具""最佳 Server 监控工具""最佳基础设施监控工具""最佳云监控软件"奖项。这些奖项由极负盛名的 PeerSpot（原名 IT Central Station）网站发布。PeerSpot 是网络安全、DevOps 和 IT 领域的技术评论网站，根据经过验证的用户所提供的真实评论，对全球最佳技术产品进行排名。

Zabbix 自 2001 年发布第一个正式版本以来，一直按照每一年半发布一次 LTS 版（长期支持版本）的节奏，对功能不断扩展。

在 Zabbix 6.0 中，一些核心组件有了很大程度的改进。例如，引入了 Zabbix server 的高可用功能。

本书将详细介绍所有重要的改进。前 13 章的内容都大致分为两个部分：对于前半部分，你可以根据内容进行操作。在操作完毕后，我会在工作原理部分进行讲解，让你以先实现、再理解的顺序进行学习。

在本章中，你会从安装 Zabbix server 开始学习，并学习在 Zabbix web 页面上进行操作。本书也会介绍 Host（主机）、Trigger（触发器）、Dashboard（仪表盘）等，以确保你可以深入地学习后续的内容。即使你对 Zabbix 还不了解，在打开浏览器进入 Zabbix web 页面时不知所措，也请放心，本书会教你熟练地使用 Zabbix。

本章介绍以下内容：

（1）安装 Zabbix server。

（2）安装 Zabbix 前端。

（3）Zabbix server 高可用。

（4）Zabbix 前端。

（5）Zabbix 导航菜单。

在开始介绍之前，请确保准备好了 Linux 主机作为学习环境。该 Linux 主机需要运行基于 RHEL 或 Debian 的操作系统。然后，将在此主机上从头开始安装 Zabbix server。

1.1　安装Zabbix server

在安装 Zabbix server 之前，需要满足一定的环境要求。例如，需要安装数据库，在本书中使用 MariaDB。它是 MySQL 数据库的一个分支数据库，与 MySQL 数据库的使用方法相同。因为国内使用 MySQL 数据库相对较多，所以当出现问题时，你在网上很容易找到与 Zabbix 相关的 MySQL 数据库资料。

1.1.1　准备

前面介绍过，需要准备一台 Linux 主机，并且该主机上要运行基于 RHEL 或 Debian 的操作系统。本书的示例是在虚拟机中安装 CentOS 8 和 Ubuntu 20.04。为了方便后面的演示，将它们命名为 lab-book-centos 和 lab-book-ubuntu。当然，你也可以按照个人喜好为它们命名。

提示：这里请遵循 Zabbix 官方建议，使用 CentOS 8 以上的版本部署 Zabbix 6.0 LTS 版，若低于此版本，则安装起来可能会相对复杂，并且可能会出现不可预知的问题。具体的安装要求以官方文档为准。

1.1.2　操作步骤

首先，添加 Zabbix 6.0 的安装源，以下是分别针对 CentOS 和 Ubuntu 操作系统的安装命令。

（1）在 CentOS 操作系统的 Linux 主机上执行以下安装命令：

```
# rpm -Uvh
https://repo.zabbix.com/zabbix/6.0/rhel/8/x86_64/zabbix-release-6.0-
1.el8.noarch.rpm
```

（2）在 Ubuntu 操作系统的 Linux 主机上执行以下安装命令：

```
# wget https://repo.zabbix.com/zabbix/6.0/ubuntu/pool/main/z/
zabbix-release/zabbix-release_6.0-1+ubuntu20.04_all.deb
# dpkg -i zabbix-release_6.0-1+ubuntu20.04_all.deb
# apt update
```

在以上安装源添加完毕后，在主机上添加 MariaDB 数据库的安装源，安装命令如下：

```
# wget https://downloads.mariadb.com/MariaDB/mariadb_repo_setup
# chmod +x mariadb_repo_setup
# ./mariadb_repo_setup
```

接下来，安装和启动 MariaDB 数据库。

（1）在 CentOS 操作系统的 Linux 主机上执行以下安装命令和启动命令：

```
# dnf install mariadb-server
# systemctl enable mariadb
# systemctl start mariadb
```

（2）在 Ubuntu 操作系统的 Linux 主机上执行以下安装命令和启动命令：

```
# apt install mariadb-server
# systemctl enable mariadb
# systemctl start mariadb
```

在安装完 MariaDB 数据库之后，执行以下命令对数据库进行安全初始化：

```
# /usr/bin/mariadb-secure-installation
```

选择回答"Y"，并配置 root 的密码。

现在，为了使 Zabbix server 支持 MySQL 数据库，需要进行以下依赖组件的安装。

（1）在 CentOS 操作系统的 Linux 主机上执行以下安装命令：

```
# dnf install zabbix-server-mysql zabbix-sql-scripts
```

（2）在 Ubuntu 操作系统的 Linux 主机上执行以下安装命令：

```
# apt install zabbix-server-mysql zabbix-sql-scripts
```

要想安装 Zabbix server，还需要为 Zabbix 创建数据库，执行以下命令登录

MariaDB 数据库：

```
# mysql -u root -p
```

在输入密码后，进入 MySQL 数据库的命令行界面，使用下面的命令来创建 Zabbix 数据库，但是不要忘记在第二行命令中更改 password（密码）：

```
# create database zabbix character set utf8mb4 collate utf8mb4_bin;
# create user zabbix@localhost identified by 'password';
# grant all privileges on zabbix.* to zabbix@localhost;
# flush privileges;
# quit;
```

提示：Zabbix 现在也支持 utf8mb4 字符集。在上面的命令中 Zabbix 已将之前所使用的 utf8 字符集更改为 utf8mb4 字符集。

现在将 Zabbix 初始化数据库结构和数据导入新创建的 Zabbix 数据库中，这包含了数据库的表结构和一些初始化数据，比如初始账号、密码，以及开箱即用的模板，导入命令如下：

```
# zcat /usr/share/doc/zabbix-sql-scripts/mysql/server.sql.gz |
mysql -uzabbix -p zabbix
```

提示：在数据导入的过程中，由于数据量较大，可能需要等待数十秒，在这段时间屏幕可能显示空白，或者系统没有任何响应。不用担心，这属于正常情况。

现在完成了 MariaDB 数据库的准备工作，接下来配置 Zabbix server。

Zabbix server 通过使用配置文件进行配置。此文件位于/etc/zabbix/目录中。我将通过 vi 命令编辑此文件：

```
# vi /etc/zabbix/zabbix_server.conf
```

使用以下参数配置 Zabbix server 与数据库的连接，包括 DBName（数据库名称）、DBUser（数据库用户名）、DBPassword（数据库用户密码）。

```
DBName=zabbix
DBUser=zabbix
DBPassword=password
```

提示：在启动 Zabbix server 之前，你应该配置 SELinux 和防火墙以便允许 Zabbix server 启动和使用。如果这是一台测试主机，那么建议禁用 SELinux 和防火墙。

以下命令分别是禁用 SELinux、禁用防火墙、关闭开机启动防火墙的命令。

```
# setenforce 0
# systemctl stop firewalld
# systemctl disable firewalld
```

在以上配置完毕后，可以通过以下命令启动 Zabbix server：

```
# systemctl enable zabbix-server
# systemctl start zabbix-server
```

可以通过以下命令，检测 Zabbix server 是否正常启动：

```
# systemctl status zabbix-server
```

也可以通过查看日志的方式确认 Zabbix server 是否启动，Zabbix server 提供了详细的启动过程的记录：

```
# tail -f /var/log/zabbix/zabbix_server.log
```

1.1.3 工作原理

Zabbix server 是整个 Zabbix 架构的核心组件之一，主要负责收集监控数据、判断问题、发送告警消息等。一个完整的 Zabbix server 架构由以下几项构成：

（1）一台数据库（MySQL、PostgreSQL 或 Oracle）主机。

（2）一台 Zabbix server 主机。

（3）一台用于运行 Zabbix 前端（Zabbix forntend）的 Web 主机。

Web 主机可以选择 Aapche 或者 Nginx，PHP 版本至少高于 7.2，从 Zabbix 6.0.6 开始已经支持 PHP 8.0 和 PHP 8.1 版本。图 1.1 所示为 Zabbix 核心组件的关系。

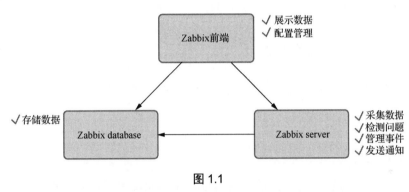

图 1.1

刚刚已经安装了 Zabbix server 和数据库，当启动这两个核心服务后，基本上就可以开始进行监控了。

现在 Zabbix server 已经将监控数据写进了 Zabbix 数据库，接下来需要通过 Zabbix 前端进行相关的配置管理，下面介绍如何安装 Zabbix 前端。

1.2　安装Zabbix前端

Zabbix 前端主要用于 Zabbix 配置管理，也是用户对 Zabbix 进行操作的主要入口。用户可以通过它创建所需要监控的 Host（主机）、Template（模板）、

Item（监控项）。用户通过 Dashboard（仪表盘）并结合其提供的小部件可以展示收集的监控数据及告警事件。

1.2.1　准备

本书将使用 Apache 作为 Zabbix 前端的 Web 主机。在开始配置之前，请确保 Zabbix server 运行正常。本书将在 lab-book-centos 和 lab-book-ubuntu 两台主机上进行操作。

1.2.2　操作步骤

首先，安装 Zabbix 前端。

（1）在 CentOS 操作系统的 Linux 主机上执行以下命令：

```
# dnf install -y zabbix-web-mysql zabbix-apache-conf
```

（2）在 Ubuntu 操作系统的 Linux 主机上执行以下命令：

```
# dnf install -y zabbix-frontend-php zabbix-apache-conf
```

提示：如果你的主机系统开启了防火墙，请不要忘记配置防火墙允许 80 和 443 端口访问，否则将无法连接到 Zabbix 前端。

然后，启动 Zabbix 组件，并配置开机启动服务。

（1）在 CentOS 操作系统的 Linux 主机上执行以下命令：

```
# systemctl enable httpd php-fpm
# systemctl restart zabbix-server httpd php-fpm
```

（2）在 Ubuntu 操作系统的 Linux 主机上执行以下命令：

```
# systemctl enable apache2
# systemctl restart zabbix-server apache2
```

在进行完以上操作后，需要对 Zabbix 前端进行初始化配置。

在浏览器中填入 Zabbix server 所在主机的 IP 地址，例如：

```
http://<Zabbix server 所在主机的 IP 地址>/zabbix
```

在正常情况下，应该可以看到如图 1.2 所示的页面，此页面为 Zabbix 初始化配置页面。

图 1.2

如果没有看到此页面，那么可能是因为操作步骤出现了问题。你需要回溯操作步骤并仔细检查配置文件，即使最小的拼写错误也可能导致页面无法访问。

单击"Next step"按钮，打开如图 1.3 所示的页面。这里的每一个选项都应该显示为"OK"，如果有选项显示为"NO"，那么请按照提示修改配置文件或安装缺失的扩展文件。在选项都显示为"OK"以后，可以单击"Next step"按钮，打开如图 1.4 所示的页面。

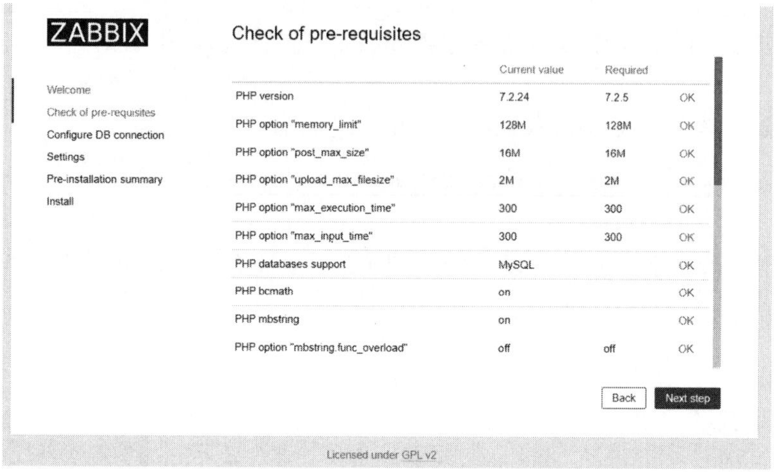

图 1.3

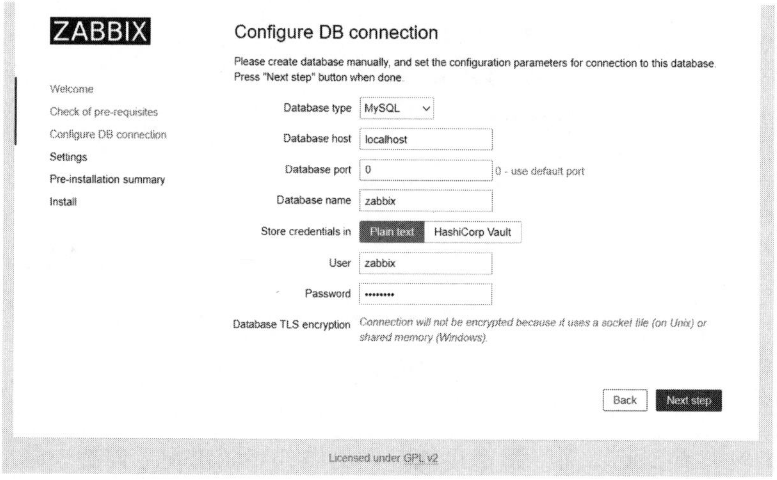

图 1.4

在这里，配置的是 Zabbix 前端需要连接的数据库。由于 Zabbix 和数据库安装在同一台主机上，所以在 "Database host" 字段中填写 "localhost"（本机）即可。如果数据库安装在另一台主机上，那么在 "Database host" 字段中填写数据库的 IP 地址。然后，填写需要连接的数据库的端口，"Database port" 字段中的 "0"表示使用默认端口。最后，填写需要连接的数据库的名称，以及用户名和密码。

　　需要说明的是，Zabbix server 和 Zabbix 前端属于可以拆分的两个组件，所以 zabbix_server.conf 文件里配置的是 Zabbix server 连接的数据库的配置信息，Zabbix 前端配置向导主要用于 Zabbix 前端连接数据库。在以上步骤完成后，单击"Next step"按钮打开如图 1.5 所示的页面。

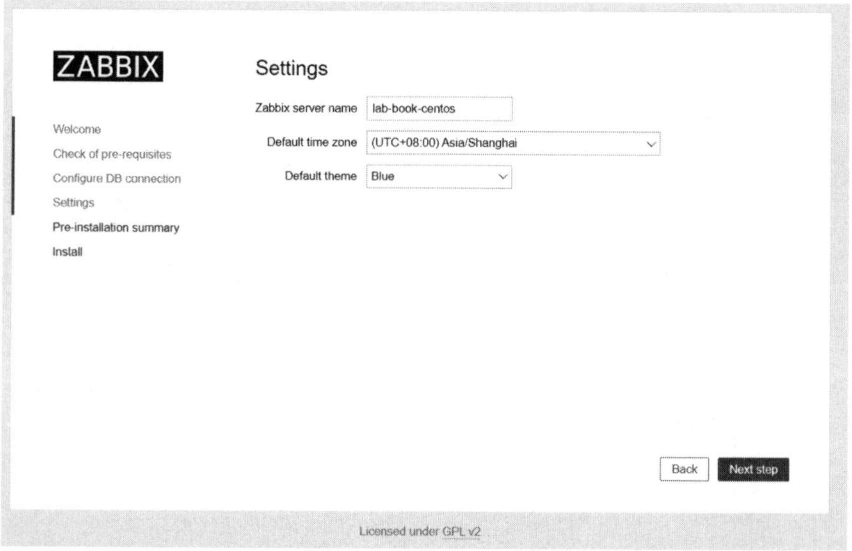

图 1.5

　　在这里可以为 Zabbix server 命名，并挑选一个喜欢的页面主题。本书在这里配置的是"lab-book-centos"，并配置当前所在的时区，选择的是东八区 Asia/Shanghai。然后，单击"Next step"按钮。

　　核实 Zabbix 安装摘要信息中的配置，在确认无误后单击"Next step"按钮，如图 1.6 所示。

　　恭喜，Zabbix 前端已经安装完成，如图 1.7 所示。

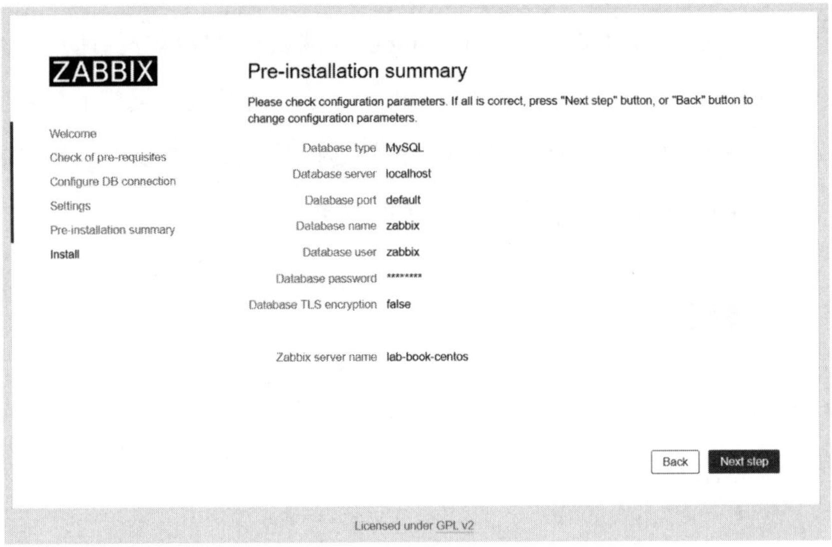

图 1.6

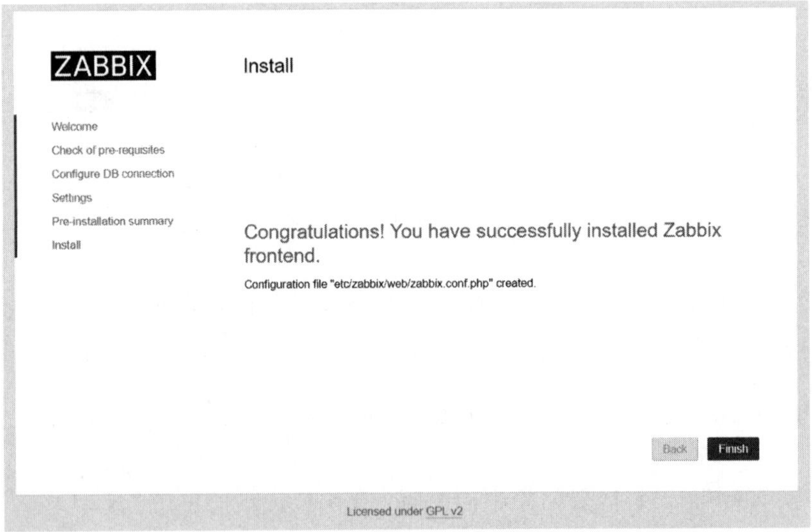

图 1.7

单击"Finish"按钮，打开 Zabbix 登录页面，使用以下默认的用户名和密码登录。

Username：Admin。

Password：zabbix。

1.2.3　工作原理

现在 Zabbix server 和 Zabbix 前端已经安装并部署完成，在开始使用之前，再花点时间了解一下 Zabbix 核心组件之间的通信，如图 1.8 所示。

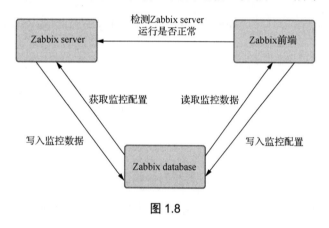

图 1.8

不难发现，Zabbix 前端负责监控的配置和管理，以及监控数据的展示。Zabbix server 则负责根据配置信息进行数据采集。Zabbix 前端还负责对 Zabbix server 进行健康状态检测。现在就可以开始使用 Zabbix 了。

Zabbix 官方文档提供了非常简单的安装指南，其中包含了关于安装的大量细节，建议在安装 Zabbix 的时候详细查看官方文档。

1.3　Zabbix server高可用

Zabbix 6.0 引入了令人期待的高可用功能。该功能使 Zabbix 的运行更稳定、更可靠。当启用高可用功能的一个 Zabbix server 出现问题时，另一个 Zabbix server 将进行接管并持续提供监控服务。

该功能的优势在于，通过简单的配置，将 Zabbix server 放到集群中的许多 Zabbix 主机上，可以确保用户的 Zabbix server 始终处于运行状态。在 Zabbix 的 roadmap（技术路线图）中，在 Zabbix 7.0 中会加入针对 Zabbix proxy 的高可用和负载均衡功能，这样就可以通过一组 Zabbix proxy 对一组被监控对象进行数据采集，而无须担心某个 Zabbix proxy 出现故障导致监控服务中断。

1.3.1 准备

在开始学习之前，请注意，高可用属于 Zabbix 进阶内容，可能比本章中的其他内容更复杂。

对此内容的学习，需要准备 3 台新的主机，因为将创建一个可拆分的 Zabbix 环境。这与在本章开头介绍的安装方法有所不同，所以请创建以下 3 台新的主机并配置好它们的 IP 地址：Lab-book-ha1（192.168.10.11）、Lab-book-ha2（192.168.10.12）、Lab-book-ha-db（192.168.10.13）。

其中，lab-book-ha1 和 lab-book-ha2 两台主机将负责运行 Zabbix server 集群和 Zabbix 前端，lab-book-ha-db 主机仅用于安装 MariaDB 数据库。这里请注意，你使用的 IP 地址不必与本书中的保持一致。你可以自行定义适合自己环境的 IP 地址。接下来，还需要配置集群中使用的 virtual IP（虚拟 IP）地址。这里使用 192.168.10.15 作为示例中的 virtual IP 地址。

提示：在本书中，只使用一个 MariaDB 数据库，但是在日常生产环境中，为了确保 Zabbix 稳定运行，可以考虑使用主/主模式来配置 MariaDB 数据库。

这也是 Zabbix 近 20 年来的最佳实践。

在接下来的内容中，不会对 SELinux 或防火墙进行过多的介绍。因此，请确保已禁用了 SELinux 功能或者提前添加了正确的防火墙安全策略。此外，本书没有详细说明如何配置防火墙，因此请确保事先执行此操作。

1.3.2　操作步骤

本书将操作步骤拆分为以下 3 个部分：

1. 配置 Zabbix 数据库

登录 lab-book-ha-db 主机，并在 CentOS 操作系统的 Linux 主机上执行以下命令获取 MariaDB 数据库的安装程序：

```
# wget https://downloads.mariadb.com/MariaDB/mariadb_repo_setup
# chmod +x mariadb_repo_setup
# ./mariadb_repo_setup
```

安装并启动 MariaDB 数据库。

（1）在 CentOS 操作系统的 Linux 主机上执行以下命令：

```
# dnf install -y mariadb-server
# systemctl enable mariadb
# systemctl start mariadb
```

（2）在 Ubuntu 操作系统的 Linux 主机上执行以下命令：

```
# apt install mariadb-server
# systemctl enable mariadb
# systemctl start mariadb
```

在 MariaDB 数据库安装完以后，请确保执行以下命令，确保都选择"Y"进行回答，并配置数据库的 root 密码：

```
# /usr/bin/mariadb-secure-installation
Enter current password for root (enter for none):
Switch to unix_socket authentication [Y/n]
Change the root password? [Y/n]
New password:
Re-enter new password:
Remove anonymous users? [Y/n]
Disallow root login remotely? [Y/n]
Remove test database and access to it? [Y/n]
Reload privilege tables now? [Y/n]
```

执行以下命令登录 MariaDB 数据库：

```
# mysql -u root -p
```

输入刚才配置的 root 密码，并执行以下命令创建 Zabbix 数据库。不要忘记在第 2 行、第 3 行和第 4 行命令中更改 password（密码）。

```
>create database zabbix character set utf8mb4 collate utf8mb4_bin;
>create user zabbix@'192.168.10.11' identified by 'password';
>create user zabbix@'192.168.10.12' identified by 'password';
>create user zabbix@'192.168.10.13' identified by 'password';
>grant all privileges on zabbix.* to 'zabbix'@'192.168.10.11'
identified by 'password';
>grant all privileges on zabbix.* to 'zabbix'@'192.168.10.12'
identified by 'password';
>grant all privileges on zabbix.* to 'zabbix'@'192.168.10.13'
identified by 'password';
>flush privileges;
>quit
```

接下来，需要导入 Zabbix 初始数据库。

（1）在 CentOS 操作系统的 Linux 主机上执行以下命令：

```
# rpm -Uvh https://repo.zabbix.com/zabbix/6.0/rhel/8/x86_64/
zabbix-release-6.0-1.el8.noarch.rpm
# dnf clean all
```

（2）在 Ubuntu 操作系统的 Linux 主机上执行以下命令：

```
# wget https://repo.zabbix.com/zabbix/6.0/ubuntu/pool/main/z/
zabbix-release/zabbix-release_6.0-1+ubuntu20.04_all.deb
# dpkg -i zabbix-release_6.0-1+ubuntu20.04_all.deb
# apt update
```

然后，安装 Zabbix 数据库模块。

（1）在 CentOS 操作系统的 Linux 主机上安装 Zabbix 的 SQL 脚本，执行以下命令：

```
# dnf install zabbix-sql-scripts
```

（2）在 Ubuntu 操作系统的 Linux 主机上安装 Zabbix 的 SQL 脚本，执行以下命令：

```
# apt install zabbix-sql-scripts
```

最后，执行以下导入数据库的命令，此时屏幕可能会静止一会儿，这属于正常现象，请耐心等待，直到导入结束：

```
# zcat /usr/share/doc/zabbix-sql-scripts/mysql/server.sql.gz |
mysql -uroot -p zabbix
```

2. 配置 Zabbix server 集群

配置集群的方式与配置新的 Zabbix server 的方式相同，唯一的区别是需要设置一些新的配置参数。

首先，将 Zabbix 安装源添加至 lab-book-ha1 和 lab-book-ha2 主机的系统中。

（1）在 CentOS 操作系统的 Linux 主机上执行以下命令添加 Zabbix 安装源：

```
# rpm -Uvh https://repo.zabbix.com/zabbix/6.0/rhel/8/x86_64/
zabbix-release-6.0-1.el8.noarch.rpm
# dnf clean all
```

（2）在 Ubuntu 操作系统的 Linux 主机上执行以下命令添加 Zabbix 安装源：

```
# wget https://repo.zabbix.com/zabbix/6.0/ubuntu/pool/main/z/
zabbix-release/zabbix-release_6.0-1+ubuntu20.04_all.deb
# dpkg -i zabbix-release_6.0-1+ubuntu20.04_all.deb
# apt update
```

然后，安装 Zabbix server。

（1）在 CentOS 操作系统的 Linux 主机上执行以下命令：

```
# dnf install zabbix-server-mysql
```

（2）在 Ubuntu 操作系统的 Linux 主机上执行以下命令：

```
# apt install zabbix-server-mysql
```

编辑 Zabbix server 的配置文件，先从 lab-book-ha1 主机开始：

```
# vi /etc/zabbix/zabbix_server.conf
```

执行以下命令添加需要连接的数据库地址：

```
DBHost=192.168.10.13
DBPassword=password
```

在此配置文件中，添加以下内容，用于启动高可用功能：

```
HANodeName=lab-book-ha1
```

添加以下内容，用于 Zabbix 前端连接后端主机的节点 IP 地址
（192.168.10.11）：

```
NodeAddress=192.168.10.11
```

在保存文件后，将以上步骤在 lab-book-ha2 主机上操作一遍，编辑 Zabbix
server 的配置文件：

```
# vi /etc/zabbix/zabbix_server.conf
```

执行以下命令添加需要连接的数据库地址：

```
# DBHost=192.168.10.13
# DBPassword=password
```

在此配置文件中，添加以下内容，用于启动高可用功能：

```
HANodeName=lab-book-ha2
```

添加以下内容，以确保当 Zabbix server 节点发生故障时切换 IP 地址：

```
NodeAddress=192.168.10.12
```

在保存文件后，执行以下命令启动 Zabbix server：

```
# systemctl enable zabbix-server
# systemctl start zabbix-server
```

3. 配置 Apache 高可用

为了确保 Zabbix 前端也达到高可用的效果，即当一个 Zabbix server 出现问题时，它将进行故障转移，这里将使用 Keepalived（高可用软件）对其进行配置。

登录 lab-book-ha1 和 lab-book-ha2 主机并安装 Keepalived。

（1）在 CentOS 操作系统的 Linux 主机上执行以下命令安装 Keepalived：

```
# dnf install -y keepalived
```

（2）在 Ubuntu 操作系统的 Linux 主机上执行以下命令安装 Keepalived：

```
# apt install keepalived
```

然后，在 lab-book-ha1 主机上执行以下命令编辑 Keepalived 配置文件：

```
# vi /etc/keepalived/keepalived.conf
```

清空配置文件，并将以下内容添加到该文件中：

```
vrrp_track_process chk_apache_httpd {
      process httpd
      weight 10
}
vrrp_instance ZBX_1 {
      state              MASTER    # 设定主机的初始状态为 MASTER
      interface          ens192   # 绑定网卡
      virtual_router_id   51       # 网络中唯一的 VRRP 实例 ID
      priority           244       # 权重
      advert_int          1        # 每隔1秒广播消息
      authentication {
            auth_type PASS         # 认证模式：文本密码
            auth_pass password     # 密码
```

```
    }
        track_process {
          chk_apache_httpd
    }

        virtual_ipaddress {
            192.168.10.15/24        # 虚拟 IP 地址

        }

}
```

不要忘记修改密码，并将"interface ens192"修改成你自己的网卡名称，对于 Ubuntu 操作系统，将"httpd"更改为"apache2"。

提示：要确保配置文件中指定的"virtual_router_id 51"在整个网络中具有唯一性。

在 lab-book-ha2 主机上执行以下命令编辑相同名称的配置文件：

```
# vi /etc/keepalived/keepalived.conf
```

清空配置文件，并将以下内容添加到该文件中：

```
vrrp_track_process chk_apache_httpd {
      process httpd
      weight 10
}
vrrp_instance ZBX_1 {
      state           BACKUP   # 设定主机的初始状态为 BACKUP
      interface       ens192   # 绑定网卡
      virtual_router_id  51    # 网络中唯一的 VRRP 实例 ID
      priority        243      # 权重
      advert_int      1        # 每隔 1 秒广播消息
      authentication {
          auth_type PASS       # 认证模式：文本密码
          auth_pass password   # 密码
```

```
        }
        track_process {
          chk_apache_httpd
    }
        virtual_ipaddress {
            192.168.10.15/24      # 虚拟 IP 地址

        }
    }
```

不要忘记修改密码，并将"interface ens192"修改成你自己的网卡名称，对于 Ubuntu 操作系统，将"httpd"更改为"apache2"。

现在，安装 Zabbix 前端。

（1）在 CentOS 操作系统的 Linux 主机上执行以下命令：

```
# dnf install -y httpd zabbix-web-mysql zabbix-apache-conf
```

（2）在 Ubuntu 操作系统的 Linux 主机上执行以下命令：

```
# apt install apache2 zabbix-frontend-php zabbix-apache-conf
```

执行以下命令，启动 Web 服务和 Keepalived，并确保 Zabbix 前端访问正常：

```
# systemctl enable httpd keepalived
# systemctl start httpd keepalived
```

然后，准备开始配置 Zabbix 前端。直接通过虚拟 IP 地址进行访问（在示例中为 http://192.168.10.15/zabbix/setup.php），在正常情况下你将看到如图 1.9 所示的 Zabbix 初始化配置页面。

单击"Next step"按钮。

需要填写正确的 Zabbix 数据库的地址（192.168.10.13），以及 Zabbix 数据库的用户名和密码，如图 1.10 所示。

图 1.9

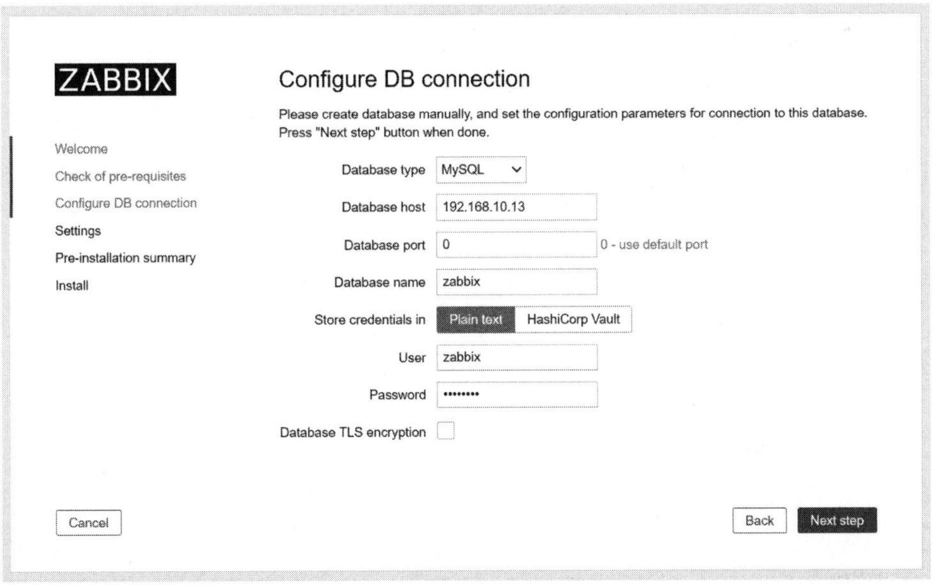

图 1.10

对于第一台主机，将"Zabbix server name"配置为"lab-book-ha1"，并选择你的时区，如图 1.11 所示，配置完毕后单击"Next step"按钮。

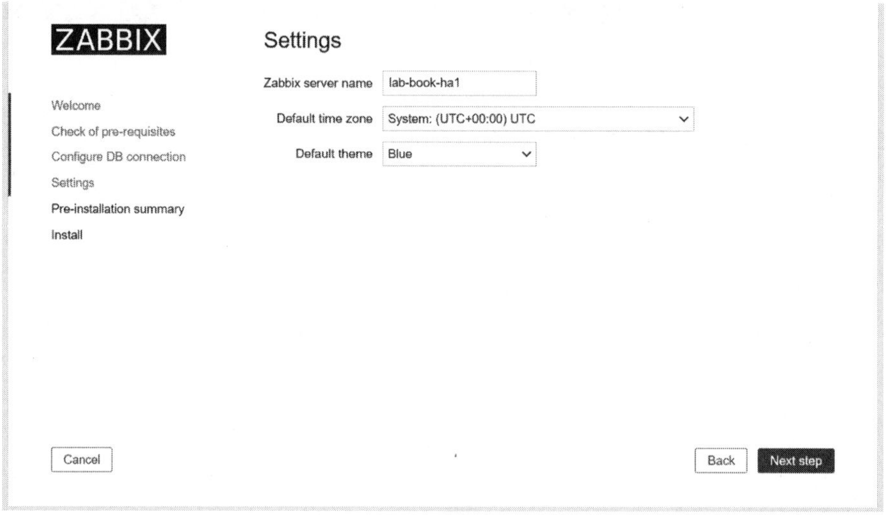

图 1.11

在显示配置成功后，单击"Finish"按钮完成配置。

接下来，对第二台主机的 Zabbix 前端进行同样的配置，在 lab-book-ha1 主机上执行以下命令，用于停止第一台主机的 Web 服务，这样高可用所配置的虚拟 IP 地址就会切换至第二台主机上。

（1）在 CentOS 操作系统的 Linux 主机上执行以下命令：

```
# systemctl stop httpd
```

（2）在 Ubuntu 操作系统的 Linux 主机上执行以下命令：

```
# systemctl stop apache2
```

在浏览器中输入虚拟 IP 地址（在示例中为"http://192.168.10.15/zabbix/setup.php"），将再次看到系统的初始化配置页面。

再次填写数据库的相关信息，如图 1.12 所示。

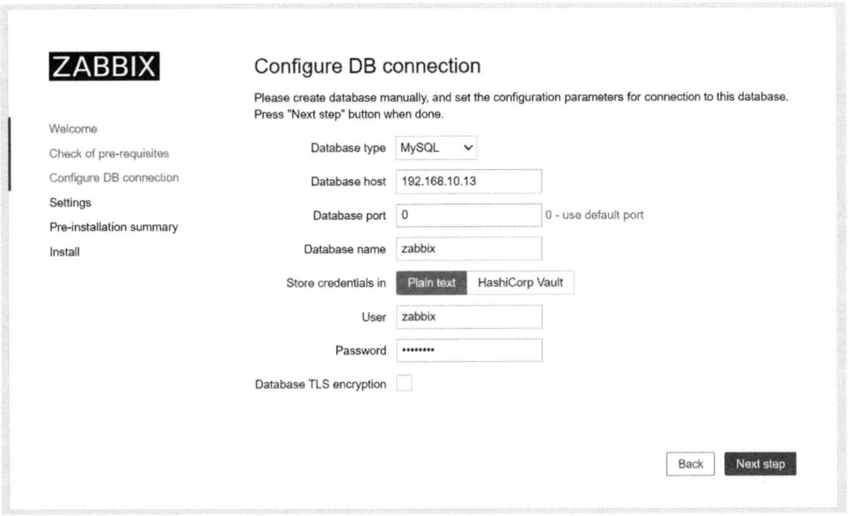

图 1.12

然后，将"Zabbix server name"配置为"lab-book-ha2"，如图 1.13 所示。

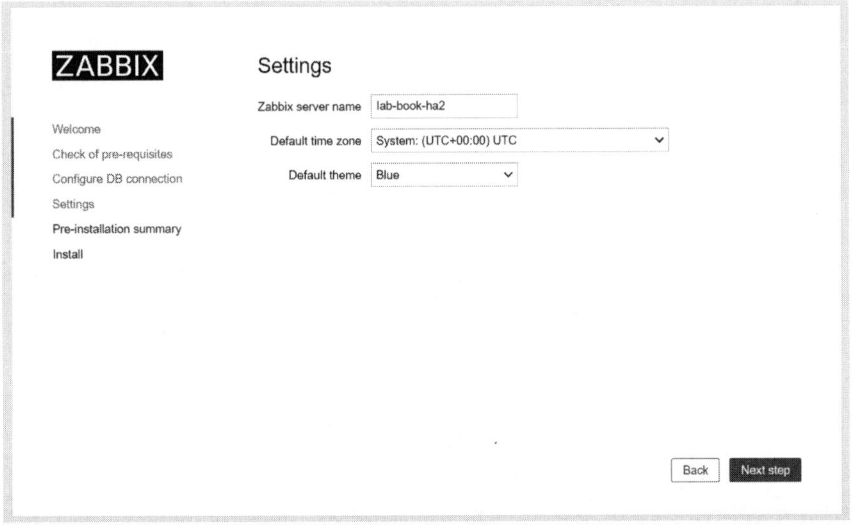

图 1.13

在 lab-book-ha2 主机配置完毕后，重启 lab-book-ha1 主机的 Web 服务。

（1）在 CentOS 操作系统的 Linux 主机上执行以下命令：

```
# systemctl start httpd
```

（2）在 Ubuntu 操作系统的 Linux 主机上执行以下命令：

```
# systemctl start apache2
```

在 Zabbix server 高可用相关配置完毕后，请务必检查你的 Zabbix server 的日志文件，查看高可用节点是否正常运行。

1.3.3　工作原理

现在，Zabbix 高可用已经配置完成，Zabbix server 高可用是如何工作的呢？先查看 Zabbix 的系统信息页面，在 Zabbix 前端单击"Reports"→"System information"选项，打开如图 1.14 所示的页面。

System information

Parameter	Value	Details
Zabbix server is running	Yes	192.168.10.11:10051
Number of hosts (enabled/disabled)	1	1 / 0
Number of templates	300	
Number of items (enabled/disabled/not supported)	111	99 / 0 / 12
Number of triggers (enabled/disabled [problem/ok])	59	59 / 0 [3 / 56]
Number of users (online)	2	1
Required server performance, new values per second	1.46	
MariaDB	10.07.04	Maximum required MariaDB database version is 10.06.xx.
High availability cluster	Enabled	Fail-over delay: 1 minute

Name	Address	Last access	Status
lab-book-ha1	192.168.10.11:10051	4s	Active
lab-book-ha2	192.168.10.12:10051	3s	Standby

图 1.14

可以看到，这里新增了一些信息，如 High availability cluster（高可用集群）信息。此信息告诉查看者当前是否启用了高可用功能及故障转移的延迟时间。

在示例中，故障转移的延迟时间为 1 分钟，这意味着在启动故障转移之前至少需要 1 分钟。

另外，在这里还可以看到集群中的每个节点（主机），并且 Zabbix 现在支持集群一对多节点，下面来看一看 Zabbix 高可用的逻辑。

如图 1.15 所示，将两个 Zabbix server 节点 lab-book-ha1 和 lab-book-ha2 连接到一台 lab-book-ha-db 主机的 Zabbix 数据库上。因为 Zabbix 数据库是唯一的数据源，所以 Zabbix 集群配置也保存在数据库中。不管是主机配置信息、历史数据，还是高可用信息，都保存在数据库中。这就是为什么构建 Zabbix 集群只要在 Zabbix server 配置文件中填写正确的 HANodeName 参数即可。

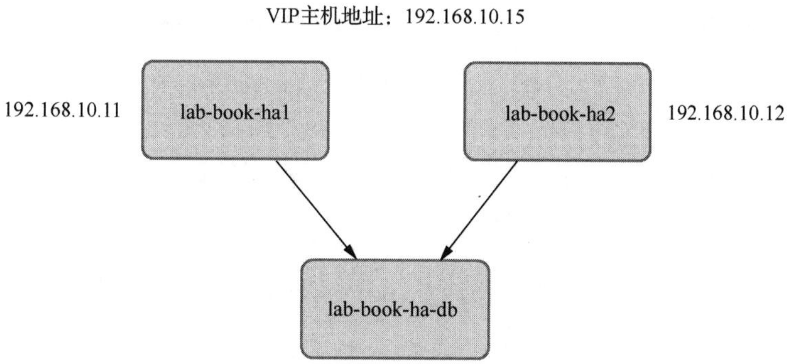

VIP主机地址：192.168.10.15

192.168.10.11　lab-book-ha1　lab-book-ha2　192.168.10.12

lab-book-ha-db

图 1.15

在配置文件中还有一个 NodeAddress 参数，此参数用于 Zabbix 前端连接 Zabbix server 主节点，节点参数会通知 Zabbix 前端应该连接哪个目前正处于活动状态的 Zabbix server。

除了 Zabbix server 高可用，还在此部署中添加了简单的高可用配置。Keepalived 是一款用于在 Linux 主机之间构建高可用性的软件。在示例中，配置 VIP 主机地址为 192.168.10.15，并添加 chk_apache_httpd 进程监视以确定何时进行故障转移。故障转移的工作原理如下：

```
lab-book-ha1 has priority 244
Lab-book-ha2 has priority 243
```

如果 httpd 或 apache2 在主节点上运行，那么优先级的权重值增加 10，两个节点的优先级的权重值分别为 254 和 253。现在设想一下，当主节点 lab-book-ha1 的 Web 服务发生故障停止运行时，它的优先级的权重值将会下降到 244，低于 lab-book-ha2 节点的优先级的权重值 253。具有最高优先级的主机将拥有 VIP 主机地址 192.168.10.15，这就意味着为 Zabbix 提供前端服务的这台主机是 lab-book-ha2。

结合这两种配置高可用的方法，已经为 Zabbix 的 server 和 Web 服务两个部分创建了冗余，以确保 Zabbix 能持续提供监控服务。

为了更完善 Zabbix 高可用，除了 Zabbix 自带的高可用功能，也可以在数据库的可用性上增加高可用方法，比如 MySQL 主/主配置。配置一个具有高可用性的 Zabbix 数据库，可以确保你的 Zabbix 在尽可能多的方面得到可靠的保障。有关 MariaDB 数据库的详细信息，请仔细阅读 MariaDB 数据库的官方文档。

1.4　Zabbix前端

如果这是你第一次使用 Zabbix 6.0，那么建议花点时间阅读一下本节。如果你有使用旧版本 Zabbix 的经验，那么会发现 Zabbix 6.0 的操作页面比以前有少许更改。本节将着重介绍一下 Zabbix 前端。

1.4.1　准备

首先需要做的是登录 Zabbix 前端，在浏览器中填入 Zabbix 主机的 IP 地址后按回车键，打开如图 1.16 所示的页面。

Zabbix 前端默认的登录用户名和密码如下。

Username：Admin。

Password：zabbix。

注意：Zabbix 在大多数地方都是区分大小写的，在输入用户名时，请注意大小写；否则，你将无法登录！

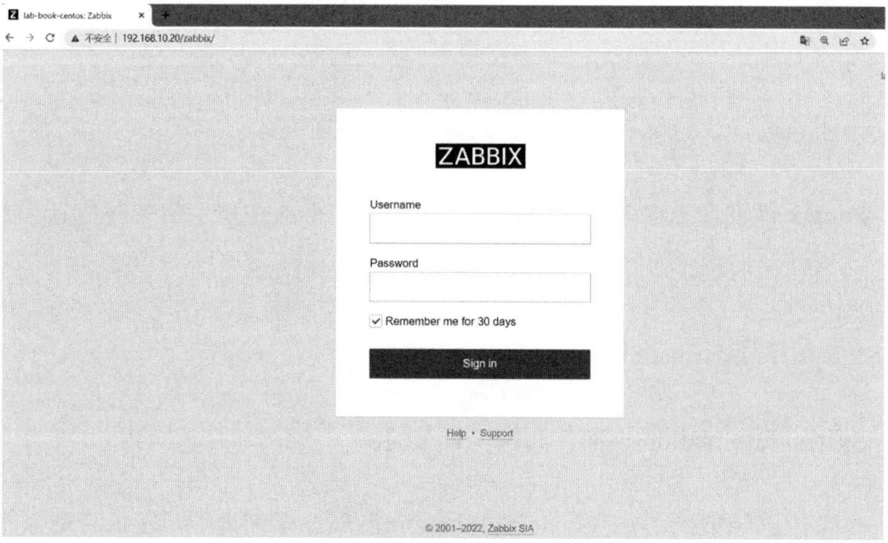

图 1.16

1.4.2　操作步骤

在登录后，将进入默认的 Dashboard（仪表盘）。它展示了一个整体环境的监控状态。虽然可以自定义 Zabbix 仪表盘，但是在创建新的仪表盘内容之前，建议熟悉一下默认的仪表盘，如图 1.17 所示。

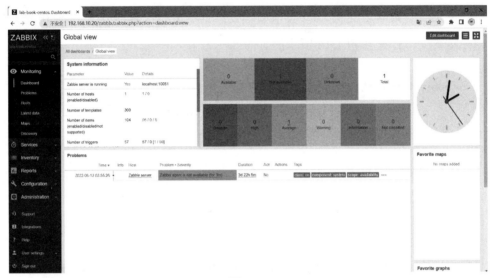

图 1.17

下面通过默认的仪表盘来介绍 Zabbix 6.0 的前端。

Zabbix 仪表盘由诸多小部件组成，通过这些小部件展示相关的信息。我们介绍一下默认的仪表盘中的不同小部件，并进行详细说明。

1. System information（系统信息）小部件

System information 小部件如图 1.18 所示。

你可能已经猜到了，System information 小部件详细地展示了所有的系统信息。通过这个小部件，用户可以随时关注 Zabbix server 的整体情况，并查看 Zabbix 是否运行正常。下面介绍一下相关的参数。

System information

Parameter	Value	Details
Zabbix server is running	Yes	localhost:10051
Number of hosts (enabled/disabled)	1	1 / 0
Number of templates	300	
Number of items (enabled/disabled/not supported)	104	96 / 0 / 8
Number of triggers (enabled/disabled [problem/ok])	57	57 / 0 [1 / 56]
Number of users (online)	2	1
Required server performance, new values per second	1.47	
MariaDB	10.07.04	Maximum required MariaDB database version is 10.06.xx.
High availability cluster	Disabled	

图 1.18

（1）Zabbix server is running：检测 Zabbix server 是否运行正常，以及它在哪里运行。在本例中，Zabbix server 正在运行，并运行在"localhost: 10051"端口上。

（2）Number of hosts：这里详细说明 enabled（启用）的主机数（1）、disabled（禁用）的主机数。它展示了 Zabbix server 主机信息的概况。

（3）Number of templates：目前所拥有的 template（模板）数量。

（4）Number of items：这里展示的是 Zabbix server 监控项的数量，并提供 enabled（启用）、disabled（禁用）和 not supported（不支持）3 种不同状态的监控项的数量。

（5）Number of triggers：这里展示的是触发器数量。可以看到有多少触发器被 enabled（启用）和 disabled（禁用），有多少触发器处于 Problem（问题）状态和多少触发器处于 Ok（正常）状态。

（6）Number of users：第一个值是用户总数，第二个值是当前登录 Zabbix 前端的用户数量。

（7）Required server performance, new values per second：先介绍 Zabbix 中经常使用的一个概念，就是 New Values Per Second（每秒新值），简称为 NVPS。Zabbix server 通过监控项接收监控数据，并将这些值写入数据库。NVPS 显示了 Zabbix server 接收的每秒新值的数量。随着 Zabbix server 的监控对象数量逐渐增多，请密切关注这里，因为此指标至关重要，通过此指标可以考虑何时对 Zabbix 进行性能优化。

（8）High availability cluster：如果正在运行 Zabbix server 高可用集群，那么用户将在这里看到它是否已启用、故障转移的延迟时间是多少。此外，System information 页面还会显示其他高可用信息。

根据配置，用户还可能会在此处看到以下两种信息。

（1）Database history tables upgraded：如果看到此信息，那么表示某个数据库的历史数据表尚未升级。此表不会从 Zabbix 4.0 自动升级到 5.0 或更高版本。

若遇到此问题，请参考官方文档：

Documentation→5.0→manual→installation→upgrade_notes_500

（2）Database name：如果看到带有版本的数据库名称，那么可能表示运行的是不受支持的数据库版本。相信你看到了图 1.18 中就有这个报错信息，报错信息中提示支持的最高版本是 10.06.xx，而图中的版本是 10.07.04。在 MariaDB 数据库中需要注意的一点是，当使用低于最低要求的数据库版本时，Zabbix

server/proxy 将 不 会 启 动 ， 除 非 在 配 置 文 件 中 修 改 AllowUnsupported
DBVersions=1。当使用高于最高要求的数据库版本时，虽然 Zabbix server/proxy
会发出警告，但会启动，并且忽略 "AllowUnsupportedDBVersions" 选项。

除了以上信息，你可能还会看到一条提示：Warning! Unsuported<DATABAES
NAME> database server version.Should be at least <DATABASE VERSION>.

这就介绍完了 Zabbix server 中最重要的一个小部件。这是一个很棒的小部
件，建议你在自定义时将它留在仪表盘上。

2. Host availability（主机可用性）小部件

Host availability 小部件如图 1.19 所示。

Host availability 小部件是一个可以快速概览的小部件，显示 Available（可
用）、Not available（不可用）和 Unknown（未知）3 种状态的被监控主机的数
量。这样，就可以更好地了解所有被监控主机的可用性信息。

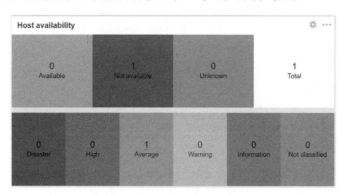

图 1.19

最重要的是，它还显示了当前不同告警级别的主机的数量。Zabbix 中有以
下几个默认的告警级别：

（1）Disaster（灾难）。

（2）High（严重）。

（3）Average（一般严重）。

（4）Warning（告警）。

（5）Information（信息）。

（6）Not classified（未分类）。

除了默认的告警级别，Zabbix 完全可以自定义告警级别和提示颜色。这对个性化配置非常有用。你可以自定义告警级别，以匹配整个公司使用的级别，甚至匹配使用的一些其他监控系统。

3. Local（当地时间）小部件

Local 小部件如图 1.20 所示。

图 1.20

它只是单纯地显示本地 Linux 主机的系统时间。这就不需要过多介绍了。

4. Problems（问题）小部件

Problems 小部件如图 1.21 所示。

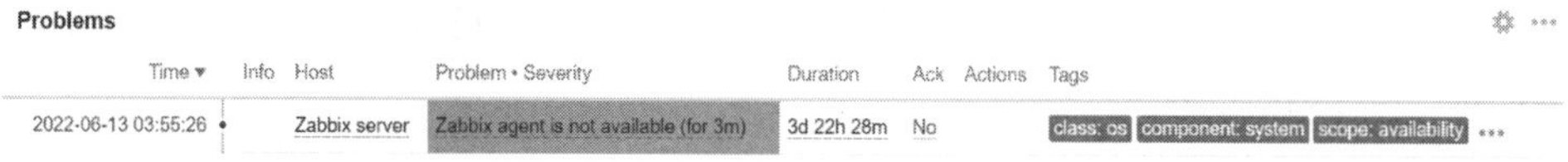

图 1.21

这是一个非常有趣的小部件。用户可以在此处看到当前发生的问题。因此，如果配置了正确的触发器，就会在此处获得非常有价值的信息。与之前介绍的快速查看有多少台主机发生问题不同，Problems 小部件提供了与该问题有关的更多详细信息。

（1）Time：该问题发生的时间。

（2）Info：有关事件的信息，此处显示手动关闭和已抑制的状态。

（3）Host：此问题发生在哪台主机上。

（4）Problem·Severity：什么问题+告警级别，并以颜色提示告警级别。在本例中为橙色，代表 Average 级别。

（5）Duration：该问题持续的时间。

（6）Ack：你自己或其他 Zabbix 用户是否已经确认了此问题。

（7）Actions：发生问题后已执行的操作。例如，在生成问题事件时执行自定义脚本。将光标悬停在 Actions 字段的数字上，它将显示对此问题采取的所有操作的详细信息。

（8）Tags：为此问题分配的标签。

Problems 小部件非常有用。如前所述，它是可定制的。这个小部件可以显示问题信息（如图 1.22 所示）。你可以快速浏览这些选项，本书将在后面的章节中进一步详细说明。

提示：可以在这些小部件中隐藏指定的告警级别，以确保可以看到重要的信息。有时，不希望看到仪表盘上的信息级别或未分类级别等告警内容，因为它们可能会淹没级别更高的告警事件。可以通过自定义小部件让仪表盘保持整洁。

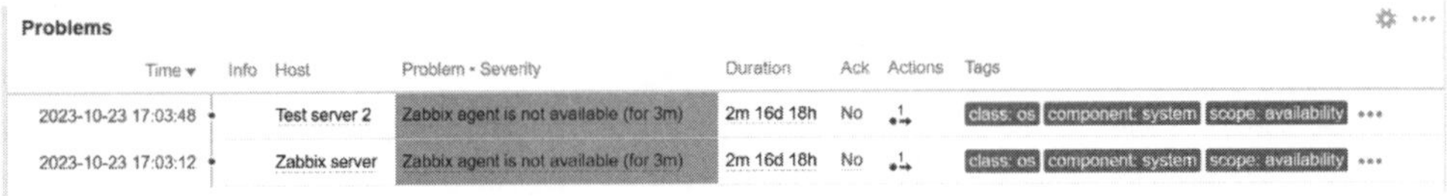

图 1.22

现在，还有两个小部件在默认的仪表盘上，它们是 Favorite maps（地图收藏夹）和 Favorite graphs（图表收藏夹）小部件。这些小部件可用于配置地图和图表的快捷链接，使用户无须通过单击菜单进行选择，就可以快速访问（如图 1.23 所示）。

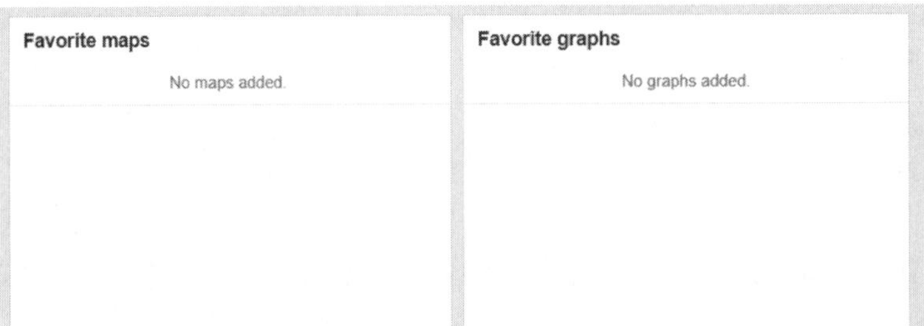

图 1.23

以上就是 Zabbix 页面介绍，接下来介绍侧边栏的菜单选项。

1.5　Zabbix导航菜单

Zabbix 导航菜单简单明了。Zabbix 自 Zabbix 5.0 以来，对 Zabbix UI 做了很大改动。这种改动让导航菜单使用起来更便捷。下面介绍一下 Zabbix 导航菜单。

1.5.1　准备

现在已经看到了登录后的第一个默认的仪表盘页面，接下来介绍 Zabbix 导航菜单，以便知道在哪里可以查看监控的主机、网络设备、应用程序。

1.5.2　工作原理

Zabbix 导航菜单是所有配置的入口。可以简化或隐藏 Zabbix 导航菜单。

提示：虽然无法更改 Zabbix 导航菜单的位置，但是可以将其简化为简约模式或完全隐藏它。如果你希望导航菜单简化（或不简化）为简约模式，那么单击 Zabbix Logo 右侧的第一个小图标。如果要隐藏（或不隐藏）导航菜单，那么单击 Zabbix Logo 右侧的第二个图标。

图 1.17 的左侧为 Zabbix 导航菜单，你可以尝试单击并查看相关内容。

这里有 6 个菜单可供选择，在每个菜单下都有详细的二级菜单。

（1）Monitoring。在这个菜单中，可以找到与采集数据有关的所有信息。Zabbix 采集、可视化和操作的信息都会在这个菜单的不同页面中显示。

（2）Services。这个菜单是 Zabbix 6.0 的新增菜单，是改进的业务服务监控功能的一部分。可以在此菜单中找到与服务和 SLA（Service Level Agreement，服务水平协议）监控有关的所有信息。

（3）Inventory。这个菜单是 Zabbix 的资产管理清单板块。可以在此菜单中查看与主机相关的资产信息。比如，将软件版本、设备序列号、机房地址等内容添加到主机中，并在此菜单中进行查看。

（4）Reports。这个菜单包含各种预定义和用户自定义的报告。这些报告侧重于显示参数（如系统信息、触发器和采集的数据）的概述。

（5）Configuration。在 Monitoring、Inventory、Reports 3 个菜单中看到的所有内容主要在此菜单中创建。可以在这里创建主机、模板、监控项、触发器等，以便让 Zabbix 更好地展示这些数据。

（6）Administration。这个菜单主要用于管理 Zabbix server。可以在此菜单中找到 Zabbix 的所有配置信息，以便更好地使用 Zabbix。

在阅读本书时，可以经常回顾这些内容，以便记住它们。下面逐个介绍这几个菜单。

1. Monitoring

Monitoring 菜单如图 1.24 所示。

（1）Dashboard。在这里可以找到默认的仪表盘。可以根据不同的需求添加多个不同内容的仪表盘。

图 1.24

（2）Problems。在这里可以看到当前发生的问题。Zabbix 提供了很多可供过滤的选项，以便快速地搜索需要查看的问题，在查看时缩小搜索问题的范围。

（3）Hosts。这里提供主机的多个信息。可以通过单击这个菜单查看主机的不同数据。

（4）Latest data。这是在使用 Zabbix 时使用得最多的菜单。在 Latest data 页面中，可以通过筛选查看每台主机的监控数据。

（5）Maps。Maps 是 Zabbix 非常有用的功能，可以展示被监控的基础设施，也可以通过网络拓扑图的形式展示给客户。

（6）Discovery。这里提供了 Zabbix 自动发现功能，可以将设备根据一定的条件，比如 IP 网段、SNMPOID 值等，自动添加到 Zabbix 平台上。

2. Services

Services 菜单如图 1.25 所示。

图 1.25

（1）Services。在这里可以对需要监控的服务进行配置。

（2）Service actions。在这里可以为配置的服务配置任何操作，例如发送下面提到的 SLA 通知等。

（3）SLA。在这里可以配置 SLA，然后在服务中使用。

（4）SLA report。这里是对已配置的 Services 和 SLA 的概述，如图 1.26 所示。

SLA report

								Filter
SLA	SLA:24x7			Select	From	YYYY-MM-DD		
Service	type here to search			Select	To	YYYY-MM-DD		

Apply Reset

Service ▲	SLO	2022-06	2022-07	2022-08	2022-09	2022-10	2022-11	2022-12	2023-01	2023-02	2023-03	2023-04	2023-05	2023-06	2023-07	2023-08	2023-09	2023-10	2023-11	2023-12	2024-01
Zabbix database	99.9%	N/A	N/A	N/A	N/A	N/A	N/A	N/A	N/A	N/A	100	100	100	100	100	100	100	100	100	100	100
Zabbix frontend	99.9%	N/A	N/A	N/A	N/A	N/A	N/A	N/A	N/A	N/A	100	100	100	100	100	100	100	100	100	100	100
Zabbix server	99.9%	N/A	N/A	N/A	N/A	N/A	N/A	N/A	N/A	N/A	100	100	100	100	100	100	100	100	100	100	100
Zabbix setup	99.9%	N/A	N/A	N/A	N/A	N/A	N/A	N/A	N/A	N/A	100	100	100	100	100	100	100	100	100	100	100

Displaying 4 of 4 found

图 1.26

3. Inventory

Inventory 菜单如图 1.27 所示。

图 1.27

（1）Overview。在这里可以对 Inventory（资产清单）进行概览。

（2）Hosts。在这里可以看到每台主机更详细的信息。

4. Reports

Reports 菜单如图 1.28 所示。

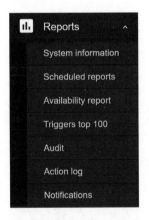

图 1.28

（1）System information。在这里可以查看系统信息。它与之前介绍的 System information 小部件展示的信息一致。

（2）Scheduled reports。在这里可以配置自动发送 PDF 报告。

（3）Availability report。在这里可以看到触发器处于 Problem 状态的时间与处于 Ok 状态的时间的百分比。可以通过这个百分比有效地判断监控对象健康时间的长短。

（4）Triggers top 100。在这里可以看到一段时间之内频繁改变状态的前 100 个触发器。

（5）Audit。在这里可以看到 Zabbix 用户所做的一切操作。

（6）Action log。在这里可以看到已执行的操作列表。例如，触发器进入 Problem 或 Ok 状态所执行的脚本或发送的信息。

（7）Notifications。在这里可以看到发送给用户的通知数量。

5. Configuration

Configuration 菜单如图 1.29 所示。

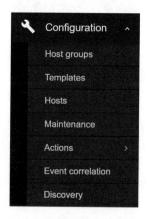

图 1.29

（1）Host groups。在这里可以创建主机组。

（2）Templates。这是创建和配置模板的地方，可以使用这些模板快速地监控主机。

（3）Hosts。这是另一个 Hosts 页面，但是这里并不是用于查看数据的地方，而是添加和配置主机的地方。

（4）Maintenance。在 Zabbix 中，还可以配置维护周期。例如，当你的主机需要离线维护时，如果为其配置维护周期，那么在维护周期内 Zabbix 不会进行触发器的判断和发送告警消息。在维护周期内，也可以配置是否采集数据。

（5）Actions。还记得之前介绍过的触发器改变状态后进行的操作吗？比如，发送邮件、短信、微信消息等，这里就是配置这些操作的地方。

（6）Event correlation。在这里可以对问题进行关联，以减少噪声和防止出现告警风暴。这是通过判断事件或触发器的标签来实现的。

（7）Discovery。这是配置 Zabbix 自动发现的地方。可以结合 IP 地址扫描，匹配符合一定条件的设备，使其自动添加至 Zabbix 监控平台并进行监控。

6. Administration

Administration 菜单如图 1.30 所示。

（1）General。这里包含了 Zabbix server 的一些常规配置，比如管家（Housekeeper）、前端主题的配置都可以在这里找到。

（2）Proxies。这里是配置连接到 Zabbix server 的 Zabbix proxy 的地方。

（3）Authentication。在这里可以配置统一的身份验证。

图 1.30

（4）User groups。这是配置用户组和用户组权限的地方。

（5）User roles。在这里可以配置不同的用户角色，可以对特定用户的权限进行限制或扩展。

（6）Users。在这里可以添加用户。

（7）Media types。Zabbix 支持配置多种媒介类型，除了预设的一些媒介类型，还可以添加自定义的媒介类型。

（8）Scripts。在这里可以添加自定义的脚本，用于扩展 Zabbix 前端的功能。

（9）Queue。在这里可以查看 Zabbix server 队列，由于数据采集或性能问题，监控项在采集数据时可能会出现滞留在队列中的情况。

提示：当使用外部的身份验证功能［如 HTTP（Hypertext Transfer Protocol，超文本传输协议）、LDAP（Lightweight Directory Access Protocol，轻量级目录

访问协议）或 SAML（Security Assertion Markup Language，安全性断言标记语言）] 登录 Zabbix 时，仍然需要在 Zabbix 内部创建具有正确权限的用户。在 Zabbix 中配置的用户名必须和外部的身份验证平台中的用户名相同。

第2章 用 户 管 理

本章将创建第一个用户组、用户和用户角色，可以让你能够使用不同的权限访问 Zabbix 监控平台。本章的结尾还将介绍如何使用 SAML 配置一些高级用户身份验证，为整个公司提供统一的登录认证方式，让 Zabbix 在用户管理上更轻松。接下来将按照以下顺序介绍这些操作步骤：

（1）创建用户组。

（2）配置用户角色。

（3）创建第一个账号。

技术要求：可以利用任何已经安装了 Zabbix server 的环境学习本章的所有内容。如果尚未安装 Zabbix，那么需要查看第 1 章了解如何安装，并完成 Zabbix server 的配置，为登录和使用 Zabbix 前端做好准备。

2.1 创建用户组

在第一次登录时，可以使用默认的用户名 Admin 登录 Zabbix 监控平台，默认的密码为 zabbix。长期使用默认的用户名和密码会存在安全隐患。因此，下面介绍如何创建新用户并通过分组来分配不同的权限。

Zabbix 用户管理非常重要，在配置用户之前，如果你的公司本身就有 LDAP 或 SAML 等身份验证系统，那么建议最好使用这些身份验证系统。

2.1.1　准备

你需要稍微了解 Zabbix 前端，通过导航菜单了解每个功能选项，先创建一些用户组来熟悉操作过程，这可以让 Zabbix 配置不仅更加结构化，而且更加安全。

图 2.1 所示为一家名为 Cloud Hoster 的公司的示例。下面将按照这家公司的组织结构在 Zabbix 上进行相应的用户配置。

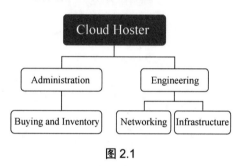

图 2.1

因为 Cloud Hoster 公司的一些部门需要对 Zabbix 进行配置管理，所以需要管理权限，而其他部门则只通过 Zabbix 前端查看与自己业务有关的那部分内容。具体的权限需求如下：

（1）Networking（网络）用户组：主要负责配置和监控网络设备。

（2）Infrastructure（基础架构）用户组：负责配置和监控 Linux 主机。

（3）Buying and Inventory（采购和资产）用户组：这个用户组可以查看采购和资产信息。

2.1.2　操作步骤

下面在 Zabbix 前端创建这 3 个用户组。

单击"Administration"→"User groups"选项，打开如图 2.2 所示的页面。

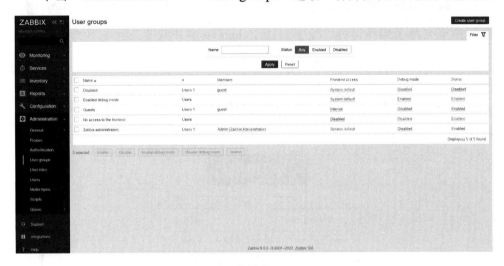

图 2.2

单击"Create user group"按钮后进入用户组配置页面（如图 2.3 所示），创建 Networking 用户组。

在创建 Networking 用户组时需要填写以下信息。在"Group name"字段中填写"Networking"，目前此组还没有用户，所以这里将跳过对"Users"的配置。"Frontend access"是用于选择使用哪种身份验证的选项。如果在此处选择"LDAP"，则将使用"LDAP"进行身份验证，这里将"Frontend access"的配置内容保留为"System default"，代表选择使用 Zabbix 内部身份验证机制。

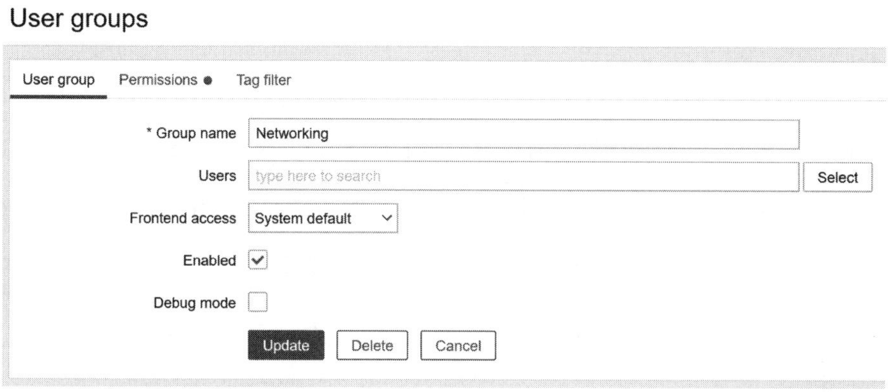

User groups

图 2.3

单击"Permissions"选项卡，如图 2.4 所示。

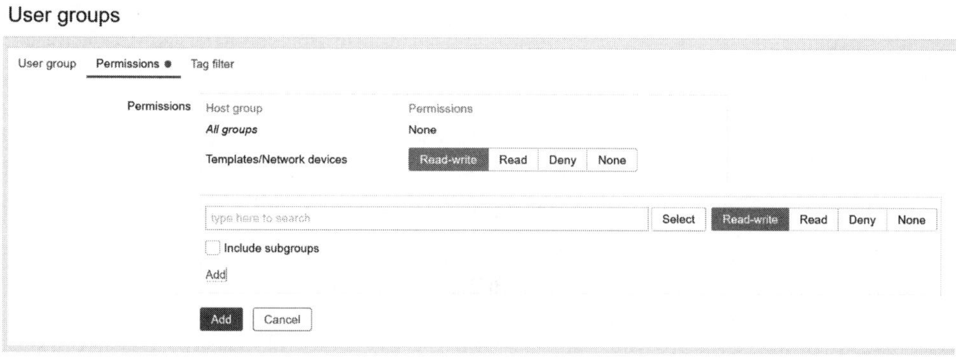

User groups

图 2.4

在这里可以配置用户组对主机组的访问权限。有一个默认的网络主机组已经存在，可以将它添加至本示例中。

单击"Select"按钮后会弹出一个窗口，窗口中包含了可用的主机组，选择"Templates/Network devices"选项。

选择"Read-write"选项，然后单击带虚线的"Add"链接，注意不是蓝色的"Add"按钮。这时完成了对主机组权限的添加。

接下来，不再添加其他内容，因此单击最下方的"Add"按钮完成主机组的创建。

提示：使用 Zabbix 身份验证（如 HTTP、LDAP 或 SAML）时，仍然需要在 Zabbix 监控平台上创建具有所需权限的用户，配置 Zabbix 用户的用户名必须与统一身份验证方式中的用户名相匹配，这样才可以使用统一身份验证的密码进行登录。

现在，创建了 Networking 用户组，该用户组对 Template/Network devices 主机组具有读和写的权限（如图 2.5 所示）。

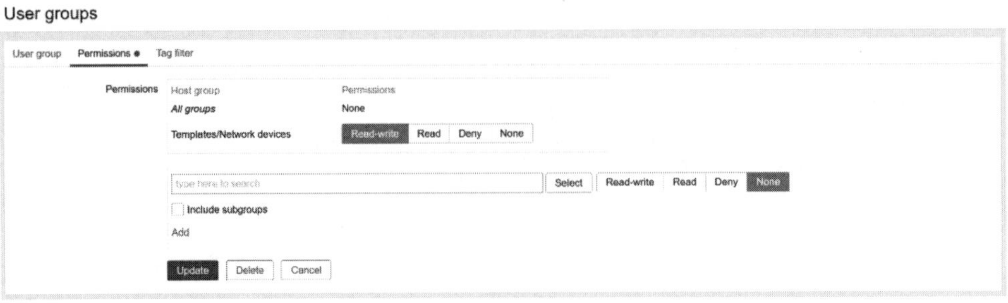

图 2.5

重复上面的创建过程创建 Infrastructure 用户组，然后添加 Linux servers 主机组，如图 2.6 所示。

图 2.6

注意：要先单击带虚线的 "Add" 链接来完成对主机组权限的配置，最后单击最下方的蓝色 "Add" 按钮完成用户组的创建。

再次重复创建步骤，创建 Buying and Inventory 用户组。对于权限，我希望 Buying and Inventory 用户组只能查看采购和资产信息，而不希望该用户组对主机配置进行更改。所以，接下来将 Template/Network devices 和 Linux servers 主机组添加到搜索框中，并配置可读权限，如图 2.7 所示。

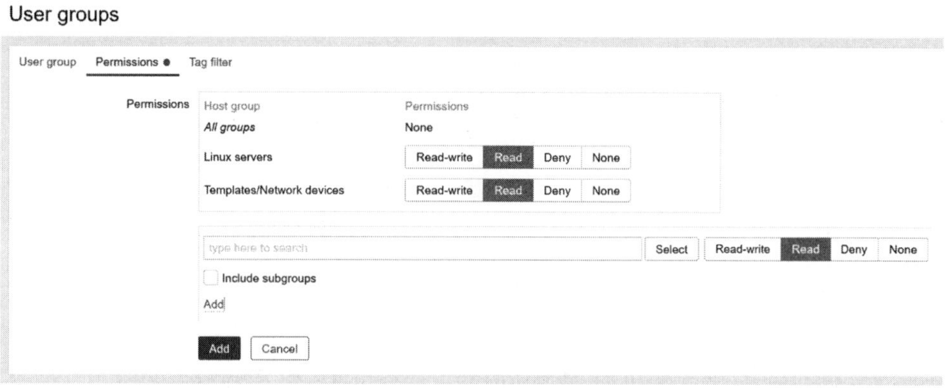

图 2.7

如果你按照上面的步骤操作，那么现在应该已经拥有了 3 个不同的用户组，接下来开始创建第一个新用户！

2.1.3　拓展知识

在 Zabbix 6.0 及之后的版本中，用户组的配置选项要比之前的版本多。用户的权限是根据所属的用户组和用户角色来进行分配的，要想更加合理地配置用户组的选项请阅读 Zabbix 文档：

documentation → current → en → manual → config → users_and_usergroups → usergroup

2.2 配置用户角色

Zabbix 6.0 在用户权限配置中引入了新的功能，现在可以自定义用户角色。在之前的 Zabbix 版本中，能够分配的用户类型只有以下 3 种：

（1）User。

（2）Admin。

（3）Super admin。

这些用户类型在早期版本中的作用是限制 Zabbix 用户在前端可以访问的内容。Zabbix 通过这种定义限制了不同用户角色对前端菜单的访问等级。

（1）User。用户只能访问 Monitoring、Inventory 和 Reports 菜单。

（2）Admin。用户只能访问 Monitoring、Inventory、Reports、Configuration 菜单。

（3）Super admin。用户可以访问所有菜单。

以前的这些用户角色都是 Zabbix 预定义的，在实际使用过程中，并不灵活。现在，可以通过创建新的用户角色配置更灵活的前端菜单的访问权限，包括其下面子菜单的访问权限，也可以向不同的 Zabbix 用户开放需要的菜单访问权限。同时，Zabbix 也支持用户组的权限配置。

2.2.1 准备

在前面的配置中，创建了不同的用户组以提供对主机组的不同权限。现在要给用户分配相应的权限，将配置好的用户角色应用于用户，并确保不同的用户可以在前端页面中看到与其相关的内容。接下来介绍如何配置用户角色。

2.2.2 操作步骤

首先，打开 Zabbix 6.0 前端，然后单击"Administration"→"User roles"选项，你看到的是默认的用户角色，比旧版本的 Zabbix 多了一个 Guest（访客）角色，如图 2.8 所示。在这里，先单击"Create user role"按钮，创建一个新的用户角色。

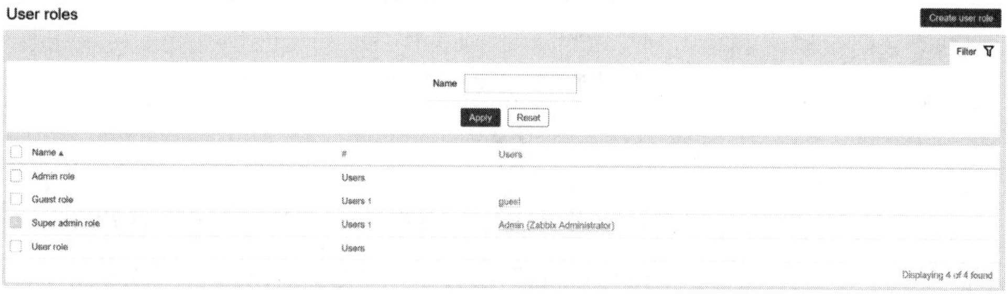

图 2.8

创建一个名为"User Plus"的新用户角色，这将适用于只具有读取权限的 Zabbix 用户，但用户需要的访问权限又不仅仅是查看 Monitoring、Inventory 和 Reports 这些菜单，如图 2.9 所示。

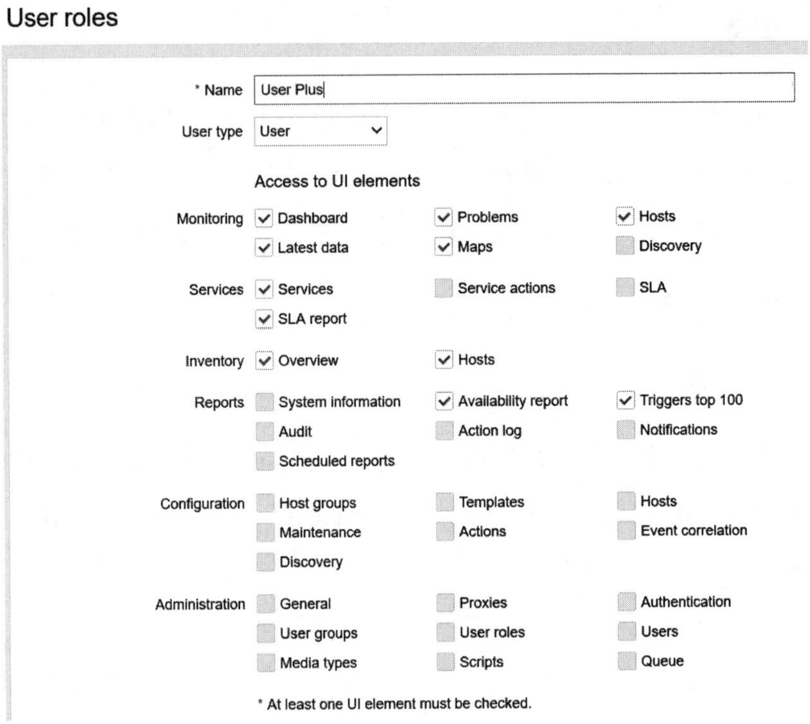

User roles

* Name	User Plus
User type	User ▾

Access to UI elements

Monitoring	☑ Dashboard	☑ Problems	☑ Hosts	
	☑ Latest data	☑ Maps	☐ Discovery	
Services	☑ Services	☐ Service actions	☐ SLA	
	☑ SLA report			
Inventory	☑ Overview	☑ Hosts		
Reports	☐ System information	☑ Availability report	☑ Triggers top 100	
	☐ Audit	☐ Action log	☐ Notifications	
	☐ Scheduled reports			
Configuration	☐ Host groups	☐ Templates	☐ Hosts	
	☐ Maintenance	☐ Actions	☐ Event correlation	
	☐ Discovery			
Administration	☐ General	☐ Proxies	☐ Authentication	
	☐ User groups	☐ User roles	☐ Users	
	☐ Media types	☐ Scripts	☐ Queue	

* At least one UI element must be checked.

图 2.9

带星号的选项为必填内容，需要填写新用户角色的名称为"User Plus"。这里请重点关注"Access to UI elements"部分。当"User type"下拉列表中选择的是"User"用户类型时，有部分 UI 的功能无法勾选。如果在"User type"下拉列表中选择"Admin"用户类型，那么可以看到增加了很多选项。

例如，希望这个名为"User Plus"的用户角色只能访问"Maintenance"页面，如图 2.10 所示。

但是，并不希望该用户角色可以对报告进行操作，那么可以取消勾选"Access to actions"部分的"Manage scheduled reports"选项，如图 2.11 所示。

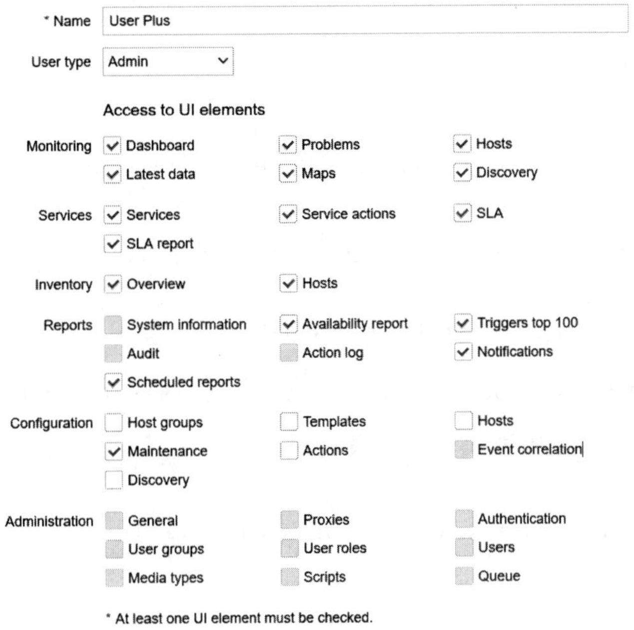

* Name | User Plus

User type | Admin

Access to UI elements

Monitoring
- ✓ Dashboard
- ✓ Latest data
- ✓ Problems
- ✓ Maps
- ✓ Hosts
- ✓ Discovery

Services
- ✓ Services
- ✓ SLA report
- ✓ Service actions
- ✓ SLA

Inventory
- ✓ Overview
- ✓ Hosts

Reports
- ☐ System information
- ☐ Audit
- ✓ Scheduled reports
- ✓ Availability report
- ✓ Action log
- ✓ Triggers top 100
- ✓ Notifications

Configuration
- ☐ Host groups
- ✓ Maintenance
- ☐ Discovery
- ☐ Templates
- ☐ Actions
- ☐ Hosts
- ☐ Event correlation|

Administration
- ☐ General
- ☐ User groups
- ☐ Media types
- ☐ Proxies
- ☐ User roles
- ☐ Scripts
- ☐ Authentication
- ☐ Users
- ☐ Queue

* At least one UI element must be checked.

图 2.10

Access to actions

- ✓ Create and edit dashboards
- ✓ Create and edit maps
- ✓ Create and edit maintenance
- ✓ Add problem comments
- ✓ Change severity
- ✓ Acknowledge problems
- ✓ Close problems
- ✓ Execute scripts
- ✓ Manage API tokens
- ☐ Manage scheduled reports
- ☐ Manage SLA

Default access to new actions ✓

Add | Cancel

图 2.11

最后，单击"Add"按钮以添加此新用户角色。

2.2.3　工作原理

首先，了解一下在 Zabbix 中创建用户角色时的选项。

（1）Name。可以在此处为用户角色配置自定义名称。

（2）User type。旧的用户类型在 Zabbix 6.0 版本中依然被保留了下来。User 和 Admin 两种用户类型可以看到的内容依然存在限制。Super admin（超级管理员）类型在权限方面仍然不受限制。

（3）Access to UI elements。在这里可以限制用户在 Zabbix 页面上看到的内容。

（4）Access to services。Service 或 SLA 监控内容的修改和查看在这里进行配置，因为可能有时候不希望所有用户都有权限访问它。

（5）Access to modules。自定义 Zabbix 前端模块完全集成到用户角色系统中，这意味着可以选择 Zabbix 用户能够看到的前端模块。

（6）Access to API。可以限制某些用户角色访问 Zabbix API。

（7）Access to actions。在这里可以配置限制 Zabbix 用户进行某些操作。例如，编辑仪表盘、维护 API 令牌等。

现在，看一下名为"User role"的用户角色和名为"User Plus"的用户角色有哪些区别。名为"User role"的默认的用户角色对前端具有以下访问权限，如图 2.12 所示。

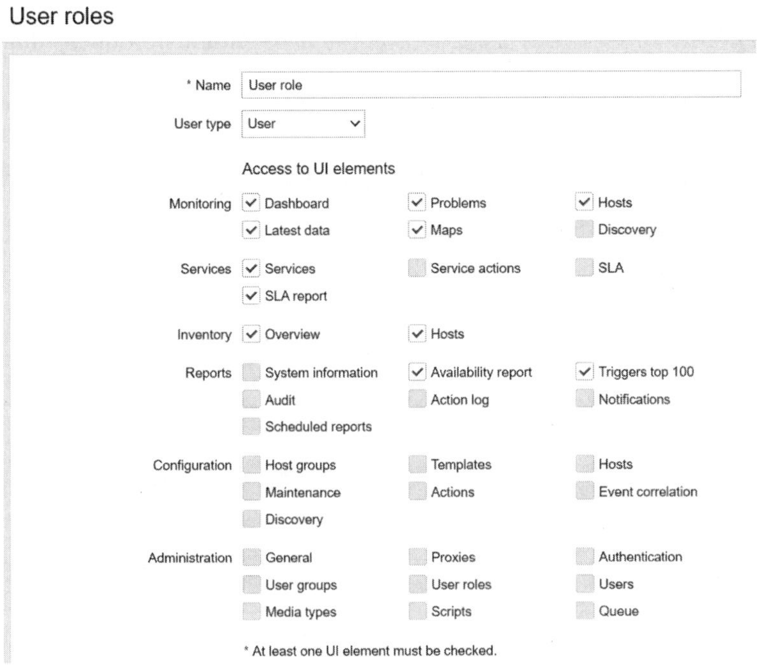

User roles

图 2.12

在默认的情况下，在 Zabbix 6.0 中有 3 种用户角色，其实这 3 种用户角色的访问限制对应了"User type"下拉列表的 3 种用户类型的限制。比如，图 2.12 中 User role 里的配置其实受到了"User type"下拉列表的用户类型的限制，它定义了用户能看到的前端元素，例如 User 用户类型只能查看"Monitoring"→"Dashboard"等菜单。"User role"的用户角色也限制了用户只能查看某些内容，例如无法访问"Configuration"→"Hosts"等菜单。

如果希望这个用户具有配置"Maintenance"的权限，就有一个问题，既希望限制这个用户只能读取，又希望他能对维护周期进行配置，这在 Zabbix 6.0 之前的版本中是无法进行配置的，因为在 Zabbix 6.0 之前没有"User roles"选项，只能通过选择 User、Admin 或 Super admin 这 3 种用户类型来实现用户对

Zabbix 导航菜单访问权限的控制，并且只有使用 Admin 和 Super admin 用户类型时，才可以授予对整个配置部分的访问权限。

现在，通过刚刚创建的一个名为"User Plus"的新用户角色，就可以执行配置维护周期的操作，如图 2.13 所示。

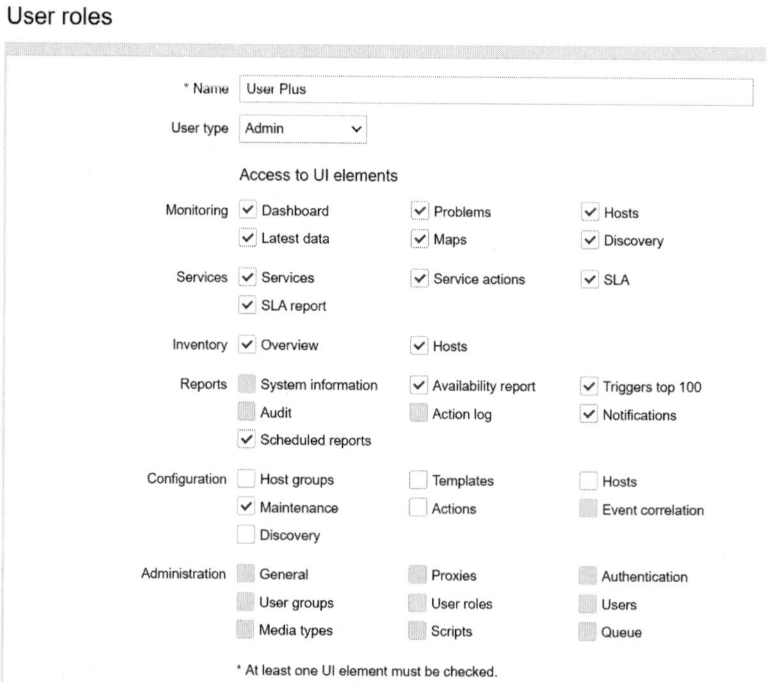

User roles

* Name	User Plus
User type	Admin

Access to UI elements

Monitoring	✔ Dashboard	✔ Problems	✔ Hosts
	✔ Latest data	✔ Maps	✔ Discovery
Services	✔ Services	✔ Service actions	✔ SLA
	✔ SLA report		
Inventory	✔ Overview	✔ Hosts	
Reports	System information	✔ Availability report	✔ Triggers top 100
	Audit	Action log	✔ Notifications
	✔ Scheduled reports		
Configuration	Host groups	Templates	Hosts
	✔ Maintenance	Actions	Event correlation
	Discovery		
Administration	General	Proxies	Authentication
	User groups	User roles	Users
	Media types	Scripts	Queue

* At least one UI element must be checked.

图 2.13

在这里可以看到虽然"User type"更改为"Admin"，但并没有选择"Configuration"菜单中的所有访问权限，现在配置了"User Plus"这个用户角色的用户可以访问"Configuration"中的"Maintenance"选项。

将其与"Access to actions"部分的配置相结合（如图 2.11 所示），勾选"Create and edit maintenance"复选框，就拥有了对维护周期的创建和编辑权限。

将刚刚配置的用户角色分配给用户时，用户登录 Zabbix 以后，就能够在 Zabbix 导航菜单中看到如图 2.14 所示的内容。

图 2.14

当然，这只是你可以使用的用户角色之一。可以允许 Zabbix 用户通过一些自定义参数的用户角色来访问菜单和选项，并且可以随意搭配它们，从而极大地提高了 Zabbix 用户权限配置的灵活度。

毕竟用户角色是一项新功能，因此 Zabbix 还在不断地改进和完善中。有关此功能的更多信息，请查看 Zabbix 文档：

Documentation→current→en→manual→web_interface→frontend_sections→administration→user_roles

2.3 创建第一个账号

通过新创建的用户组，你可以更安全地使用 Zabbix。下面将一些用户分配到新创建的用户组中，通过该用户组为新用户分配对主机组操作的相关权限。

2.3.1　准备

还以 Cloud Hoster 公司为例，它的 3 个部门将使用 Zabbix 监控平台。之前已经为它们创建了用户组，但这些部门中有些用户实际上想要参与 Zabbix 的配置管理，如图 2.15 所示。

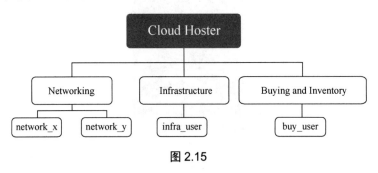

图 2.15

2.3.2　操作步骤

先从 Networking 用户组开始创建用户。

单击"Administration"→"Users"选项，打开如图 2.16 所示的页面。

图 2.16

在这个页面中，可以管理 Zabbix 的所有用户。在 Networking 用户组中，首先创建一个用户名为 "network_x" 的用户。单击 "Create user" 按钮，打开如图 2.17 所示的页面。

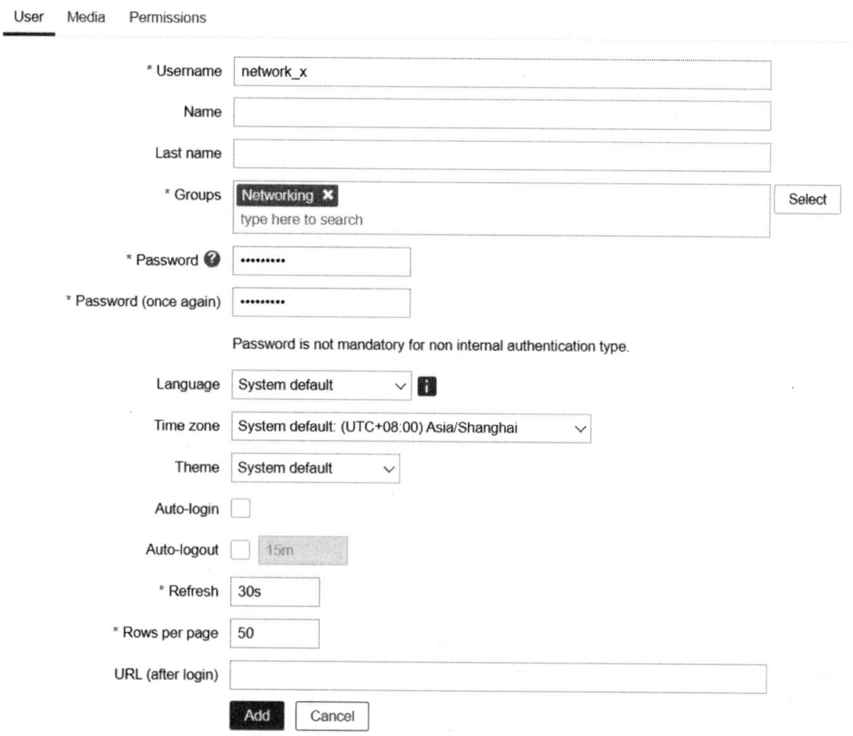

图 2.17

在 "Username" 字段中填写 "network_x" 为用户名。

接下来，将此用户添加到用户组中，单击 "Select" 按钮，然后选择 "Networking" 选项。

注意：带星号的内容均为必填内容，在 "Password" 字段中配置密码，稍后会用到这个密码。

在配置完成后，单击"Permissions"选项卡，此时还未配置"Media"选项卡的内容，先跳过，如图 2.18 所示。

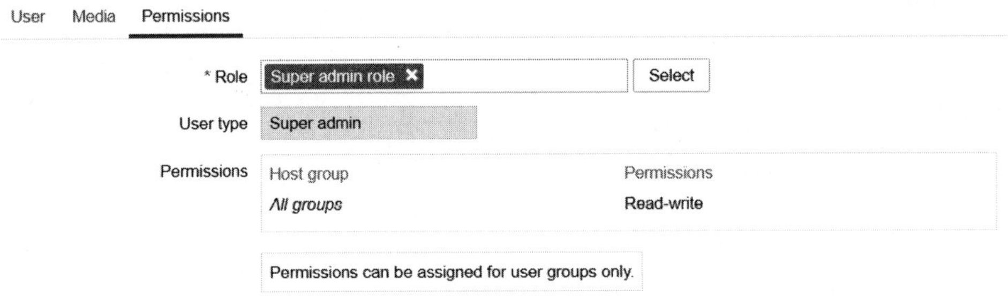

User	Media	**Permissions**

* Role	Super admin role ✕	Select
User type	Super admin	
Permissions	Host group　　　　　　　　　　Permissions	
	All groups　　　　　　　　　　Read-write	

Permissions can be assigned for user groups only.

图 2.18

在"Role"字段中选择"Super admin role"选项。这将使用户能够访问所有的前端菜单，并可以查看和编辑有关 Zabbix server 的配置信息。

在默认的情况下，用户角色在 Zabbix 中的访问权限如表 2.1 所示。

表 2.1

用户角色	描述
User role	Zabbix User 角色有权访问 Monitoring、Services、Inventory 和 Reports 菜单。在默认的情况下，该角色的用户无法访问任何资源，必须被明确授予主机组相应的权限
Admin role	Zabbix Admin 角色有权访问 Monitoring、Services、Inventory、Reports 和 Configuration 菜单。在默认的情况下，该角色的用户无法访问任何资源，必须被明确授予主机组相应的权限
Super admin role	Zabbix Super admin 角色有权访问 Monitoring、Services、Inventory、Reports、Configuration 和 Administration 菜单。在默认的情况下，该角色的用户对所有主机组具有读写权限，不能通过拒绝访问来撤销对任何主机组的读写权限

重复上述步骤创建"network_y"用户，但在"Permissions"选项卡的"Role"字段中选择"Admin role"选项，如图 2.19 所示。

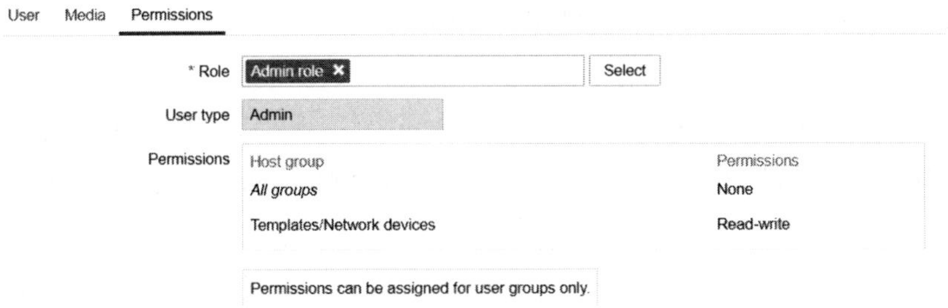

User　Media　Permissions

* Role	Admin role ✖
User type	Admin
Permissions	

Host group	Permissions
All groups	None
Templates/Network devices	Read-write

Permissions can be assigned for user groups only.

图 2.19

在创建这两个用户后，创建 Infrastructure 用户组的用户"infra_user"。重复创建"network_x"的步骤。当然，用户名不用和本书中写的一致。然后，将此用户添加到该组中，并授予用户相应的权限，单击"Select"按钮，选择名为"Infrastructure"的用户组，如图 2.20 所示。

User　Media　Permissions

* Username	infra_user
Name	
Last name	
* Groups	Infrastructure ✖ Select
	type here to search
* Password ❓	••••••••
* Password (once again)	••••••••

Password is not mandatory for non internal authentication type.

Language	System default ⌄ 🛈
Time zone	System default: (UTC+08:00) Asia/Shanghai ⌄
Theme	System default ⌄
Auto-login	☐
Auto-logout	☐ 15m
* Refresh	30s
* Rows per page	50
URL (after login)	

Add　Cancel

图 2.20

最后，将此用户设为另一个超级管理员。

下面创建 Buying and Inventory 用户组的用户"buy_user"，再次重复之前的步骤，更改"User"选项卡的"Username"和"Groups"字段中的内容，如图 2.21 所示。

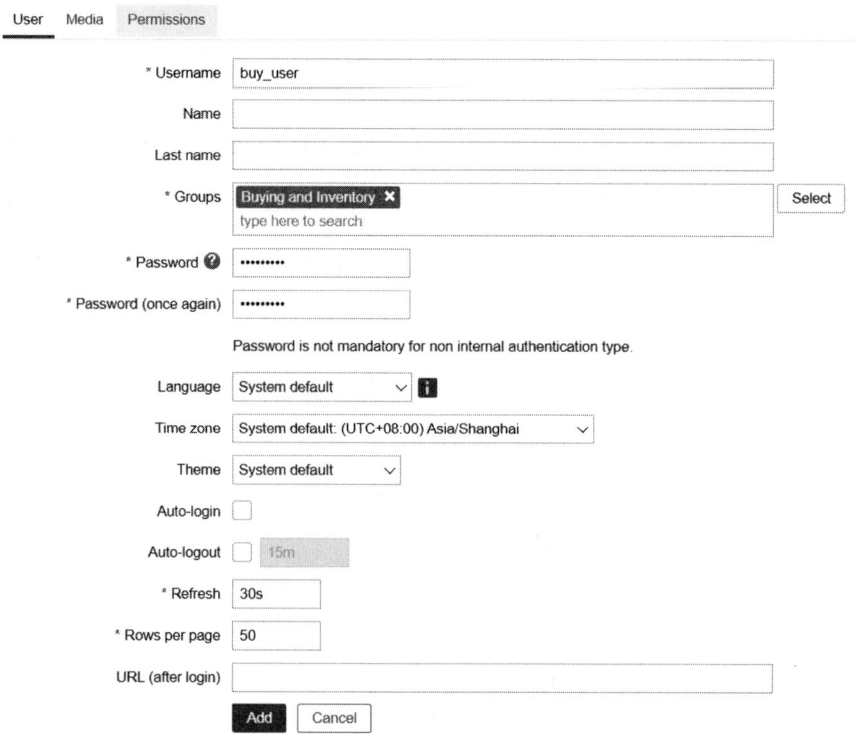

图 2.21

如果你并未按照之前的步骤操作，那么可以在"Permissions"选项卡中将此用户的角色更改为"User role"。但是，如果按照本书写的步骤操作，那么可以选择之前创建的 User Plus 用户角色，如图 2.22 所示。

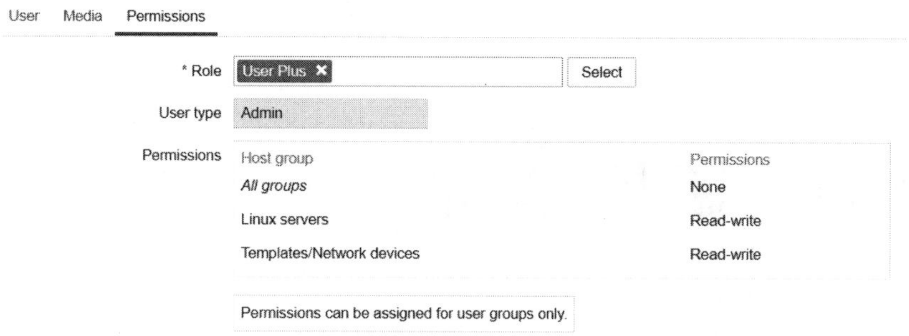

图 2.22

为用户配置 User Plus 用户角色，将允许用户"buy_user"创建维护周期。

下面总结一下整个用户结构及权限分配：

（1）network_x。有权访问 Networking 用户组，是 Super admin 角色。

（2）network_y。有权访问 Networking 用户组，是 Admin 角色。

（3）Infra_user。有权访问 Infrastructure 用户组，是 Super admin 角色。

（4）buy_user。有权访问 Buying and Inventory 用户组，是 User role 或 User Plus 角色。

第3章 监 控 实 战

Zabbix 提供了非常多样化的监控方式，这使得 Zabbix 在数据采集方面更灵活和全面。本章将介绍如何使用 Zabbix 提供的各种监控方式。希望通过学习本章的内容，你对 Zabbix 监控相关的工作原理有更深入的了解。

你将在本章中学习到以下内容：

（1）使用 Zabbix agent 监控。

（2）使用 SNMP（Simple Network Management Protocol，简单网络管理协议）监控。

（3）创建 Zabbix simple check（简单检查）。

（4）创建 Zabbix trapper（采集器）。

（5）创建 Calculated（可计算）。

（5）创建 Dependent items（从属监控项）。

（6）创建 External check（外部检查）。

（7）创建 JMX 监控。

（8）创建 Database 监控。

（9）创建 HTTP agent 监控。

（10）创建 Zabbix preprocessing（预处理）。

环境要求：需要安装一台 Zabbix server。可以使用 CentOS、Ubuntu、Debian、Rocky Linux 或其他任何发行版本的 Linux 操作系统，还需要一台安装了 MariaDB 数据库的主机。

如果还没有上述环境，那么请先按照第 1 章的内容进行操作。

3.1 Zabbix agent 2

从 Zabbix 5.0 发布以来，Zabbix 正式开始支持 Zabbix agent 2。Zabbix agent 2 比之前的 Zabbix agent 做了很多重大的改进，比如使用了新的编程语言 Golang 进行编写。下面将介绍如何使用 Zabbix agent 2。

3.1.1 准备

在开始使用 Zabbix agent 2 之前，需要将其安装到想要被监控的主机上。需要有一台安装了 CentOS 或 Ubuntu 操作系统的 Linux 主机作为被监控对象。

3.1.2 操作步骤

下面介绍如何安装和使用 Zabbix agent 2。

1. 安装 Zabbix agent 2

在需要监控的 Linux 主机上安装 Zabbix agent 2 的安装源。

（1）在 CentOS 操作系统的 Linux 主机上执行以下命令：

```
# rpm -Uvh https://repo.zabbix.com/zabbix/6.0/rhel/8/x86_64/
zabbix-release-6.0-1.el8.noarch.rpm
# dnf clean all
```

（2）在 Ubuntu 操作系统的 Linux 主机上执行以下命令：

```
# wget https://repo.zabbix.com/zabbix/6.0/ubuntu/pool/main/z/
zabbix-release/zabbix-release_6.0-1+ubuntu20.04_all.deb
# dpkg -i zabbix-release_6.0-1+ubuntu20.04_all.deb
# apt update
```

然后，安装 Zabbix agent 2。

（1）在 CentOS 操作系统的 Linux 主机上执行以下命令安装：

```
# dnf -y install zabbix-agent2
```

（2）在 Ubuntu 操作系统的 Linux 主机上执行以下命令安装：

```
# apt install zabbix-agent2
```

提示：在向系统添加安装源的时候，请注意 Zabbix 下载页面的地址变化，可以在 Zabbix 官网的 Download 页面中获取最新的安装源地址。

2. 配置 Zabbix agent 2

1）配置 Zabbix agent 2 的被动模式

在 Zabbix agent 2 安装完后，执行以下命令打开配置文件进行编辑：

```
# vi /etc/zabbix/zabbix_agent2.conf
```

通过编辑此文件，可以配置 Zabbix agent 2 所需的配置参数。

可以在 Zabbix server 上执行以下命令获取 IP 地址：

```
# ip addr
```

编辑并配置以下参数，将"Server"等号右边的值修改为 Zabbix server 的
IP 地址。将"Hostname"的值修改为被监控主机的主机名。

```
Server=127.0.0.1
Hostname=Zabbix server
```

执行以下命令配置开机启动，并重启 Zabbix agent 2。

```
# systemctl enable zabbix-agent2
# systemctl start zabbix-agent2
```

接下来，访问 Zabbix 的 Web 前端，并添加此主机进行监控。

单击"Configuration"→"Hosts"选项，然后单击页面右上角的"Create host"
按钮，打开如图 3.1 所示的页面。要想创建此主机监控，就需要填写以下内容。

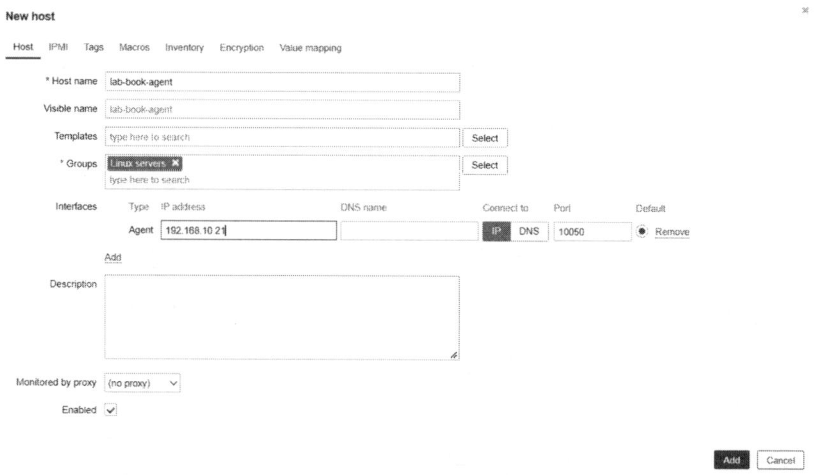

图 3.1

（1）Host name：被监控主机的主机名，作为被监控对象的唯一标识。

（2）Groups：对被监控主机进行逻辑分组。

（3）Interfaces：配置特定的监控接口，也就是被监控主机的 IP 地址及端口（默认为 10050），被监控主机通过接口进行通信。Zabbix 6.0 允许被监控主机不配置接口，但是如果使用 Zabbix agent 2 进行监控，就必须配置一个接口。

将被监控主机的 IP 地址添加至 Agent 接口配置字段中。

为需要监控的主机添加一个监控模板，如果你之前使用过 Zabbix，那么会发现对于 Zabbix 6.0 来说添加模板必须在同一个选项卡中完成。由于这是一台通过 Zabbix agent 2 监控的 Linux 主机，因此可以直接添加开箱即用的 Zabbix agent 模板，如图 3.2 所示。

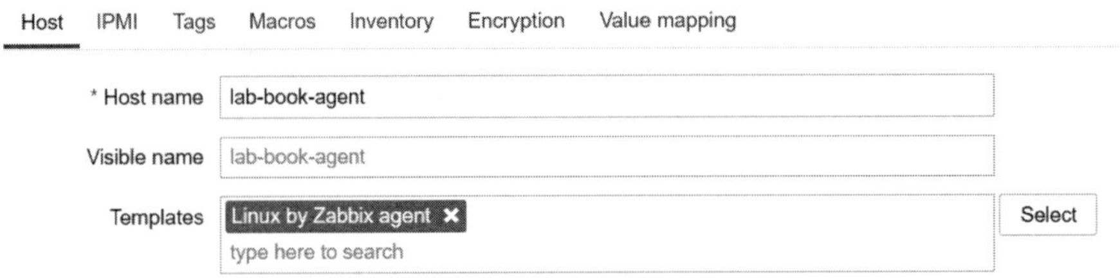

图 3.2

单击图 3.1 中的"Add"按钮，一台被监控主机就创建完成了。可以看到 ZBX 可用性图标变成了绿色，如图 3.3 所示。这表示被监控主机 Zabbix agent 2 已启动，并通过被动模式进行监控。

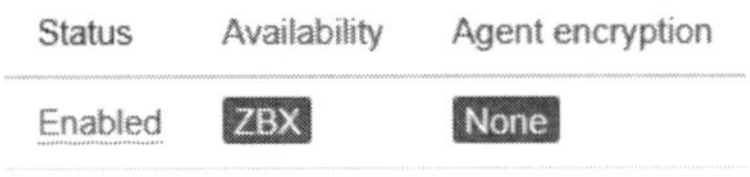

图 3.3

现在已经创建好了一台被监控的 Linux 主机,并且为这台主机添加了一个
监控模板,因此可以单击"Monitoring"→"Hosts"选项对此主机的监控指标
和最新数据进行查看。这里需要注意,这些监控数据可能需要等一段时间才能
显示出来,如图 3.4 所示。

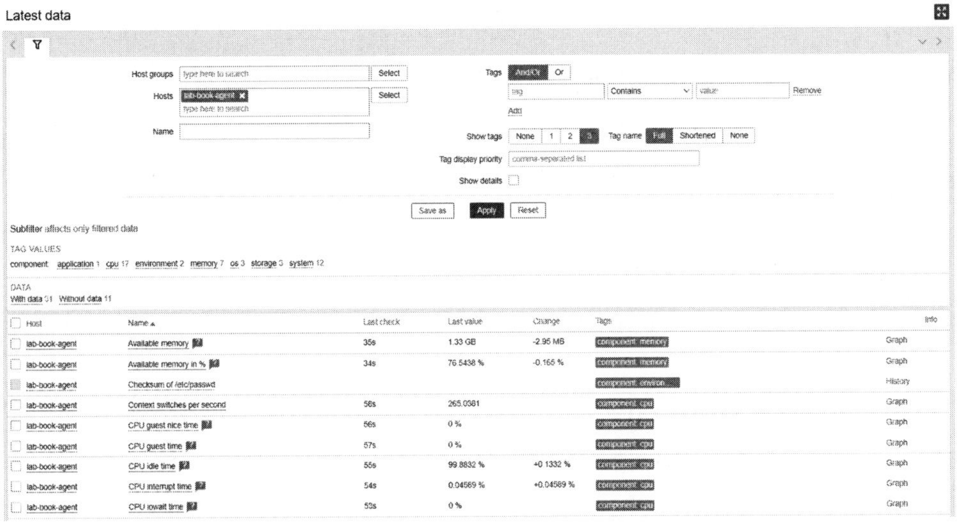

图 3.4

2)配置 Zabbix agent 2 的主动模式

配置 Zabbix agent 2 的主动模式需要更改一些配置参数。

首先执行以下命令,对配置文件进行编辑:

```
# vi /etc/zabbix/zabbix_agent2.conf
```

配置 Zabbix agent 2 的主动模式下对应的 Zabbix server/proxy 地址,将
"ServerActive"的值更改为 Zabbix server 的 IP 地址,命令如下:

```
ServerActive=127.0.0.1
```

将"Hostname"的值更改为"lab-book-agent"，也就是被监控主机的主机名，命令如下：

```
Hostname=lab-book-agent
```

你可以配置多个 Zabbix server 或 Zabbix proxy 的 IP 地址。例如，配置多个由分号";"分割的 IP 地址，表示数据推送顺序是若前一个 IP 地址对应的服务端口不通，数据则会被推送给后面一个 IP 地址对应的服务端口。配置多个由逗号","分割的 IP 地址，表示数据推送顺序是同时推送给所有 IP 地址对应的服务端口。

执行以下命令，重启 Zabbix agent 2 服务：

```
# systemctl restart zabbix-agent2
```

然后，回到 Zabbix server 的主机配置页面，对刚才配置的被动模式的监控主机进行重命名操作，如图 3.5 所示。

图 3.5

之所以这样配置，是因为对于主动模式而言，Zabbix agent 2 配置文件中的"Host name"必须与 Zabbix Web 前端中显示的主机名相匹配，这里重点提醒必须要保持一致。

单击主机配置页面下方的"Update"按钮保存上述的更改操作。

单击"Configuration"→"Hosts"选项，然后单击页面右上角的"Create host"按钮。

接下来，填写如图 3.6 所示的内容创建主机。

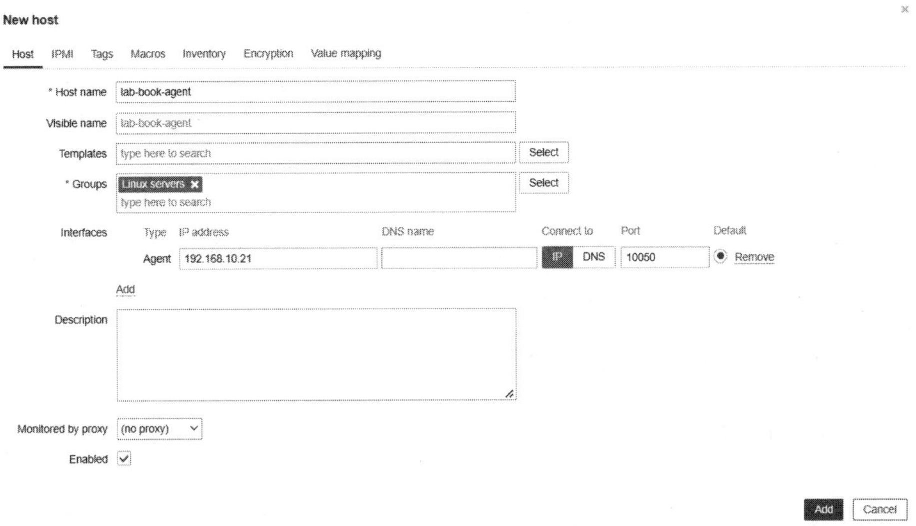

图 3.6

另外，添加主动模式的监控模板，模板名为"Linux by Zabbix agent active"，如图 3.7 所示。

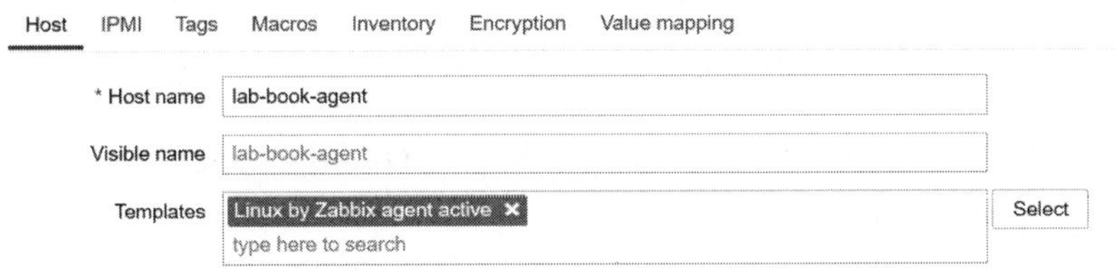

图 3.7

需要注意的是，对于主动模式来说，ZBX 可用性图标不会变为绿色。因为使用被动模式，Zabbix server 会确切地知道该 Zabbix agent[①]有响应，但对于主动模式来说，Zabbix server 只是接收数据，无法判断这些数据是否真的来自所

① Zabbix agent 和 Zabbix agent 2 是两款不同的客户端，从使用层面来说可以统称为 Zabbix agent。

监控的 Zabbix agent，所以在日常使用时，会保留其中一个被动模式的监控项，例如把 agent.ping 这个监控项配置为被动模式，把其他监控项配置为主动模式。

在配置完毕后，单击"Monitoring"→"Hosts"选项查看最新数据来验证配置是否正确。

提示：正如你所看到的那样，Zabbix agent 可以在被动和主动两种模式下同时运行，所以在创建自己的 Zabbix agent 模板时，可以选择哪些监控项使用主动模式，哪些监控项使用被动模式。

3.1.3　工作原理

按照上述步骤操作已经配置了 Zabbix agent 2，并知道了如何对其进行配置。接下来介绍在不同的模式下，Zabbix agent 是如何工作的。

1. 被动模式

被动模式的工作原理如下：Zabbix agent 从被监控主机上收集监控数据，每当被监控主机上的监控项按照采集间隔到达采集时间时，Zabbix server 都会向 Zabbix agent 请求监控数据是什么，也可以认为 Zabbix agent 在被动等待着 Zabbix server 采集数据（如图 3.8 所示）。

图 3.8

如果想时刻知道 Zabbix server 或 Zabbix proxy 是否与 Zabbix agent 一直保持正常的连接状态，那么我觉得使用被动模式非常适合。

2. 主动模式

主动模式的工作原理如下：当 Zabbix agent 上的监控项到采集时间时，Zabbix agent 就会主动将该监控值发送到 Zabbix server（如图 3.9 所示）。

图 3.9

当网络环境中使用了防火墙，Zabbix server 不能直接访问 Zabbix agent 时，主动模式就比较适合这种场景，只需要在防火墙中配置允许访问 Zabbix server 的 10051 端口。

另外，使用主动模式的 Zabbix agent 的效率会更高，因为 Zabbix server 的大部分采集性能负载都在 Zabbix agent 上。在大规模监控实施场景下，配置主动模式可以分摊 Zabbix server 大部分采集性能负载。

综上所述，Zabbix 监控可以同时使用被动和主动两种模式，从而能够更灵活地配置每种类型的监控。Zabbix agent 的整个工作原理如图 3.10 所示。

图 3.10

Zabbix 可以通过两种模式进行合并监控，但是也有一些特殊情况，这里需要注意一下，有些监控项必须使用主动模式。例如，使用 Zabbix agent 进行日志文件的监控，就必须使用主动模式来完成。

如果你有兴趣了解有关 Zabbix agent 的更多监控内容，可以读一下 Alexey Petrov 的博文 "Magic of New Zabbix Agent"。

3.2　SNMP agent

下面介绍如何通过 Zabbix 配置 SNMP 相关监控，可以通过 SNMP 来监控网络设备、防火墙设备、主机硬件设备或存储设备等。

3.2.1　准备

需要使用之前的两台 Linux 主机：

（1）Zabbix server 主机。

（2）3.1 节介绍的使用主动模式监控的主机。

3.2.2　操作步骤

相信很多人都知道通过 SNMP 轮询的方式监控是一种比较普遍的监控手段。接下来将在被监控的 Linux 主机上配置 SNMP v3 协议并添加相关监控。

在主机上需要安装 SNMP 服务。

（1）在 CentOS 操作系统的 Linux 主机上执行以下命令：

```
# dnf install -y net-snmp net-snmp-utils
```

（2）在 Ubuntu 操作系统的 Linux 主机上执行以下命令：

```
# apt-get install snmp snmpd libsnmp-dev
```

创建用于监控主机的 SNMP v3 用户。这里请注意使用的是比较简单的密码，在生产环境中建议使用复杂的密码，执行以下命令：

```
# net-snmp-create-v3-user -ro -a my_authpass -x my_privpass -A SHA
-X AES snmpv3user
```

这条命令用于创建一个 SNMP v3 用户，其中包含用户名"snmpv3user"、身份验证密码"my_authpass"和特权密码"my_privpass"。

执行以下命令，编辑 SNMP 配置文件，用于允许读取所有的 SNMP 对象：

```
# vi /etc/snmp/snmpd.conf
```

在"view systemview"行下边添加以下内容：

```
view          systemview          Included          .1
```

执行以下命令，配置 snmpd 开机启动，并启动 snmpd 服务：

```
# systemctl enable snmpd
# systemctl start snmpd
```

现在回到 Zabbix 前端来配置需要监控的主机，单击"Configuration"→"Hosts"选项，然后单击页面右上角的"Create host"按钮。

按照图 3.11 所示填写主机的配置信息，把主机名填写为"lab-book-snmp"。

配置 SNMP 接口的 IP 地址。

添加开箱即用的 SNMP 监控模板，如图 3.12 所示。

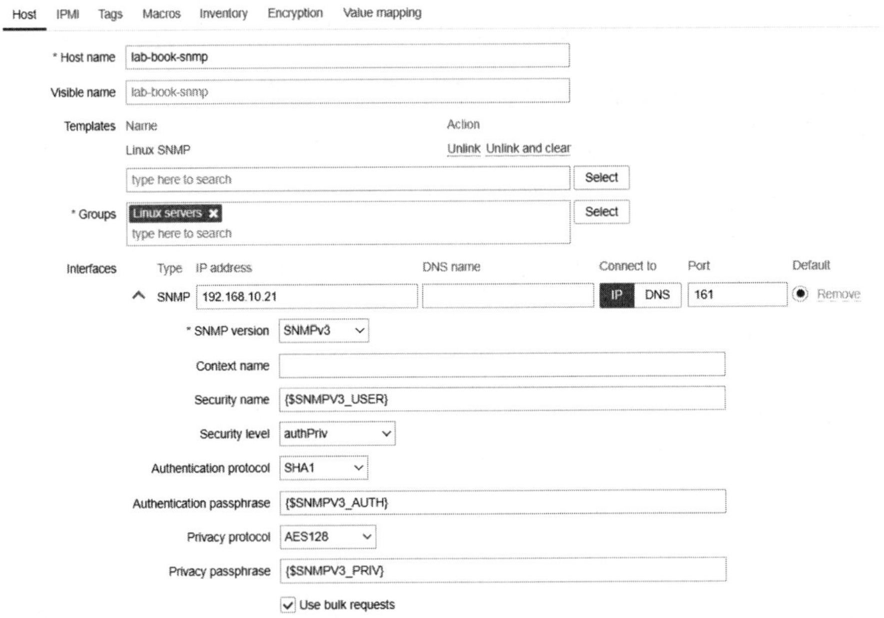

图 3.11

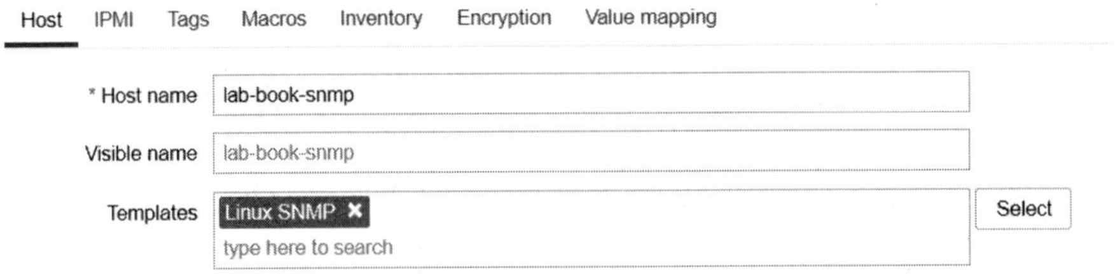

图 3.12

提示：当从旧的 Zabbix 版本升级至 Zabbix 6.0 时，可能无法获取所有开箱即用的监控模板。如果觉得缺少一些监控模板，那么可以访问 Zabbix Git 存储库进行下载。

在这里的配置中，你应该注意到使用了一些 Marco（宏）作为用户名和密码。在添加具有相同凭证的主机时，Zabbix Marco 可以很方便地管理。这是一个非常实用的功能。

　　配置全局宏，单击"Administration"→"General"→"Macros"选项，按照图 3.13 所示进行填写。

Macro	Value	
{$SNMP_COMMUNITY}	public	T ∨
{$SNMPV3_USER}	snmpv3user	T ∨
{$SNMPV3_AUTH}	my_authpass	T ∨
{$SNMPV3_PRIV}	my_privpass	T ∨

图 3.13

　　在 Zabbix 6.0 中新增加了一个非常酷的功能，就是通过"Secret text"选项在前端将宏隐藏起来。这里需要注意一点，"Secret text"类型的宏在 Zabbix 数据库中并没有进行加密。如果想使用完全加密的宏，Zabbix 官方推荐使用 HashiCrop Vault 这样的工具，相关的详细文档地址如下：

Documentation→current→en→manual→config→secrets

　　可以通过使用下拉菜单将"{$SNMPV3_AUTH}"和"{$SNMPV3_PRIV}"的值修改成"Secret text"类型（如图 3.14 所示）。

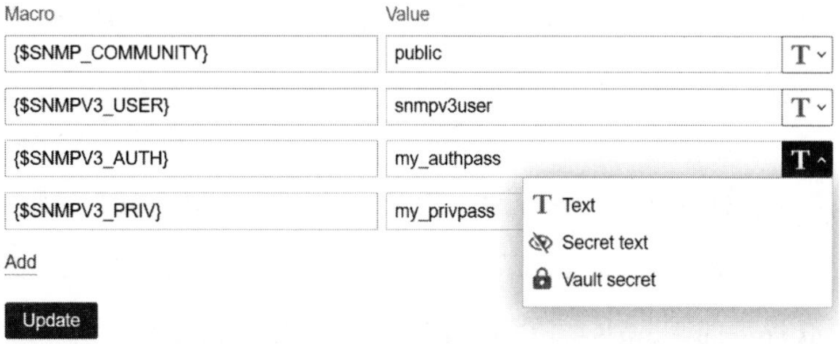

Macro	Value	
{$SNMP_COMMUNITY}	public	T ∨
{$SNMPV3_USER}	snmpv3user	T ∨
{$SNMPV3_AUTH}	my_authpass	T ∧
{$SNMPV3_PRIV}	my_privpass	

T Text
👁 Secret text
🔒 Vault secret

Add

Update

图 3.14

单击"Update"按钮更改"{$SNMPV3_AUTH}"和"{$SNMPV3_PRIV}"的值，再单击"Monitoring"→"Hosts"→"Latest data"选项查看关于这台新设备的监控数据（如图 3.15 所示）。

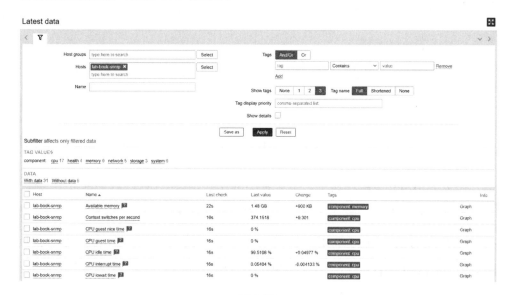

图 3.15

请注意，最新数据可能需要稍等一会儿才会显示出来。

Zabbix 按照优先级顺序把宏分为三种：全局宏、模板宏和主机宏。如果你想导出监控模板或主机配置信息，那么请注意，全局宏不会被一起导出。

3.2.3　工作原理

在按照上面的步骤操作完以后，Zabbix 使用 SNMP POLL 进程通过 SNMP OID 获取监控数据。比如，Free memory 监控项，其实是 Linux 主机上运行的 SNMP agent 提供的 .1.3.6.1.4.1.2021.4.6.0 这个 OID 的 Value（值），然后该值返回给 Zabbix server（如图 3.16 所示）。

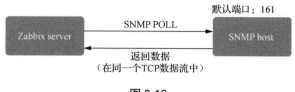

图 3.16

因为在请求过程中使用的是 SNMP v3，所以 Zabbix server 在请求数据时，该请求被加密，并且返回的数据也会被加密。

在配置主机监控时，你一定注意到了有一个"Bulk requests"（批量请求）选项，该选项指的是在同一个请求流中包含获取多个 OID。批量请求是 SNMP 请求的首选方式，因为它的效率更高，如果被监控设备不支持批量请求，就需要把它配置成禁用。

最后，看一下 SNMP OID，这是 SNMP 请求中最重要的部分。OID 以树状结构工作，这就意味着点后面的每一个数字都包含一个值。下面请观察这个 OID：

```
.1.3.6.1.4.1.2021.4 = UCD-SNMP-MIB::memory
```

使用 snmpwalk 命令行工具执行以下命令：

```
# snmpwalk -v 3 -u snmpv3user -l authPriv -a sha -A my_authpass -x
aes -X my_privpass 192.168.10.21 .1.3.6.1.4.1.2021.4 -O fn
```

得到以下结果：

```
.1.3.6.1.4.1.2021.4.1.0 = INTEGER: 0
.1.3.6.1.4.1.2021.4.2.0 = STRING: swap
.1.3.6.1.4.1.2021.4.3.0 = INTEGER: 2097148 kB
.1.3.6.1.4.1.2021.4.4.0 = INTEGER: 1854096 kB
.1.3.6.1.4.1.2021.4.5.0 = INTEGER: 801008 kB
.1.3.6.1.4.1.2021.4.6.0 = INTEGER: 57692 kB
```

这条 OID：.1.3.6.1.4.1.2021.4.6.0 就是 Free memory（可用内存）的监控数据。

3.3   Simple check

本节介绍 Simple check（简单检查），通过 Simple check 监控项可以更灵活地创建一些自定义监控。例如，当无法部署 Zabbix agent 时，用户可以通过 Simple check 类型的监控项对主机进行 ICMP Ping 或端口等监控。

3.3.1   准备

创建 Simple check 监控项需要一台 Zabbix server 和一台被监控的 Linux 主机。可以使用之前已配置的 Zabbix agent 和 SNMP 监控主机。请注意，对于 Simple check 监控，实际上并不需要 Zabbix agent。

3.3.2   操作步骤

顾名思义，Simple check 是一种通过简单的方式进行检查的方法。

下面创建一个 Simple check 监控项，用来监控某个端口上的应用服务是否正常运行。

在 Zabbix 前端创建一个新 Host（主机）。单击 "Configuration" → "Hosts" 选项，然后单击页面右上角的 "Create host" 按钮。

按图 3.17 所示配置主机。

单击 "Configuration" → "Hosts" 选项（如图 3.18 所示），选择刚创建的主机，然后单击 "Items" 选项。

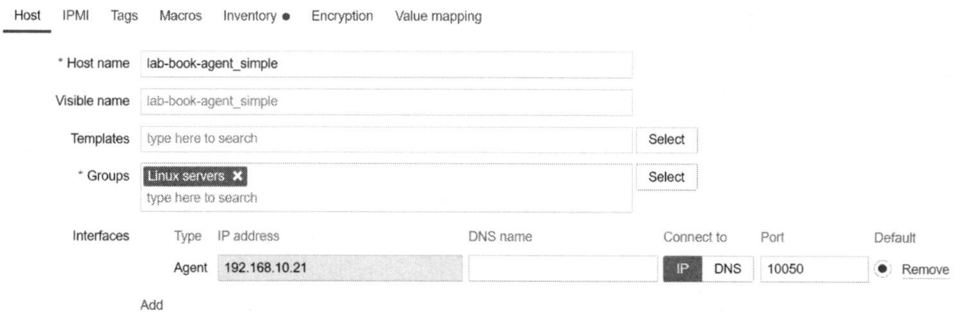
Host
IPMI
Tags
Macros
Inventory
Encryption
Value mapping
* Host name
lab-book-agent_simple
Visible name
lab-book-agent_simple
Templates
type here to search
Select
* Groups
Linux servers
type here to search
Select
Interfaces
Type
IP address
DNS name
Connect to
Port
Default
Agent
192.168.10.21
IP
DNS
10050
Remove
Add

图 3.17

ZABBIX
Hosts
Create host
Import
Filter
Host groups
Templates
Name
sim
DNS
IP
Port
Select
Monitored by
Any
Server
Proxy
Tags
And/Or
Or
Contains
Remove
Add
Apply
Reset
Monitoring
Services
Inventory
Reports
Configuration
Host groups
Templates
Hosts
Maintenance
Actions
Name
Items
Triggers
Graphs
Discovery
Web
Interface
Proxy
Templates
Status
Availability
Agent encryption
Info
Tags
lab-book-agent_simple
192.168.10.21:10050
Enabled
None
Displaying 1 of 1 found

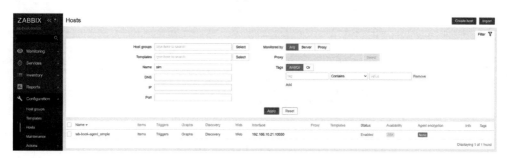

图 3.18

单击页面右上角的“Create item”按钮来创建一个新的监控项，如图 3.19 所示。

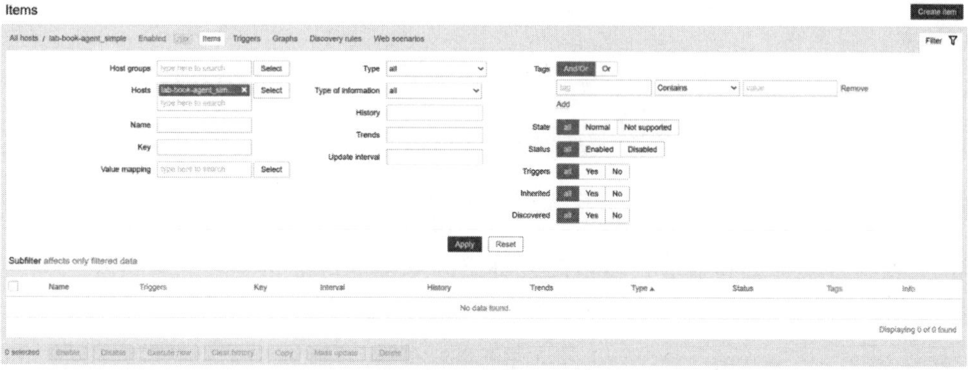
Items
Create item
All hosts / lab-book-agent_simple
Enabled
Items
Triggers
Graphs
Discovery rules
Web scenarios
Filter
Host groups
Hosts
Name
Key
Value mapping
Select
Type
Type of information
History
Trends
Update interval
Tags
And/Or
Or
Contains
Remove
Add
State
Normal
Not supported
Status
Enabled
Disabled
Triggers
Inherited
Discovered
Yes
No
Apply
Reset
Subfilter affects only filtered data
Name
Triggers
Key
Interval
History
Trends
Type
Status
Tags
Info
No data found.
Displaying 0 of 0 found
0 selected

图 3.19

　　按照图 3.20 所示的内容进行配置。注意：带星号的为必填项。完成此操作后，单击页面底部的"Add"按钮。

图 3.20

　　为了方便筛选和查看，可以配置标签（如图 3.21 所示）。

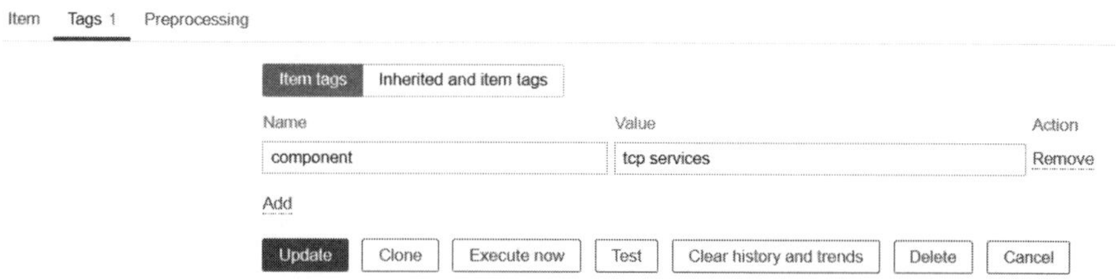

Item　Tags 1　Preprocessing

图 3.21

提示：添加的 "Key" 为 "net.tcp.service[ssh,,22]"。在这里 22 这个参数是可选项，为了安全起见，SSH（Secure Shell，安全外壳）服务是可以选择使用它的端口的，所以可以根据实际端口进行修改。

现在，应该能够在最新的数据页面中查看 22 端口 SSH 服务的状态了。单击 "Monitoring" → "Hosts" → "Latest data" 选项查看监控数据（如图 3.22 所示）。

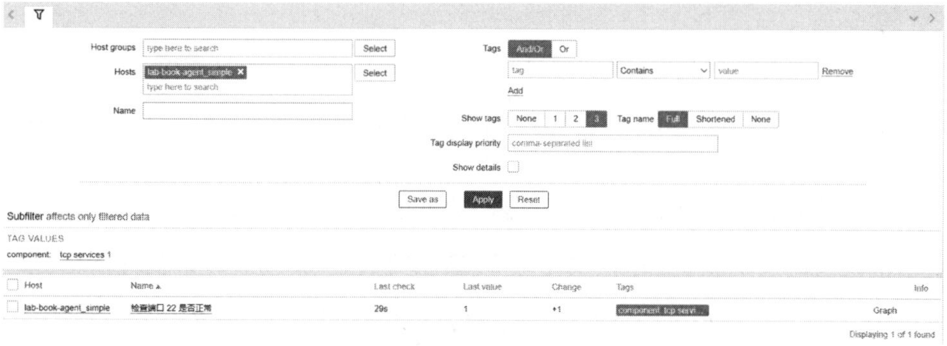

图 3.22

你觉得看到的监控数据是不是有点问题呢？因为监控数据仅能显示 1 或 0，那么接下来通过 Value mapping（值映射）来让监控数据看起来更直观一些。

单击"Configuration"→"Hosts"选项，再单击"Value mapping"选项卡（如图 3.23 所示）。

图 3.23

然后，单击"Add"链接来添加值映射，按如图 3.24 所示的内容填写。

图 3.24

添加值映射的主要目的是提高监控数据的可读性，让监控数据更直观地反映当前的实际情况。例如。在本例中，当监控数据为"0"时，就可以将"0"映射为"Down"，当监控数据为"1"时，就可以将"1"映射为"Up"。

单击页面右下角蓝色的"Add"按钮，然后单击"Update"按钮，保存更新。

单击"Configuration"→"Hosts"选项，再单击"Items"选项，编辑"检测端口 22 是否正常"监控项，单击"Value mapping"字段后的"Select"按钮选择刚才创建的"Service state"选项（如图 3.25 所示）。

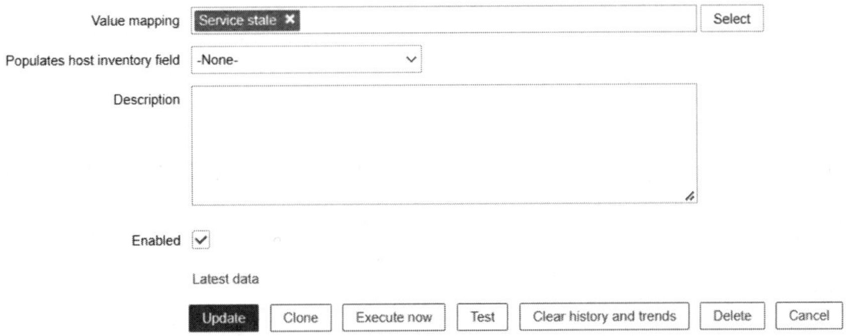

图 3.25

最新的数据页面现在将显示如图 3.26 所示的内容。

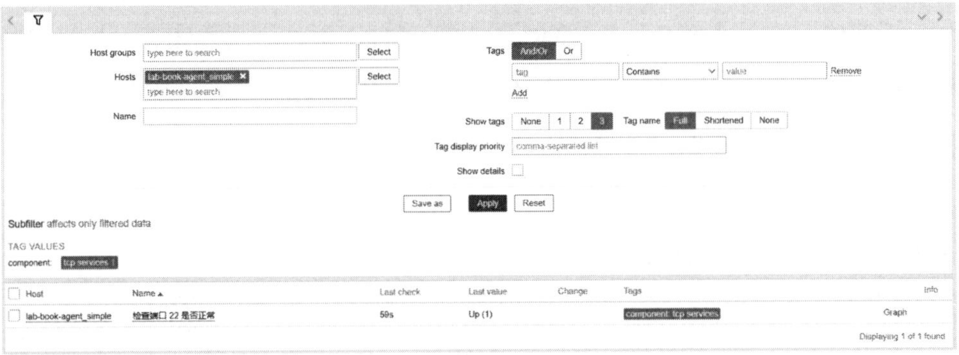

图 3.26

这就是在 Zabbix 中创建简单检查的全部内容了。现在监控数据看起来更直观了，通过显示"Up"和"Down"，增强了数据的可读性，值映射让监控数据更易于理解。

3.3.3　工作原理

Simple check 提供了一种不基于 Zabbix agent 采集数据的监控方式，并且内置了大部分常用的应用服务的检查，详细列表及说明请参考 Zabbix 官方文档：

Documentation → current → manual → config → items → itemtypes → simple_checks

所有这些检查都由 Zabbix server 执行，直接从被监控主机上采集数据（如图 3.27 所示）。例如，当使用 Simple check 检查端口是否打开时，Zabbix server 会发起请求检查它是否可以连接该端口。

图 3.27

请记住，能否使用 Simple check 取决于外部因素。这就意味着，如果被监控主机配置了防火墙，那么为了使 Zabbix server 或 Zabbix proxy 能够访问被监控主机，就需要设置安全网络策略。

3.4　Zabbix trapper

Zabbix trapper（采集器）可以与 Zabbix sender 相结合，简单来说就是将监控数据从被监控主机发送至 Zabbix server，也就是 Zabbix 允许通过自定义脚本的方式来获取监控数据。

3.4.1　操作步骤

在 lab-book-agent_simple 主机上创建一个监控项，单击"Configuration"→"Hosts"选项，再单击"lab-book-agent_simple"主机的"Items"选项，在"Items"页面中单击"Create item"按钮创建新监控项，如图 3.28 所示。

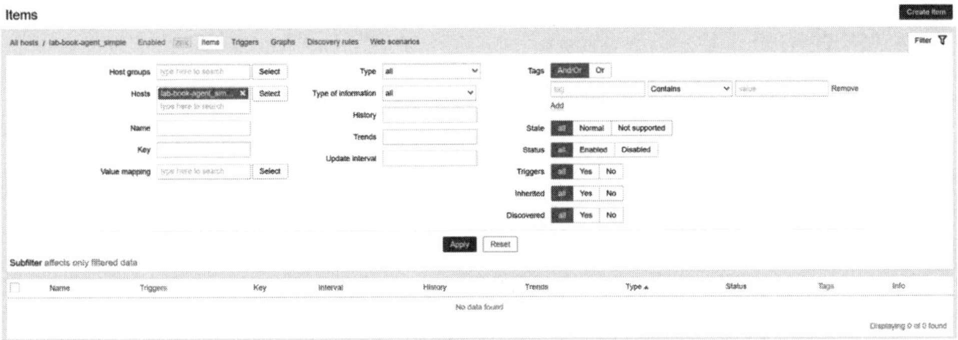

图 3.28

然后，按照图 3.29 所示的内容进行设置，单击"Add"按钮。

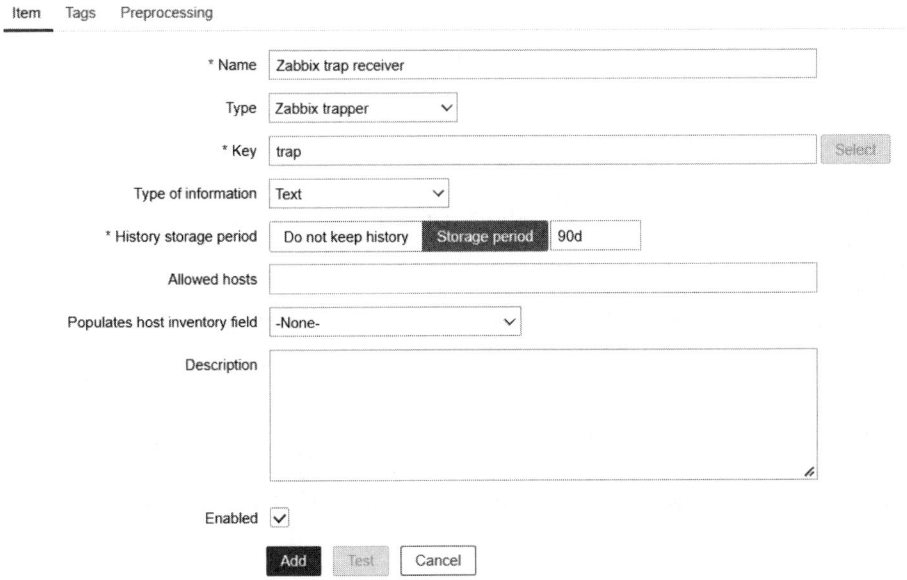

图 3.29

选择"Tags"选项卡，并添加稍后将用于筛选的标签（如图 3.30 所示）[①]。

[①] 在 Zabbix 6.0 中，选项卡后面的数字代表配置的选项的数量。图 3.30 中的"Tags 1"代表配置了 1 个标签。选项卡后面的数字根据配置情况随时变化，并不固定，故本书正文在选项卡后面均不写数字。

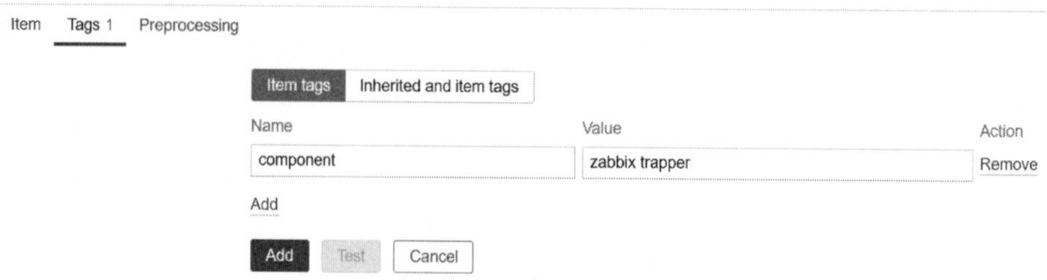

图 3.30

登录 lab-book-agent_simple 主机，安装 Zabbix sender 应用程序。

（1）在 CentOS 操作系统的 Linux 主机上执行以下命令：

```
# dnf -y install zabbix-sender
```

（2）在 Ubuntu 操作系统的 Linux 主机上执行以下命令：

```
# apt-get install zabbix-sender
```

安装完成后，就可以使用 zabbix_sender 命令将监控数据发送给 Zabbix server。具体命令如下：

```
# zabbix_sender -z 192.168.10.21 -s "lab-book-agent_simple" -k trap
-o "Let's test this book trapper"
```

在命令执行完毕后，查看 Zabbix trapper 监控项是否接收到监控数据。单击 "Monitoring" → "Hosts" → "Latest data" 选项查看 Zabbix trapper 监控项接收到的信息（如图 3.31 所示）。

图 3.31

3.4.2 工作原理

Zabbix trapper 与大部分监控方式截然不同，通过 Zabbix 提供的 Zabbix sender 应用程序将监控数据发送至 Zabbix server（如图 3.32 所示）。

图 3.32

通过此功能，可以将 Zabbix sender 功能集成在任何 Shell、Python 脚本中进行调用，将脚本输出的结果发送至 Zabbix server。

在后续深入研究后，在足够了解 Zabbix sender 的工作原理及传输数据包格式的情况下，可以将此功能集成在自己所编写的软件中，使用 Zabbix trapper 可以大大地扩展监控数据的采集范围及使用范围。

3.5 Calculated

Zabbix 除了采集监控数据，也提供了强大的数据处理功能，可以基于采集的数据，结合各类运算符及计算函数重新生成新的监控数据。

3.5.1 准备

按照之前的操作，在 Zabbix server 上已经能够看到很多监控数据了，接下来就基于当前已收集到的监控数据来学习本节的内容。

3.5.2　操作步骤

单击"Configuration"→"Hosts"选项，选择"lab-book-agent_passive"主机，然后单击"Items"选项。在过滤器名为"Name"的字段中，输入"memory"，单击页面的"Apply"按钮，会显示与"memory"相关的监控项（如图 3.33所示）。

	Name ▲	Triggers	Key	Interval	History	Trends	Type	Status	Tags	Info
•••	Linux by Zabbix agent: Available memory	Triggers 1	vm.memory.size[available]	1m	7d	365d	Zabbix agent	Enabled	component: memory	
•••	Linux by Zabbix agent: Available memory in %		vm.memory.size[pavailable]	1m	7d	365d	Zabbix agent	Enabled	component: memory	
•••	Linux by Zabbix agent: Available memory in % Memory utilization	Triggers 1	vm.memory.utilization		7d	365d	Dependent item	Enabled	component: memory	
•••	Linux by Zabbix agent: Total memory	Triggers 1	vm.memory.size[total]	1m	7d	365d	Zabbix agent	Enabled	component: memory	

Displaying 4 of 4 found

图 3.33

接下来，要做的是创建一个 Calculated item（计算监控项），用于显示 15分钟内的 memory 平均使用率。可以通过此监控项来确认在此时间段内主机的繁忙程度。

单击"Create item"按钮，然后开始创建新的计算监控项，按照图 3.34 所示的内容填写。

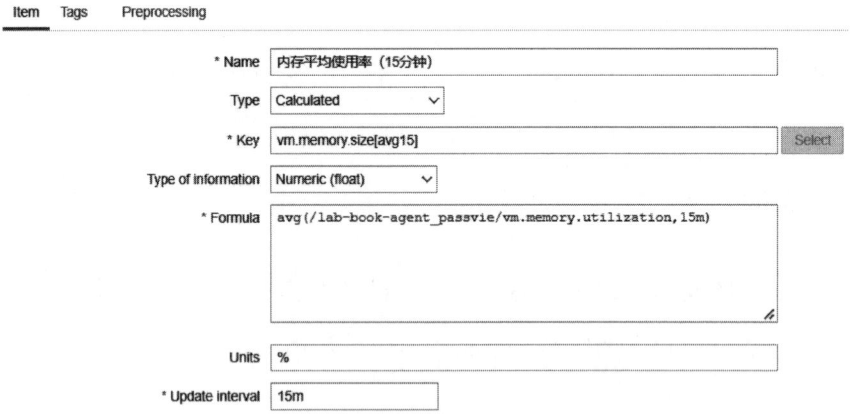

Item	Tags	Preprocessing

* Name　内存平均使用率（15分钟）

Type　Calculated

* Key　vm.memory.size[avg15]　　Select

Type of information　Numeric (float)

* Formula　avg(/lab-book-agent_passvie/vm.memory.utilization,15m)

Units　%

* Update interval　15m

图 3.34

选择"Tags"选项卡，并添加稍后将用于筛选的标签（如图 3.35 所示）。

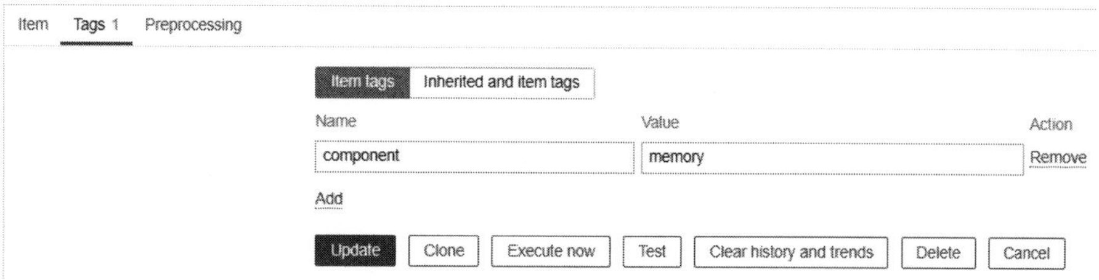

图 3.35

单击"Monitoring"→"Hosts"→"Latest data"选项查看最新数据（如图 3.36 所示）。

图 3.36

现在可以清楚地看到，监控项已经计算出 15 分钟内的 memory 平均使用率。

3.5.3 工作原理

计算类型监控的工作原理相当复杂，下面介绍计算类型监控是如何工作的。

使用计算类型监控是在现有数据的基础上对监控数据进行计算，将多个相关监控项的数据通过计算类型监控组合在一起，就可以获取到新的监控数据。

根据上面的例子，刚才所做的是在 15 分钟内取 1 个监控项的几个值并计算平均值（如图 3.37 所示）。

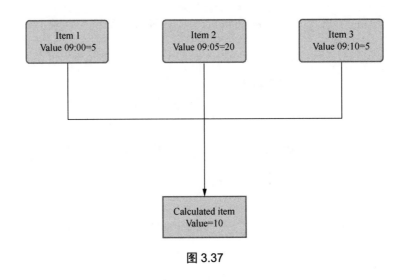

图 3.37

3.6   Dependent items

下面介绍一个非常酷的监控项——Dependent items（依赖监控项）。为什么说它很酷呢？读完以下内容，相信你会有同样的感受。

3.6.1   准备

本节使用 lab-book-centos 主机，或者其他已经部署过 Zabbix server 的环境，还需要安装 MariaDB 数据库。

3.6.2   操作步骤

如果想从 MariaDB 数据库中拉取大量的环境变量作为监控数据，那么可以先用一个监控项采集到所有的数据，再通过依赖监控项进一步处理这些数据。

首先，从创建第一个监控项开始，需要一个采集到所有环境变量的监控项。单击"Configuration"→"Hosts"选项，再单击 lab-book-centos 主机的"Items"

选项，然后单击页面右上角的"Create item"按钮，创建一个新的监控项（如图 3.38 所示）。

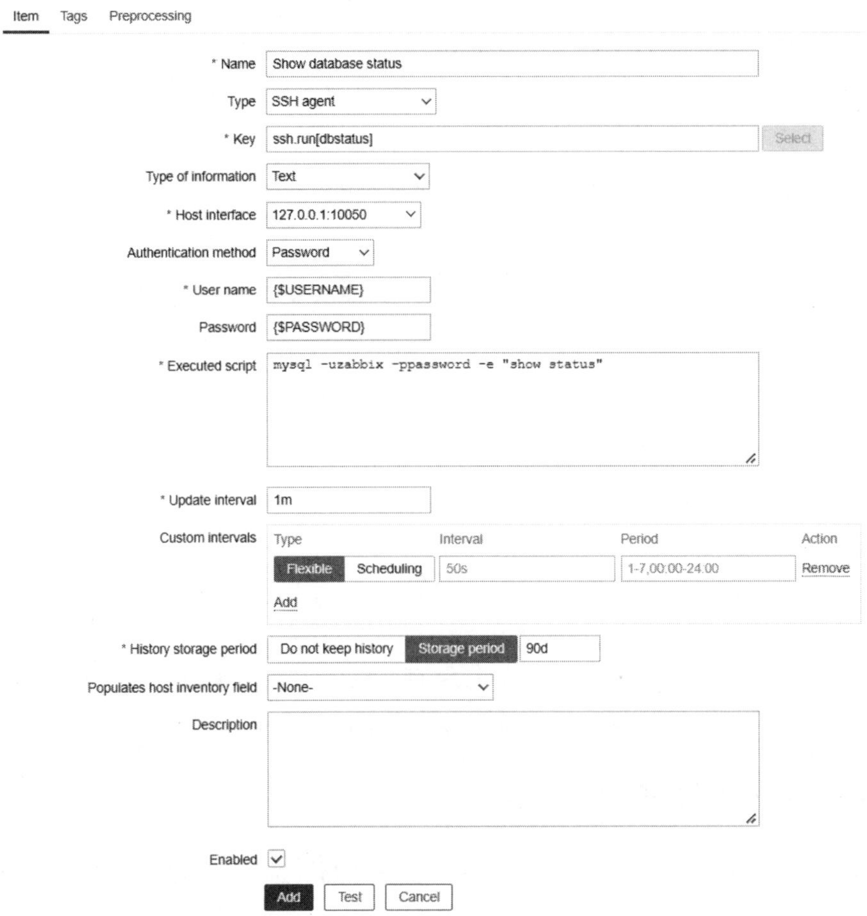

图 3.38

这是一个 SSH 类型的监控项，它使用 SSH 服务登录到 Zabbix server 后，通过执行"Executed script"字段中输入的命令，登录 MariaDB 数据库，并输出相关的状态信息。要确保输入正确的用户账号和密码。

提示：不建议在 MySQL 命令中使用纯文本的内容，例如明文的用户账号和密码。推荐在"Executed script"字段中使用 Macro（宏）作为替代。这样，可以使用宏变量中 Secret text 类型的值来确保没有人可以从前端查看这些敏感的信息。

为了方便搜索，添加如图 3.39 所示的标签。

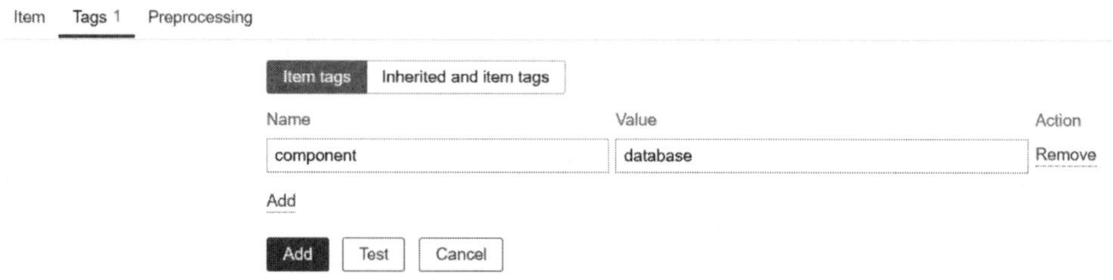

图 3.39

单击"Add"按钮保存这个新监控项。

返回监控项列表，单击页面左上角的主机名，然后单击"Macros"按钮，创建新的"{$USERNAME}"和"{$PASSWORD}"宏，并将 SSH 用户名和密码值类型选择为"Secret text"。

接下来，单击"Monitoring"→"Latest data"选项查看最新数据，应该有一个很长的 MariaDB 数据库的值列表。如果已经获取到数据，那么可以创建依赖监控项了。

要创建依赖监控项，单击"Configuration"→"Hosts"选项，选择主机并单击"Item"选项，然后单击"Create item"按钮，按照如图 3.40 所示的内容填写。

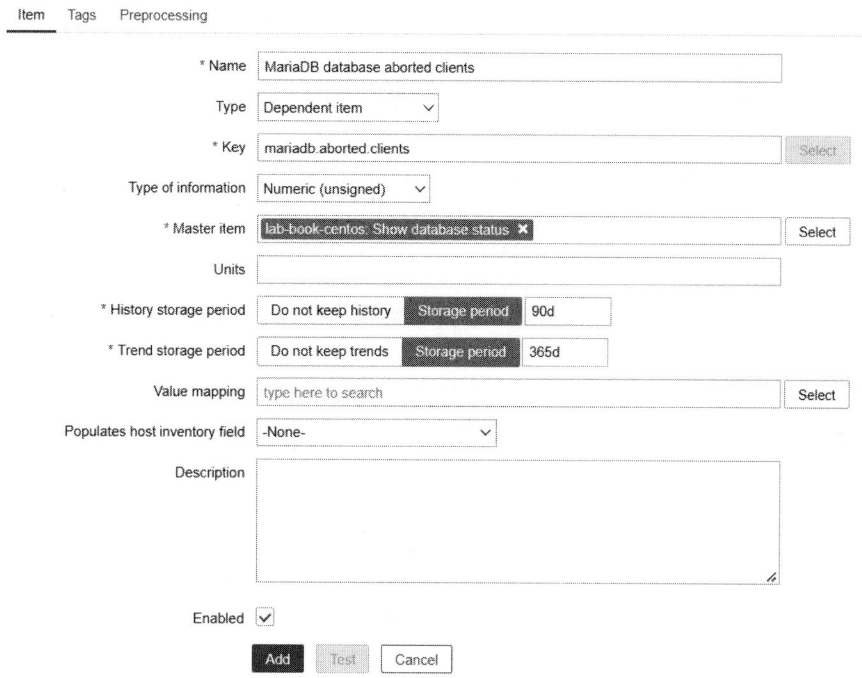

Item Tags Preprocessing

* Name	MariaDB database aborted clients
Type	Dependent item
* Key	mariadb.aborted.clients
Type of information	Numeric (unsigned)
* Master item	lab-book-centos: Show database status ✖
Units	
* History storage period	Do not keep history Storage period 90d
* Trend storage period	Do not keep trends Storage period 365d
Value mapping	type here to search
Populates host inventory field	-None-
Description	
Enabled	✓

Add Test Cancel

图 3.40

选择"Tags"选项卡,添加相应的标签(如图 3.41 所示)。

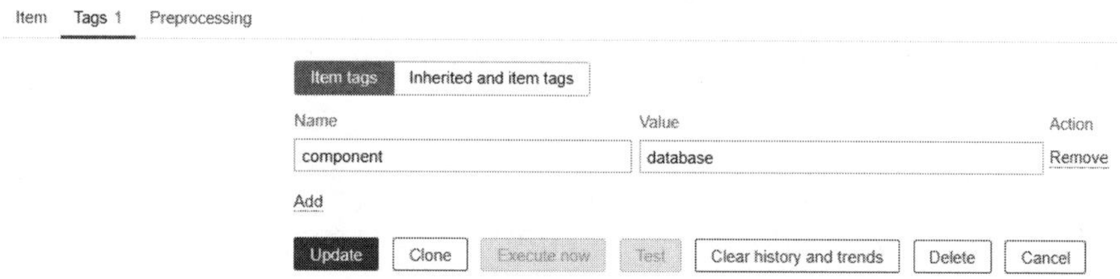

Item Tags 1 Preprocessing

Item tags Inherited and item tags

Name	Value	Action
component	database	Remove

Add

Update Clone Execute now Test Clear history and trends Delete Cancel

图 3.41

一定不要少了预处理这一步骤,否则,监控项将直接获取与主监控项相同的数据。因此,要按照如图 3.42 所示的内容添加预处理信息。

图 3.42

在添加预处理信息之后，监控项将获取"MariaDB database abored clients"（如图 3.43 所示）。

Host	Name ▲	Last check	Last value
lab-book-centos	MariaDB database aborted clients	44s	9

图 3.43

使用依赖监控项，可以将自其他监控项一次性获取的多个数据拆分为所需要的单个数据。

3.6.3　工作原理

依赖监控项的工作原理很简单，只需要从主监控项中获取数据并将该数据处理为其他数据即可。通过这种方式，可以创建监控采集间隔时间保持一致的监控项。

依赖监控项基本上用于复制数据。从图 3.44 中可以看出，主监控项数据分别复制到依赖监控项 1 和依赖监控项 2，在复制完数据后，再通过预处理功能对复制过来的数据进行处理，比如正则匹配、数据切割、数据格式解析等，重新生成其他数据。再次提醒，依赖监控项必须使用预处理功能从主监控项中提取数据。如果不进行预处理，那么数据将与主监控项数据完全相同。

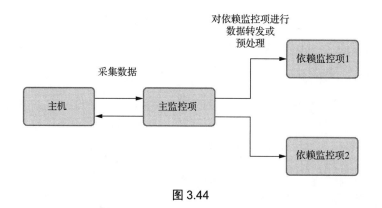

图 3.44

提示：因为已经将数据保存至依赖监控项中，所以无须将主监控项数据保存到数据库中。当不想保存主监控项数据时，只需要在该主监控项上选择"Do not keep hisory"选项即可，这样可以减少一部分的磁盘容量开销。

3.7 External check

为了进一步扩展监控功能，Zabbix 提供了 External check（外部检测）这个监控项，允许用户在 Zabbix server 端或者 Zabbix proxy 端执行自定义脚本，并且可以带入参数。

3.7.1 准备

本节只需要 Zabbix server，也就是 lab-book-centos，将在这台主机上创建 External check 监控项。

3.7.2 操作步骤

首先，请确认一下 Zabbix server 的配置，在 Zabbix server 命令行界面执行以下命令：

```
# grep "ExternalScripts=" /etc/zabbix/zabbix_server.conf
```

执行这个命令可以确认 External check 所调用的脚本路径。默认路径是 /usr/lib/zabbix/externalscripts/，执行以下命令在此目录中创建一个名为 "test_external.sh" 的新脚本：

```
# vim /usr/lib/zabbix/externalscripts/test_external
```

将以下代码添加到此文件中并保存：

```
#!/bin/bash
echo $1
```

在编辑结束后，执行以下命令为脚本添加 Zabbix 用户的所有权及可执行权限：

```
# chmod +x /usr/lib/zabbix/externalscripts/test_external
# chown zabbix:zabbix  /usr/lib/zabbix/externalscripts/test_external
```

现在已经准备好了脚本，接下来开始创建监控项。单击 "Configuration" → "Hosts" 选项，选择 "lab-book-centos" 这台主机并单击 "Item" 选项，再单击 "Create item" 按钮，填写如图 3.45 所示的内容。

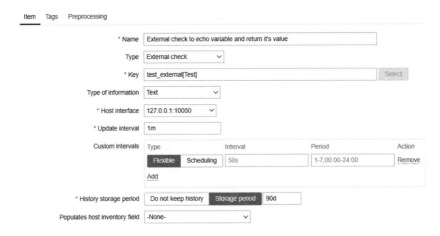

图 3.45

在填写完毕后，单击"Monitoring"→"Hosts"选项，找到"lab-book-centos"这台主机，单击"Latest data"选项进入最新的数据页面，应该会得到脚本返回"Test"的结果（如图 3.46 所示）。

	Host	Name ▲	Last check	Last value
☐	lab-book-centos	External check to echo variable and return it's value	18s	Test

图 3.46

3.7.3 工作原理

External check 监控项使用起来非常简单，需要做的只是执行脚本，并获取脚本执行后的结果（如图 3.47 所示）。

图 3.47

就像之前示例中的一样，将 Test 参数发送给所执行的脚本，脚本将"$1"（第一个参数）进行输出，Zabbix 最终获取脚本执行后输出的结果。

你可以使用擅长的任何编程语言来编写脚本，使用此功能在当前的 Zabbix 功能之上创建更多的扩展，External check 是一个简单而又强大的功能。

3.8 JMX agent

Zabbix 内置了 JMX 监控，因此可以直接监控 JMX 应用程序。本节介绍如何使用 Zabbix JMX 监控 Tomcat。

3.8.1　准备

为了方便演示，使用之前部署的 Zabbix server 来监控 JMX 应用程序，并且另外部署了一台 Linux 主机，安装了 Tomcat。为了方便演示，这里使用 yum 安装，安装后将以下内容添加到/etc/tomcat/tomcat.conf 配置文件中，用于接下来的操作。

```
JAVA_OPTS="-Djava.rmi.server.hostname=192.168.10.135
 -Dcom.sun.management.jmxremote
-Dcom.sun.management.jmxremote.port=12345
-Dcom.sun.management.jmxremote.authenticate=false
-Dcom.sun.management.jmxremote.ssl=false"
```

如果使用其他方式安装，需要根据你的实际环境进行配置。每个软件可能都有自己的设置方式，只要开启 JMX 监控功能即可。

3.8.2　操作步骤

如果想实现 JMX 监控，就需要在 Zabbix server 上添加一台主机，该主机用于监控 Tomcat。首先需要在 Zabbix server 上修改一些参数。

登录 Zabbix server 所在的主机后，执行以下命令编辑配置文件/etc/zabbix/zabbix_server.conf：

```
# vi /etc/zabbix/zabbix_server.conf
```

然后，需要将以下内容添加到此文件中：

```
JavaGateway=127.0.0.1
StartJavaPollers=5
```

提示：Zabbix java gateway（Zabbix java 网关）不限于安装到 Zabbix server 上，通过部署在不同的主机上，可以更轻松地分散负载并进行扩展。只需将其安装到独立的主机上，然后将该主机的 IP 地址添加到 JavaGateway 参数中即可。在本例中，Zabbix java gateway 和 Zabbix server 在同一台主机上。

在 Zabbix server 上安装 Zabbix java gateway。

（1）在 RHEL 操作系统的 Linux 主机上执行以下命令：

```
# dnf install -y zabbix-java-gateway
# systemctl enable zabbix-java-gateway
# systemctl start zabbix-java-gateway
# systemctl restart zabbix-server
```

（2）在 Ubuntu 操作系统的 Linux 主机上执行以下命令：

```
# apt install zabbix-java-gateway
# systemctl enable zabbix-java-gateway
# systemctl start zabbix-java-gateway
# systemctl restart zabbix-server
```

提示：Zabbix java gateway 属于独立的应用服务。在默认情况下，并不会直接安装此服务，所以需要手动安装。

现在就可以开始 JMX 监控了，单击"Configuration"→"Hosts"选项，然后单击页面右上角的"Create host"选项。

按照图 3.48 所示的内容配置主机。

除了需要注意带星号的必填项，还要注意在"Interfaces"选区要选择 JMX 接口，并填写 IP 地址和对应的端口号（以实际环境所配置的 JMX 端口号为准）。

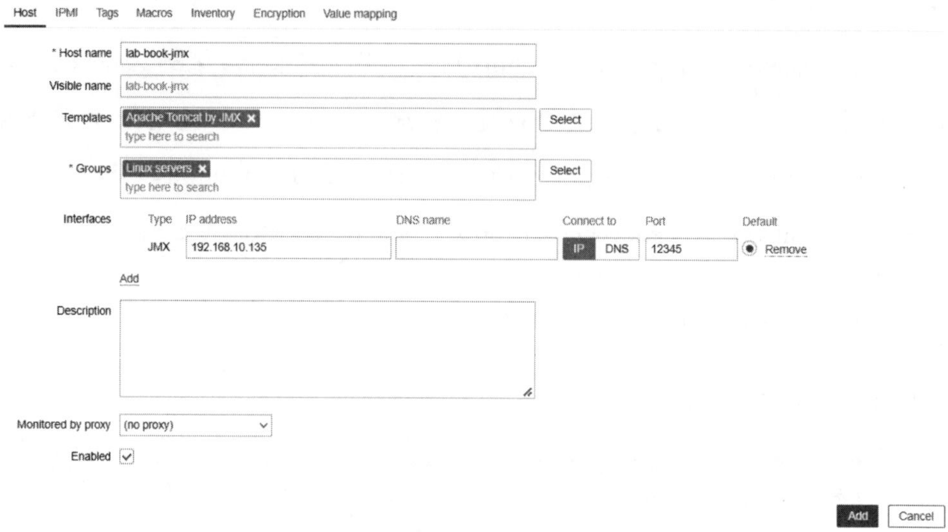

Host　IPMI　Tags　Macros　Inventory　Encryption　Value mapping

* Host name	lab-book-jmx
Visible name	lab-book-jmx
Templates	Apache Tomcat by JMX ✕ 　 Select
	type here to search
* Groups	Linux servers ✕ 　 Select
	type here to search

Interfaces　Type　IP address　　　　　　　　　DNS name　　　　　　Connect to　Port　　Default

JMX　192.168.10.135　　　　　　　　　　　　　　　IP　DNS　12345　　● Remove

Add

Description

Monitored by proxy　(no proxy)

Enabled　☑

Add　Cancel

图 3.48

然后，单击"Monitoring"→"Hosts"选项，应该会看到 JMX 图标显示为绿色（如图 3.49 所示）。

lab-book-jmx　　　　　　　192.168.10.135:12345　　JMX　　　class: software　target: tomcat

图 3.49

如果单击 JMX 监控主机的"Latest data"选项，那么还可以看到采集到的监控数据，即如图 3.50 所示的内容。

lab-book-jmx　　　　Tomcat: Version ?　　　　　　　　　　　　　2m 29s　　　Apache Tomcat/7....

图 3.50

3.8.3　工作原理

Zabbix 利用安装在 Zabbix server 本身或其他主机上的 Zabbix java gateway 来监控 JMX 应用程序（如图 3.51 所示）。

图 3.51

Zabbix 通过自身的 Java poller（轮询器）连接 Zabbix java gateway，Zabbix java gateway 与 JMX 应用程序进行通信，就像示例中的一样。然后，监控数据再通过相同的路径返回，这样 Zabbix 就获取到了 JMX 应用程序的监控数据。

3.9　Database monitor

对于每一个公司来说，对数据库的监控都非常重要。通过对数据库的监控，可以了解数据库的运行状况。Zabbix 也提供了相应的 Database monitor（数据库监控）功能，你可以使用它来监控数据库的运行状态。

3.9.1　准备

之前已经安装和部署了一台 Zabbix server，并且安装有数据库，下面将演示如何监控 MariaDB 数据库。

3.9.2　操作步骤

在开始创建数据库监控之前，必须在 Zabbix server 上安装必要的软件。

（1）在 RHEL 操作系统的 Linux 主机上执行以下命令：

```
# dnf install -y unixODBC mariadb-connector-odbc
```

（2）在 Ubuntu 操作系统的 Linux 主机上执行以下命令：

```
# apt install odbc-mariadb unixodbc unixodbc-dev odbcinst
```

执行以下命令，可以验证 Open Database Connectivity（ODBC，开放式数据库连接）配置是否存在：

```
# odbcinst -j
```

可以看到以下输出的内容：

```
unixODBC 2.3.7
DRIVERS............: /etc/odbcinst.ini
SYSTEM DATA SOURCES: /etc/odbc.ini
FILE DATA SOURCES..: /etc/ODBCDataSources
USER DATA SOURCES..: /root/.odbc.ini
SQLULEN Size.......: 8
SQLLEN Size........: 8
SQLSETPOSIROW Size.: 8
```

在确认输出的内容与上述内容一致后，就可以执行以下命令编辑 odbc.ini 文件用于连接数据库：

```
# vim /etc/odbc.ini
```

按照下面的内容，填写 Zabbix 数据库的信息：

```
[book]
Description = MySQL book test database
Driver = mariadb
Server = 127.0.0.1
Port = 3306
User = zabbix
Password = password
Database = zabbix
```

现在，执行以下命令来测试连接是否正确：

```
# isql -v book
+---------------------------------------+
| Connected!                            |
```

```
|                                          |
| sql-statement                            |
| help [tablename]                         |
| quit                                     |
|                                          |
+------------------------------------------+
SQL>
```

如果收到一样的信息，那么说明已经连接，如果没有收到，那么请检查配置文件，然后重试。

现在回到 Zabbix 前端来配置基于 ODBC 类型的数据库监控。单击"Configuration"→"Hosts"选项，单击"lab-book-centos"主机，也就是 Zabbix server，然后单击"Items"选项，通过单击页面右上角的"Create item"按钮来创建新的监控项。

需要为监控项添加如图 3.52 所示的内容。

| Item | Tags | Preprocessing |

* Name	Zabbix 数据库中配置的监控项数
Type	Database monitor
* Key	db.odbc.select[mariadb-simple-check,book] Select
Type of information	Numeric (unsigned)
User name	{$ODBC.USERNAME}
Password	{$ODBC.PASSWORD}
* SQL query	select count(*) from items;
Units	
* Update interval	1m

图 3.52

选择"Tags"选项卡，添加用于标识的标签，单击"Add"按钮保存（如图 3.53 所示）。

图 3.53

然后，单击主机添加宏（如图 3.54 所示）。

图 3.54

单击"Monitoring"→"Hosts"选项，然后单击"lab-book-centos"主机的"Latest data"选项，将看到如图 3.55 所示的内容。

图 3.55

3.9.3   工作原理

Zabbix 数据库监控的工作原理是使用 ODBC 连接器连接数据库。Zabbix 可以通过 ODBC 连接器对任何数据库进行查询（如图 3.56 所示）。

图 3.56

基本上，Zabbix server 会向 ODBC 连接器发送指令。例如，Select 查询，ODBC 连接器通过 ODBC API 将此查询发送到数据库，查询出结果后 ODBC API 向 ODBC 连接器返回一个值，然后 ODBC 连接器将该值转发给 Zabbix server。

你可以利用 Zabbix 的数据库监控类型来执行大量的数据库查询操作。但请注意，大量查询可能会消耗一些数据库的性能资源。因此，优化查询语句和定义一个适合正确查询的时间间隔就显得尤为重要。

或者，也可以使用 Zabbix agent 2 来监控数据库，这样除了可以提高性能，还可以降低使用上的复杂度。

3.10　HTTP agent

使用 Zabbix HTTP agent 类型，可以通过访问网页或者 API 获取所需的监控数据。例如，当比较关注某个网站上的数据时，你想从网页上获取这个数据，就可以使用 Zabbix HTTP agent 类型来实现。

3.10.1　准备

本书将继续使用 Zabbix server 对一个网页进行监控。为了方便学习，我在自己的网站上添加了一个页面，以便从中检索该数据。页面地址如下：

```
http://www.grandage.cn/book-page/zabbix.html
```

请注意，Zabbix server 需要访问互联网才能做以下操作。

3.10.2   操作步骤

请访问本书创建的一个特殊的网页，页面会对访问进行计数。所以，当每次访问页面时，访问数都会累加。

单击"Configuration"→"Hosts"选项，单击"lab-book-agent_simple"主机，再单击"Items"选项。创建一个 HTTP agent 类型的监控项，单击页面右上角的"Create item"按钮，打开如图 3.57 所示的页面。

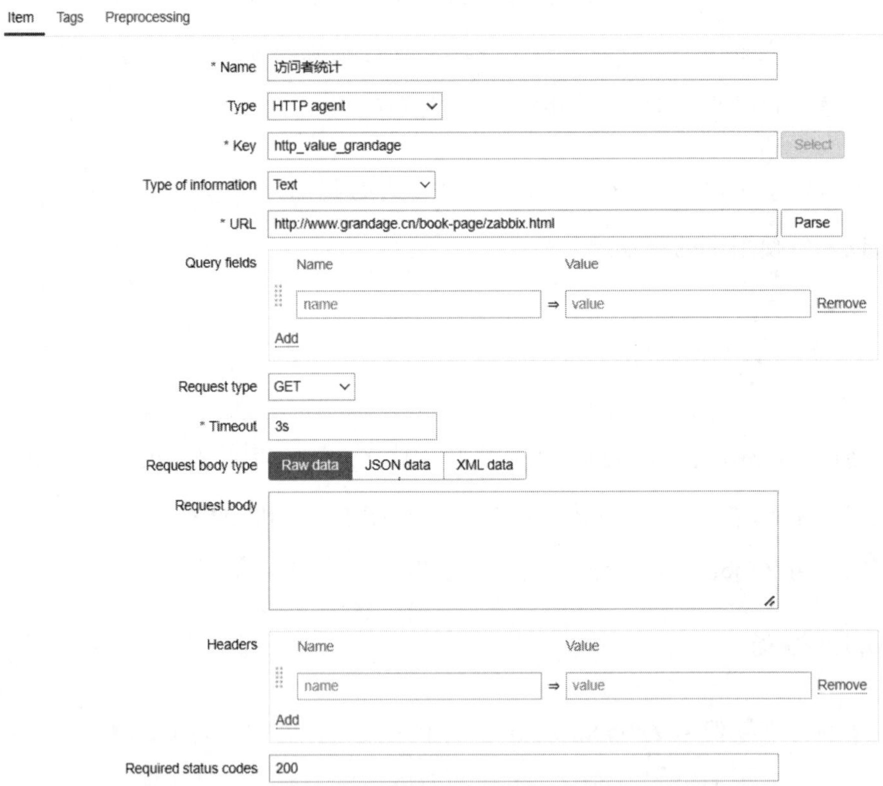

图 3.57

注意：在"Type of information"字段中选择"Text"选项，如图 3.58 所示。

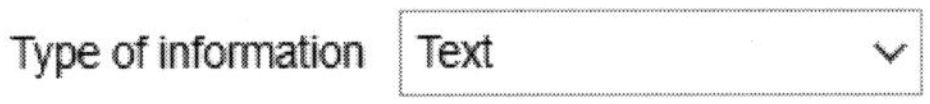

Type of information   Text

图 3.58

还需要为此监控项添加标签（如图 3.59 所示）。

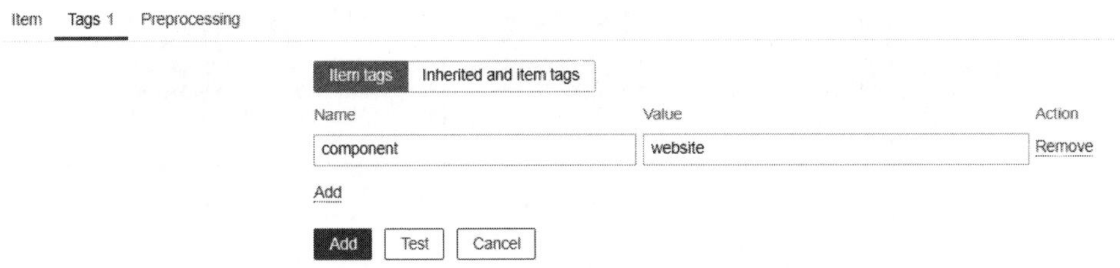

| Item | Tags 1 | Preprocessing |

Item tags   Inherited and item tags

Name	Value	Action
component	website	Remove

Add

Add Test Cancel

图 3.59

然后，添加以下预处理步骤（如图 3.60 所示）。

| Item | Tags 1 | Preprocessing 1 |

Preprocessing steps   Name   Parameters   Custom on fail Actions
1: Regular expression   访问数 (\d+) 次   \1   Test Remove

Add   Test all steps

Type of information Text

Update Clone Execute now Test Clear history and trends Delete Cancel

图 3.60

单击"Monitoring"→"Hosts"选项，并打开"lab-book-agent_simple"主机的最新数据页面，如果配置一切正常，那么应该可以看到访问数（如图 3.61 所示）。

Host	Name ▲	Last check	Last value
lab-book-agent_simple	访问者统计	10s	920

图 3.61

3.10.3 工作原理

使用 Zabbix HTTP 监控项请求网站的页面，在获取完整的页面内容后，再利用 Zabbix 预处理功能截取需要的数据（如图 3.62 所示）。

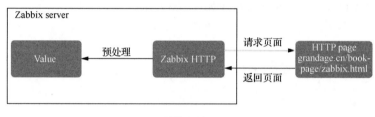

图 3.62

示例中通过预处理的正则表达式功能匹配 HTTP agent 所获取的网站页面，并截取显示的数字。

3.11 Zabbix preprocessing

Zabbix preprocessing（预处理）是 Zabbix 的一项重要功能，可以将监控数据处理成所需要的数据。下面更深入地介绍它。

3.11.1 准备

需要一台 Zabbix server 用于创建监控，还需要在 Linux 主机上使用一个被动模式的 Zabbix agent 用于获取监控数据并对其进行预处理。你依然可以使用之前搭建的 Zabbix server 并在上面运行 Zabbix agent，比如之前使用的 lab-book-centos 这台主机。

3.11.2　操作步骤

首先，登录 Zabbix 前端，然后单击"Configuration"→"Hosts"选项，再单击你的 Zabbix server，本书中就是 lab-book-centos 主机。

单击"Items"选项，然后单击页面右上角的"Create item"按钮（如图 3.63 所示）。

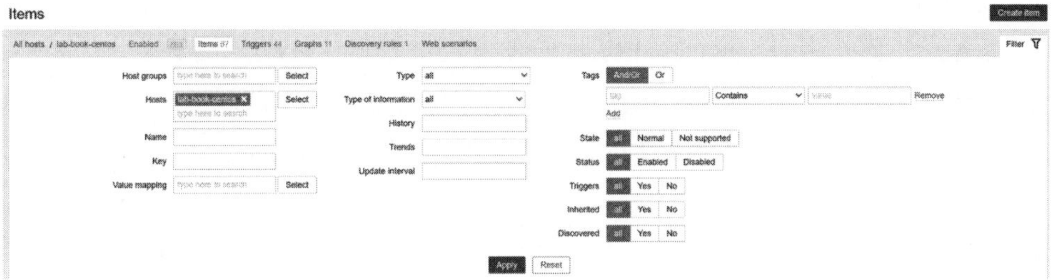

图 3.63

使用以下信息创建一个新监控项（如图 3.64 所示）。

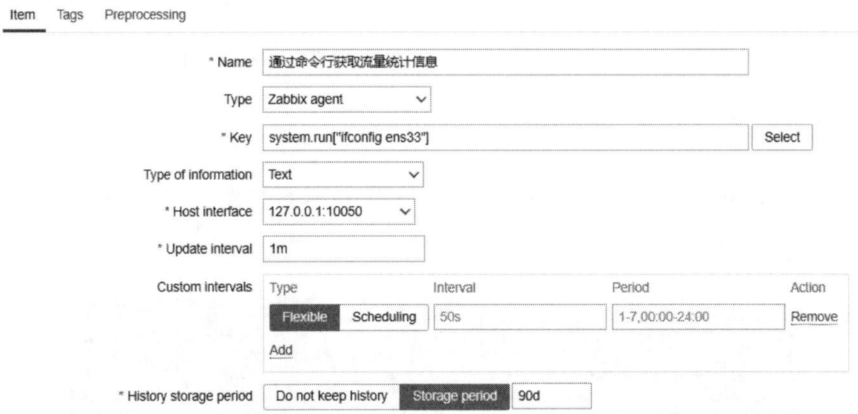

图 3.64

添加标签（如图 3.65 所示）。

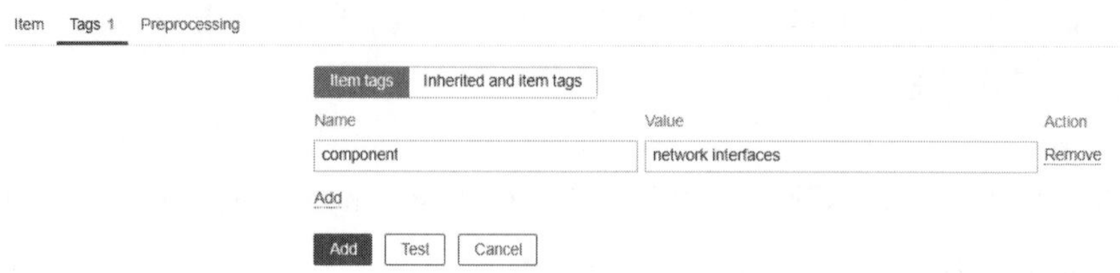

Item
Tags 1
Preprocessing
Item tags
Inherited and item tags
Name
Value
Action
component
network interfaces
Remove
Add
Add
Test
Cancel

图 3.65

要确认网卡名称，此处的网卡名称是 ens33。你可以在主机的命令行界面执行以下命令查找网卡名称：

```
# ifconfig
```

单击“Add”按钮添加监控项，此监控项将使用 Zabbix agent 执行远程命令。

Status
Info
Not supported
Unknown metric system.run

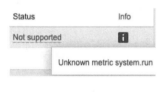

图 3.66

这时，应该会看到该项的报错提示。这是因为使用 system.run 这个监控项键值时，需要在 Zabbix agent 配置中配置允许执行（如图 3.66 所示）。

通过终端进入被监控主机的命令行界面，然后执行以下命令编辑 Zabbix agent 配置文件：

```
# vim /etc/zabbix/zabbix_agent2.conf
```

找到“Option:AllowKey”这行，并在注释内容下方添加“AllowKey=system.run[*]”，如图 3.67 所示。

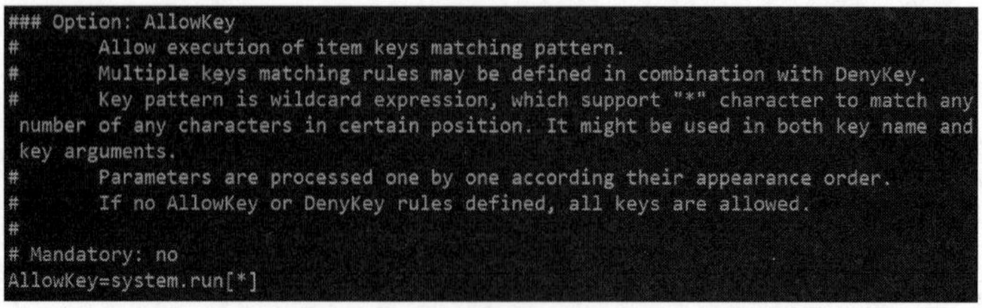

Option: AllowKey
Allow execution of item keys matching pattern.
Multiple keys matching rules may be defined in combination with DenyKey.
Key pattern is wildcard expression, which support "*" character to match any number of any characters in certain position. It might be used in both key name and key arguments.
Parameters are processed one by one according their appearance order.
If no AllowKey or DenyKey rules defined, all keys are allowed.
#
# Mandatory: no
AllowKey=system.run[*]

图 3.67

保存修改后，执行以下命令重启 Zabbix agent 服务：

```
# systemctl restart zabbix-agent2
```

回到 Zabbix 前端，单击 "Monitoring" → "Hosts" 选项，使用 Zabbix server 主机上的最新数据和过滤器，找到在 3.11.2 节中创建的 "通过命令行获取流量统计信息" 这个监控项。

现在应该已经获取到了相关的监控数据，如果单击监控项旁边的 "History" 选项，那么可以看到全部的数据（如图 3.68 所示）。

```
Timestamp        Value
2022-08-24 22:00:24  ens33: flags=4163<UP,BROADCAST,RUNNING,MULTICAST>  mtu 1500
                     inet 192.168.10.20  netmask 255.255.255.0  broadcast 192.168.10.255
                     inet6 fe80::20c:29ff:fe8c:697f  prefixlen 64  scopeid 0x20<link>
                     ether 00:0c:29:8c:69:7f  txqueuelen 1000  (Ethernet)
                     RX packets 4791335  bytes 599239254 (571.4 MiB)
                     RX errors 0  dropped 0  overruns 0  frame 0
                     TX packets 25937566  bytes 35273975682 (32.8 GiB)
                     TX errors 0  dropped 0 overruns 0  carrier 0  collisions 0
```

图 3.68

从图 3.68 中可以看到的信息对于一个监控项来说有点太多了，现在把它进行拆分，这里使用预处理功能从信息中提取 RX 字节数。

单击 "Configuration" → "Hosts" 选项，单击 "lab-book-centos" 这台主机，再单击 "Items" 选项。对通过命令行获取流量统计信息监控项进行编辑，将 "Name" 字段中的信息改为 "ens33 网卡 RX 总流量"，并以字节为单位，将 "B" 填写至 "Units" 字段中，其中 "B" 代表字节（如图 3.69 所示）。

图 3.69

添加标签（如图 3.70 所示）。

图 3.70

单击"Preprocessing"选项卡，然后单击"Add"链接。

在"Name"下方的字段中选择"Regular expression"（正则表达式），并通过正则表达式匹配接口的总字节数。按图 3.71 所示填写内容。

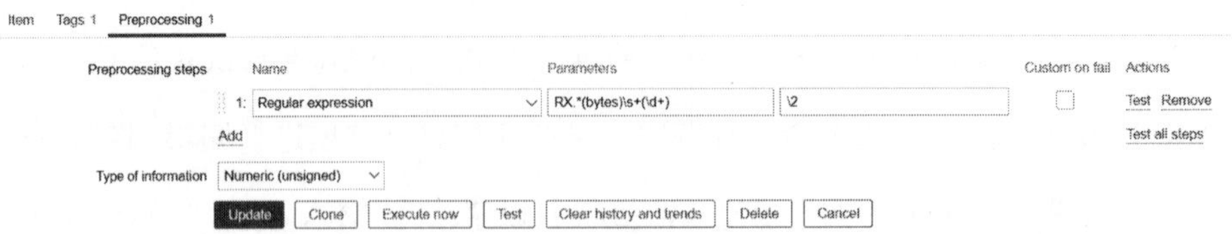

图 3.71

接下来，勾选"Custom on fail"复选框。

再次单击"Add"链接，然后配置预处理的下一个步骤，在下拉菜单中选择"Discard unchanged"选项（如图 3.72 所示）。

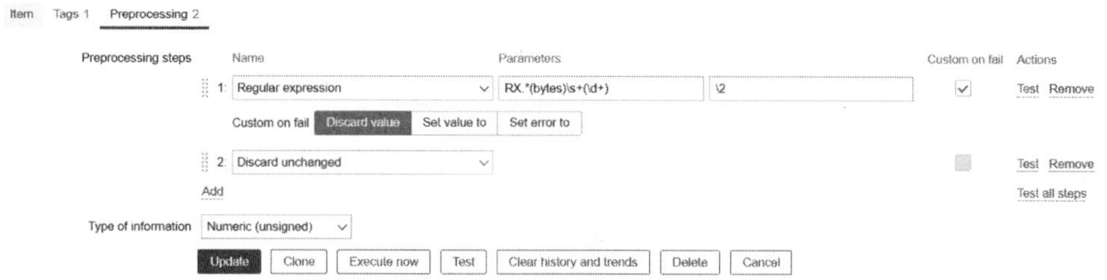

图 3.72

单击"Update"按钮完成对此监控项的编辑。

单击"Monitoring"→"Latest data"选项，查看主机上的最新数据，可以通过过滤器查找新监控项的名称"ens33 网卡 RX 总流量"进行筛选。

现在，应该可以看到 RX 总流量数据了（如图 3.73 所示）。

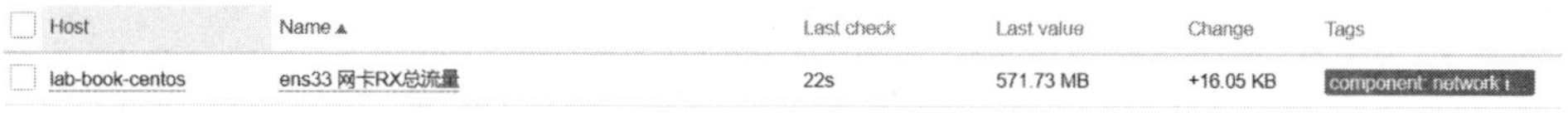

图 3.73

3.11.3　工作原理

我们已经在 3.6 节中通过主从监控项获取过数据，而且在 3.10 节中使用过预处理功能，也就是从网页中获取特定的数据。下面介绍 Zabbix 的预处理是如何工作的。

在使用预处理功能时，了解预处理的工作过程非常重要。在使用预处理功能之前，先看一下传入的数据（如图 3.74 所示）。

Timestamp	Value
2022-08-24 22:00:24	ens33: flags=4163<UP,BROADCAST,RUNNING,MULTICAST> mtu 1500
	inet 192.168.10.20 netmask 255.255.255.0 broadcast 192.168.10.255
	inet6 fe80::20c:29ff:fe8c:697f prefixlen 64 scopeid 0x20<link>
	ether 00:0c:29:8c:69:7f txqueuelen 1000 (Ethernet)
	RX packets 4791335 bytes 599239254 (571.4 MiB)
	RX errors 0 dropped 0 overruns 0 frame 0
	TX packets 25937566 bytes 35273975682 (32.8 GiB)
	TX errors 0 dropped 0 overruns 0 carrier 0 collisions 0

图 3.74

在图 3.74 所示的结果中有很多内容，通过预处理，可以将希望采集到的数据放到单独的监控项中，并且在监控数据存储到 Zabbix 数据库之前对这个数据进行处理。如图 3.75 所示，可以看到监控项中的预处理步骤。

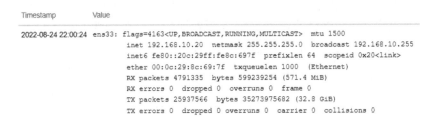

图 3.75

第一步是使用正则表达式功能，通过正则表达式匹配出所需要的数据。这个正则表达式分成两组，第二组（\d+）代表匹配的是一串数字，就是最终要匹配出的 RX 字节数，这就是在输出字段中填写"\2"的原因，"\2"代表输出第二组匹配结果。这里还配置了"Custom on fail"（自定义失败），当正则表达式匹配失败，没有匹配到符合表达式规则的数据时，监控数据将被丢弃。

第二步是丢弃与之前收到的数据相同的数据，代表这个监控项不会存储重复的数据，这样可以为 Zabbix 数据库节省一些空间。

提示：使用正则工具可以更容易编写正则表达式。除了可以看到你所写的正则表达式匹配的结果，正则工具也提供了很多有价值的帮助。

请务必注意，预处理步骤是按照顺序执行的，如果第一步失败，那么该监控项会提示不支持，除非勾选"Custom on fail"复选框，或者执行其他操作。

Zabbix 的预处理功能提供了很多处理监控项数据的方式。使用该功能，能够以几乎任何所需的方式对数据进行更改。如果你对此感兴趣，那么可以深入研究预处理功能，会发现之前在后端所做的所有工作，都可以在前端完成。

第4章 触发器告警

通过学习第 3 章，你的 Zabbix 已经采集到了很多监控数据。对于一个监控平台来说，除了采集监控数据，最重要的就是通过这些监控数据进行告警。当然，也可以只使用 Zabbix 采集监控数据，然后快速查看这些数据并找出其中的问题。但是只有当真正开始向用户发送消息通知时，Zabbix 才会变得更有价值。这样，大家就不必总盯着前端页面查看那些监控数据了，可以通过 Zabbix 的触发器和消息通知来完成这些工作，只需要在必要时登录前端进行查看。

与 Zabbix 5.0 相比，Zabbix 6.0 的触发器表达式的语法发生了改变。这种语法自 Zabbix 5.4 开始启用，因此这是 Zabbix 官方第一次将新的语法应用在 LTS 版本中。如果你在 Zabbix 6.0 版本之前使用过 Zabbix，那么可能需要学习一下新语法。

本节介绍如何使用新的触发器表达式，以及配置告警。

4.1 触发器配置

触发器通过各种条件对采集到的监控数据进行对比分析和判断。这样，用户通过监控数据就可以知道发生了什么。通过配置触发器，触发器在监控数据达到特定阈值时告警。

下面介绍如何配置触发器。Zabbix 的触发器提供了很多不同的选项。通过学习本节，你应该能够配置一些更符合自己需求的触发器。希望通过本节的介绍能够有效地提升你的触发器编写能力。

4.1.1　准备

需要先准备好 Zabbix server，本书使用第 3 章中的 lab-book-agent_simple 主机，因为已经使用这台主机采集了一些监控数据。还需要一台部署了 Zabbix agent 并连接了监控模板进行监控的主机。这里使用的是 agent_passive 主机。虽然在这台主机上已经配置了一些触发器，但是为了更好地进行告警通知，将进一步对这些触发器进行扩展。

4.1.2　操作步骤

在本节中，将创建 3 个触发器来监控状态的改变。下面创建第一个触发器。

1. Trigger（触发器）1——SSH 服务监控

在 lab-book-agent_simple 主机上创建一个简单的触发器，在之前的章节中，在这台主机上创建了一个监控 SSH 服务的监控项，主要用于监控 22 端口是否可用，但尚未创建触发器，可以根据以下步骤创建对应的触发器：

单击"Configuration"→"Hosts"选项，单击"lab-book-agent_simple"主机，然后单击"Triggers"链接，可以在这个页面中创建和修改触发器。单击页面右上角的"Create trigger"按钮创建第一个触发器。

按照如图 4.1 所示的内容创建一个新触发器。

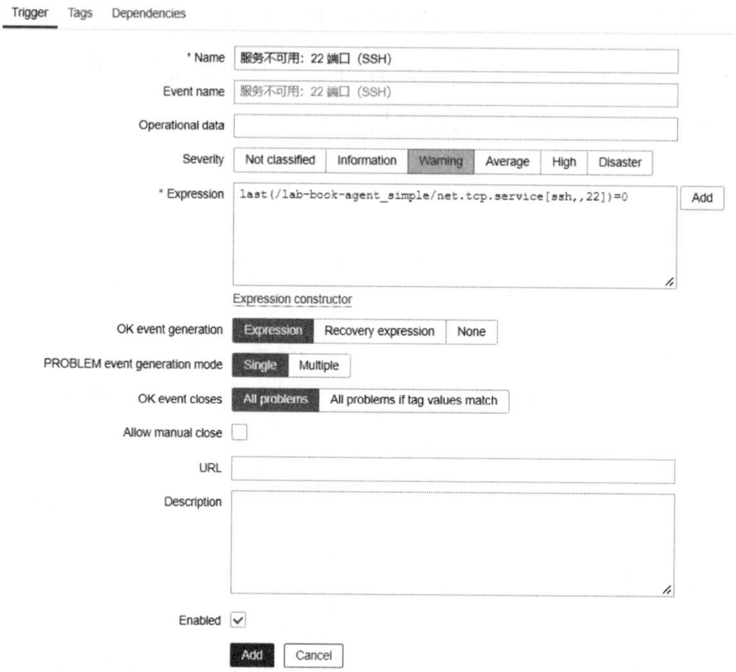

图 4.1

单击"Add"按钮保存触发器配置信息，这样就创建了一个触发器。该触发器将在 SSH 服务端口出现故障时被触发。

下面做一个测试，在被监控主机的命令行页面执行以下命令关闭 22 端口，用于测试刚才创建的触发器：

```
# systemctl stop sshd
```

单击"Monitoring"→"Problems"选项，等待一会儿，应该会看到如图 4.2 所示的内容。

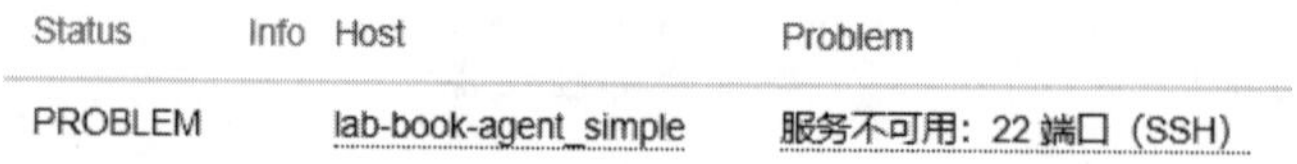

Status	Info	Host	Problem
PROBLEM		lab-book-agent_simple	服务不可用: 22 端口 (SSH)

图 4.2

2. Trigger（触发器）2——触发网页访问者计数

创建第二个触发器，同时稍微增加一点儿难度。这里需要用到在第 3 章中创建的 HTTP agent 监控项，当时创建了一个统计网站页面访问数的监控项。

单击"Configuration"→"Hosts"选项，单击"lab-book-agent_passive"主机，然后单击"Triggers"链接，再单击页面右上角的"Create trigger"按钮，打开如图 4.3 所示的页面。

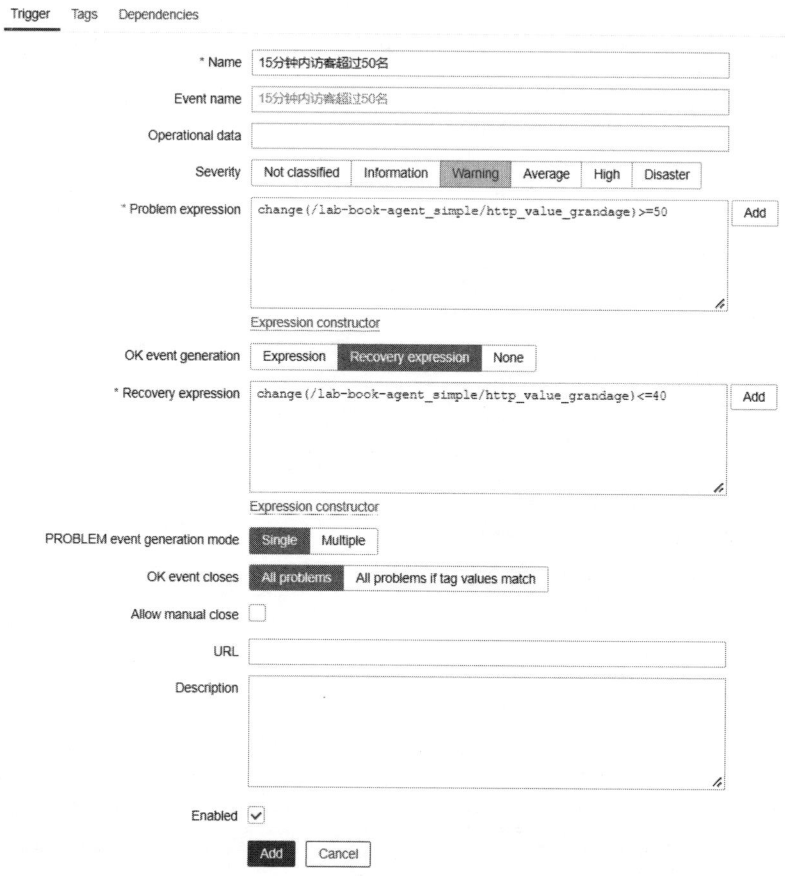

图 4.3

按图 4.3 所示的内容填写，单击"Add"按钮完成触发器的创建。现在，这个触发器可能不会被触发。在工作原理部分会解释这个触发器的含义。

3. Trigger（触发器）3——多监控项触发器

到目前为止，本书都为单个监控项创建触发器，但在实际工作中，往往需要结合多个监控项进行一系列逻辑判断。Zabbix 可以在单个触发器中使用多个监控项。下面在一个表达式中使用多个监控项创建一个触发器。

单击"Configuration"→"Hosts"选项，单击"lab-book- agent_passive"主机，然后单击"Triggers"链接，再单击"Create trigger"按钮。

按照图 4.4 所示的内容创建一个触发器。

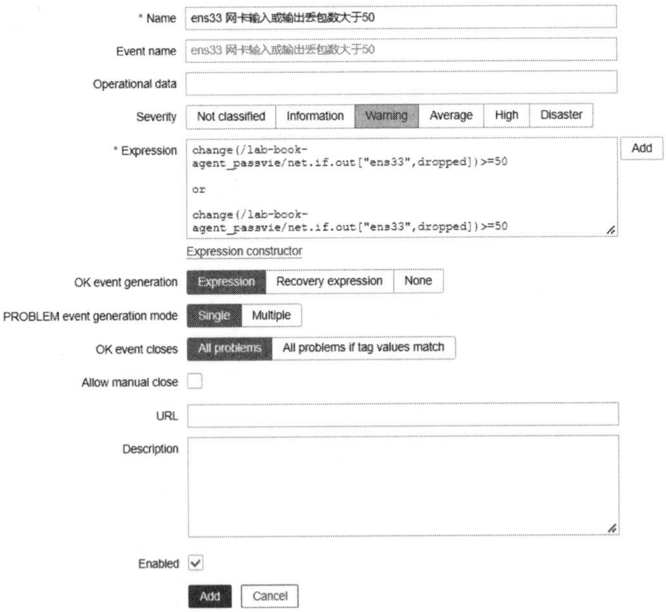

图 4.4

需要注意，在"Name"字段中你使用的网卡名称可能与示例的不同，示例中的网卡名称是"ens33"。你需要填写自己的环境中的正确的网卡名称，执行以下命令可以获取主机上的网卡名称：

```
# ip addr
```

单击"Add"按钮完成触发器的创建。

提示：在触发器创建页面中，单击"Expression"字段旁边的"Add"按钮可以快速创建触发器表达式。例如，可以单击"item"字段旁边的"Select"按钮从监控项列表中选择一个监控项，也可以单击"Function"字段的下拉菜单选择使用的触发器函数，并且对于每个触发器函数，Zabbix 都提供了简短的使用说明（如图 4.5 所示）。

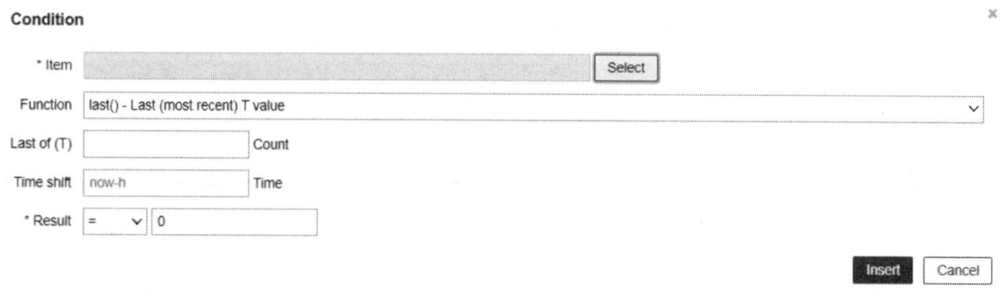

图 4.5

4.1.3　工作原理

为了更好地使用 Zabbix 创建一个满足我们的需求的监控系统，我们需要深入了解如何创建触发器及它的工作原理。除了需要配置正确的触发器，建议对触发器反复进行验证测试。触发器是 Zabbix 使用过程中非常重要的组成部分。它可以反映出现阶段出现的问题，并且及时地通知我们。如果对触发器配置得过于简单，那么可能会漏掉一些重要的问题。如果对触发器配置得过于严格，那么可能被问题所淹没，从而无法正确地进行故障判断。在配置触发器的过程中，还可以配置触发器的告警级别，如图 4.6 所示。

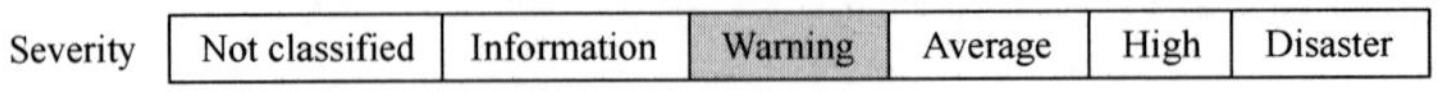

Severity
Not classified
Information
Warning
Average
High
Disaster

图 4.6

配置正确的告警级别非常重要，除了可以通过告警级别知道问题的严重性，还可以在前端问题页面通过过滤器查找不同级别的故障问题。

下面介绍之前创建的几个触发器的原理。

1. Trigger（触发器）1——SSH 服务监控

这是在使用 Zabbix 时配置的一个非常简单，却非常有效的触发器。当监控项值返回 1（UP）或 0（DOWN）时，可以轻松地通过 last()函数来判断是否告警。

如果将之前所写的触发器表达式进行分解，那么将看到如图 4.7 所示的内容。

操作符
阈值
触发器函数
主机名
监控键
* Expression
last(/lab-book-agent_simple/net.tcp.service[ssh,,22])=0

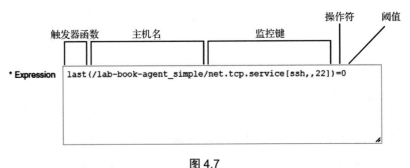

图 4.7

触发器表达式由以下 4 个部分组成。

（1）Trigger function（触发器函数）。可以通过触发器函数对监控项的值进行处理，根据具体需求来确定合适的触发器函数。例如，在一段时间内，需要

作为判断告警条件的是监控项的最新值，还是平均值？如果想用最新值来判断是否告警，那么可以使用 last() 函数，如果想用平均值来判断是否告警，那么可以使用 avg() 函数。Zabbix 提供了适用于多种判断场景的触发器函数，函数的使用方法请参考官方文档。

（2）Host（主机名）。触发器表达式中的主机名为被触发的主机名。在大多数情况下，它指的是同一台主机（或模板），但是从之前的示例中可知，也可以使用多台主机的多个监控项在触发器表达式中进行判断。

（3）Item key（监控键）。监控键也是触发器表达式的一部分，就是使用主机的哪一个监控项。

（4）Operator（操作符）。操作符是用于监控值与阈值之间运算及判断的符号。

（5）Constant（阈值）。阈值是函数用于判断触发器状态应该处于"Ok"状态还是"Problem"状态的值（通常是数值，有的触发器函数的阈值也可以是字符串）。

现在，对于第一个触发器，定义了主机的 SSH 服务的 22 端口状态的监控，触发器表达式的含义为当最新值为 0 时，该触发器状态由"Ok"更改为"Problem"。

对于此监控项，当获取到 0 时意味着它将在一分钟内被触发，因为在监控项中，填写的内容如图 4.8 所示。请看"Update interval"字段，因为采集的时间间隔是 1 分钟，所以判断 SSH 服务的 22 端口宕掉的时间最多需要 1 分钟。

* Name	检查端口 22 是否正常
Type	Simple check
* Key	net.tcp.service[ssh,,22]　　　　　Select
Type of information	Numeric (unsigned)
* Host interface	192.168.10.21:10050
User name	
Password	
Units	
* Update interval	1m

图 4.8

2. Trigger（触发器）2——触发网页访问者计数

　　第二个触发器与第一个触发器截然不同，不仅写了一个可以触发告警的触发器表达式，还写了一个用于恢复告警的触发器表达式。在"Problem expression"字段中定义一个触发器函数，用于比较最新的两个值，并计算两个值的差值。然后，声明此触发器函数值必须≥50，也就是函数值大于或等于 50 时触发器被触发（如图 4.9 所示）。

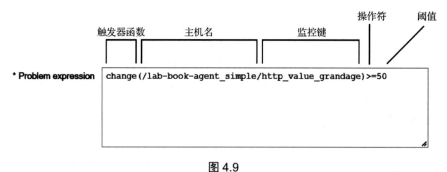

图 4.9

　　那么，只有当这个页面的访问数的当前值和上一个值的差值大于或者等于 50 时，触发器才会被触发。相反，就意味着此触发器的最后一个值和上一个值之间的差值再次降至小于 50，它就会恢复。

如果想让告警的"Problem"状态更长一些，那么需要定义一个恢复表达式。只有当访问数的当前值和上一个值的差值小于或等于 40 时，这个告警才能恢复。再仔细看一下恢复表达式，如图 4.10 所示。

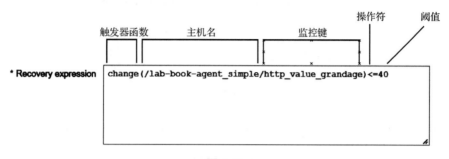

图 4.10

恢复表达式可以扩展触发器的功能。使用触发器的恢复表达式可以对"Ok"状态进行更多的控制，让告警触发、告警恢复更灵活。

提示：你可以使用恢复表达式来扩展触发器的恢复条件，以便在监控项的值超出所定义的触发条件时，仍然能够了解其状态。只有当监控项的值达到恢复表达式的阈值时，告警才会恢复。例如，将 CPU 的使用率阈值设置为大于 90，如果使用该触发器表达式进行判断，那么当监控项的值在 89 和 91 之间时，因为触发条件是 CPU 的使用率阈值大于 90，所以触发器会在"Problem"和"Ok"状态之间反复切换。但是，当将 CPU 的使用率阈值设置为大于 90，恢复表达式的阈值设置为小于 40 时，就可以避免这种问题。也就是说，在触发问题后，可以改变问题的恢复条件。

3. Trigger（触发器）3——多监控项触发器

第 3 个触发器可能看起来稍微有点复杂，因为这里使用了多个监控项，但是它的表达式的写法与之前的基本相同（如图 4.11 所示）。

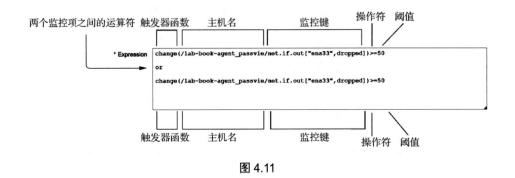

图 4.11

所有的表达式都具有相同的配置，具有触发器函数、主机名、监控键、阈值。当处理多个监控项时，可以在监控项之间增加一些逻辑判断，只要其中的一个监控项满足阈值条件就会触发 "Problem" 状态。在表达式中，当任意一个监控项达到阈值时，触发器就会被触发。

提示：在此触发器表达式中，可能注意到在不同的表达式之间有一些空行。表达式之间留有空行是完全可以的。

4.2　新旧触发器表达式的语法

如果你以前使用过 Zabbix，那么对接下来的部分可能会很感兴趣。Zabbix 的触发器表达式做了很大的更新。Zabbix 对触发器表达式使用了新的语法，与计算监控项等保持了语法使用上的一致。

再看一下 Zabbix 5.2 和更早版本中的触发器表达式的语法（如图 4.12 所示）。

图 4.12

在旧语法中，总以大括号开始，然后是主机名或者模板名称。在主机名或模板名称与监控键之间有一个冒号。标记监控键的末尾有一个 "."，但监控键也可以包括 "." 本身。"." 之后是触发器函数，然后以大括号结束。最后是需要的操作符和阈值。

如上所述，有时可能会令人困惑，尤其是在监控键中使用 "." 时。因为 Zabbix 自带的监控键名也是通过 "." 来进行分割的。

现在再看看新触发器表达式的语法（如图 4.13 所示）。

图 4.13

新触发器表达式的语法从触发器函数开始，并不像之前那么麻烦，当看到触发器函数时，马上就可以意识到触发器在做什么。然后，在主机名或者模板

名称之前有一个括号和一个正斜杠，使用一个正斜杠来划分主机名或者模板名
称和监控键。最后以一个括号结束。剩下的就是要考虑如何配置操作符和阈值。

从看到触发器表达式开始，就可以清楚地知道这个触发器要做什么。将主
机名和模板名称用正斜杠与监控键隔开，可以让表达式看起来更直观，再也不
用考虑令人困惑的额外的点了。虽然 Zabbix 对触发器表达式的语法进行了非常
好的更新，但是实话实说，这可能需要一点儿时间来适应。

不过正是这些不起眼的细节上的优化，使 Zabbix 使用起来更加专业和有
深度。

在触发器表达式中，不仅可以匹配某个监控项，还可以进行逻辑判断，例
如执行 and 语句。这样，触发器可以同时对多个监控项进行判断。Zabbix 的触
发器的功能非常强大，能够非常详细地定义自己的标准。可以在触发器表达式
中添加任意数量的监控项使用 not、or 等逻辑运算及不同的函数。

通过自定义触发器，触发条件更加符合你的需求，让每次看到的问题都更
加准确，避免误报，降低"狼来了"效应。更多的触发器写法请参考官方文档。

4.3　高级的触发器用法

Zabbix 的触发器变得越来越先进，对于一直使用 Zabbix 5.2 或更早版本刚
升级到 Zabbix 6.0 的人来说，可能很难适应。因为不仅要面对一个全新的 Zabbix
触发器表达式的语法，而且还有一些全新的触发器函数。

接下来深入研究一下 Zabbix 6.0 中的一些高级的触发器用法。

4.3.1 准备

需要一台 Zabbix server，一台启动了 Zabbix agent 并且加载了 Zabbix agent template 的主机，可以使用第 3 章中用过的 lab-book-agent_passive 这台主机。如果没有这台主机，那么只需要监控一台新主机，并且将 Linux by zabbix agent 模板链接挂载到这台主机上。

你还将接触到本书后面讨论的一些更高级的内容。例如，Low Level Discovery（低级发现，LLD）的例子，如果你不知道这是什么，那么可以先看一下第 7 章。

4.3.2 操作步骤

下面来看一下 Zabbix 提供的 3 个更高级的触发器函数。

trendavg：用于计算指定时间内的趋势平均值。

timeleft：用于预测监控项达到指定阈值所需的时间（以秒为单位）。

Time shifting：用于与之前的值做比较。

1. 高级触发器函数 1——trendavg 函数

首先，介绍一下 Zabbix 提供的全新的触发器函数之一——趋势平均值函数。

在 Zabbix 前端创建一个新的触发器，单击"Configuration"→"Hosts"选项，然后选择 lab-book-agent_passive 这台主机。

单击"Triggers"链接，再单击"Create trigger"按钮。

单击"Expression"字段旁边的"Add"按钮，使用表达式生成器填写触发器（如图 4.14 所示）。

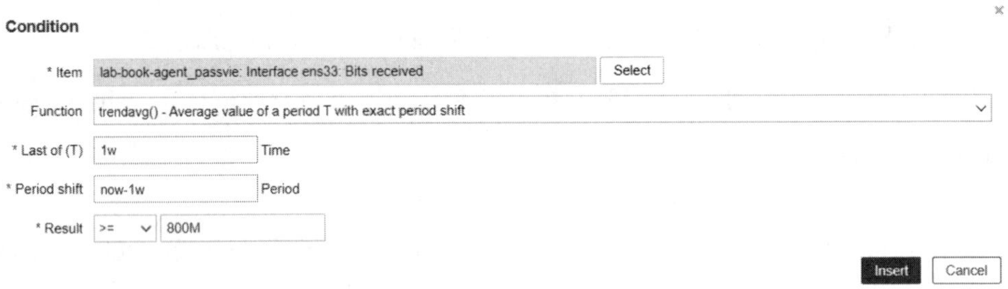

图 4.14

单击"Insert"按钮，并添加触发器名称。如果操作正确，你将看到如图 4.15 所示的内容。

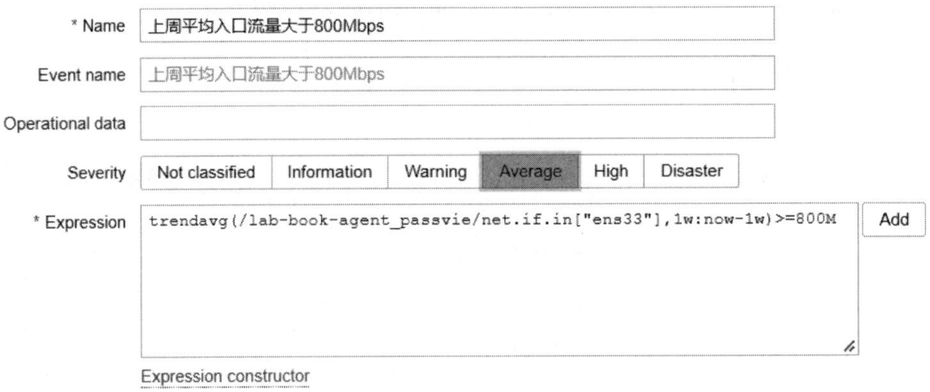

图 4.15

最后，单击页面底部的"Add"按钮保存此触发器。整个触发器就创建完毕了，配置比较简单，此触发器的详细使用信息，将在后续的工作原理部分着重介绍。

2. 高级触发器函数 2——timeleft 函数

下面介绍 timeleft 函数，它可以用于预测磁盘空间使用率。

首先，在 Zabbix 前端创建一个新的触发器，单击"Configuration"→"Hosts"选项，然后选择 lab-book-agent_passive 这台主机。

单击"Discovery rules"选项，然后单击"Mounted filsystem discovery"选项旁边的"Trigger prototype"按钮。

提示：在本例中，将使用现有模板的发现规则直接在主机上创建 Trigger prototype（触发器原型）。如果希望将此类触发器应用于使用此模板的每台主机，那么请在模板级别创建触发器。此外，第 7 章进一步讲解了自动发现规则。

单击"Create trigger prototype"按钮，单击"Expression"字段旁边的"Add"按钮，使用表达式生成器填写触发器（如图 4.16 所示）。

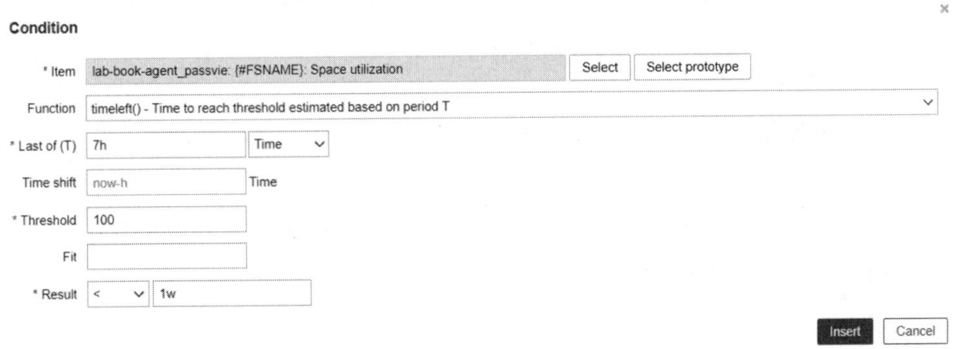

图 4.16

提示：建议根据预测时间长短来考虑配置时间间隔，不建议在预测触发器中使用短时间间隔来预测较长的时间段内的数据，要确保预测的时间段使用与之相匹配的数据量。

单击"Insert"按钮，并添加触发器名称。如果操作正确，将看到如图 4.17 所示的内容。

* Name	{#FSNAME}: 距离磁盘空间写满还剩1周时间
Event name	{#FSNAME}: 距离磁盘空间写满还剩1周时间
Operational data	
Severity	Not classified　Information　Warning　**Average**　High　Disaster
* Expression	timeleft(/lab-book-agent_passvie/vfs.fs.size[{#FSNAME},pused],7h,100)<1w　Add

Expression constructor

图 4.17

最后，单击页面底部的"Add"按钮保存此触发器。这样就创建了一个新的触发器，使用 timeleft 函数来提醒硬盘容量将在一周内可能会满。你可以通过阅读工作原理更深入地了解此触发器。

3. 高级触发器 3——Time shifting 函数

下面使用时间偏移量，并结合 mathematical function（数学函数）计算内存使用环比，这可能听起来比较复杂。

首先，在 Zabbix 前端创建一个新的触发器，单击"Configuration"→"Hosts"选项，然后选择 lab-book-agent_passive 这台主机。单击"Triggers"链接，并单击"Create trigger"按钮，添加时间偏移触发器，如图 4.18 所示。

Trigger　Tags　Dependencies

* Name	平均1小时 - 内存使用比上周增加20%
Event name	平均1小时 - 内存使用比上周增加20%
Operational data	
Severity	Not classified　Information　Warning　**Average**　High　Disaster
* Expression	(avg(/lab-book-agent_passvie/vm.memory.size[pavailable],1h:now-1w) - avg(/lab-book-agent_passvie/vm.memory.size[pavailable],1h)) >20　　　Add

Expression constructor

图 4.18

这是非常复杂的触发器配置，将在工作原理部分详细介绍。

4.3.3　工作原理

高级触发器配置起来可能比较烦琐，刚才配置的触发器只是触发器使用的冰山一角。虽然这些触发器看起来非常复杂，但是不用担心，Zabbix 官方提供了大量的文档，你可以访问以下地址：

Documentation→current→en→manual→config→triggers

因为篇幅有限，本书不可能涵盖每个用例，因此配置的触发器将仅仅展示触发器在进行判断时有更多的可能性。你可以在自己的场景中使用示例中介绍的知识，将想法运用到自己的触发器中。

1. 高级触发器 1——trendavg 函数

下面介绍 trendavg（趋势平均值）函数的工作原理，trendavg 函数是少数几个使用趋势数据的触发器函数之一。这里简单介绍一下 Zabbix 的历史数据和趋势数据。历史数据是根据监控项配置的"采集更新时间"定期采集的监控值，而趋势数据是根据 1 小时内的历史数据汇总计算出来的平均值、最小值、最大值和当前值。

现在，看一下有哪些函数能使用趋势数据：

- trendavg：用于从一段时间内的趋势数据中获取平均值。

- trendmax：用于从一段时间内的趋势数据中获取最大值。

- trendmin：用于从一段时间内的趋势数据中获取最小值。

- trendcount：用于统计一段时间内检索到的趋势数据的数量。

- trendsum：用于统计一段时间内趋势数据的总和。

这些函数使用的都是趋势数据。使用的数据存储在 Zabbix trend 缓存中，供触发器使用。

之前已经使用了 trendavg 函数，下面看一看在之前的触发器表达式中是如何使用它的（如图 4.19 所示）。

图 4.19

触发器表达式从 trendavg 函数开始，然后是主机名或模板名称和监控键，这里会看到一个新的语法"1w:now-1w"。"1w"不是指 10 000，而是 1 周（week）的意思，所以这里是使用前 1 周的平均值。这就意味着，如果 1 周前趋势数据的平均值高于 800Mb/s，触发器将被触发，并产生告警。

2. 高级触发器 2——timeleft 函数

下面再介绍一个非常有趣的触发器函数 timeleft。使用 timeleft 函数创建的触发器，可以预测在将来某个数据达到某个阈值时才会被触发。timeleft 函数也可以被称为预测函数，因为它基于已采集的数据进行预测。timeleft 触发器表达式如图 4.20 所示。

图 4.20

正如看到的那样，触发器表达式的结构依然是触发器函数（/主机名或模板名称/监控键）。在本例中，将它与预测触发器的时间段相结合来定义其预测。这里使用的 "7h"（7 hour）代表使用 7 小时之内的历史数据，"100" 是用于判断的阈值，代表磁盘空间使用率达到 100%。最后的判断条件 "<1w" 表示小于 1 周。

总之，此触发器表达式的含义就是查看 7 小时的历史数据，如果预测不到 1 周的时间磁盘空间使用率达到 100%，触发器就被触发，并产生 Problem（问题）告警，从而提醒磁盘空间可能不足。

timeleft 触发器函数与其他功能相结合，可以减少某些告警的次数。例如，对于磁盘空间，经常会配置成使用率大于 90% 时告警，那么很可能虽然磁盘使用率大于 90%，但是可用空间还有 100GB 甚至更多，结合预测函数，就可以增加一个判断条件，在磁盘空间使用率大于 90%，并且达到 100%使用率的时间小于 1 天的情况下触发告警，如图 4.21 所示。

* Expression

```
last(/Linux filesystems by Zabbix agent/vfs.fs.size[{#FSNAME},pused])>90%
and
timeleft(/Linux filesystems by Zabbix agent/vfs.fs.size[{#FSNAME},pused],1h,100)<1d)
```
Add

Expression constructor

图 4.21

3. 高级触发器 3——Time shifting 触发器函数

使用 Time shifting 触发器函数的表达式都比较复杂，在这个例子中，将其和一些数学函数相结合。这看起来可能更加复杂。

为了更好地理解，这里以分解表达式的方式来进行介绍，如图 4.22 所示。

```
1  (
2  avg(/lab-book-agent_passvie/vm.memory.size[pavailable],1h:now-1w)
3  -
4  avg(/lab-book-agent_passvie/vm.memory.size[pavailable],1h)
5  )
6  >20
```

图 4.22

为了看起来更方便，我添加了行号，下面逐行解释它的含义。

（1）这是在数学运算中经常用到的左括号，是在两个监控项之间使用的逻辑运算符。

（2）这是第一个监控项，使用了时间偏移量，从这一刻起，此监控项将获取一周前的可用内存占比。如果当前日期和时间是 11 月 24 日星期一的 14:00，那么它将获取 11 月 17 日星期一 13:00 至 14:00 之间的 1 小时平均可用内存占比。

（3）这是数学运算符，表示减号，将使用第一个监控项的值减去第二个监控项的值。

（4）这是第二个监控项，并没有使用时间偏移量。此项表示过去 1 小时的平均值。

（5）这是一个右括号，表示整个表达式结束。

（6）这是一个运算符和阈值，声明仅当整个表达式结果大于 20 时触发器才会被触发。

现在知道了它们的作用，通过实际场景演示一下这个表达式，表达式的结果只有 TRUE 和 FALSE 两种。TRUE 表示存在问题，FALSE 表示一切正常。如下所示：

（上周的值－本周的值）＝结果，如果结果大于 20%，那么表达式的结果为 TRUE。

比如，上周的可用内存占比为 80%，本周的可用内存占比只剩下 50%，那么可以看到以下情况：

（80%－50%）＝30%。

这时 30% > 20%，表达式的结果为 TRUE。

当上周的可用内存占比为 80%，本周的可用内存占比为 70% 时：

（80%－70%）＝10%。

如果 10% > 20%，那么表达式的结果为 FALSE。

通过这个简单的例子，你应该已经对这个表达式有了足够的了解。

在使用触发器时，Zabbix 也提供了触发器表达式的测试功能，选择 3 个高级触发器中的任何一个，可以做一些测试。例如，使用时间偏移触发器。

单击"Expression constructor"链接，如图 4.23 所示。

Triggers

All templates / Zabbix server health　　Items 57　Triggers 42　Graphs 11　Dashboards 2　Discovery rules 1　Web scenarios

Trigger　Tags　Dependencies

* Name	平均1小时 - 内存使用比上周增加20%
Event name	平均1小时 - 内存使用比上周增加20%
Operational data	
Severity	Not classified　Information　Warning　**Average**　High　Disaster
* Expression	(avg(/lab-book-agent_passive/vm.memory.size[pavailabel],1h:now-1w)-avg(/lab-book-agent_passive/vm.memory.size[pavailabel],1h))>20　　[Add]

Expression constructor

OK event generation	**Expression**　Recovery expression　None
PROBLEM event generation mode	**Single**　Multiple
OK event closes	**All problems**　All problems if tag values match

图 4.23

单击"Test"链接，如图 4.24 所示。

* Expression		Edit　Insert expression

And　Or　Replace

A

	Action	Info
Target Expression		
☑ A (avg(/lab-book-agent_passvie/vm.memory.size[pavailable],1h:now-1w) - avg(/lab-book-agent_passvie/vm.memory.size[pavailable],1h)) >20	Remove	

Test

Close expression constructor

图 4.24

　　然后，填入要测试的值，可以使用前面示例中的 80% 和 50% 进行测试（如图 4.25 所示）。

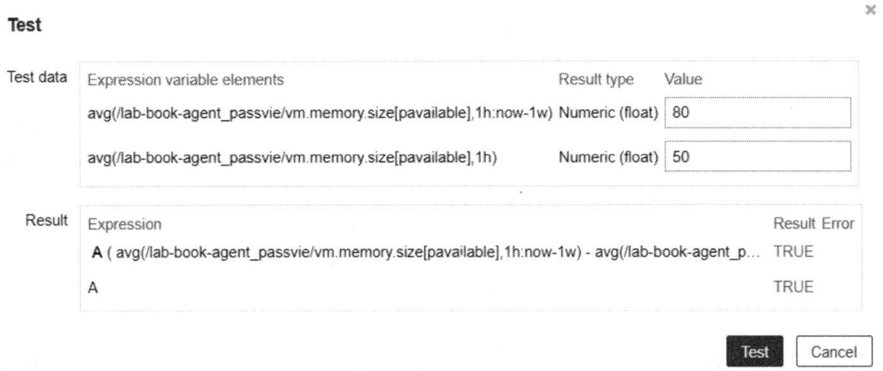

Test

Test data	Expression variable elements	Result type	Value
	avg(/lab-book-agent_passvie/vm.memory.size[pavailable],1h:now-1w)	Numeric (float)	80
	avg(/lab-book-agent_passvie/vm.memory.size[pavailable],1h)	Numeric (float)	50

Result	Expression		Result	Error
	A (avg(/lab-book-agent_passvie/vm.memory.size[pavailable],1h:now-1w) - avg(/lab-book-agent_p...		TRUE	
	A		TRUE	

Test　Cancel

图 4.25

　　就像之前介绍的那样，单击"Test"按钮会检查表达式的最终结果是 TRUE 还是 FALSE，可以使用任何用于测试的值。总之，如果不确定自己构造的表达式是否正确，那么建议通过表达式构造函数（Expression constructor）进行测试。

4.4　配置告警

　　对于任何一个监控系统来说，配置告警都非常重要。当配置告警时，相关人员都希望清楚地了解此时此刻正在发生的事情。同样重要的是，相关人员都不希望告警误发，都希望每一次的告警是有效的。因此，接下来介绍配置告警的基础知识，让你从一开始就知道如何正确地配置告警。

4.4.1　准备

　　需要用到 Zabbix server。告警的前提是需要一些触发器。触发器主要用于启动告警。下面介绍如何发送告警消息。

4.4.2 操作步骤

从 Zabbix 前端进行配置开始介绍，单击"Configuration"→"Actions"选
项，将看到如图 4.26 所示的内容。

图 4.26

默认已经配置了一个动作来通知 Zabbix Admin。在 Zabbix 6.0 中，Action
（动作）和 Media（媒介）都提前预设好了。在大多数时候，你需要做的只是启
用它们并填写一些配置信息。

下面配置一个新的 Action 用于通知 Zabbix administrators 用户组中的用户。
单击页面右上角"Create action"按钮，将看到如图 4.27 所示的页面。

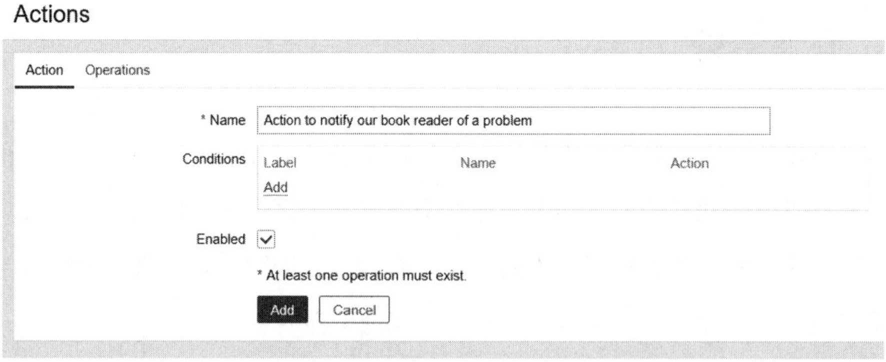

Actions

Action	Operations

* Name	Action to notify our book reader of a problem		
Conditions	Label	Name	Action
	Add		
Enabled	✓		
	* At least one operation must exist.		
	Add Cancel		

图 4.27

在此页面上，需要勾选"Enabled"复选框，确保配置可以生效、执行某些
操作，并清楚地为此 Action 命名。因为在实际的应用场景中，可能根据不同的

业务创建十几个，甚至几十个 Action，所以清晰的命名方式有助于区分多个 Action。

单击"Operations"选项卡，将看到如图 4.28 所示的页面。

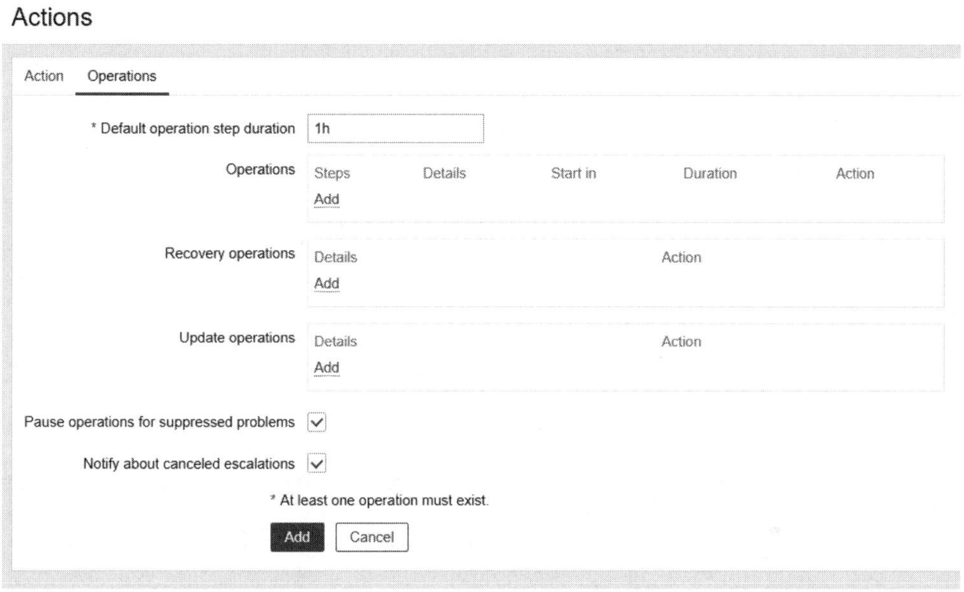

Actions

图 4.28

在默认的情况下，"Operations"选项卡没有任何内容，在这里可以创建一些操作。我在这里创建 3 种操作（Operation），从单击"Operations"字段中的"Add"链接开始创建操作（如图 4.29 所示）。

可以选择在此处添加需要发送告警的 User 和 User group。如果你已经阅读过第 1 章，那么可以在这里选择 Networking 用户组。如果没有创建 Networking 用户组，那么可以选择 Zabbix administrators 用户组。

单击页面底部的"Add"按钮后，将返回"Actions"页面。

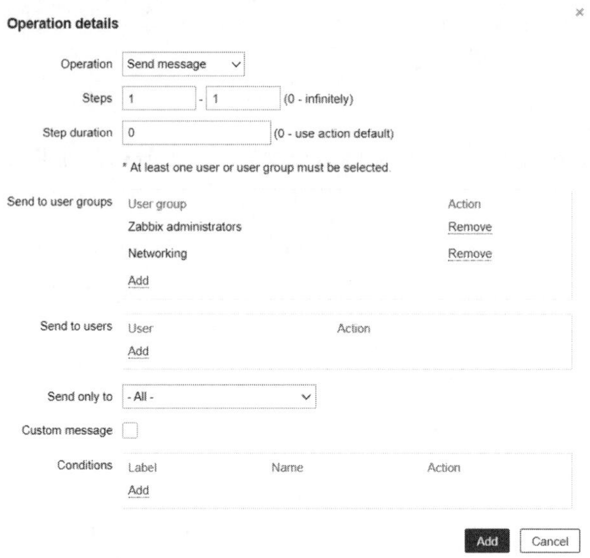

图 4.29

下面创建下一个操作，单击“Recovery operations”字段中的“Add”链接，如图 4.30 所示。这个操作的作用是在告警恢复时执行下面配置的操作。

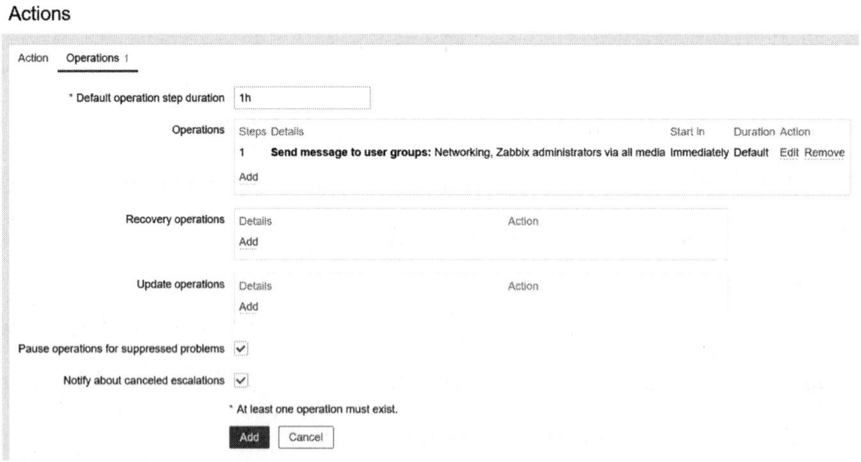

图 4.30

在这里做的就是创建一个 Action，如图 4.31 所示。

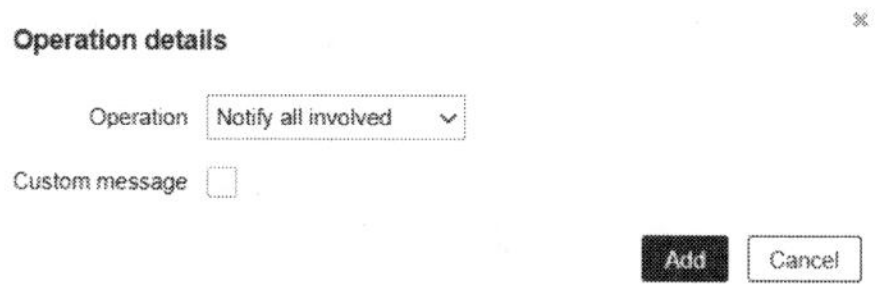

图 4.31

此选项将通知前面操作中涉及的所有用户，这些用户会以相同的方式收到恢复通知。然后，再单击"Add"按钮。

现在，Action 配置完毕。在产生告警后，可以通过创建 "Update operations"（升级操作）对告警进行升级。例如，在发生告警后，如果有人在 Zabbix 前端确认了这个告警，那么代表有人已知晓或者正在处理所出现的故障问题。如果这个告警并没有得到确认，那么可以通过其他的渠道对告警进行升级，例如刚开始告警使用的是邮件通知，在没人确认的情况下，则通过短信、微信、钉钉或其他方式发送告警。

单击 "Update operations" 字段中的 "Add" 链接，如图 4.32 所示。

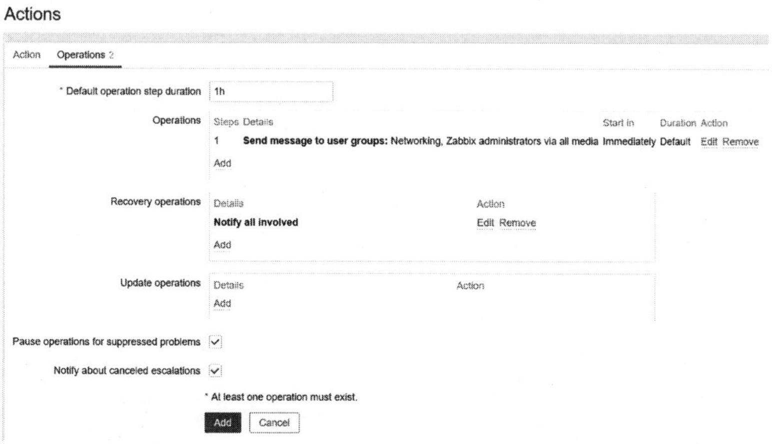

图 4.32

按图 4.33 所示进行配置，此处与"Recovery operations"选项的配置相同，通知所有涉及此问题的用户，在配置完成后单击"Add"按钮。

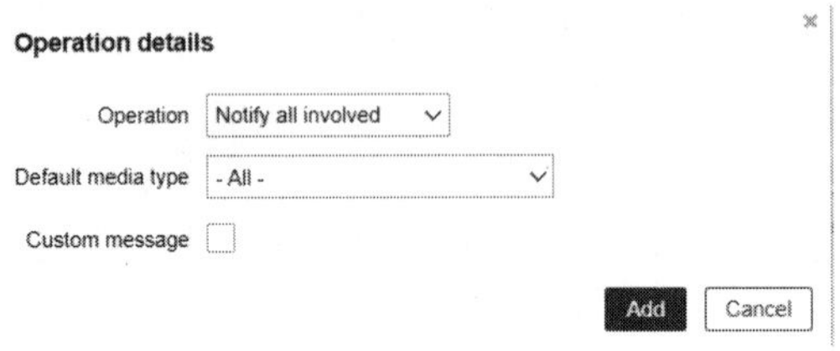

图 4.33

最后，单击页面最下面的"Add"按钮完成配置。

接下来要做的是创建一个 Media type（媒介类型），用于将该问题通过媒介类型通知到用户。单击"Administration"→"Media types"选项，将看到如图 4.34 所示的内容。

Name ▲	Type	Status
Brevis.one	Webhook	Enabled
Discord	Webhook	Enabled
Email	Email	Enabled
Email (HTML)	Email	Enabled
Express.ms	Webhook	Enabled
Github	Webhook	Enabled
GLPi	Webhook	Enabled
iLert	Webhook	Enabled
iTop	Webhook	Enabled
Jira	Webhook	Enabled
Jira ServiceDesk	Webhook	Enabled
Jira with CustomFields	Webhook	Enabled
ManageEngine ServiceDesk	Webhook	Enabled
Mattermost	Webhook	Enabled
MS Teams	Webhook	Enabled
Opsgenie	Webhook	Enabled
OTRS	Webhook	Enabled
PagerDuty	Webhook	Enabled
Pushover	Webhook	Enabled

图 4.34

　　Zabbix 6.0 中有很多预定义的媒介类型，为 Slack、Opsgenie 甚至 Telegram 等软件都提供了预定义配置。本书会从最常用的一种告警方式开始配置，那就是电子邮件。

　　单击"Email"这个媒介类型，会出现配置页面（如图 4.35 所示）。

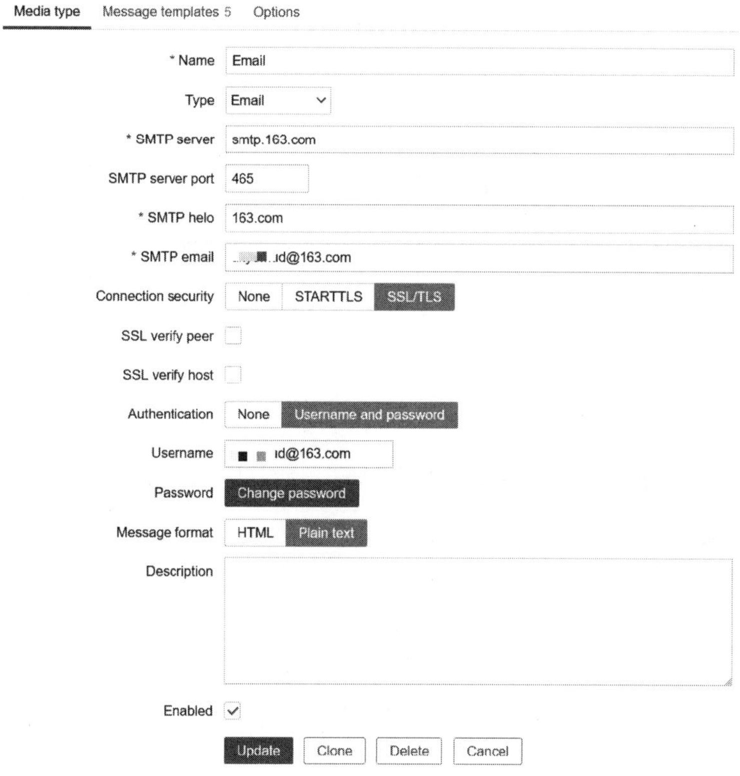

图 4.35

　　本书使用 163 邮箱进行配置，任何 SMTP（Simple Mail Transfer Proctocal，简单邮件传输协议）的邮箱地址都可以进行配置，在这里可以填写你的 SMTP 的邮箱地址，这样就可以收到告警通知了。

　　提示：163 邮箱需要单独开通 SMTP 功能，在开通后会生成一个密码。需要注意：图 4.35 中的 Password 使用的是开通 SMTP 功能时生成的密码，并不是账户的登录密码。

请务必查看"Message templates"选项卡，例如图 4.36 配置的是当发生告警时生成事件的消息模板。

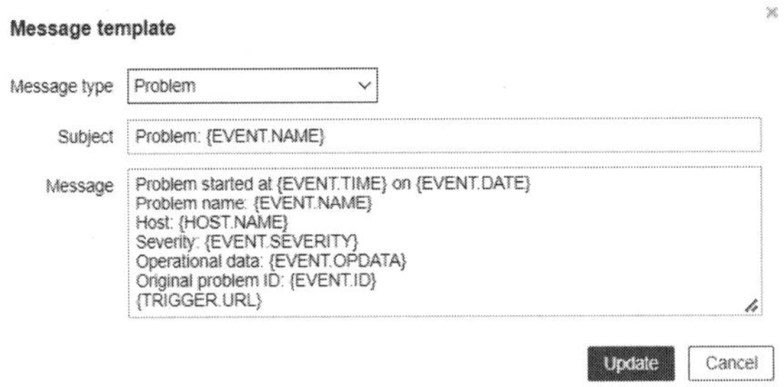

图 4.36

这里的消息完全可以定制，用以发送想知道的内容。

保存默认配置。最后还需要进行一次配置，单击"Administration"→"Users"，编辑 Zabbix 管理员或者 Networking 用户组，此处以管理员为例（如图 4.37 所示）。

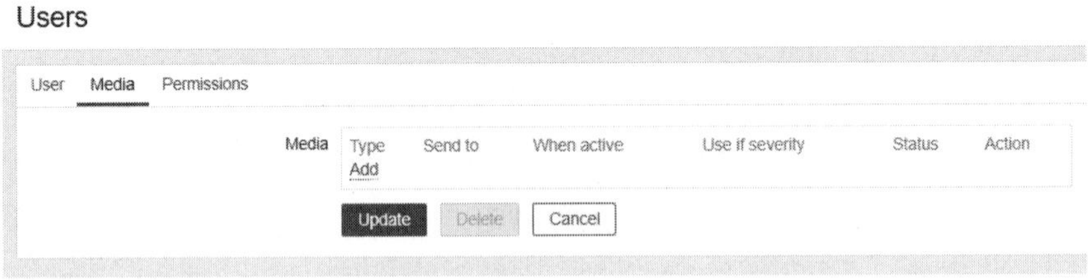

图 4.37

在"Users"页面中，选择"Media"选项卡，然后单击"Add"链接，可以按照图 4.38 所示配置要接收哪些级别的告警消息并添加用于接收告警消息的电子邮件地址。

单击"Add"按钮，用户的媒介类型配置就完成了。

Media

Type	Email
* Send to	mihong@grandage.cn Remove
	Add
* When active	1-7,00:00-24:00
Use if severity	☑ Not classified
	☑ Information
	☑ Warning
	☑ Average
	☑ High
	☑ Disaster
Enabled	☑

Add   Cancel

图 4.38

4.4.3 工作原理

以上内容就是在 Zabbix 中配置的告警方式。然后，在电子邮件中将会收到告警消息。图 4.39 所示为 Zabbix 的告警逻辑图。

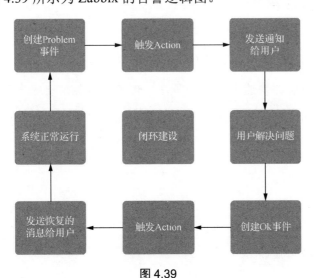

图 4.39

当被监控对象发生故障时，Zabbix 的触发器被触发后创建 Problem 事件，Action 由 Problem 事件触发，它使用 Media type 和 User Media 配置来发送通知给用户。在用户修复故障后创建 Ok 事件。最后，将再次触发 Action 并发送恢复的消息。

提示：在生成此类告警消息之前，请为自己创建一个工作流（如图 4.39 所示），指定应该通知哪些用户组和用户。通过这种方式，可以更清楚地知道如何使用 Zabbix 进行告警。

官方文档中有大量的媒介类型和第三方告警通知。刚刚看到的预定义的媒介类型列表只是冰山一角，请务必查看 Zabbix 官方文档中的集成列表，以便获取更多的选择。可以使用 Zabbix webhooks 或其他可用的扩展功能来构建自己的告警通知系统。

4.5　配置有效告警

大家都应该明白，保持告警的有效性非常重要。直观、清晰的告警描述有利于在发生问题时，快速了解问题所在，也可以避免重要的告警消息被大量无效的告警消息所淹没。下面介绍修改触发器和电子邮件媒介类型，以便直观地反映出想要看到的告警消息。

4.5.1　准备

使用第一个触发器"{HOST.NAME}主机的 22 端口宕掉了"和 Zabbix 中的默认电子邮件媒介类型。

4.5.2　操作步骤

若要创建有效告警，则需要按照以下步骤操作：

单击"Configuration"→"Hosts"选项，找到"lab-book-agent_simple"这台主机，单击"Trigger"链接。

在这里，有时可能会使用不同的触发器名称，如图 4.40 所示。

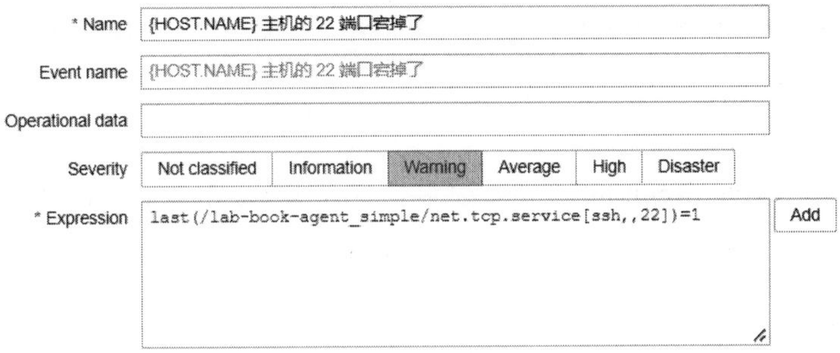

* Name	{HOST.NAME} 主机的 22 端口宕掉了
Event name	{HOST.NAME} 主机的 22 端口宕掉了
Operational data	
Severity	Not classified　Information　Warning　Average　High　Disaster
* Expression	last(/lab-book-agent_simple/net.tcp.service[ssh,,22])=1　　Add

图 4.40

在触发器中使用宏 {HOST.NAME}，可以更灵活地配置触发器名称。幸运的是，这里没有太多需要更改的地方。如果你在触发器名称中使用了主机名，那么可以更改名称以反映更清晰的信息。

请确保使用简短的描述用于触发器名称，如图 4.41 所示。

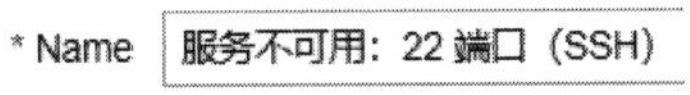

* Name　服务不可用: 22 端口（SSH）

图 4.41

接下来，单击该配置页面的"Tags"选项卡，添加用于使触发器看起来井井有条的标记。添加的内容如图 4.42 所示。

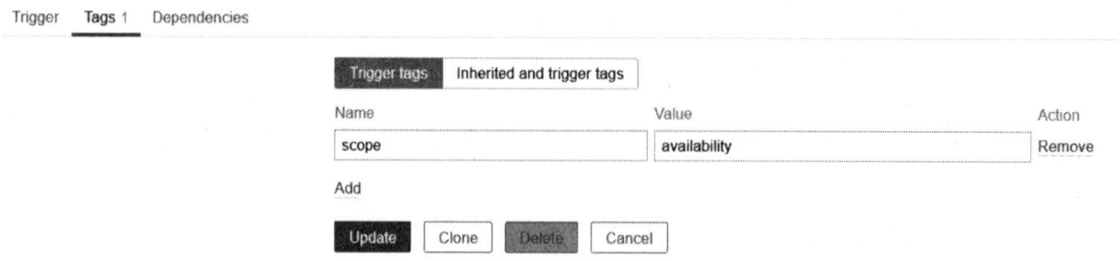

Trigger **Tags** 1 Dependencies

图 4.42

保持告警有效、易读的好方法是更改媒介类型的配置，以符合你的结构化需求。单击"Administration"→"Media types"选项，然后选择名为"Email"的媒介类型。

选择"Message templates"选项卡，然后单击第一个"Problem"旁边的"Edit"链接（如图 4.43 所示），会打开图 4.44 所示的页面。

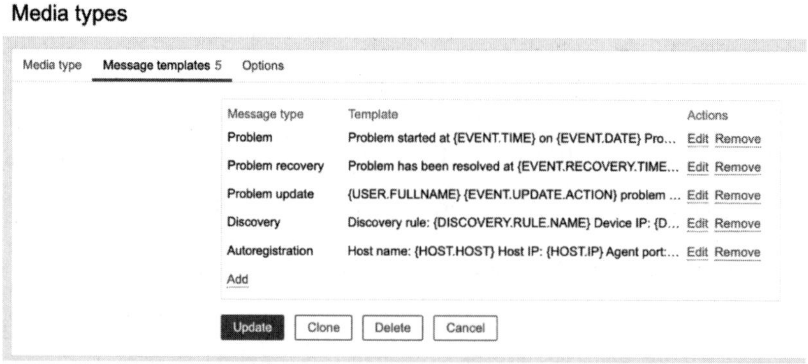

Media types

图 4.43

这里看到的是 Zabbix 媒介类型使用的默认消息配置，在此处也可以更改消息，创建自定义消息。

也可以自定义你自己的媒介类型消息。例如，如果不想看到"Original problem ID"，就只需删除该行，如图 4.45 所示。

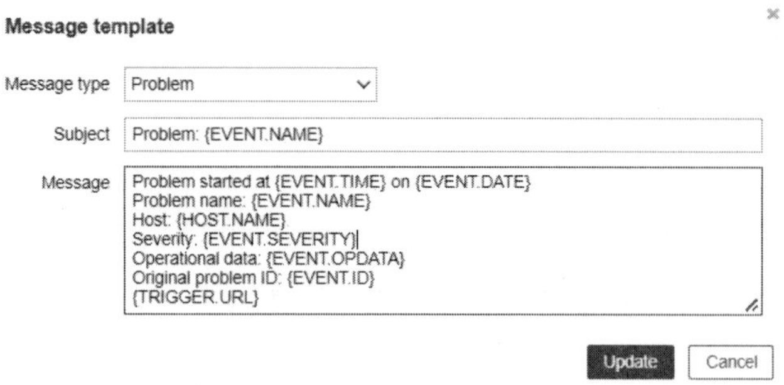

Message template

Message type　Problem　▾

Subject　Problem: {EVENT.NAME}

Message
```
Problem started at {EVENT.TIME} on {EVENT.DATE}
Problem name: {EVENT.NAME}
Host: {HOST.NAME}
Severity: {EVENT.SEVERITY}|
Operational data: {EVENT.OPDATA}
Original problem ID: {EVENT.ID}
{TRIGGER.URL}
```

Update　Cancel

图 4.44

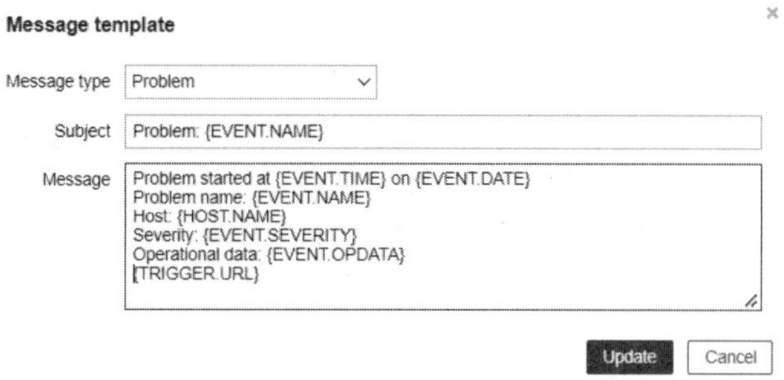

Message template

Message type　Problem　▾

Subject　Problem: {EVENT.NAME}

Message
```
Problem started at {EVENT.TIME} on {EVENT.DATE}
Problem name: {EVENT.NAME}
Host: {HOST.NAME}
Severity: {EVENT.SEVERITY}
Operational data: {EVENT.OPDATA}
{TRIGGER.URL}
```

Update　Cancel

图 4.45

4.5.3　工作原理

在本节中，一共进行了两部分操作，修改了触发器名称和自定义了告警消息。

保持触发器名称清晰，并以结构化的方式定义对于保持 Zabbix 环境结构化非常重要。触发器名称不仅需要把问题描述清楚，而且对于标准化配置非常重要。图 4.46 所示为标准化后的触发器名称。

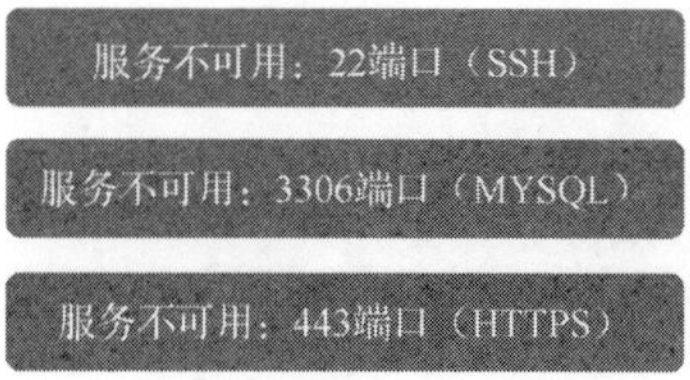

服务不可用：22端口（SSH）

服务不可用：3306端口（MYSQL）

服务不可用：443端口（HTTPS）

图 4.46

是不是感觉触发器看起来都很清晰？这样，当出现问题时可以立即看到哪个主机、端口和服务关闭了。

最重要的是，为相关服务的触发器关闭的服务添加了一个标签。标签可以更清楚地显示服务，提醒使用者发生了什么故障。

在 Zabbix 6.0 中，有一个新的标签策略。当使用组件标记创建触发器中使用的监控项时，只是为范围添加了一个触发器标记，遵循了新标准。在图 4.47 的问题视图中可以明显地看出，TCP 服务 SSH 的可用性受到了影响。作用域标记通常包含以下 5 个选项之一：availability、performance、notification、security、capacity。

图 4.47

有关新的 Zabbix 6.0 标签策略的更多信息，请阅读官方文档。

另外，我认为可以删除{HOST.NAME}宏，可以通过 Host 字段来确定此触发器所在的主机，因此在触发器名称中其实无须添加{HOST.NAME}宏。为了保持触发器名称简短且有效，可以在媒介类型消息中使用 {HOST.NAME}宏，或者使用前端中已有的一些字段。

可以改变 Action，更改媒介类型消息也是保持结构化的一种有效手段。有时，如果希望看到更少或更多的信息，那么更改媒介类型消息是实现此目的的一种方法。还可以在 Action 的操作中创建自定义消息，更改发送到所选渠道的所有消息。

虽然 Zabbix 配置起来可能很简单，但是如果你没有规划，那么配置一个好的监控解决方案并不简单。采用结构化的方式并花时间思考构建良好的监控解决方案，会节省大量时间。

4.6 自定义告警级别的名称

Zabbix 允许用户自定义告警级别的名称。例如，原本 Zabbix 中最高级别的告警是 Disaster，用户可以根据需求将其改为"P5"等其他名称。

4.6.1 准备

只需要一台 Zabbix server 就足够了。

4.6.2 操作步骤

若要自定义告警级别的名称，则请执行以下操作：

在 Zabbix server 中自定义一些告警级别，以反映实际的需求。单击"Administration"→"General"→"Trigger displaying options"选项，如图 4.48 所示。

选择此选项后，将跳转至对应的窗口。此窗口包含默认的 Zabbix 触发器等级，如图 4.49 所示。

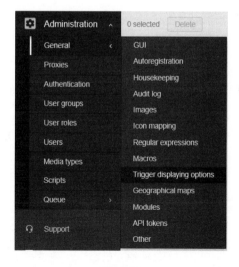

图 4.48

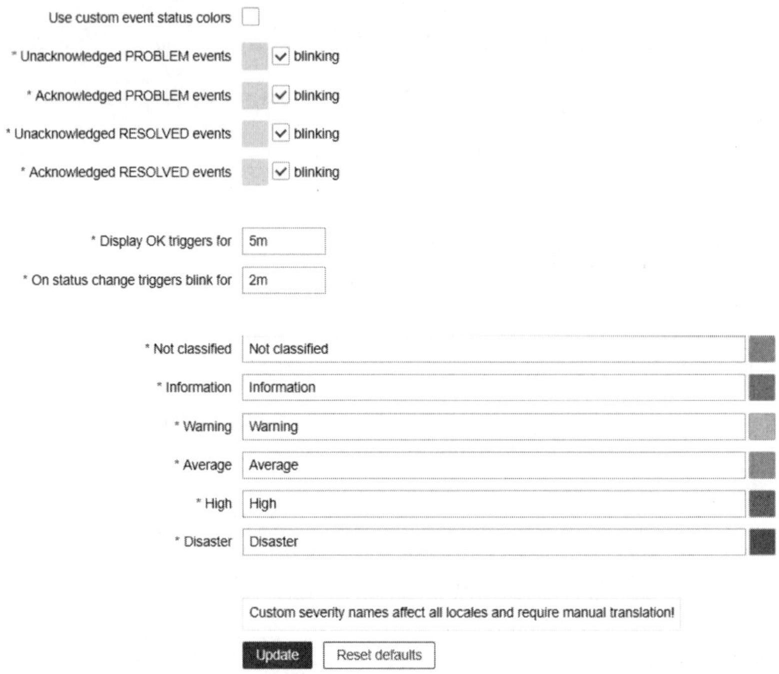

Use custom event status colors	☐	
* Unacknowledged PROBLEM events	☑	blinking
* Acknowledged PROBLEM events	☑	blinking
* Unacknowledged RESOLVED events	☑	blinking
* Acknowledged RESOLVED events	☑	blinking

* Display OK triggers for	5m
* On status change triggers blink for	2m

* Not classified	Not classified	
* Information	Information	
* Warning	Warning	
* Average	Average	
* High	High	
* Disaster	Disaster	

Custom severity names affect all locales and require manual translation!

Update   Reset defaults

图 4.49

接下来，可以自定义触发器等级，如图 4.50 所示。

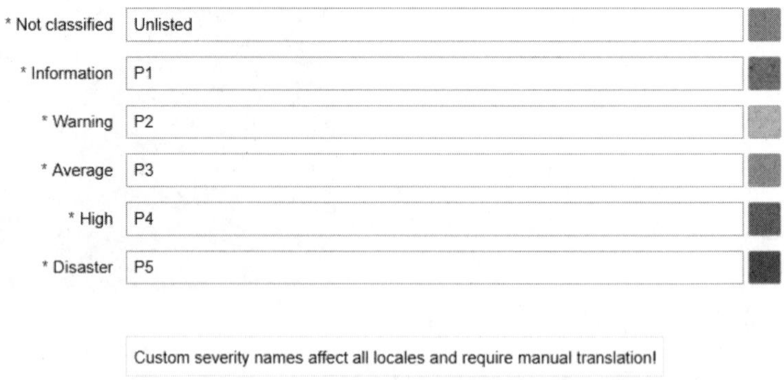

* Not classified	Unlisted	
* Information	P1	
* Warning	P2	
* Average	P3	
* High	P4	
* Disaster	P5	

Custom severity names affect all locales and require manual translation!

图 4.50

在修改完成后，不要忘记单击页面底部的"Update"按钮保存更改。

4.6.3　工作原理

并非所有公司都喜欢使用 High（高等级）或 Disaster（灾难级）等术语，你可以根据实际情况定义不同的问题事件的严重性，例如 P1 和 P2。你可以自定义 Zabbix 的告警级别名称，使其更符合实际的业务环境。

更改使用的告警级别名称并不是必需的，但如果你有习惯使用的告警级别名称，那么这个功能可以让你以更加符合自己习惯的方式使用 Zabbix。

第5章 监控模板

下面介绍 Zabbix 中最重要的知识点——监控模板（简称模板）。Zabbix 的监控配置在很大程度上依赖于模板，好的模板和差的模板之间存在巨大的差异。如果你是 Zabbix 新手，或者尚未开始创建自己的模板，那么请仔细阅读本章。

本章将介绍如何配置模板，以及如何正确地配置监控项和触发器，此外还会介绍如何使用 Macro（宏）和 LLD。相信通过阅读本章，你可以自己创建模板，甚至可以通过 LLD 方式自动创建符合规则的监控项和触发器。

本章需要参考第 3 章和第 4 章中关于 SNMP 监控的相关配置。

5.1 创建监控模板

本节介绍 Zabbix 模板的基础知识、Zabbix 模板的结构，以及模板中需要注意的地方。

5.1.1 准备

只需要 Zabbix server。

5.1.2 操作步骤

下面创建一套结构化的 Zabbix 模板。

打开 Zabbix 前端，单击"Configuration"→"Templates"选项。单击页面上方的"Create template"按钮，将会看到如图 5.1 所示的页面。

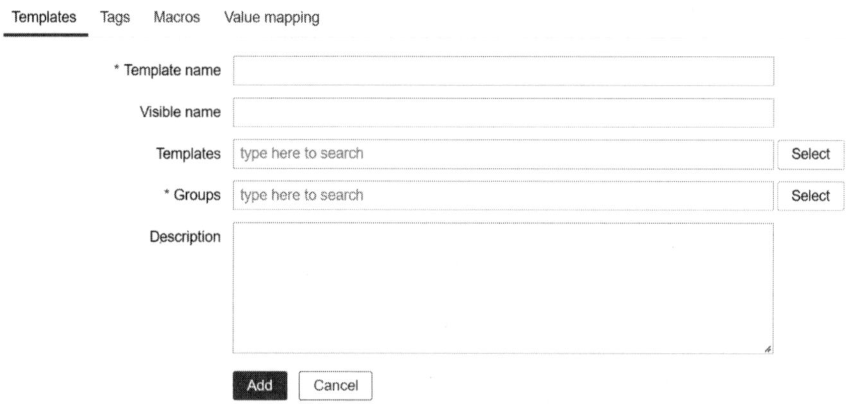

图 5.1

此时，需要为创建的模板命名，并分配一个组。在本示例中，使用 SNMP 监控 Linux 主机的方式来演示如何创建模板。

在大多数情况下，SNMP 主要用于监控网络设备。SNMP 支持自定义设备，非常通用并且易于理解。许多硬件制造商都会提供对 SNMP 的支持。对于 Linux 主机来说，一般推荐使用 Zabbix agent 进行监控。Zabbix agent 监控请参考第 3 章。

按照图 5.2 所示的内容创建模板。

这里不会链接任何模板，"Tags"（标签）和"Macros"（宏）选项卡暂时也不配置，稍后将讨论其中的一些功能。

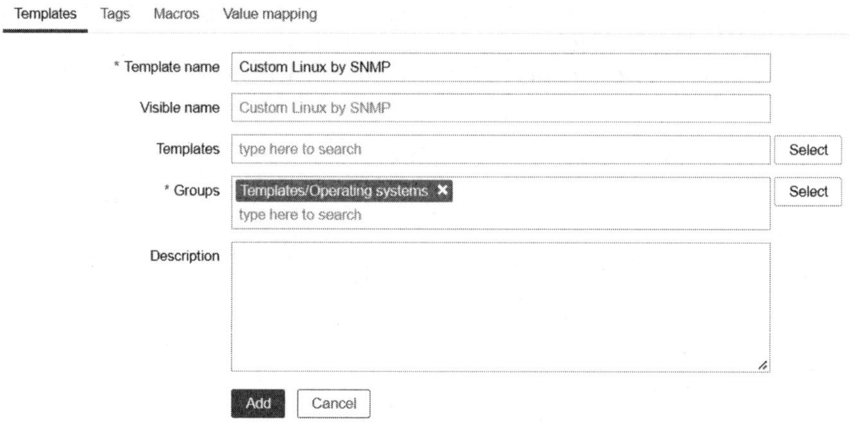

Templates　Tags　Macros　Value mapping

* Template name	Custom Linux by SNMP
Visible name	Custom Linux by SNMP
Templates	type here to search
* Groups	Templates/Operating systems ✕
	type here to search
Description	

Add　Cancel

图 5.2

5.1.3　工作原理

你一定发现了创建第一个模板并不需要做太多的事情，看起来非常简单。不过，需要注意模板的命名规则。

你可能会问："为什么模板的命名规则如此重要？"

因为在使用 Zabbix 时会创建很多模板。例如，图 5.3 所示为 Zabbix 开箱即用的模板列表中的一小部分。

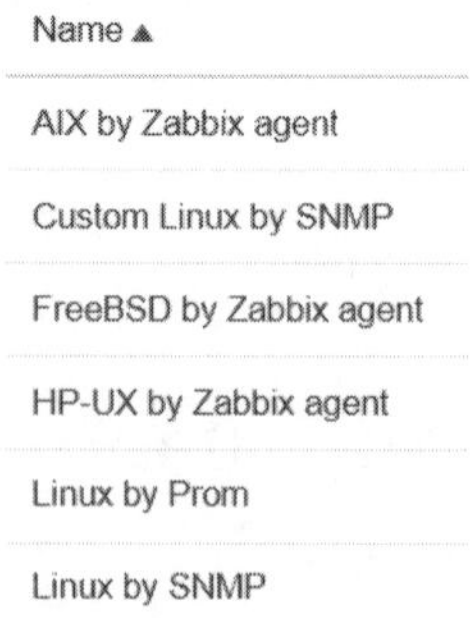

Name ▲

AIX by Zabbix agent

Custom Linux by SNMP

FreeBSD by Zabbix agent

HP-UX by Zabbix agent

Linux by Prom

Linux by SNMP

图 5.3

通过对比模板的名称，你会发现它们遵循一定的规则。下面以 Linux 和 Apache 监控模板为例，命名规则如图 5.4 所示。

图 5.4

查看该列表并将其与图 5.4 中的命名规则进行比较，总结如下。

（1）我们在监控什么？Linux、Apache 是我们的监控对象。

（2）我们以什么方式监控？by SNMP 指出数据采集方式，因为对于同一个监控对象，可能以不同的方式来监控，除了 SNMP、Zabbix agent 以外还有 IPMI、HTTP、SNMP trap、Zabbix 采集器、简单检查等。

遵循一定的规则为模板命名，是正确使用模板的第一步，这样可以很容易根据监控对象、数据采集方式来使用相应的模板。

在例子中，其实还添加了一个简短的自定义前缀，可以将自定义的模板与 Zabbix 开箱即用的模板进行区分。通常可以省略这个前缀，但对于本书来说，这个前缀是不可或缺的。

在创建模板时，请遵循 Zabbix 官方手册的规定，本书也是这么做的，并且结合了作者在创建模板方面的经验。如果想了解 Zabbix 模板的更多信息，请阅读官方文档。

5.2　配置模板级标签

创建模板级标签是为了在生成问题事件后，便于筛选和进一步分类操作。在创建好模板名称后，为 Zabbix 模板配置模板级标签，具体步骤如下。

单击"Configuration"→"Templates"选项，再单击"Custom Linux by SNMP"模板。

在这里单击表单顶部的"Tags"选项卡，打开该选项卡的页面（如图 5.5 所示）。

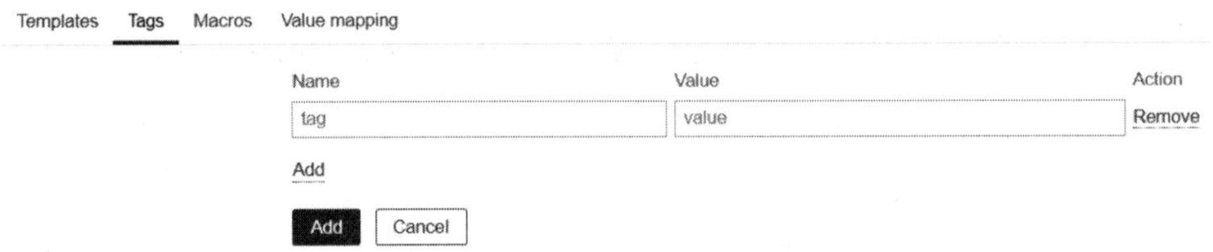

图 5.5

我们创建以下两个标签：<class:os>、<target:linux>。

首先，添加一个系统类标签，在"Name"字段中填写标签名"class"，在"Value"字段中填写标签值"os"。

然后，添加一个对象类标签，单击"Add"链接，在"Name""Value"字段中，依次填写"target""linux"，如图 5.6 所示。

图 5.6

最后，不要忘记单击"Update"按钮进行保存。

现在标签已经创建好了，标签在保持 Zabbix 监控环境中起到关键作用。可以在很多页面中通过模板级标签进行筛选，有时一个主机生成了大量事件，通过标签对问题进行过滤，便于查找和分析问题。

例如，当 Zabbix 发现问题时，单击"Monitoring"→"Problems"选项，可以看到如图 5.7 所示的问题页面。

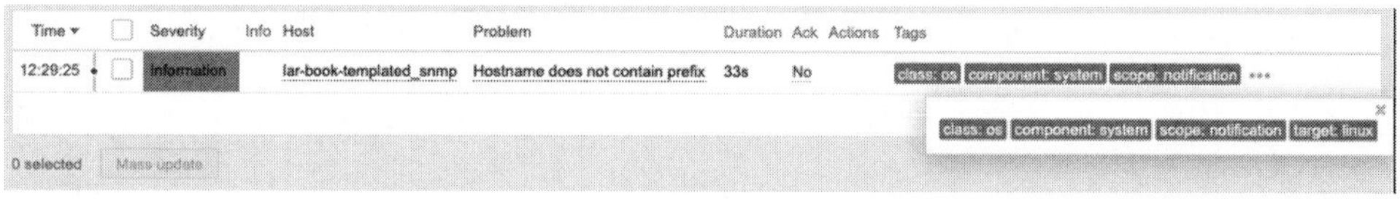

图 5.7

每一个问题的后面都可以显示继承的标签，"class"的后面是"os"，"target"的后面是"linux"。该事件已使用模板级标签进行标记，现在可以看到它始终带着这个标记，从而方便使用者进行筛选。

除了模板级标签，Zabbix 还可以在主机级、监控项级和触发器级配置标签。例如，可以创建一个 Action，根据"target"标签可以将与 Linux 相关的所有问题通过电子邮件的方式发送给某个 Linux 工程师，但通过触发器级标签（如部门：架构组）可以将特定的问题发送给更具体的人员。

关于与 Zabbix 6.0 标签策略相关的更多信息，请阅读 Andrey Biba 的博文 "Tags in Zabbix 6.0 LTS – Usage, subfilters and guidelines"。

在 5.6 节中将介绍创建 LLD 模板的标签原型，根据 LLD 自动创建标签，标签原型可以自动生成标签内容，对于保持模板结构化非常有用。

5.3　创建模板监控项

前面已经创建了一个模板，接下来需要给模板创建监控项。监控项才是 Zabbix 模板的重点，没有监控项，就没有监控数据，没有监控数据，就无法体现监控系统的价值。

5.3.1　准备

继续使用之前的 Zabbix server 和一个可以使用 SNMP 监控的主机。在第 3 章中，使用 SNMP 监控了一台主机，因此可以再次使用此主机，还可以使用前面创建的 Zabbix 模板。

5.3.2　操作步骤

首先，登录 Zabbix server，在命令行界面执行以下命令：

```
# snmpwalk -v3 -l authPriv -u snmpv3user -a SHA -A my_authpass -x
AES -X my_privpass 10.16.16.153 .1
```

在正常情况下，屏幕应该如图 5.8 所示。

图 5.8

　　然后，在模板中创建一个获取主机名的监控项。这个监控项比较重要，对应主机名的 OID 为.1.3.6.1.2.1.1.5.0。

　　如果你有 MIB 库，可以翻译一下此 OID，以确保它定义的是主机名。在 Zabbix server 命令行界面执行以下命令：

```
# snmptranslate .1.3.6.1.2.1.1.5.0
```

　　执行后返回的结果如图 5.9 所示。

图 5.9

　　也可以使用"-On"参数，将 MIB 库解析过的内容转换成 OID。示例如下：

```
# snmptranslate SNMPv2-MIB::sysName.0 -On
```

　　在知道了如何获取主机名后，将其添加到之前创建的模板中，单击"Configuration"→"Templates"选项，选择"Custom Linux by SNMP"模板。

单击"Items"选项卡，并单击"Create item"按钮创建以下监控项（如图 5.10 所示）。

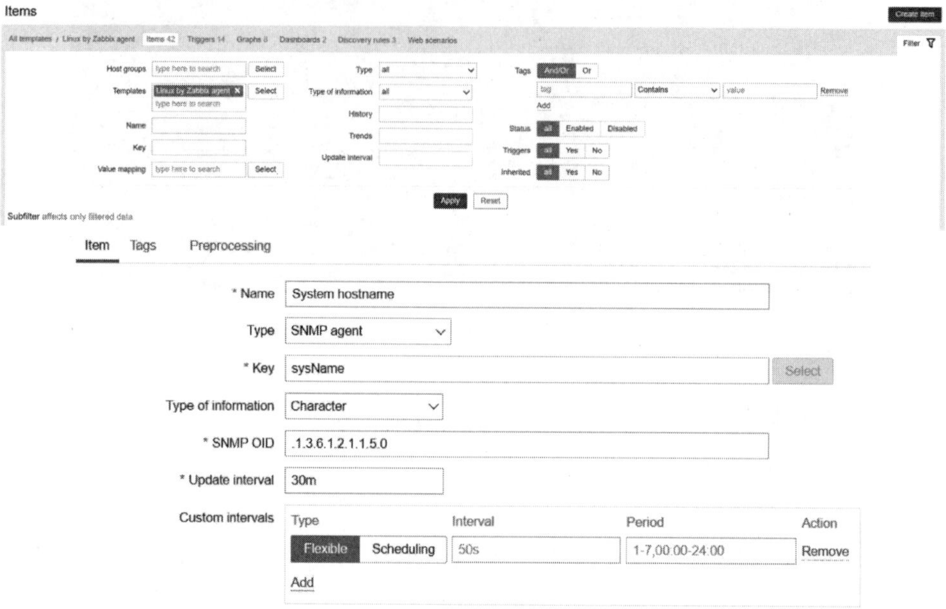

图 5.10

接下来添加监控项标签，以便对监控项进行分组和筛选。单击"Tags"选项卡，添加如图 5.11 所示的内容。

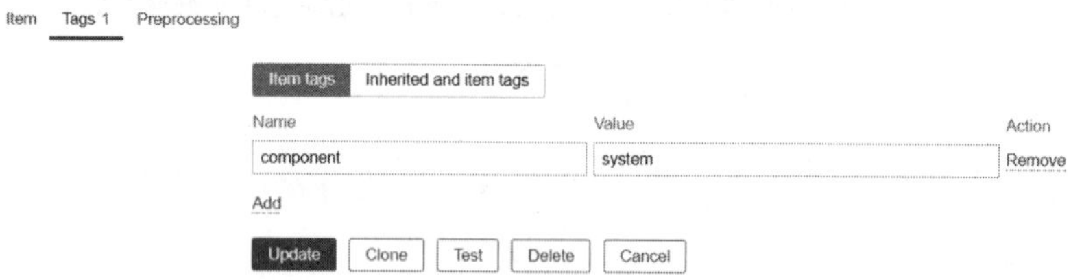

图 5.11

现在有了第一个监控项，接下来创建一个主机，并将"Custom Linux by SNMP"模板链接到该主机。

单击"Configuration"→"Hosts"选项，然后单击"Create host"按钮，按照如图 5.12 所示的内容创建主机。

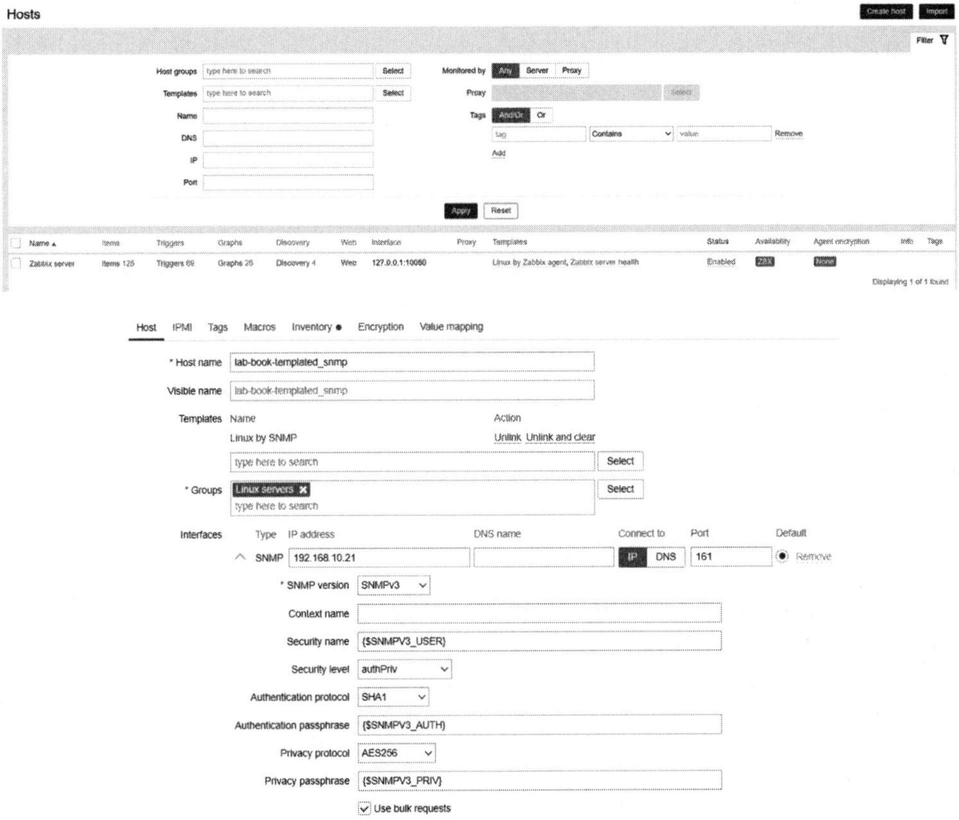

图 5.12

单击"Macros"选项卡并填写如图 5.13 所示的内容。

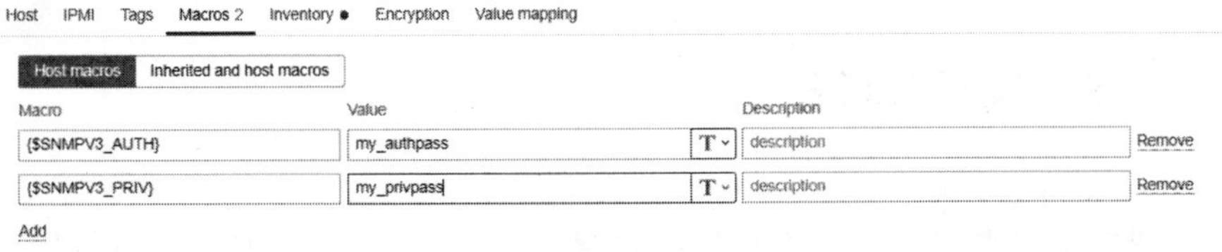

图 5.13

最后，单击"Add"按钮，新监控主机就添加完毕了。

5.3.3　工作原理

将模板链接到主机后，模板上的监控项也会在该主机上创建。这样做的好处是可以将模板分配给多台主机，只需要在模板上配置一次监控项即可，而不需要在每台主机上都创建监控项。新创建的主机将显示图 5.14 所示的最新数据。

Host	Name ▲	Last check	Last value
lab-book-templated_snmp	System hostname	38s	lab-book-agent

图 5.14

对于被监控的主机，此监控项的采集值不同，具体取决于该主机接收到的监控值。

创建 SNMP 监控项时需要注意，监控项始终包含未转换的 OID，这是为了确保没有 MIB 库文件时，Zabbix 依然能正常工作。

在本例中，解析后的 OID 是"sysName"，为了保持一致，将监控键配置为"sysName"，这是一个好的习惯。

要了解有关 Zabbix 和 SNMP OID/MIB 的更多知识，请查看 Zabbix 客户支持主管 Dmitry lambert 的博文"Zabbix SNMP – What You Need to Know and How to Configure It"。

5.4　创建模板触发器

创建模板触发器的方式与创建普通触发器的方式大致相同。请回顾一下这个过程，看一看如何做到这一点，以及如何保持它的结构化。

5.4.1 准备

需要 Zabbix server 和 5.3 节中的主机。

5.4.2 操作步骤

到目前为止，你应该已经在模板上配置了一个监控项，接下来为此监控项创建一个触发器。

单击"Configuration"→"Templates"选项，并选择"Custom Linux by SNMP"模板。

然后，单击"Triggers"链接，再单击"Create trigger"按钮，按照如图 5.15 所示的内容填写。

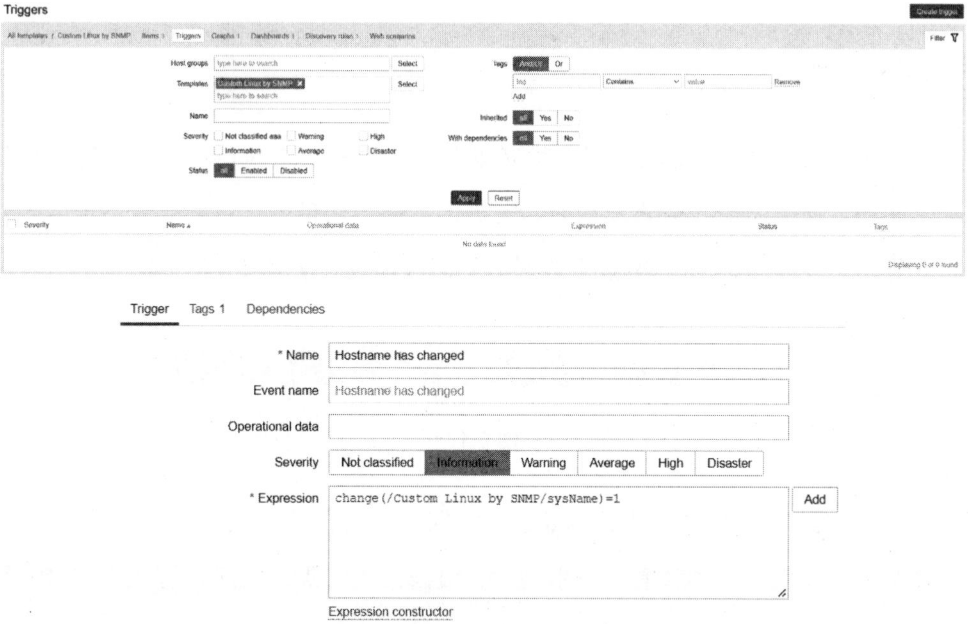

图 5.15

对于触发器，还需要添加标签，如图 5.16 所示。

图 5.16

接下来，更改被监控主机的主机名，测试触发器工作是否正常。在 Linux
主机上执行以下命令来更改主机名：

```
# hostnamectl set-hostname lab-book-agent-test
```

执行以下命令确保更改生效：

```
# exec bash
# systemctl restart snmpd
```

5.4.3　工作原理

在编辑模板时，创建的触发器将立即添加到名为"lab-book-templated_snmp"
的主机中，这是因为当编辑模板时，主机已链接了此模板。当更改了主机名时，
触发器可以在再次轮询采集监控数据后立即被触发，如图 5.17 所示。

Host	Problem · Severity	Duration
lab-book-templated_snmp	Hostname has changed	3s

图 5.17

由于在触发器中使用了 change 函数，因此在告警后再次采集的监控数据没
有变化时，问题将自动恢复。在本例中，根据采集间隔，此问题将在 30 分钟后
恢复。

像许多其他 Zabbix 用户一样，我喜欢在触发器名称中使用{HOST.NAME}
宏，但是 Zabbix 官方文档中是不建议这样做的。触发器名称要简短、明了，避
免有不必要的信息。

5.5　创建宏

Zabbix Macro（宏）为日常工作提供了很多便利，让 Zabbix 在使用时更灵
活，接下来介绍如何使用宏。

5.5.1　准备

需要 Zabbix server、之前使用 SNMP 监控的主机，以及 5.4 节中使用的
Zabbix 模板。

5.5.2　操作步骤

现在，从模板中创建一些宏开始，配置两种不同类型的宏。

1. 定义用户宏

在模板上定义用户宏，单击"Configuration"→"Templates"选项，再单
击"Custom Linux by SNMP"模板。

单击"Macros"选项卡并填写如图 5.18 所示的内容。

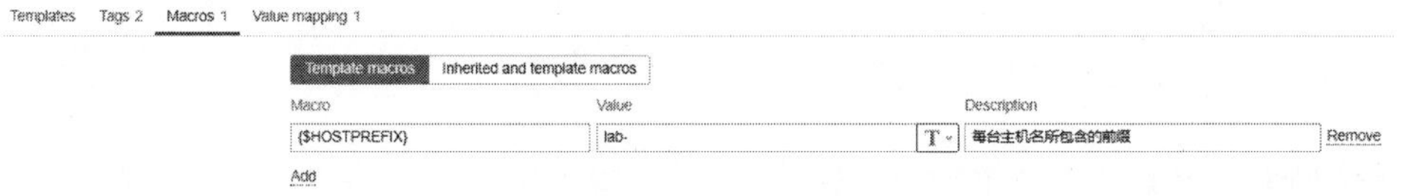

图 5.18

　　单击页面下方的"Update"按钮，再单击该模板右边的"Triggers"链接来创建一个新的触发器，如图 5.19 所示。

| Trigger | Tags 1 | Dependencies |

* Name	Hostname does not contain prefix
Event name	Hostname does not contain prefix
Operational data	
Severity	Not classified　Information　Warning　Average　High　Disaster
* Expression	find(/Custom Linux by SNMP/sysName,,,"{$HOSTPREFIX}")=0 　Add

Expression constructor

图 5.19

　　添加触发器标签，如图 5.20 所示。

| Trigger | Tags 1 | Dependencies |

Trigger tags　Inherited and trigger tags

Name	Value	Action
scope	notification	Remove

Add

图 5.20

　　在主机的命令行界面执行以下命令更改主机名：

```
# hostnamectl set-hostname dev-book-agent
```

　　执行以下命令确保更改生效：

```
# exec bash
# systemctl restart snmpd
```

　　触发器被触发，如图 5.21 所示。

图 5.21

2. 使用内置宏

在模板上使用 Zabbix 的内置宏，单击"Configuration"→"Templates"选项，再单击"Custom Linux by SNMP"模板。

单击"Triggers"链接，再单击"Create trigger"按钮，按照图 5.22 所示的内容创建触发器。

图 5.22

添加触发器标签，如图 5.23 所示。

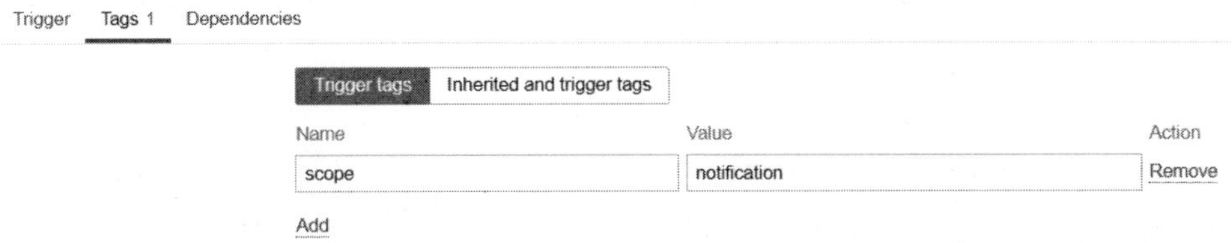

Trigger **Tags 1** Dependencies

Trigger tags	Inherited and trigger tags	
Name	Value	Action
scope	notification	Remove

Add

图 5.23

与预期一样，触发器被触发，如图 5.24 所示。

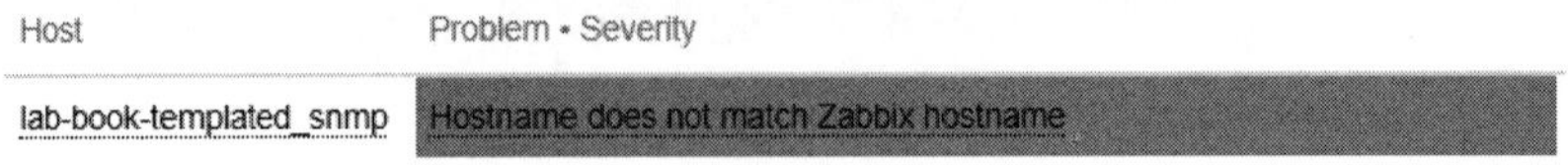

Host	Problem · Severity
lab-book-templated_snmp	Hostname does not match Zabbix hostname

图 5.24

5.5.3　工作原理

Zabbix 的宏分为 3 种类型：用户宏、内置宏和 LLD 宏。这些宏都可以在模板上使用，也可以直接在主机上使用。宏为某些字段信息的配置提供了更方便、更灵活的方式。下面介绍用户宏和内置宏是如何工作的。

1. 用户宏如何工作

本书将用实际例子解释用户宏。例如，希望使用此监控模板的所有主机名都以 "lab-" 为前缀，因此在模板中创建一个用户宏。这样，所有链接此模板的主机都可以使用这个用户宏。

然后，可以在触发器中调用用户宏，宏值会自动填充到调用位置。本例中的用户宏的宏值为 "lab-"。可以在其他触发器、监控项中重用此用户宏。

Zabbix 的宏是非优先级的，在定义模板级用户宏后，并不代表就不能对这个宏进行修改。可以通过定义主机级用户宏来覆盖模板级用户宏。因此，如果希望某台主机包含不同的前缀，那么只需在此主机上配置即可覆盖模板级用户宏，如图 5.25 所示。

接下来，查看主机宏，如图 5.26 所示。

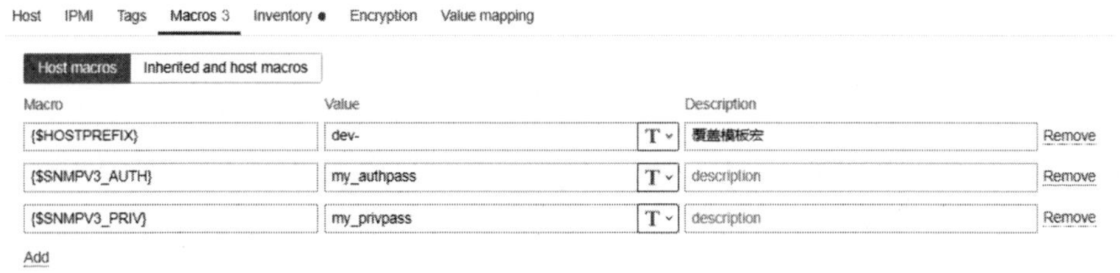

图 5.25

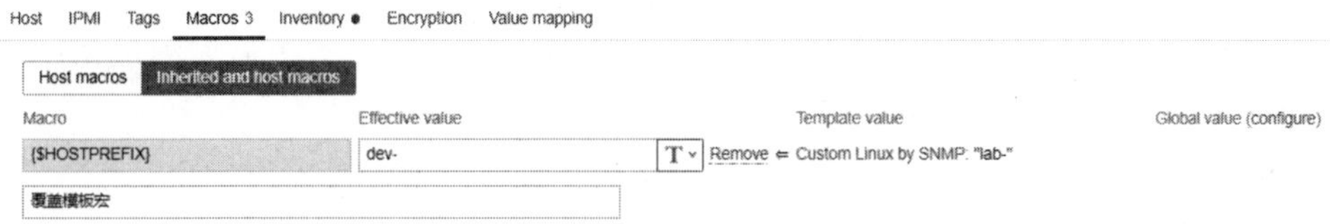

图 5.26

宏值显示的是"dev-"，而不是"lab-"，这正是想达到的效果。

2. 内置宏如何工作

内置宏来自 Zabbix 预定义的宏列表。它们用于获取 Zabbix 元素并将其在监控项、触发器中调用。这就意味着在使用内置宏时，它自动获取相关的值。

在这个例子中，使用{HOST.HOST}，这个宏值代表在 Zabbix 主机上所定义的主机名，如图 5.27 所示。

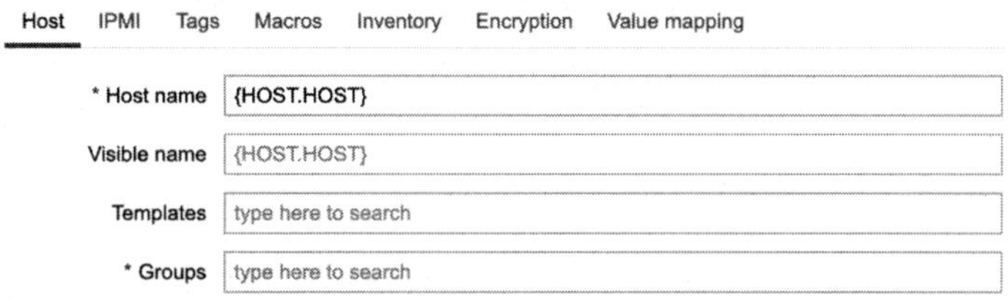

图 5.27

此内置宏将调用链接模板的主机名，因此在 Zabbix 中主机名必须是唯一的。在触发器中使用内置宏是非常不错的，因为可以在模板中定义相同的名字来展现不同的输出结果。官方文档提供了完整的内置宏列表。

5.6 创建LLD模板

下面介绍我最喜欢的 Zabbix 功能——LLD，这是 Zabbix 最强大和最常用的功能之一。

5.6.1 准备

在介绍之前，需要做一些准备，找到之前在 3.2 节中创建的 lab-book-snmp 这台主机。这里不会对 SNMP 相关知识做扩展介绍，如果你对 SNMP 不太理解，那么请在开始学习之前务必仔细阅读第 3 章。

5.6.2 操作步骤

单击"Configuration"→"Templates"选项，再单击"Custom Linux by SNMP"模板。

提示：需要添加一个 Value mapping（值映射），该映射将用于多个监控项原型。需要注意的一点是，Zabbix 6.0 中的值映射不再是全局的，而是可以特定于某个模板或主机的。

单击"Value mapping"选项卡和"Add"链接，按照图 5.28 所示填写内容。

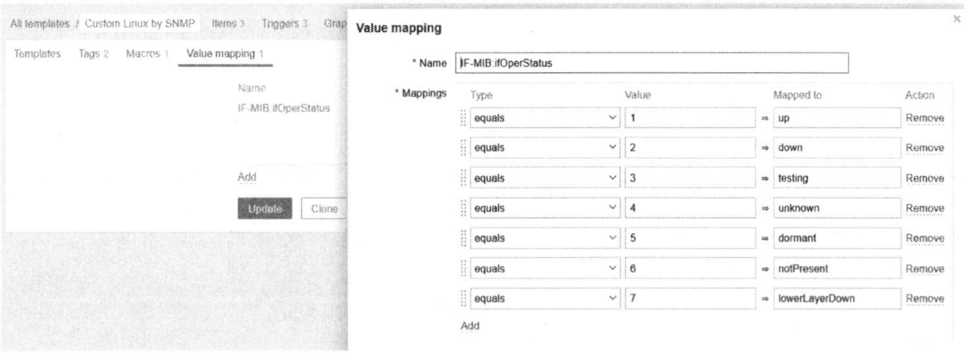

图 5.28

填写完毕后，单击"Add"链接，再单击"Update"按钮来保存更改。

然后，返回模板，单击"Discovery rules"选项卡，再单击"Create discovery rule"按钮，打开 LLD 创建页面，如图 5.29 所示。

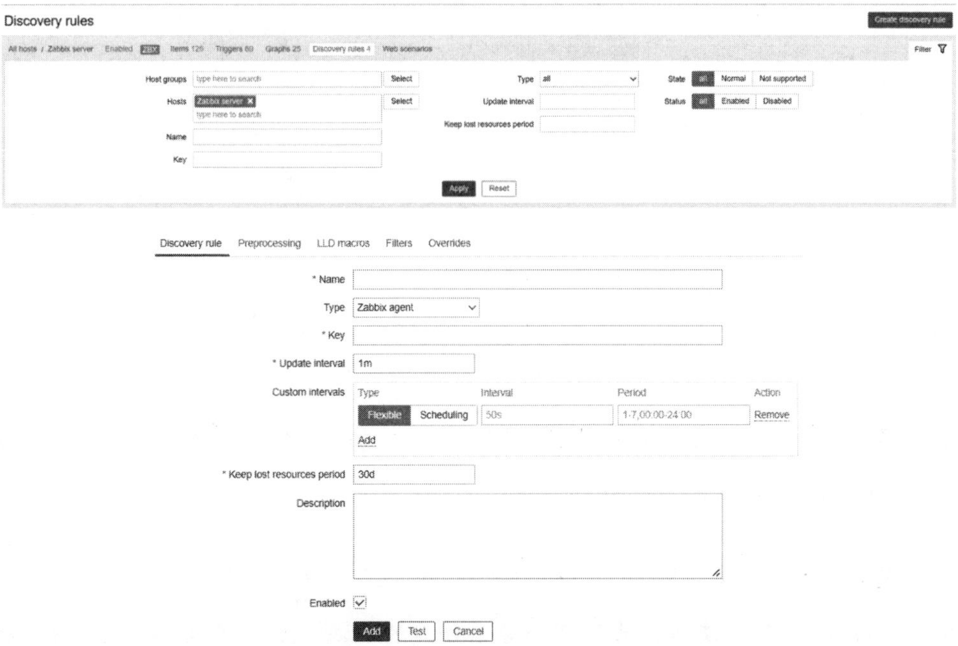

图 5.29

指定一个发现规则来发现 Linux 主机上的网卡接口，用于接口的 Linux SNMP OID 是 ".1.3.6.1.2.1.2"。

提示：请确保在/etc/snmp/snmpd.conf 文件中正确配置了 Linux net-snmp。更改此文件中的 view 从 ".1" 开始，如下所示，这个配置内容非常重要:

```
# view systemview included .1
```

将图 5.30 所示的内容添加至 LLD 规则中。

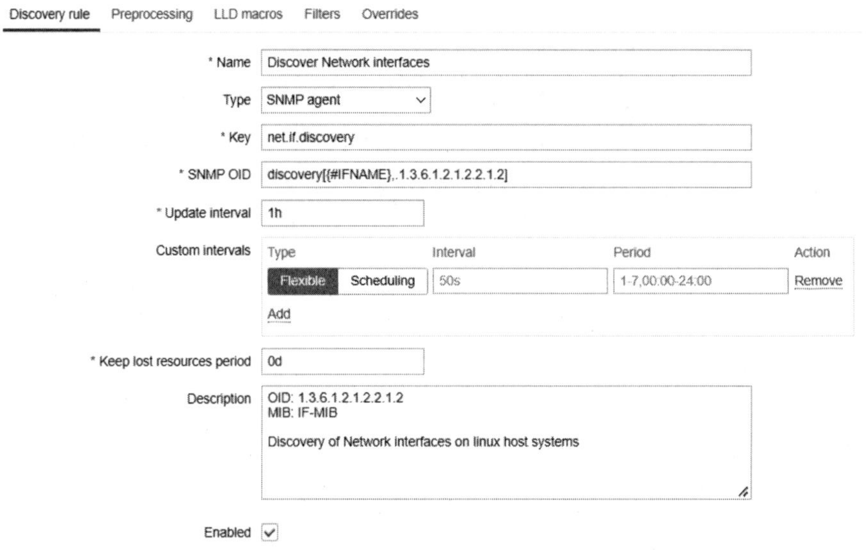

图 5.30

单击 "Add" 按钮后，重新选择 "Configuration" → "Templates" 选项，再单击 "Custom Linux by SNMP" 模板。

提示：之所以将 "Keep lost resources period" 配置为 "0d"，是因为这是一个测试模板。LLD 使用此选项来删除已创建的资源（如监控项和触发器），如果它们在被监控主机上已不存在，那么使用 0 天可能会导致创建的资源丢失，因为 Zabbix 会在设定的时间内回收资源，因此请确保根据生产环境的标准调整此值，比如保存 30 天。

单击"Discovery rules"选项卡，然后单击新创建的规则"Discover Network interfaces"。

单击"Item prototypes"选项卡，再单击"Create item prototype"按钮。这样就可以打开监控项原型创建页面，如图 5.31 所示。

图 5.31

在这里，将创建第一个监控项原型，用于通过 LLD 自动创建监控项。

下面创建获取网卡当前状态的监控，把图 5.32 所示的内容添加到监控项原型中。

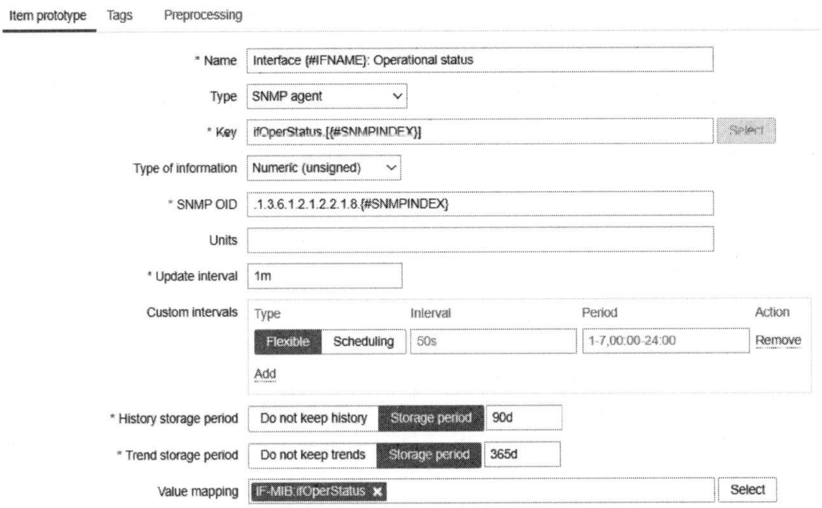

图 5.32

选择"Tags"选项卡，为监控项原型添加标签，填写如图 5.33 所示的内容。

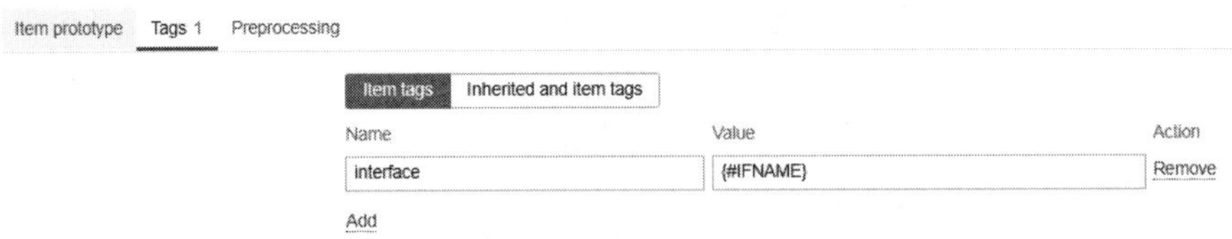

图 5.33

提示：在下一步中，要创建的监控项原型与之前的监控项非常相似。所以，可以单击"Clone"按钮对之前创建的监控项原型进行克隆，而无须从头开始填写。

单击页面最下方的"Add"按钮后，继续重复该操作并添加图 5.34 所示的监控项原型。

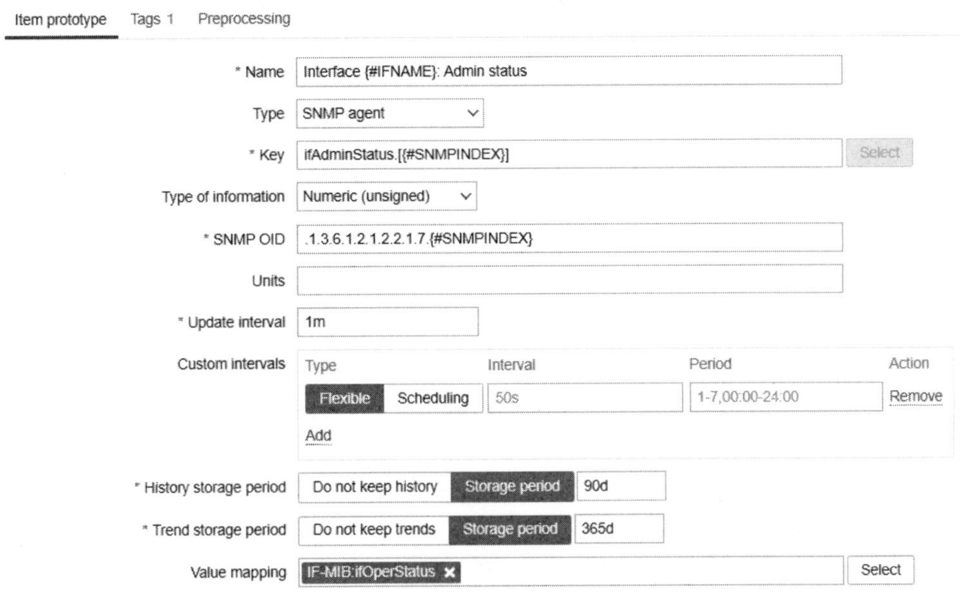

图 5.34

添加标签，如图 5.35 所示。

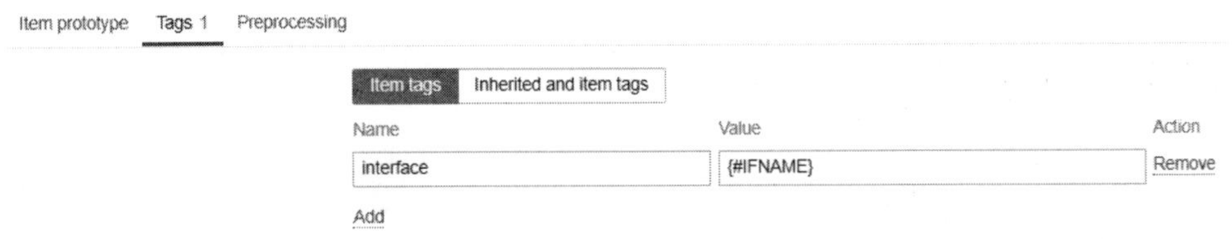

图 5.35

单击图 5.31 中的"Trigger prototypes"选项卡，再单击"Create tigger prototype"按钮，创建触发器原型，如图 5.36 所示。

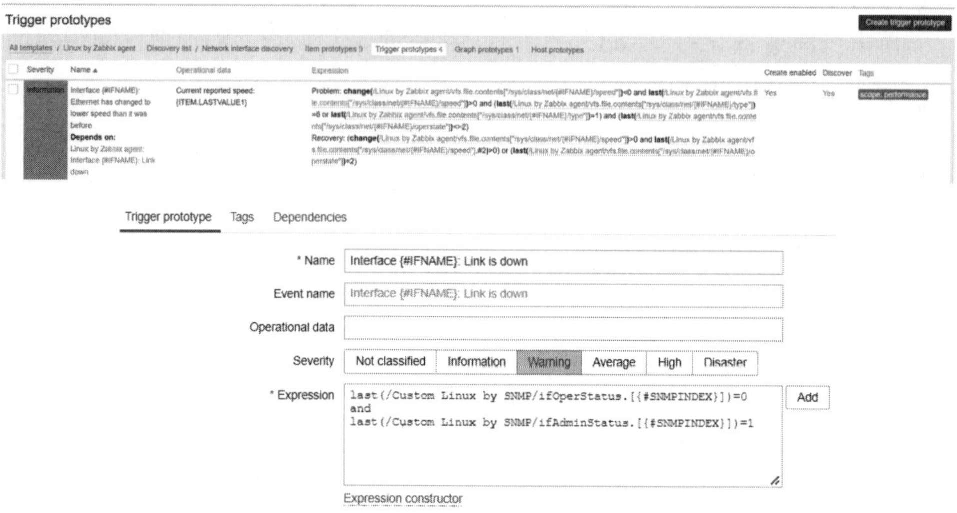

图 5.36

最后，为触发器原型添加标签，如图 5.37 所示。

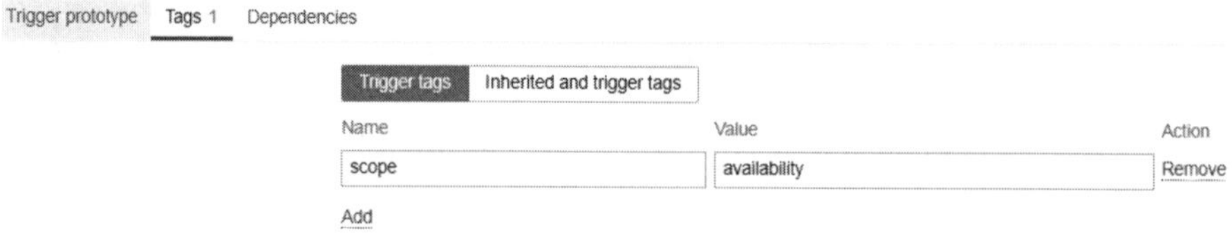

图 5.37

5.6.3　工作原理

LLD 在 Zabbix 中是一个使用非常广泛的功能。按照上述步骤操作，应该能够创建 Zabbix 中几乎所有形式的 LLD。下面，看一看 LLD 是如何工作的。

在 5.6.2 节配置 LLD 的发现规则中，我们配置了如图 5.38 所示的内容。

图 5.38

OID: .1.3.6.1.2.1.2.2.1.2 之后的每个接口都会依次填充至 LLD 宏 {#IFNAME}
中，在本例中接口是 "lo" 和 "ens33"，对应的 OID 如下：

```
.1.3.6.1.2.1.2.2.1.2.1 = STRIN: lo
.1.3.6.1.2.1.2.2.1.2.2 = STRIN: ens33
```

Operational status 监控项原型如图 5.39 所示。

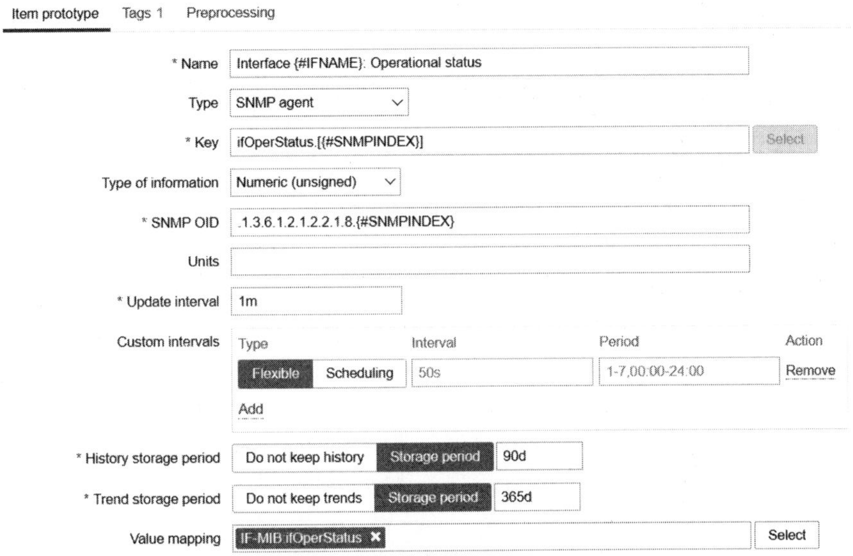

图 5.39

在本监控项原型中通过 LLD 宏 {#SNMPINDEX}，为每个 {#IFNAME} 值都
创建了一个监控项。{#SNMPINDEX} 是 Zabbix 内置的一个 LLD 宏，通过 SNMP
查询后，{#SNMPINDEX} 将引用数字 1 和 2，内容如下：

```
.1.3.6.1.2.1.2.2.1.8.1 = INTEGER: up(1)
.1.3.6.1.2.1.2.2.1.8.2 = INTEGER: up(1)
```

对于目前所有的厂商来说，{#SNMPINDEX} 都遵循 SNMP 进行定义。

以{#SNMPINDEX}为 1 举例，OID：.1.3.6.1.2.1.2.2.1.2.1 获取的值是接口
名称：lo，而 OID：.1.3.6.1.2.1.2.2.1.8.1 获取的值则是这个接口的状态：up(1)。

Zabbix LLD 将创建 lo 的监控项，通过{#SNMPINDEX}的值和 Operations
status 监控项的 OID 进行拼接，最终的 SNMP OID 如下：

```
.1.3.6.1.2.1.2.2.1.8.1 = INTEGER: up(1)
```

它还将创建一个名为 interface ens33：Operational status 的监控项，该监控
项的 SNMP OID 为：

```
.1.3.6.1.2.1.2.2.1.8.2 = INTEGER: up(1)
```

创建完的监控项应该如图 5.40 所示。

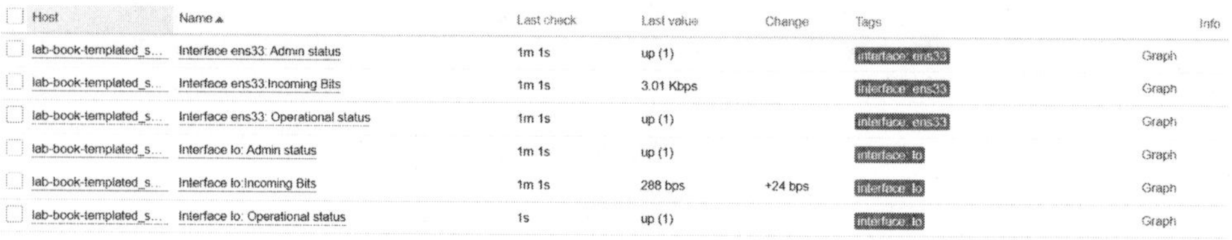

Host	Name ▲	Last check	Last value	Change	Tags		Info
lab-book-templated_s...	Interface ens33: Admin status	1m 1s	up (1)		interface: ens33		Graph
lab-book-templated_s...	Interface ens33:Incoming Bits	1m 1s	3.01 Kbps		interface: ens33		Graph
lab-book-templated_s...	Interface ens33: Operational status	1m 1s	up (1)		interface: ens33		Graph
lab-book-templated_s...	Interface lo: Admin status	1m 1s	up (1)		interface: lo		Graph
lab-book-templated_s...	Interface lo:Incoming Bits	1m 1s	288 bps	+24 bps	interface: lo		Graph
lab-book-templated_s...	Interface lo: Operational status	1s	up (1)		interface: lo		Graph

图 5.40

除了创建这些 LLD 监控项原型，还创建了一个 LLD 触发器原型。这些与
监控项原型的工作原理相同。如果查看主机触发器，那么可以看到如图 5.41 所
示的两个触发器。

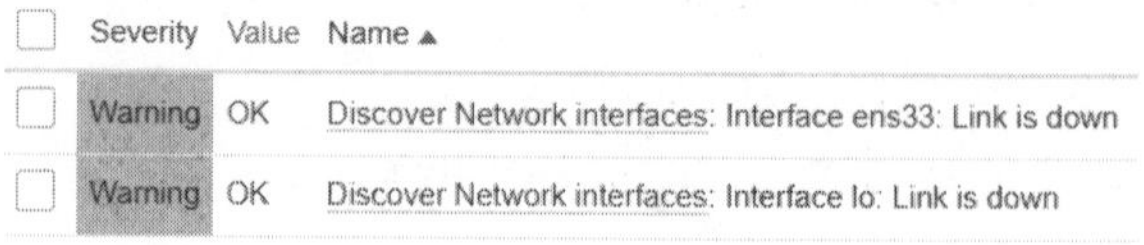

	Severity	Value	Name ▲
	Warning	OK	Discover Network interfaces: Interface ens33: Link is down
	Warning	OK	Discover Network interfaces: Interface lo: Link is down

图 5.41

这些触发器的创建方式与之前所创建的监控项原型的方式相同，如图 5.42
所示，将所发现的监控项填充至触发器中。

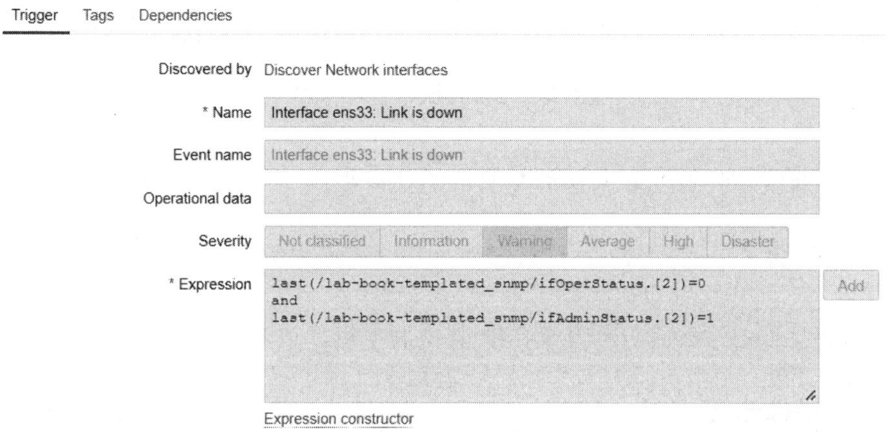

图 5.42

在图 5.42 中可以看到，接口 ens33 的触发器有两个判断条件，即 operation
status 和 admin status，当 operation status 为 0（down）并且 admin status 为 1（up）
时，触发器才会被触发。

一个简洁的触发器，仅在 admin status 为 1 时才会有问题，当网卡的 admin
status 为 2（close）时，代表并没有使用这个网卡。

可以使用自动发现中的过滤器，仅添加具有 admin status 的网卡到监控中。
通过这种方式，可以降低 Zabbix server 的负载性能，并且可以让监控对象更清
晰。也可以考虑在本例中使用过滤器。

对于自动发现功能，你可能需要花一点儿时间学习。它可以像本章使用的
SNMP 类型的监控，也可以在 Zabbix agent 类型的监控中使用。

5.7　创建嵌套模板

可以为一台设备或者多台设备单独创建一个模板。Zabbix 也可以使用嵌套模板将各个部件组合在一起形成一个模板。

本节将介绍如何配置此功能及它的工作原理。

5.7.1　准备

需要 Zabbix server、使用 SNMP 监控的主机，以及 5.6 节创建的模板。

5.7.2　操作步骤

首先，单击"Configuration"→"Templates"选项，再单击"Create template"按钮。创建一个新模板用于监控使用 SNMP 监控的主机的运行时间，按照图 5.43 所示的内容填写。

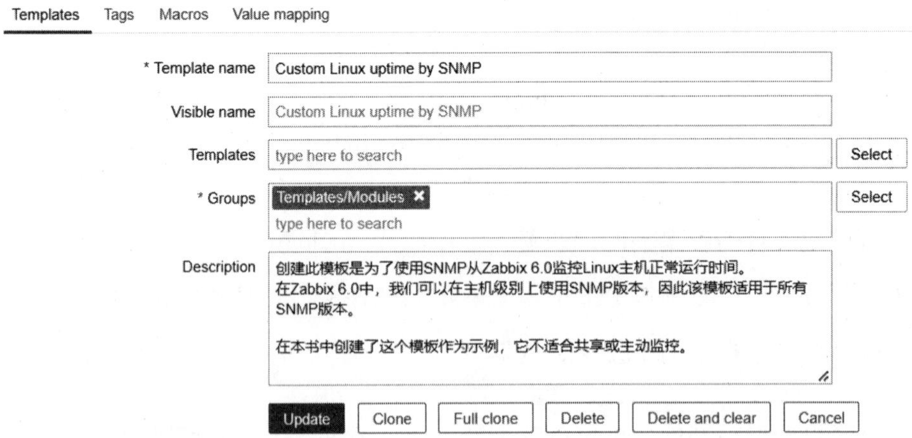

图 5.43

单击页面最下方的"Add"按钮，单击"Custome Linux uptime by SNMP"模板，打开模板编辑页面。

单击"Items"选项卡，再单击"Create item"按钮，创建一个监控项示例，如图 5.44 所示。

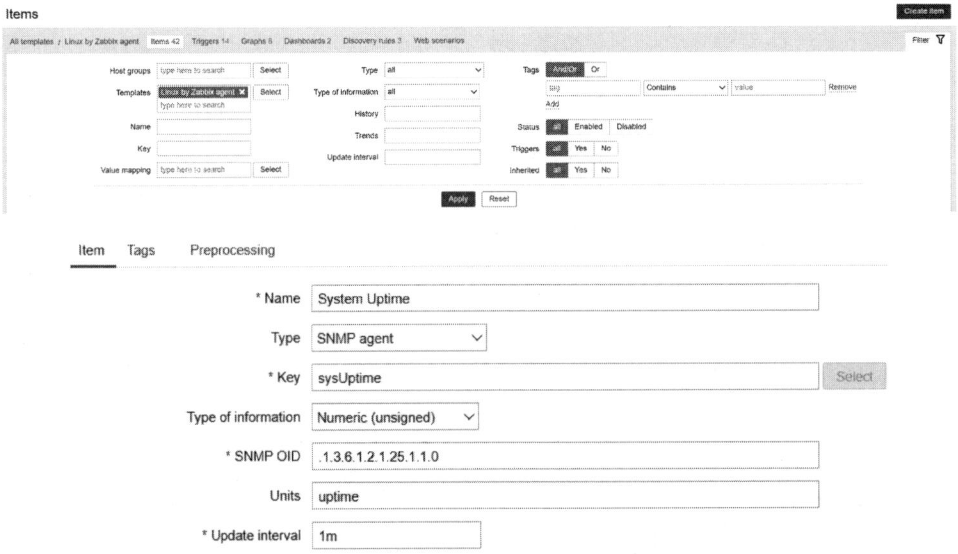

图 5.44

不要忘记配置标签，单击"Tags"选项卡，添加图 5.45 所示的标签。

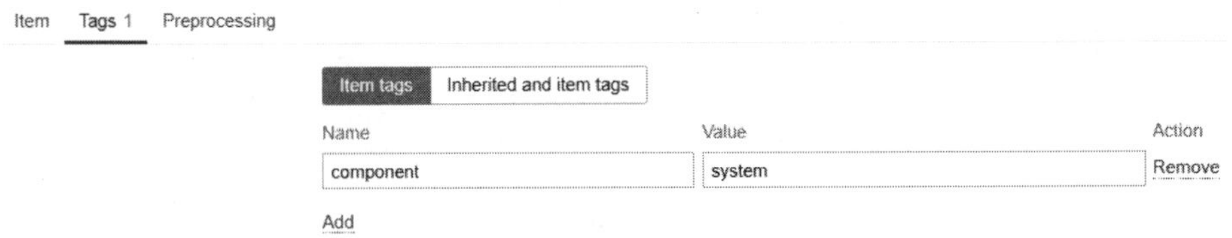

图 5.45

确保添加正确后，单击页面最下方的"Add"按钮完成监控项的创建。

单击"Configuration"→"Templates"选项，然后单击"Custom Linux by SNMP"模板。

在此页面中，在"Templates"字段中输入关键字搜索模板，或单击"Select"按钮选择模板，将该模板链接到当前模板，如图 5.46 所示。

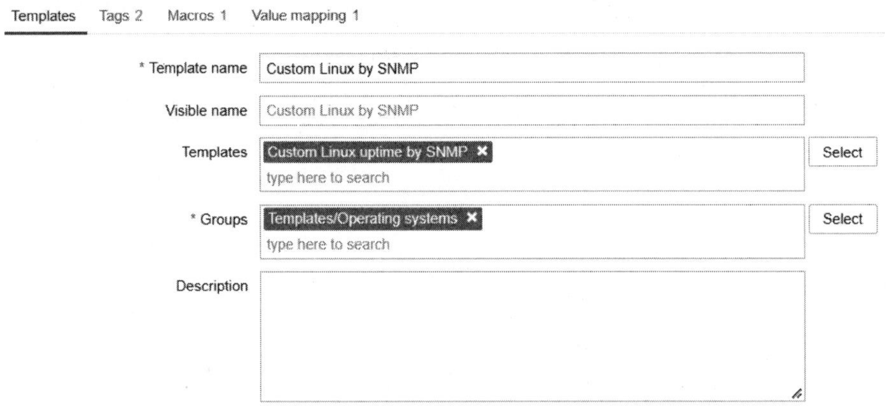

| Templates | Tags 2 | Macros 1 | Value mapping 1 |

* Template name	Custom Linux by SNMP
Visible name	Custom Linux by SNMP
Templates	Custom Linux uptime by SNMP ✕ type here to search [Select]
* Groups	Templates/Operating systems ✕ type here to search [Select]
Description	

图 5.46

单击页面底部的"Update"按钮完成模板链接。

最后，单击"Configuration"→"Hosts"选项，再单击 SNMP 主机 lab-book-templated_snmp，查看"Items"页面。在正常的情况下，应该可以看到刚才链接模板里的监控项，如图 5.47 所示。

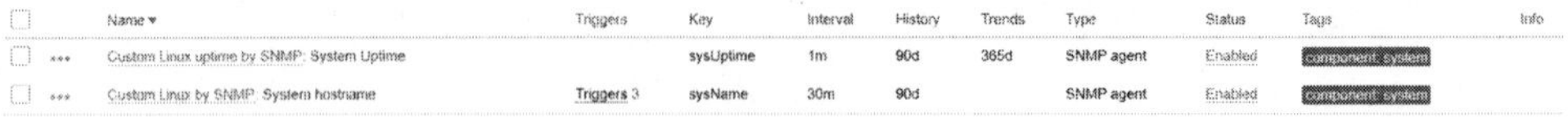

	Name ▼	Triggers	Key	Interval	History	Trends	Type	Status	Tags	Info
☐ •••	Custom Linux uptime by SNMP: System Uptime		sysUptime	1m	90d	365d	SNMP agent	Enabled	component: system	
☐ •••	Custom Linux by SNMP: System hostname	Triggers 3	sysName	30m	90d		SNMP agent	Enabled	component: system	

图 5.47

实际上，该监控项来自另一个模板。这就是嵌套模板所做的事情，使用方便，但是看起来结构不清晰。下面看一看它是如何工作的。

5.7.3 工作原理

嵌套模板的结构树如图 5.48 所示。

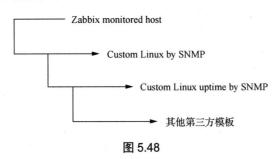

图 5.48

现在，在 Zabbix 监控主机上，该主机只链接了一个 Custom Linux by SNMP 模板，在 Custom Linux by SNMP 模板上又链接了一个模板（Custome Linux uptime by SNMP），所以该模板上"Uptime"监控项也链接到了 Zabbix 监控主机上。

Zabbix 可以通过这种方式组合各种想要的模板，例如 Zabbix 开箱即用的交换机系列模板，两个系列的交换机都使用了相同的 SNMP 低级发现接口的模板。因为接口属于公有 OID，所以可以为接口单独创建一个模板，并将其链接到 EX or QFX 系列的主模板上。虽然不同型号的设备可能使用了不同的 SNMP OID，但是可以将相同的 OID 放在一个模板里重复使用。

第6章　数据可视化

在使用 Zabbix 时，很重要的是充分利用收集到的监控数据。如果不能轻松、便捷地访问这些数据，这些数据就发挥不出应有的价值。用户可以通过"Latest data"页面和"Problems"页面来查看这些监控数据，也可以通过 Zabbix 构建一些其他内容［例如，Graph（图形）、Geomap（地理地图）、Inventory（资产管理）及 Report（报告）］来充分利用其监控数据。

在阅读本章后，你能够配置 Zabbix 的数据可视化，还可以学到如何使用 Inventory 和 Report 系统充分地利用 Zabbix 提供的功能。

本章的实验环境依然需要 Zabbix server，以及第 5 章中使用 SNMP 监控的主机。本章内容全部在 Zabbix 前端完成。

6.1　创建图形

Zabbix 自带强大的图形功能，可以直接显示采集到的监控数据。你可能在以前使用 Zabbix 时在"Latest data"页面中看到过图形。Zabbix 也可以创建预定义的图形。

6.1.1　准备

确保准备好 Zabbix server 和可以监控的 Linux 主机（使用 SNMP）。如果已经按照第 5 章中的内容操作，那么应该已经创建了需要的模板。

如果使用的是下载的模板，那么可以单击"Configuration"→"Templates"
选项，再单击"Import"按钮导入模板。

最后，请确保主机已加载模板，并已进行监控。

6.1.2　操作步骤

首先，打开模板，单击"Configuration"→"Templates"选项，找到之前
创建的名为"Custom Linux by SNMP"的模板。

单击"Items"选项卡，再单击"Create item"按钮，创建监控项，如图 6.1
所示。

图 6.1

在此模板中创建以下监控项内容，如图 6.2 所示。

Item	Tags	Preprocessing		
* Name		Inconnming ICMP messages		
Type		SNMP agent		
* Key		icmp.In.Msgs		Select
Type of information		Numeric (unsigned)		
* SNMP OID		.1.3.6.1.2.1.5.1.0		
Units				
* Update interval		10s		

图 6.2

不要忘记配置标签，如图 6.3 所示。

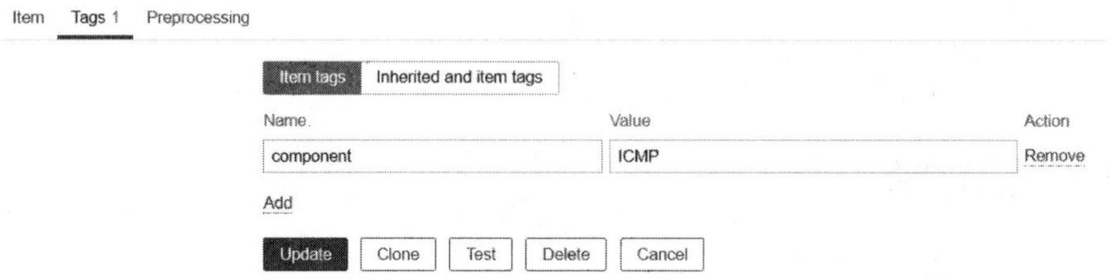

图 6.3

单击"Update"按钮对配置进行保存。

然后，返回模板的配置页面，并打开"Graphs"页面。在这里可以看到在此模板中所有自定义配置的图形。

单击页面右上角的"Create graph"按钮（如图 6.4 所示），会打开图形的创建页面（如图 6.5 所示）。

在这里，可以为单独的监控项创建图形，使用刚才创建的监控项来创建这个图形。

在图形创建页面中填写如图 6.6 所示的内容。

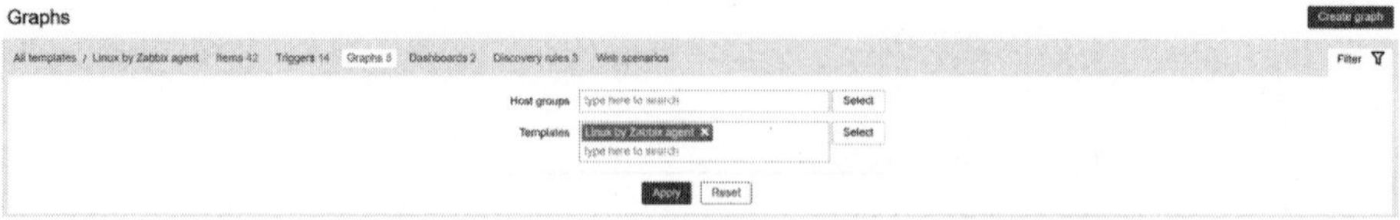

图 6.4

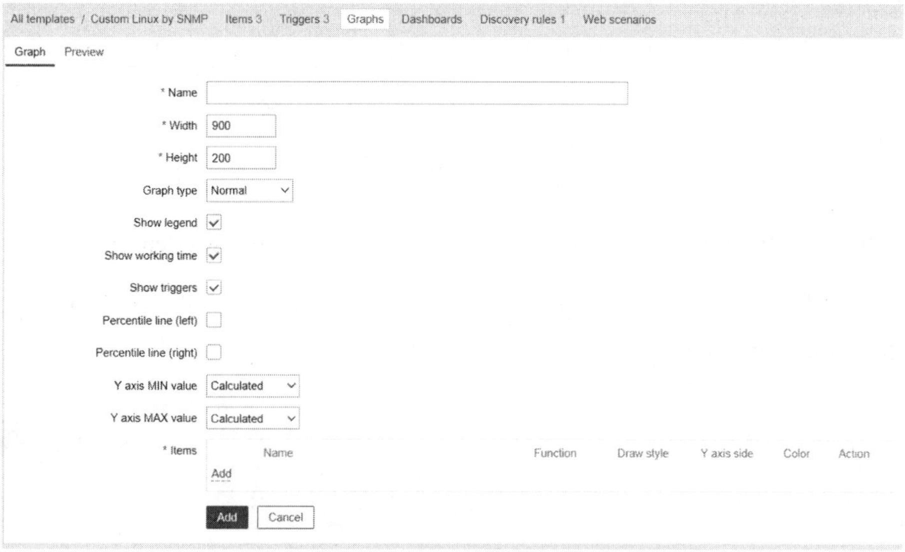

All templates / Custom Linux by SNMP　Items 3　Triggers 3　Graphs　Dashboards　Discovery rules 1　Web scenarios

Graph　Preview

* Name	
* Width	900
* Height	200
Graph type	Normal
Show legend	✓
Show working time	✓
Show triggers	✓
Percentile line (left)	☐
Percentile line (right)	☐
Y axis MIN value	Calculated
Y axis MAX value	Calculated

* Items	Name		Function	Draw style	Y axis side	Color	Action
	Add						

Add　Cancel

图 6.5

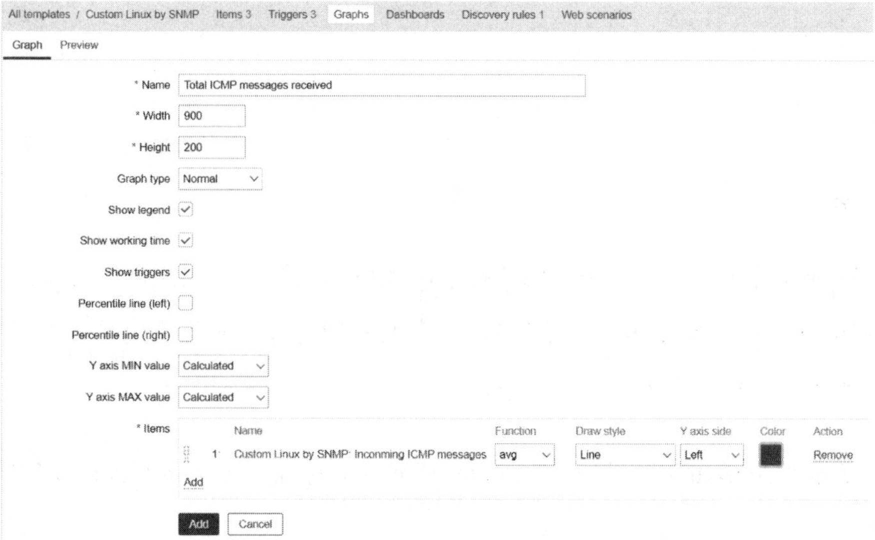

All templates / Custom Linux by SNMP　Items 3　Triggers 3　Graphs　Dashboards　Discovery rules 1　Web scenarios

Graph　Preview

* Name	Total ICMP messages received
* Width	900
* Height	200
Graph type	Normal
Show legend	✓
Show working time	✓
Show triggers	✓
Percentile line (left)	☐
Percentile line (right)	☐
Y axis MIN value	Calculated
Y axis MAX value	Calculated

* Items	Name		Function	Draw style	Y axis side	Color	Action
	1:	Custom Linux by SNMP: Inconming ICMP messages	avg	Line	Left		Remove
	Add						

Add　Cancel

图 6.6

运行命令"ping 192.168.10.21"，测试使用 SNMP 监控的主机的网络连通
状态：

```
# ping 192.168.10.21
```

单击"Monitoring"→"Hosts"选项，再单击"lab-book-templated_snmp"
主机旁边的"Graphs"链接。此时就可以看到新创建的 Incoming ICMP messages
图形，如图 6.7 所示。

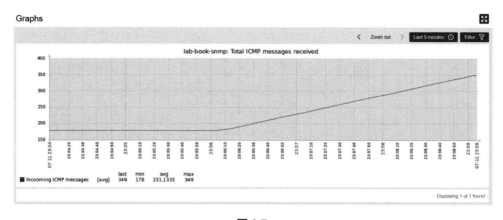

图 6.7

Zabbix 除了可以为某个单独监控项配置图形，还可以创建自动发现监控项
的图形：Graph prototype（图形原型）。它们的创建方式与监控项原型的创建方
式大致相同。接下来进行以下操作：

单击"Configuration"→"Templates"选项，选择"Custom Linux by SNMP"
模板。

单击"Discovery rules"链接，然后打开"Discover Network Interfaces"页
面，单击"Item prototypes"选项卡打开"Item prototypes"页面后，单击"Create
item prototype"按钮创建监控项原型，如图 6.8 所示。

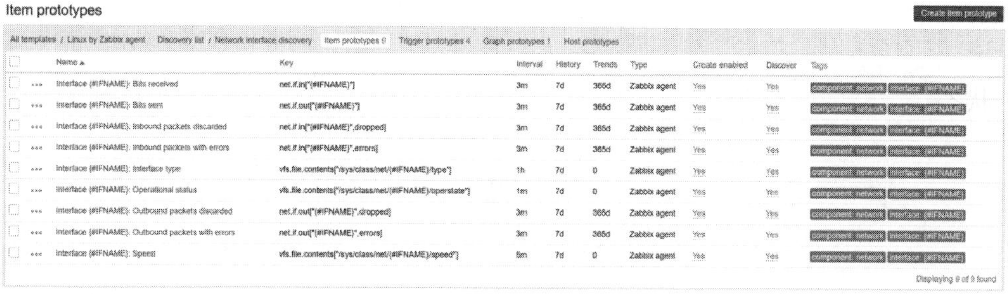

图 6.8

填写如图 6.9 所示的内容。

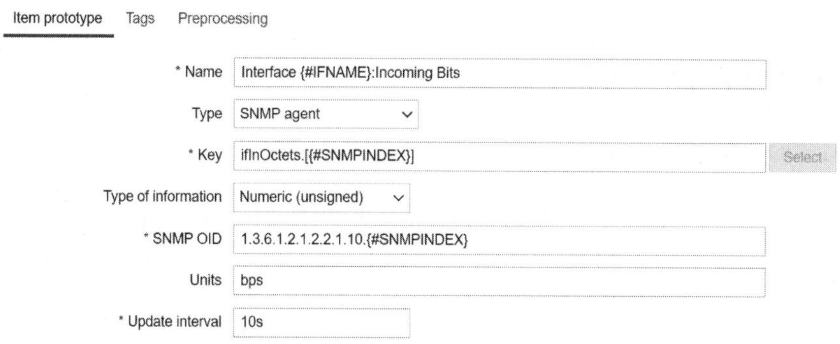

图 6.9

为它添加一个标签，如图 6.10 所示。

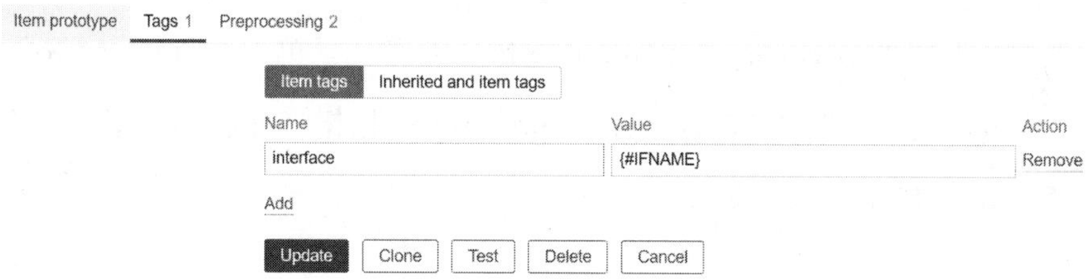

图 6.10

因为这是流量监控，所以需要在"Preprocessing"选项卡中添加一下数据换算方式，如图 6.11 所示。

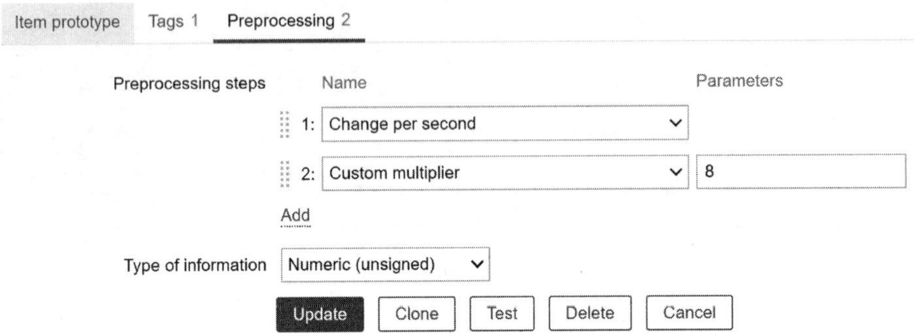

图 6.11

这里的预处理分为两个步骤：

（1）计算每秒的数据变化量，数学公式为（value-prev_value）/（time-prev_time），即（当前值减去上一个值）/（当前时间戳减去上一个值的时间戳）。

（2）把所得的数值乘以 8，这样单位就从字节（Byte）变成了位（Bit）。

单击"Update"按钮保存配置。

现在，返回"Discovery Network interfaces"页面，单击"Graph prototypes"按钮。单击页面右上角的"Create graph prototype"按钮打开图形原型配置页面，并按照图 6.12 所示的内容填写。

单击"Monitoring"→"Hosts"选项，再单击"Graphs"按钮，就可以看到两个新图形，如图 6.13 所示。

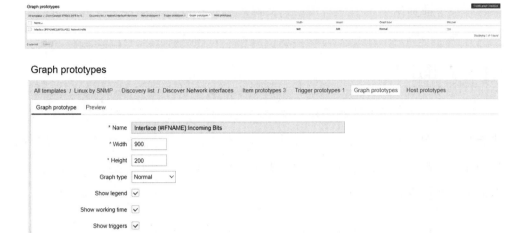

图 6.12

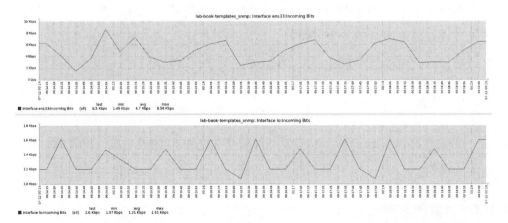

图 6.13

图形可能需要一些时间才能够填满整个屏幕，因为刚刚添加该监控项，所以需要一定的时间采集数据，过一会儿就会看到由数据生成的图形了。

6.1.3　工作原理

图形的工作原理其实很简单，监控项采集的监控数据只要是数字类型的，就能够通过图形展示出来。Zabbix 从被监控的主机上采集监控数据，并将这些数据存储到数据库中，而图形中的数据是从数据库中提取的，通过图形展示出来，可读性更强。

图形原型的工作方式几乎与监控项原型的工作方式相同，对于每个发现的接口，使用低级别自动发现宏 {#IFNAME} 进行命名并创建一个图形。通过这种方式，得到了一个多功能结构化环境，因为当创建（或删除）新的监控项时，也会创建（或删除）新的图形。

6.2　创建拓扑图

Zabbix 提供的拓扑图（Map）可以展示监控的基础设施。例如，展示网络流量或查看环境中故障发生的位置。拓扑图不仅适合展示网络拓扑结构，而且可以用于对主机的监控进行展示，甚至可以用于许多很酷的自定义的绘图展示。

6.2.1　准备

依然需要一台 Zabbix server 和一台通过 SNMP 监控的主机，以及 6.1 节中使用的模板。

6.2.2　操作步骤

单击"Configuration"→"Templates"选项，选择"Linux by SNMP"模板。

单击"Discovery rules"链接，然后打开"Item prototypes"页面，再单击"Create item prototype"按钮创建监控项原型，如图 6.14 所示。

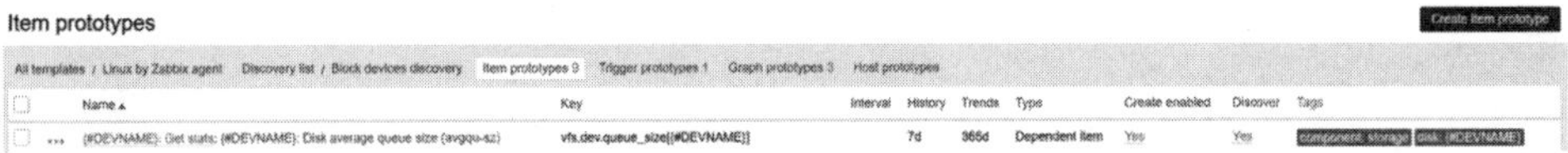

图 6.14

最后，填写如图 6.15 所示的内容用于监控项原型的创建。

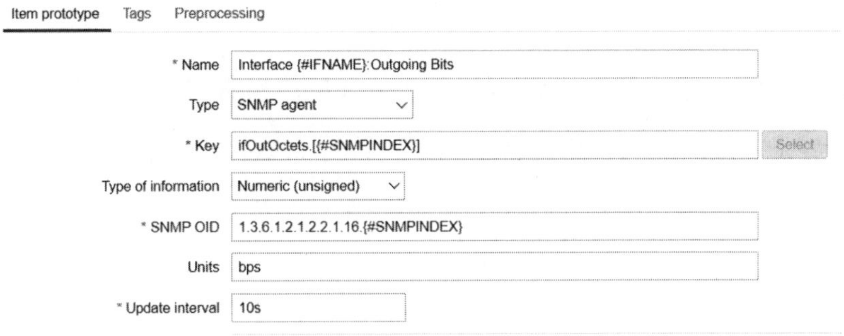

图 6.15

与之前一样，需要添加标签，如图 6.16 所示。

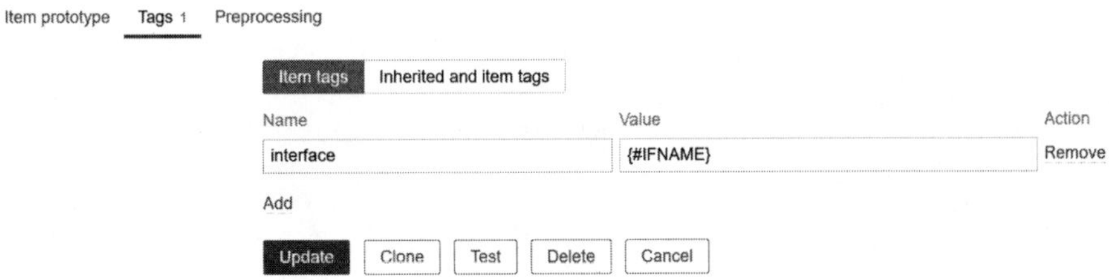

图 6.16

因为采集的是流量数据，所以需要对数据进行预处理，如图 6.17 所示。

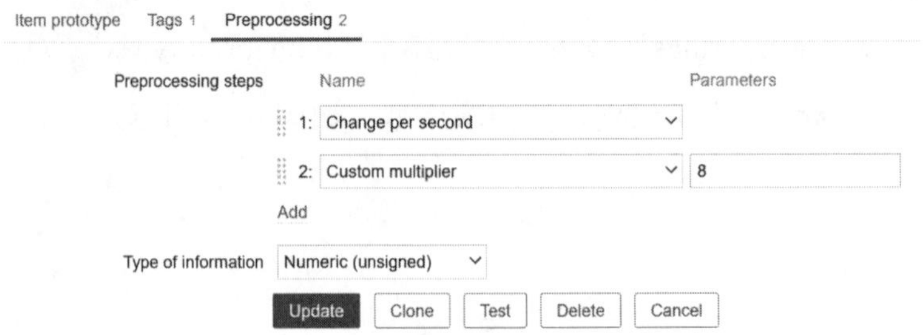

图 6.17

单击"Update"按钮保存配置内容。

单击"Monitoring"→"Maps"选项。这里已经有了一个默认的拓扑图，标题为"Local network"，并包含了一台 Zabbix server，如图 6.18 所示。

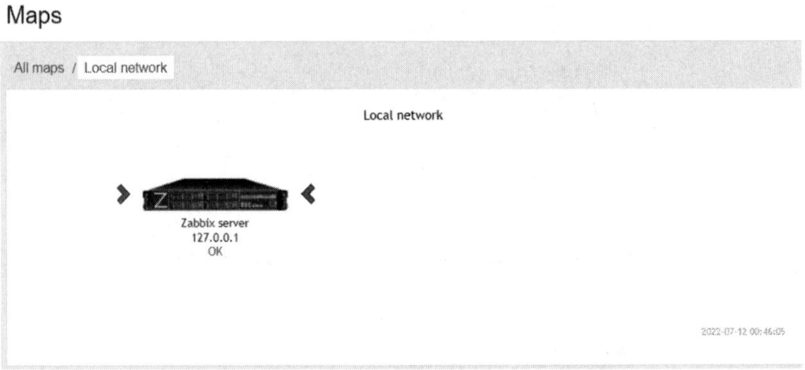

图 6.18

这里除了一台 Zabbix server，并没有其他的东西。单击"All maps"选项打开"Maps"页面。

接下来创建拓扑图，单击"Create map"按钮，填写如图 6.19 所示的内容创建拓扑图。

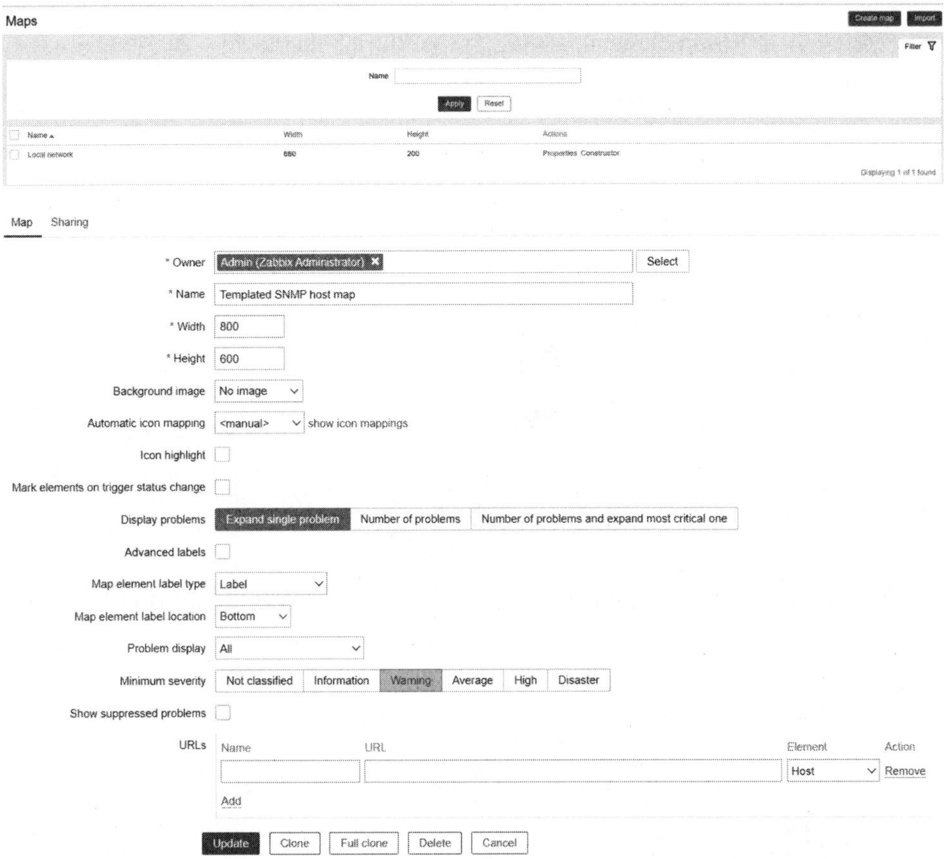

Maps
　　　　　　　　　　　　　　　　　　　　　　　　　　　　　　　　　Create map　Import

Filter ▽

Name [　　　　　　　　　]

Apply　Reset

☐ Name ▲	Width	Height	Actions
☐ Local network	680	200	Properties Constructor

Displaying 1 of 1 found

Map　Sharing

* Owner　[Admin (Zabbix Administrator) ✕]　　　　　　[Select]

* Name　[Templated SNMP host map]

* Width　[800]

* Height　[600]

Background image　[No image ∨]

Automatic icon mapping　[<manual> ∨]　show icon mappings

Icon highlight　☐

Mark elements on trigger status change　☐

Display problems　[Expand single problem][Number of problems][Number of problems and expand most critical one]

Advanced labels　☐

Map element label type　[Label ∨]

Map element label location　[Bottom ∨]

Problem display　[All ∨]

Minimum severity　[Not classified][Information][Warning][Average][High][Disaster]

Show suppressed problems　☐

URLs　　Name　　　　　　URL　　　　　　　　　　　　　　Element　　Action
　　　　[　　　　　　]　[　　　　　　　　　　　]　[Host ∨]　Remove
　　　　Add

[Update]　[Clone]　[Full clone]　[Delete]　[Cancel]

图 6.19

单击"Update"按钮后，页面将自动返回拓扑图的总览，单击刚才创建的
"Templated SNMP host map"拓扑图。

单击"Edit map"按钮，对拓扑图进行编辑，如图 6.20 所示。

图 6.20

然后，单击“Map element”旁边的“Add”链接，如图 6.21 所示。

Map element: Add / Remove Shape: Add / Remove Link: Add / Remove Expand macros: Off Grid: Shown / On 50x50 Align map elements Update
New element

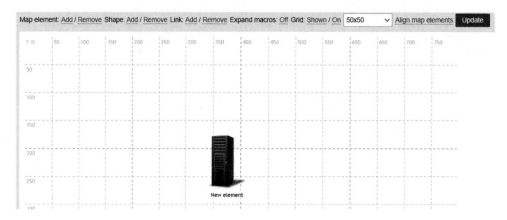

图 6.21

单击新添加的“New element”元素，将会看到如图 6.22 所示的内容。

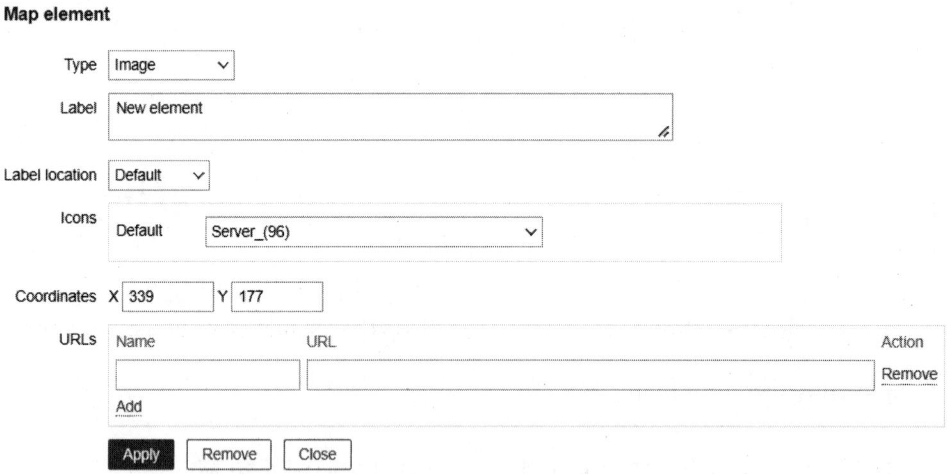

Map element
Type
Image
Label
New element
Label location
Default
Icons
Default
Server_(96)
Coordinates
X
339
Y
177
URLs
Name
URL
Action
Remove
Add
Apply
Remove
Close

图 6.22

现在可以在这里填写主机信息，添加的信息如图 6.23 所示。

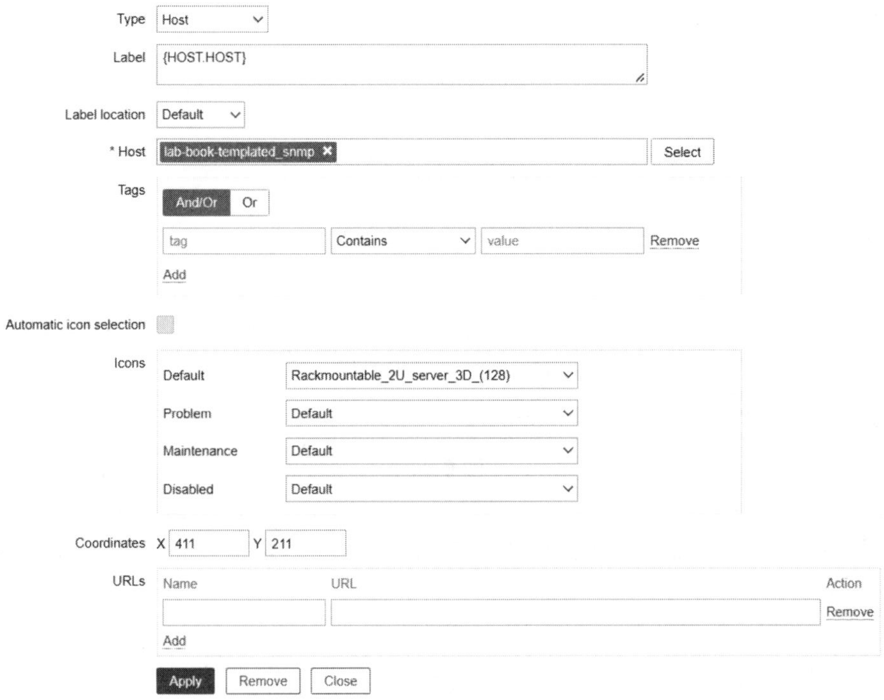

Type	Host ∨
Label	{HOST.HOST}
Label location	Default ∨
* Host	lab-book-templated_snmp ✕　　　　　　　　Select
Tags	And/Or　Or
	tag　　　　Contains ∨　　value　　　　Remove
	Add
Automatic icon selection	☐
Icons	Default　　　Rackmountable_2U_server_3D_(128) ∨
	Problem　　　Default ∨
	Maintenance　Default ∨
	Disabled　　　Default ∨
Coordinates	X 411　Y 211
URLs	Name　　　　URL　　　　　　　　　　　　　　Action
	Remove
	Add

Apply　Remove　Close

图 6.23

单击"Apply"按钮，可以应用配置；单击"Close"按钮，可以关闭编辑窗口。然后，将元素移动到坐标为"X:400"和"Y:200"的位置。

接下来，单击"Map element"旁边的"Add"链接添加另一个元素，编辑新元素并添加如图 6.24 所示的信息。

在创建完两个元素后，将 Vswitch 元素手动移动到坐标为"X:150"和"Y:200"的位置。

按住 Ctrl 键（或 Mac 机的 Command 键）可以选择这两个元素，在选择这两个元素后会弹出一个编辑窗口，如图 6.25 所示。

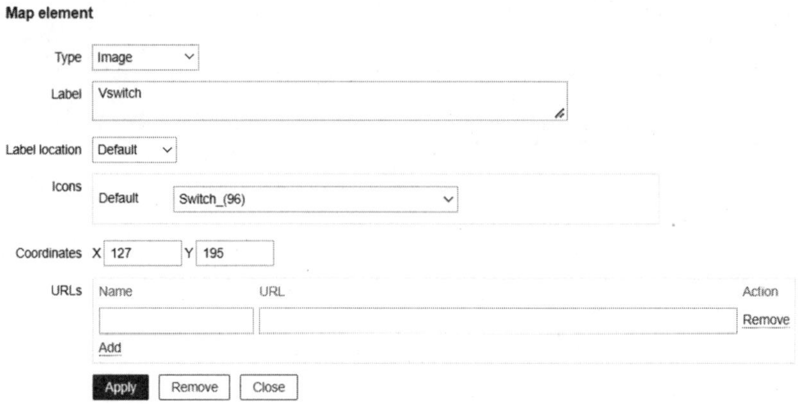

Map element
Type
Image
Label
Vswitch
Label location
Default
Icons
Default
Switch_(96)
Coordinates
X
127
Y
195
URLs
Name
URL
Action
Remove
Add
Apply
Remove
Close

图 6.24

然后，单击“Link”旁边的“Add”链接为两个元素之间添加连接。添加连接后会在编辑窗口的下方增加一个 Links 的配置框，单击“Close”按钮关闭编辑窗口。

Map element: Add / Remove Shape: Add / Remove Link: Add / Remove Expand macros: On Grid: Shown / On
50x50
Align map elements
Update
Vswitch
lab-book-templated_snmp

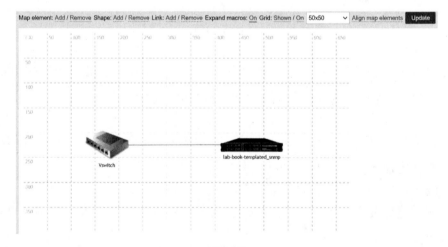

图 6.25

在创建完连接后，单击主机图标，将会看到“Links”中的 Switch 元素，单击“Edit”链接，如图 6.26 所示。

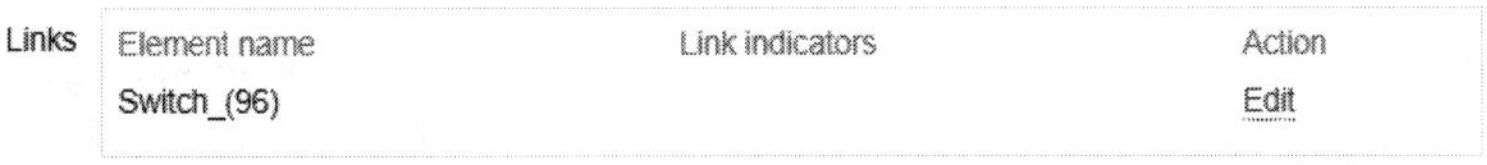
Links
Element name
Link indicators
Action
Switch_(96)
Edit

图 6.26

将如图 6.27 所示的内容添加到编辑窗口中。

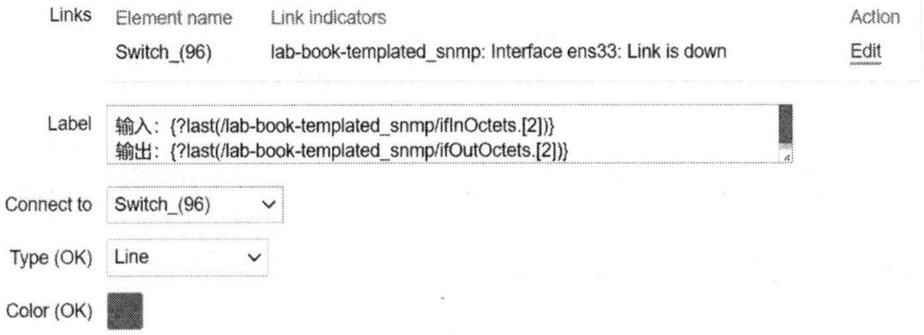
Links
Element name
Link indicators
Action
Switch_(96)
lab-book-templated_snmp: Interface ens33: Link is down
Edit
Label
输入：{?last(/lab-book-templated_snmp/ifInOctets.[2])}
输出：{?last(/lab-book-templated_snmp/ifOutOctets.[2])}
Connect to
Switch_(96)
Type (OK)
Line
Color (OK)

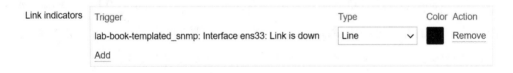

图 6.27

单击“Link indicators”字段中的“Add”链接，给连接添加触发器，并且“Color”（颜色）选择红色，如图 6.28 所示。

Link indicators
Trigger
Type
Color
Action
lab-book-templated_snmp: Interface ens33: Link is down
Line
Remove
Add

图 6.28

单击编辑窗口底部的“Apply”按钮，然后单击页面右上角的“Update”按钮完成编辑，第一张拓扑图就创建完毕了！

6.2.3　工作原理

按照上面操作后，打开拓扑图，可以看到如图 6.29 所示的页面。

图 6.29

该拓扑图上显示了交换机（未被监控）和主机（被监控）。这就意味着当发生问题时，只有主机的"Ok"状态会变为"Problem"状态。

还可以看一看配置的标签，它主要用于展示实时的流量统计信息。对标签进行分解，如图 6.30 所示。

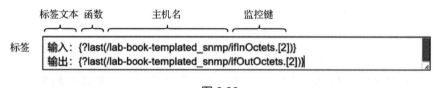

图 6.30

可以将自定义数据填充到{}中，就像标签分解图（如图 6.30 所示）中看到的一样，这里将实时的流量统计信息提取到了标签中。这样一来，把采集到的流量的监控数据放在标签里，就可以在拓扑图中实时进行数据显示。

在此连接中还配置了一个触发器，当连接中断时，可以看到方框和红色（图 6.31 右图最下面一行）的提示信息。

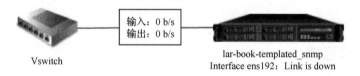

图 6.31

因为连接中断后，流量随即停止流动，所以图中的线路已变为了红色。此外，被监控的主机在主机名下显示"Problem"状态。

Zabbix 还可以创建带有触发器的橙色线，比如将触发器的流量利用率配置为 50%，可以很容易发现是不是有分布式拒绝服务攻击（Distributed Denial of Service，DDoS）。

6.3　创建仪表盘

经过两节内容的学习，已经创建了图形和拓扑图，下面介绍 Zabbix 的仪表盘（Dashboard），通过仪表盘可以总览配置的资源概况，接下来为 Linux 监控主机创建一个仪表盘。

6.3.1　准备

需要一台 Zabbix server，继续使用 6.2 节的 SNMP 监控的主机，以及监控项、触发器和配置的拓扑图。

6.3.2　操作步骤

单击"Monitoring"→"Dashboard"选项，再单击"All dashboards"链接。

单击"Create dashboard"按钮，填写仪表盘的名称，如图 6.32 所示。

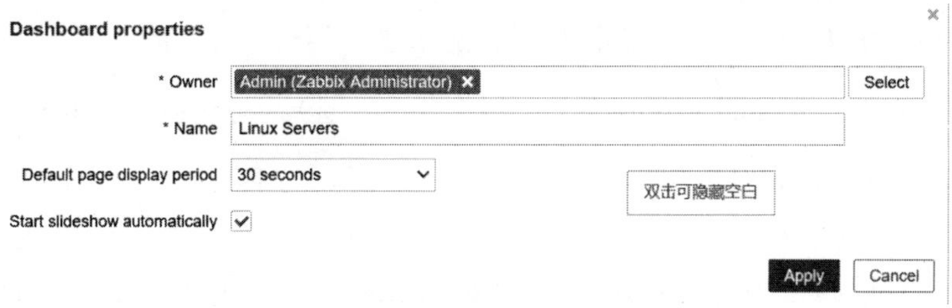

图 6.32

提示：建议给 Zabbix 的 Admin 用户创建拓扑图和仪表盘的权限。这样，他们就不会在这些事情上依赖 Zabbix 管理员来进行配置，其他用户可以更自由地定制自己想要展现的内容。

填写完成后，单击"Apply"按钮，会打开仪表盘编辑页面，如图 6.33 所示。

图 6.33

现在它还是一个空的仪表盘。接下来需要往里边添加几个小部件（widget）来丰富这个仪表盘。

下面从添加一个显示问题的小部件开始介绍。如图 6.33 所示，单击"+Add"按钮添加小部件，可以按照图 6.34 所示添加内容。

单击"Add"按钮后，在仪表盘上就创建了第一个小部件，其中显示了所有的"Unacknowledged Problems"（未确认的问题）。它只会显示 Linux Servers 的 Warning 和 High 以上级别的告警消息，如图 6.35 所示。

继续创建其他小部件，单击"+Add"按钮添加 Map 类型的小部件，如图 6.36 所示。

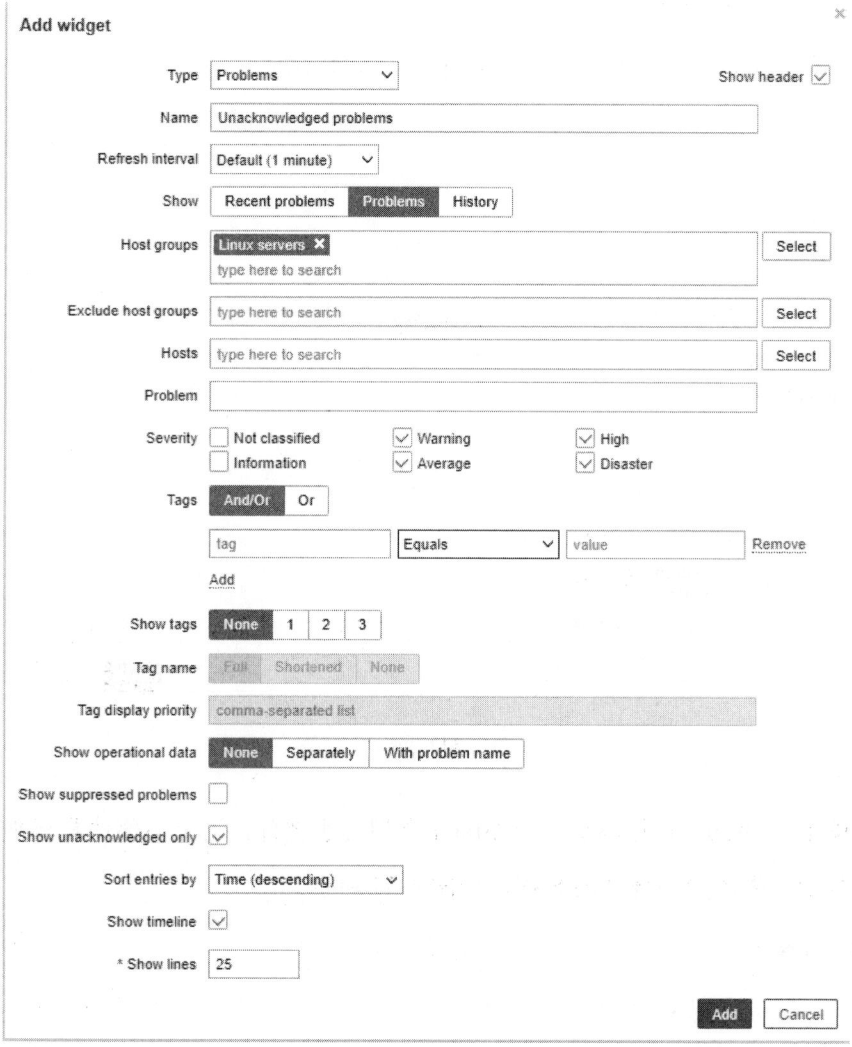

Add widget   ✕

Type	Problems ▾ Show header ☑
Name	Unacknowledged problems
Refresh interval	Default (1 minute) ▾
Show	[Recent problems] [**Problems**] [History]
Host groups	Linux servers ✕ [Select]
	type here to search
Exclude host groups	type here to search [Select]
Hosts	type here to search [Select]
Problem	
Severity	☐ Not classified ☑ Warning ☑ High
	☐ Information ☑ Average ☑ Disaster
Tags	[**And/Or**] [Or]
	tag Equals ▾ value Remove
	Add
Show tags	[**None**] [1] [2] [3]
Tag name	[Full] [Shortened] [None]
Tag display priority	comma-separated list
Show operational data	[**None**] [Separately] [With problem name]
Show suppressed problems	☐
Show unacknowledged only	☑
Sort entries by	Time (descending) ▾
Show timeline	☑
* Show lines	25

[Add] [Cancel]

图 6.34

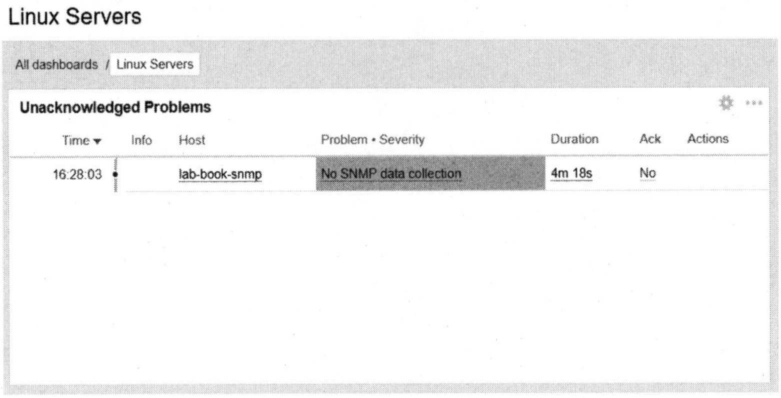

Linux Servers

图 6.35

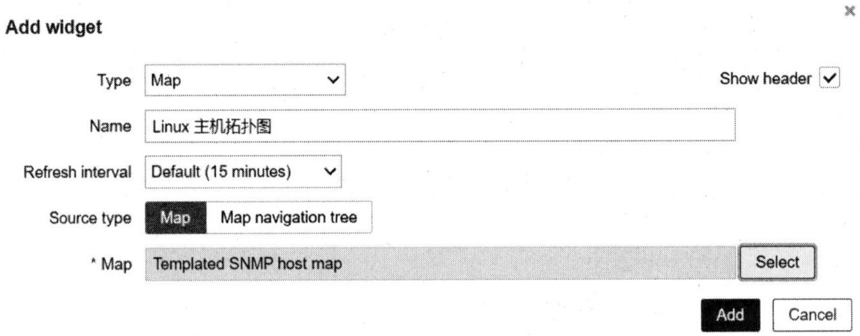

图 6.36

单击"+Add"按钮添加一个 Graph 类型的小部件，这个小部件看起来可能有点复杂，先添加小部件的名称，如图 6.37 所示。

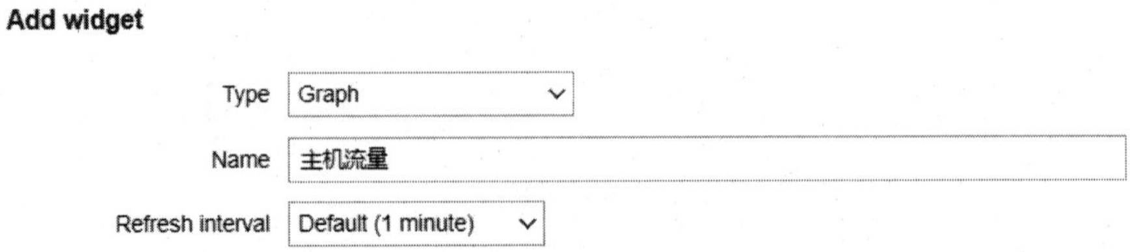

图 6.37

然后，给这个小部件添加一个数据源，如图 6.38 所示。

图 6.38

单击"+Add new data set"按钮添加第二个数据源，如图 6.39 所示。

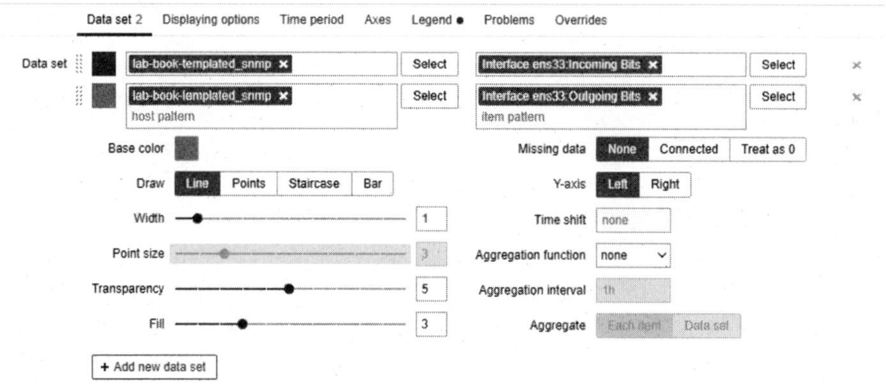

图 6.39

在配置完成后，单击"Add"按钮，将 Graph 小部件添加到仪表盘中。

对于单个监控项，Zabbix 也提供了对应的 Item value 小部件，再次单击
"+Add"按钮添加这个小部件，如图 6.40 所示。

如果你有兴趣定义这个小部件的外观，那么可以通过勾选"Show"或者

"Advanced configuration"复选框进行配置。

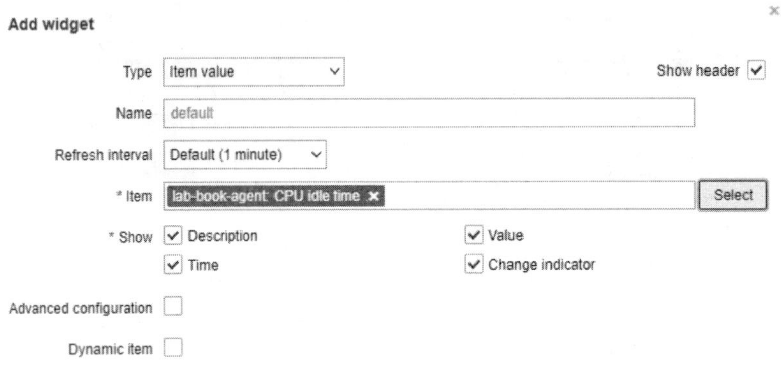

图 6.40

下面介绍一个新的 Top hosts 小部件，单击"+Add"按钮进行添加，将"Host groups"配置为"Linux servers"，如图 6.41 所示。

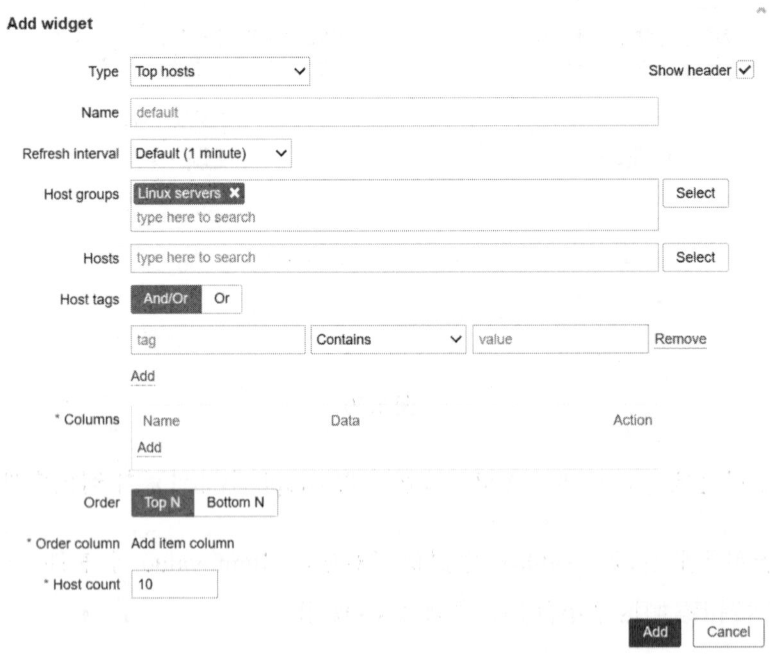

图 6.41

接下来，单击图 6.41 中"Columns"旁边的"Add"链接添加需要排序的列信息，按照图 6.42 所示填写。

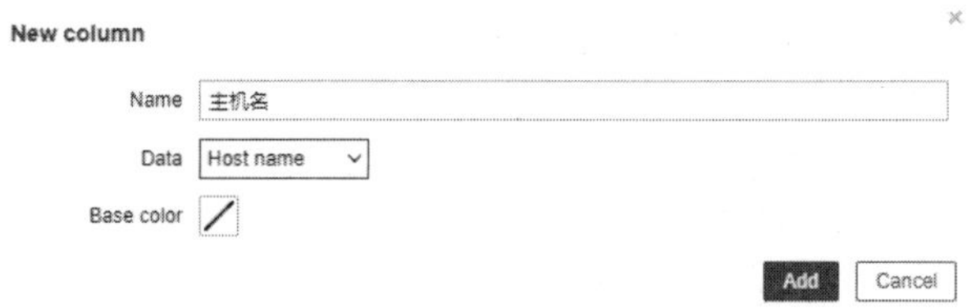

New column

Name	主机名
Data	Host name
Base color	

Add　Cancel

图 6.42

再次单击"Columns"旁边的"Add"链接，如图 6.43 所示。

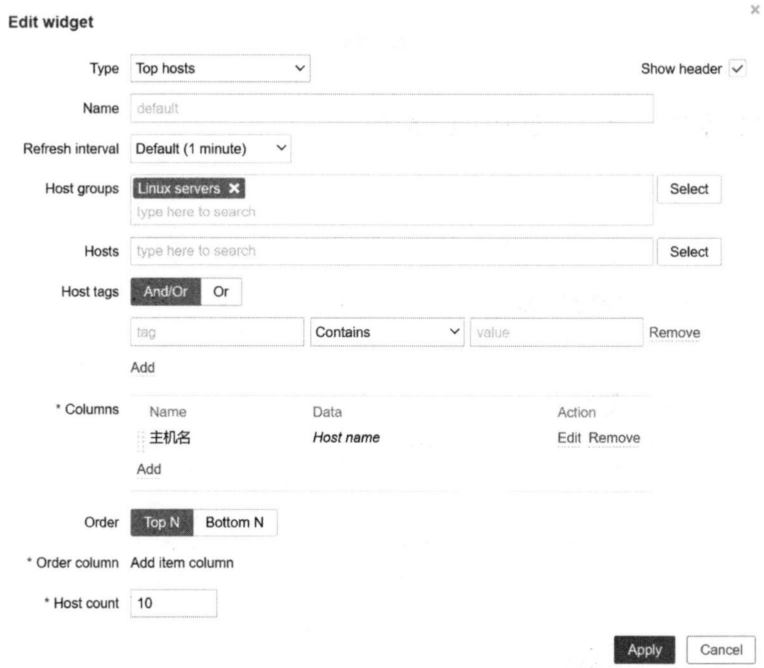

Edit widget

Type	Top hosts		Show header ✓
Name	default		
Refresh interval	Default (1 minute)		
Host groups	Linux servers ✕ type here to search		Select
Hosts	type here to search		Select
Host tags	And/Or　Or		
	tag	Contains　value	Remove
	Add		
* Columns	Name	Data	Action
	主机名	Host name	Edit　Remove
	Add		
Order	Top N　Bottom N		
* Order column	Add item column		
* Host count	10		

Apply　Cancel

图 6.43

按照图 6.44 所示填写内容。

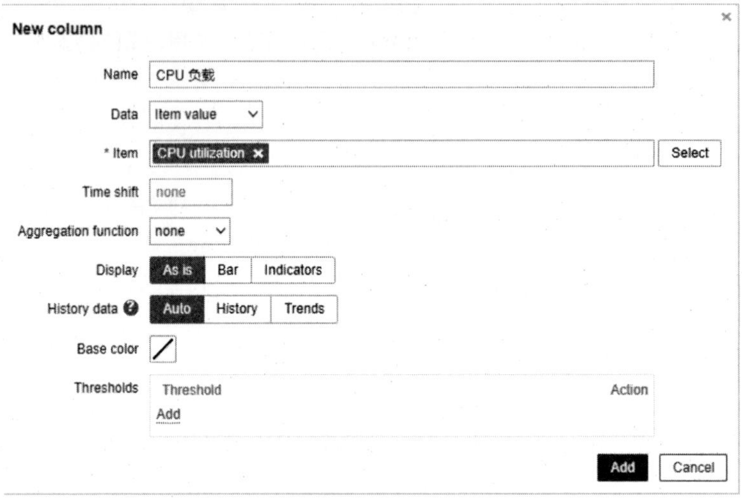

图 6.44

在全部配置好后，页面如图 6.45 所示。

图 6.45

在配置完成后，不要忘记单击页面底部的"Add"按钮进行保存。

继续重复上述操作，单击"+Add"按钮，添加 Top hosts 小部件。

再次将"Host groups"配置成"Linux servers"，然后再次单击"Columns"旁边的"Add"链接，填写如图 6.46 所示的内容。

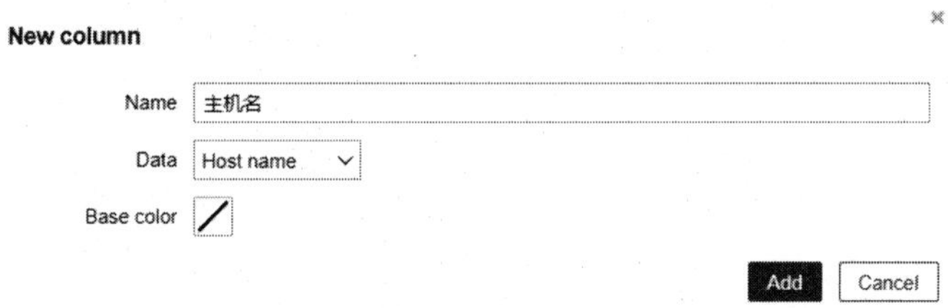

New column

Name	主机名
Data	Host name
Base color	

Add　Cancel

图 6.46

再次单击"Columns"旁边的"Add"链接，填写如图 6.47 所示的内容。

Name	空闲内存
Data	Item value
* Item	Available memory in %
Time shift	none
Aggregation function	none
Display	As is　Bar　Indicators
History data	Auto　History　Trends
Base color	
Min	0
Max	100

Thresholds	Threshold	Action
	50	Remove
	75	Remove
	90	Remove
Add		

Update　Cancel

图 6.47

配置后的结果如图 6.48 所示。

图 6.48

在仪表盘中，可以将小部件自由拖动，例如摆放成如图 6.49 所示的样式。

图 6.49

单击"Save changes"按钮，即可保存配置结果，如图 6.50 所示。

图 6.50

6.3.3 工作原理

为了方便在发生故障时快速查看监控数据，创建符合自己需要的仪表盘是一种不错的方式。当然，对日常问题的监控，也可以用大屏幕展示。你可能见过大型的运营中心，通过大屏幕显示监控数据，Zabbix 非常适合通过仪表盘将需要监控的数据投放到大屏幕上。

提示：如果你曾经使用过早期版本的 Zabbix，就会发现新版 Zabbix 已经删除了 Screens 功能，在数据展示方面完全用仪表盘取代。

6.4 创建资产管理

Inventory 虽然直译过来的意思是库存，但是我比较喜欢称它为"资产管理"，其主要功能是记录 Zabbix 中被监控设备的一些资产信息。

6.4.1 准备

只需要 Zabbix 前端，并继续使用之前用 SNMP 监控的主机。

6.4.2 操作步骤

在进行接下来的操作之前，做一些简单的配置，单击"Administration"→"General"选项，然后从下拉列表中选择"Other"选项。

如果做了监控项和资产指标的映射，就需要将"Default host inventory mode"参数配置为"Automatic"。不要忘记单击"Update"按钮，如图 6.51 所示。

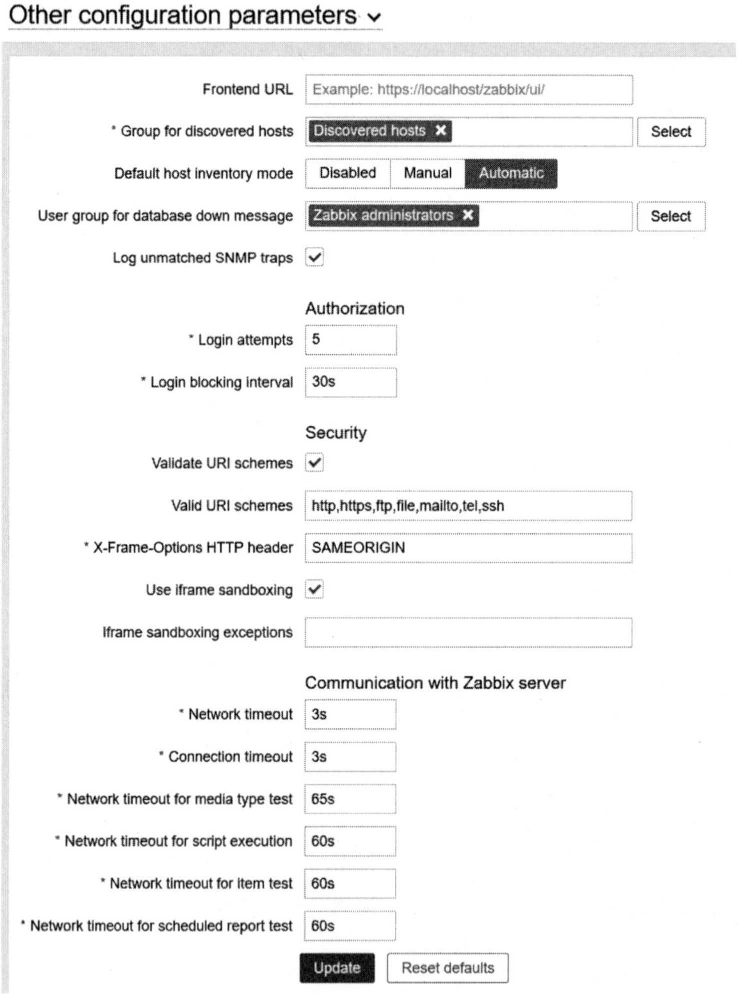

Other configuration parameters ∨

Frontend URL	Example: https://localhost/zabbix/ui/
* Group for discovered hosts	Discovered hosts ✕ Select
Default host inventory mode	Disabled Manual **Automatic**
User group for database down message	Zabbix administrators ✕ Select
Log unmatched SNMP traps	✔

Authorization

* Login attempts	5
* Login blocking interval	30s

Security

Validate URI schemes	✔
Valid URI schemes	http,https,ftp,file,mailto,tel,ssh
* X-Frame-Options HTTP header	SAMEORIGIN
Use iframe sandboxing	✔
Iframe sandboxing exceptions	

Communication with Zabbix server

* Network timeout	3s
* Connection timeout	3s
* Network timeout for media type test	65s
* Network timeout for script execution	60s
* Network timeout for item test	60s
* Network timeout for scheduled report test	60s

Update   Reset defaults

图 6.51

或者也可以在主机配置页面中进行操作，单击"Configuration"→"Hosts"选项，并选择 lab-book-templated_snmp 这台主机。

单击"Inventory"选项，并在此处将其配置为"Automatic"。之前所配置的默认值仅适用于新创建的主机。

提示：更改全局配置并不会影响现有主机的配置，只会应用于新创建的主机，对已经存在的主机可以进行批量更新（Mass update），或者逐个为主机手动更改资产管理的模式。

单击"Configuration"→"Templates"选项并选择"Linux by SNMP"模板。

单击"Items"选项并且编辑"System hostname"监控项，更改"Populates host inventory field"字段的配置，如图 6.52 所示。

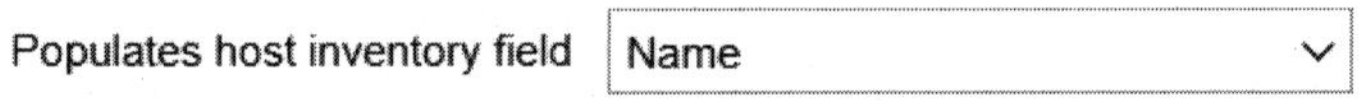

Populates host inventory field	Name ⌄

图 6.52

单击"Update"按钮，然后单击"Inventory"→"Hosts"选项，将看到如图 6.53 所示的页面。

Host	Group	Name ▲
lab-book-templated_snmp	Linux servers	lab-book-agent

图 6.53

6.4.3　工作原理

Zabbix 的资产管理功能很简单，虽然目前功能上还不算全面，但是仍然非常有用。

如果你的 IT 环境规模比较大，使用了大量的设备（例如，在数据中心机房环境中），那么登录每台设备去获取序列号可能会比较麻烦，如果通过 Zabbix 采集序列号并将其自动添加到资产管理的序列号字段中，就会自动创建一个准确、完整的设备序列号列表。

当然，此方法同样适用于采集其他内容，从硬件信息到软件版本。例如，从设备中获取操作系统版本，并生成对所有操作系统版本的信息列表。当需要进行某些补丁修复时，版本信息列表就非常有用。

6.5　创建地理地图

通过之前章节的介绍，已经了解了如何创建仪表盘。本章通过配置一个仪表盘，并在此仪表盘中创建一张地理地图（Geomap）来展示 Zabbix 所监控的主机的位置信息。这通过使用 6.4 节刚刚介绍的资产管理功能来实现。

6.5.1　准备

只在 Zabbix 前端进行操作即可，所以只要能访问 Zabbix 前端，就需要了解仪表盘和资产管理这两个功能。如果不太清楚这两个功能，建议先阅读本章中关于仪表盘和资产管理的内容。

6.5.2　操作步骤

使用 Zabbix 的地理地图功能非常容易，只需要将主机上的资产管理与仪表盘中的小部件相结合即可。

单击"Configuration"→"Hosts"选项，找到"lab-book-templated_snmp"主机进行编辑。

单击"Inventory"选项卡，并将其配置成"Manual"（手动）或"Automatic"（自动），如图 6.54 所示。

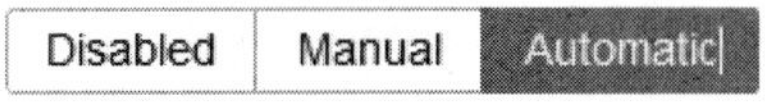

图 6.54

可以看到下面有非常多的字段可以更改，找到"Location latitude"（纬度）字段和"Location longitude"（经度）字段，填写如图 6.55 所示的内容。

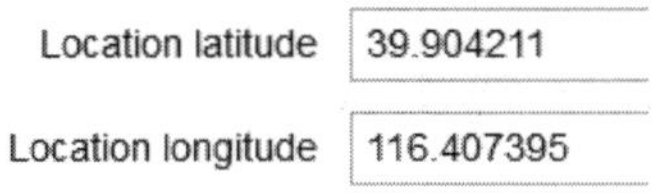

图 6.55

添加完毕后，单击"Update"按钮保存更改。

单击"Configuration"→"Hosts"选项，配置"lab-book-agent_simple"主机，重复之前的操作。

同样，在"Location latitude"和"Location longitude"字段中，填写如图 6.56 所示的内容。

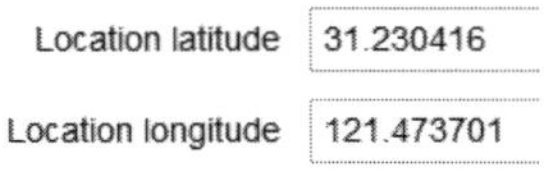

图 6.56

添加完毕后，单击"Update"按钮保存更改。

单击"Monitoring"→"Dashboard"选项，再单击"All dashboards"链接，创建一个新的仪表盘或使用现有的 Linux Server 仪表盘。

单击页面右上角的“Edit dashboard”按钮，然后单击“+Add”旁的下拉按钮（一个向下的小箭头），再单击“Add page”选项，如图 6.57 所示。

+ Add
Save changes
Cancel
Add widget
Add page
Paste widget
Paste page

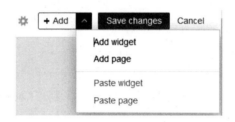

图 6.57

添加一个新页面，如图 6.58 所示。

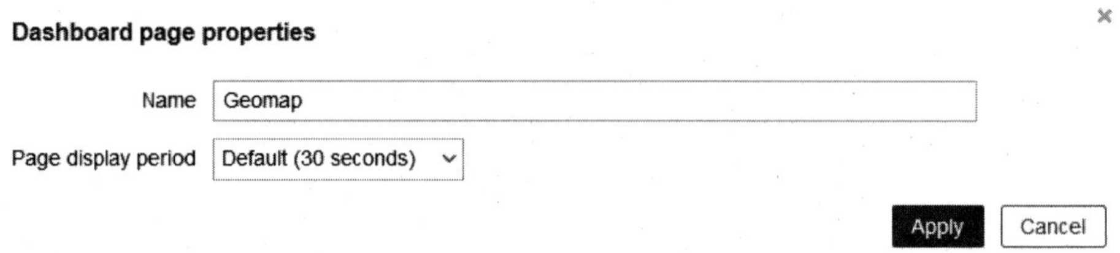
Dashboard page properties
Name
Geomap
Page display period
Default (30 seconds)
Apply
Cancel

图 6.58

单击“Apply”按钮添加新页面。

只需要单击页面上的任意位置即可添加 Geomap 小部件，填写如图 6.59 所示的内容。

单击“Apply”按钮保存配置。

已经添加了一个 Geomap 小部件，这时不要忘记单击页面右上角的“Save changes”按钮来保存对仪表盘的更改。在保存后，将返回仪表盘页面，单击图 6.60 所示的仪表盘中的“Geomap”按钮后，你会看到地理地图。在 Zabbix

资产管理中设置要获取的经纬度坐标，即可在地理地图中通过坐标显示主机的位置。

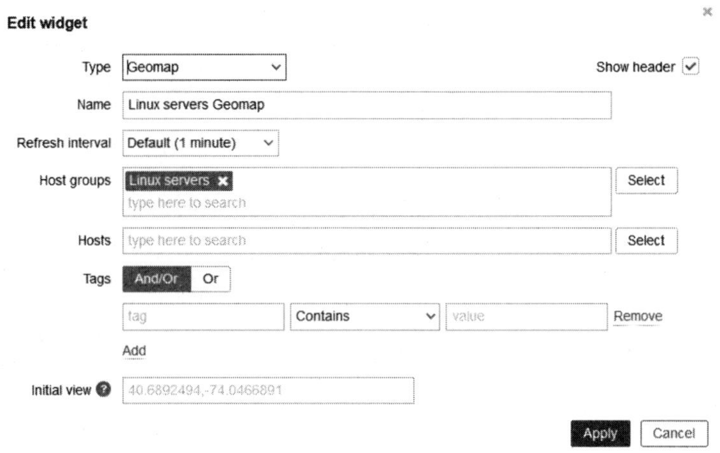

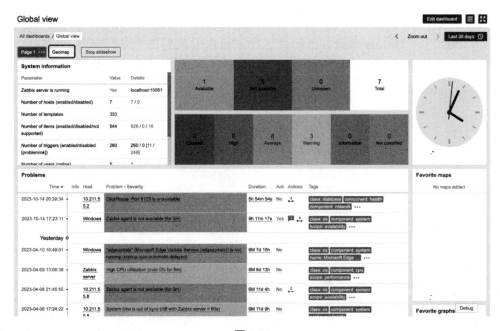

图 6.59

图 6.60

6.5.3　工作原理

Zabbix 并没有在"Monitoring"菜单中新增"Geomap"选项，而是用小部件来包含这个新功能。这让使用者可以创建更高级的仪表盘。值得注意的是，Zabbix 选择使用现有的 Inventory 数据作为基础。就像在 6.4 节中介绍的那样，对于资产管理字段，可以选择自动填充数据，这样可以使 Zabbix 自动地配置 Geomap 小部件。

你还将在 6.7 节中学习如何配置 Zabbix 自定义报告。通过此功能，可以将地理地图与自定义报告组合在一起，发送地理地图报告。这里体现了 Zabbix 各组件之间的关联性，为此类新的小部件提供了更多的灵活性。

在使用 Geomap 小部件时，有人询问过是否可以更改 Geomap 小部件所使用的地图类型。实际上可以选择许多内置的地图提供商，单击"Administration"→"General"→"Geographical maps"选项，可以看到如图 6.61 所示的内容。

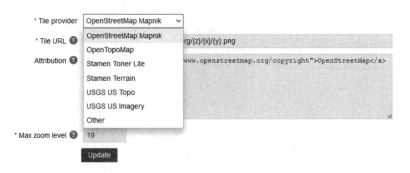

图 6.61

如果觉得这还不够，那么还可以选择"Tile provider"下拉菜单的"Other"选项添加自定义的地图提供程序。只需要填写对应的地址，即可完成所有配置，如图 6.62 所示。

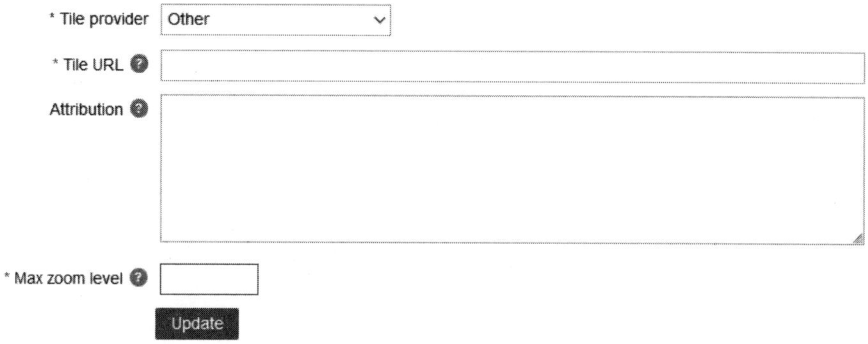

图 6.62

正如所看到的那样，Geomap 小部件除了增加更多展示上的可能性，也是 Zabbix 社区最受欢迎的小部件之一，现在终于可以在 Zabbix 6.0 版本中使用它了。

6.6　创建报告

Zabbix report（报告）是非常受用户喜爱的功能之一，尤其在 Scheduled report（定时报告）和 Audit log（审计日志）等方面。本节介绍 Zabbix 前端展示的统计数据，6.7 节介绍如何通过 Zabbix 创建 PDF 报告，这一直是一个备受期待的新功能。

6.6.1　准备

只需在 Zabbix 前端页面配置。继续使用通过 SNMP 监控的主机。

6.6.2　操作步骤

本节没有任何需要配置的操作，因为从一开始，Zabbix 就有报告功能。所以，这里介绍每一页的报告都提供了哪些内容。

1. System information（系统信息）

单击"Reports"→"System information"选项，会看到如图 6.63 所示的系统信息页面。

System information

Parameter	Value	Details
Zabbix server is running	Yes	localhost:10051
Number of hosts (enabled/disabled)	14	14 / 0
Number of templates	306	
Number of items (enabled/disabled/not supported)	859	814 / 0 / 45
Number of triggers (enabled/disabled [problem/ok])	460	460 / 0 [29 / 431]
Number of users (online)	6	1
Required server performance, new values per second	12.6	
MariaDB	10.07.04	Maximum required MariaDB database version is 10.06.xx.
High availability cluster	Disabled	

图 6.63

你可能见过这些内容，因为它是可以配置到仪表盘中的一个小部件。这个页面提供了以下需要的关于 Zabbix 主机的相关信息。

2. Availability report（可用性报告）

单击"Reports"→"Availability report"选项，将看到一个比较有用的信息：关于触发器在一定时间内处于 Problem 状态和 Ok 状态的时间占比，如图 6.64 所示。

Availability report　　Mode By host

Host	Name	Problems	Ok	Graph
lar-book-agent_passive	Zabbix agent is not available (for 3m)	10.6665%	89.3335%	Show
lar-book-agent_simple	lar-book-agent_simple - Port 22 (SSH) down	89.3331%	10.6669%	Show
lar-book-agent_simple	More than 50 visitors on lar-book-agent_simple in the last 10 minutes		100.0000%	Show

图 6.64

从图 6.64 中可以看到，在过去的 30 天里，"Zabbix agent is not available（for

3m）"触发器有 10.6665%的时间处于 Problem 状态。这样就可以了解某个问题出现的频率。

3. Trigger stop 100（前 100 个触发器）

单击"Reports"→"Triggers top 100"选项，将看到在一定时间内被触发的前 100 个触发器，如图 6.65 所示。

				Zoom out	Last 30 days	Filter
Host	Trigger			Severity	Number of status changes	
lar-book-centos	sda: Disk read/write request responses are too high (read > 20 ms for 15m or write > 20 ms for 15m)			Warning	8	
lar-book-agent_passive	sda: Disk read/write request responses are too high (read > 20 ms for 15m or write > 20 ms for 15m)			Warning	7	
lar-book-agent	sda: Disk read/write request responses are too high (read > 20 ms for 15m or write > 20 ms for 15m)			Warning	7	

图 6.65

对于这台 Zabbix server 来说，最繁忙的触发器是主机上的一个磁盘读/写触发器。这是非常有用的一个功能，可以看到哪些问题经常出现。

4. Audit（审计）

审计日志是对 Zabbix 操作记录的补充，可以单击"Reports"→"Audit"选项查看，如图 6.66 所示。

Time	User	IP	Resource	ID	Action	Recordset ID	Details
2022-02-12 17:05:12	Admin	192.168.0.254	Trigger	19725	Update	ckzk1598q0000dlzjy70cqqz2	Description: Average incoming interface usage last week >800Mbps trigger.expression: trendavg(/lar-book-agent_passive/net.if.in["ens192"], 1w:now/w)=800M => trendavg(/lar-book-agent_passive/net.if.in["ens192"], 1w:now-1w)>=800M
2022-02-12 15:53:56	Admin	192.168.1.132	User	1	Login	ckzjyimer0000dlzjm62j8lnp	
2022-02-12 15:53:56	guest	192.168.1.132	User	2	Failed login	ckzjyimer0000dlzjm62j8lnp	
2022-02-12 15:53:50	guest	192.168.1.132	User	2	Failed login	ckzjylhlt0000pbzjwktmgu53	

图 6.66

从审计日志中可以看到所有用户在 Zabbix 前端的更改操作。例如，用户登录时间、哪个用户修改了触发器表达式等。

5. Action log（动作日志）

单击"Reports"→"Action log"选项，会打开一个页面，其中显示哪些 Action 已被触发。如果已经配置了 Action，那么可以在这里得到一个如图 6.67 所示的列表。

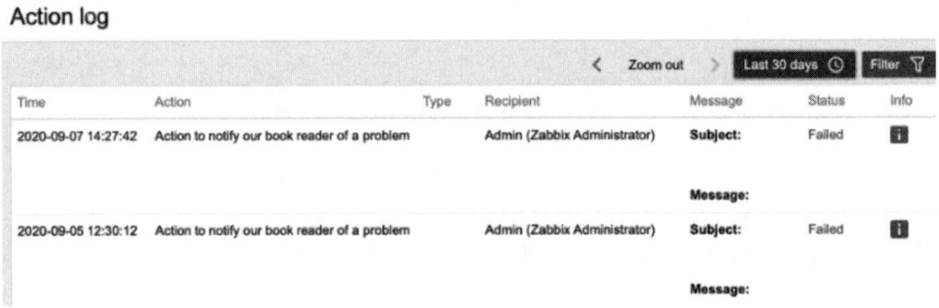

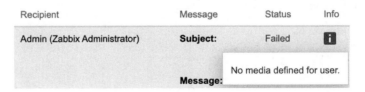

图 6.67

如果不确定 Action 执行是否成功，那么可以查看这个列表。这里可以对 Action 进行故障排除，这对分析动作的执行情况非常有用。

当鼠标悬停在"Info"的红色感叹号上时，会看到一段报错的提示信息，可以看到哪里出了问题。例如，对于图 6.68 所示的 Failed（失败）的 Action，通过提示信息可以清楚地知道需要为管理员用户定义适当的媒体类型。

图 6.68

6. Notifications（通知）

单击“Reports”→“Notifications”选项，将看到 Zabbix 在一段时间内发送给某个用户的通知的数量，如图 6.69 所示。

Notifications　　　　　　　　　　　　　　　　　　　　　　Media

From	Till	Kimberley	MS Teams	Zabbix_partners	avanbaekel	brian@oicts.nl (Brian OICTS SAML)	bvbaekel (bvbaekel Administrator)	brian@oicts.nl (Brian OICTS SAML)
2021-12-27 00:00	2022-01-03 00:00		10				30	
2022-01-03 00:00	2022-01-10 00:00		10				30	
2022-01-10 00:00	2022-01-17 00:00		15				45	
2022-01-17 00:00	2022-01-24 00:00		17			2	57	?
2022-01-24 00:00	2022-01-31 00:00		22				66	
2022-01-31 00:00	2022-02-07 00:00		28				96	

图 6.69

6.7　创建定时发送报告

通过电子邮件自动发送 PDF 报告这个重要功能是在 Zabbix 5.4 中添加的，现在终于可以在 Zabbix 6.0 的 LTS 版本中使用了。首先要说的是，这个功能可能还无法完全满足所有 Zabbix 用户的需求。这个功能所做的是截取任意 Zabbix 仪表盘的画面，然后通过电子邮件发送。最重要的是，它通过一种灵活的方式来实现，因为可以选择使用任意一种带有过滤器的小部件来完善功能。除此之外，它使 Zabbix 开发团队可以灵活地、动态地添加新的小部件，并非常便捷地发送 PDF 报告。

6.7.1　准备

本节的内容可能稍微复杂一点儿，除了需要访问 Zabbix 前端，还需要访问 Zabbix server 的命令行。在本节示例中，还需要配置一个具有电子邮件媒介类型的用户。

6.7.2　操作步骤

在开始使用 Zabbix 的定时报告之前，需要在 Zabbix server 上安装一些额外组件。

登录 Zabbix server 前需另外安装了谷歌 Chrome 浏览器。

（1）在 CentOS 操作系统的 Linux 主机上执行以下命令：

```
# wget https://dl.google.com/linux/direct/google-chrome-stable_
current_x86_64.rpm
# dnf install google-chrome-stable_current_x86_64.rpm
```

（2）在 Ubuntu 操作系统的 Linux 主机上执行以下命令：

```
# wget https://dl.google.com/linux/direct/google-chrome-stable_
current_amd64.deb
# apt install google-chrome-stable_current_amd64.deb
```

安装所需的 Zabbix web 服务包。

（1）在 CentOS 操作系统的 Linux 主机上执行以下命令：

```
# yum install zabbix-web-service
```

（2）在 Ubuntu 操作系统的 Linux 主机上执行以下命令：

```
# apt install install zabbix-web-service
```

编辑 Zabbix web 服务的配置文件：

```
# vi /etc/zabbix/zabbix_web_service.conf
```

可以在这里看到很多特定于 Zabbix web 服务的参数。请确保"AllowedIP"参数配置为匹配你的 Zabbix 主机的 IP 地址。

```
AllowedIP=127.0.0.1,1
```

编辑 Zabbix server 的配置文件：

```
# vi /etc/zabbix/zabbix_server.conf
```

修改"WebServiceURL"参数（根据你的 Zabbix web 服务的 IP 地址填写），"StartReportWriters"参数控制报告的子进程数量：

```
WebServiceURL=https://localhost:10053/report
StartReportWriters=3
```

重要说明：

对于 Zabbix 报告，需要为 Zabbix 前端配置 SSL（Secure Socket Layer，安全套接层）加密。建议使用 SSL 加密，或者在/etc/zabbix/zabbix_web_ service.conf 文件中配置"IgnoreURLCertErrors=1"，用于访问前端 URL 时忽略 TLS（Transport Layer Security，传输层安全性）协议证书错误。

不要忘记执行以下命令重启 Zabbix 服务：

```
# systemctl restart zabbix-server
```

最后，执行以下命令，启动 Zabbix web 服务。这样，命令行部分的操作就完成了。

```
# systemctl start zabbix-web-service
```

确认以上服务正常启动后，登录 Zabbix 前端，单击"Administration"→"General"→"Other"选项。

请用你自己的前端 URL 填写这个页面上的前端 URL 参数，如图 6.70 所示。

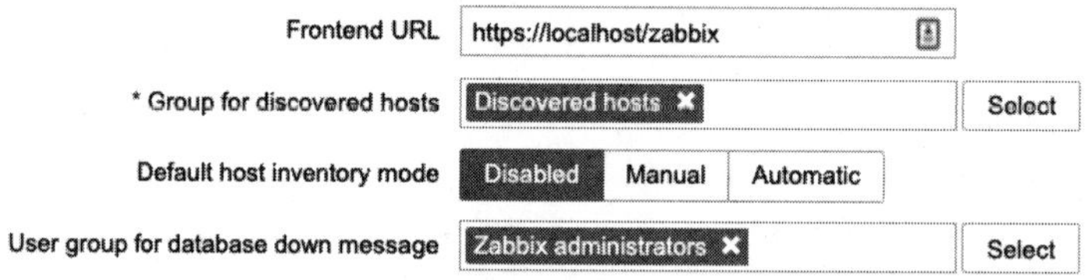

图 6.70

单击页面底部的"Update"按钮，并单击"Reports"→"Scheduled reports"选项。

单击页面右上角的"Create report"按钮，创建一个新的报告。在打开的页面中将现有的仪表盘 Global view（全局视图）配置成每周报告。我们把这个报告命名为"Weekly overview of the Global view dashboard"。

单击"Dashboard"选项旁边的"Select"按钮选择仪表盘 Global view。

把"Cycle"配置成"Weekly"，开始时间是 9:00，并手动配置"Repeat on"为"Monday"，如图 6.71 所示。

此外，请确保填写"Subject"和"Message"字段中的内容，并配置"Subscriptions"字段，添加接收报告的用户和用户组，如图 6.72 所示。

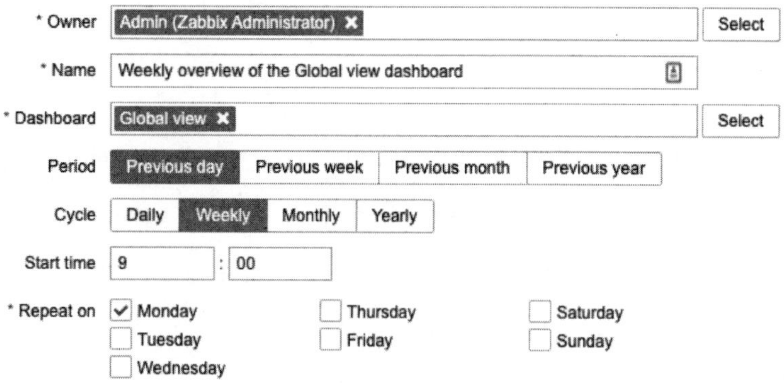

* Owner	Admin (Zabbix Administrator) ✕	Select
* Name	Weekly overview of the Global view dashboard	
* Dashboard	Global view ✕	Select
Period	Previous day　Previous week　Previous month　Previous year	
Cycle	Daily　Weekly　Monthly　Yearly	
Start time	9 : 00	
* Repeat on	✓ Monday　☐ Thursday　☐ Saturday	
	☐ Tuesday　☐ Friday　☐ Sunday	
	☐ Wednesday	

图 6.71

End date	YYYY-MM-DD
Subject	Weekly overview {TIME} of the Global view dashboard
Message	This report for {TIME} is a weekly overview detailing the contents of the Global view dashboard every week at Monday 09:00.

* Subscriptions	Recipient	Generate report by	Status	Action
	👤 Admin (Zabbix Administ...	Admin (Zabbix Admin...	Include	Remove
	Add user　Add user group			

Description	
Enabled	✓

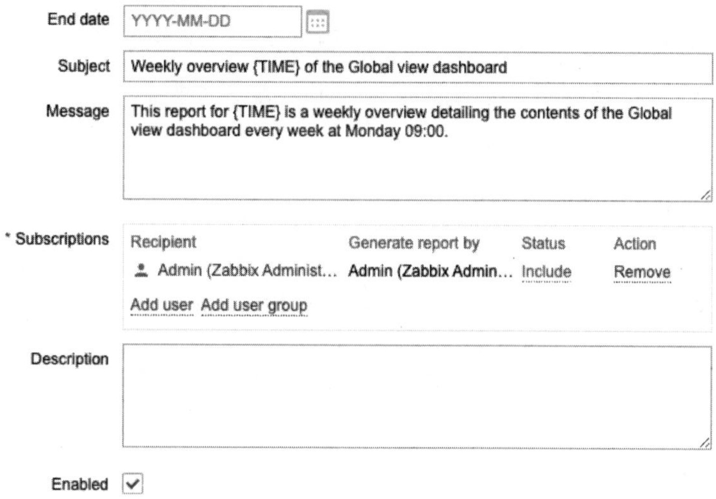

图 6.72

单击"Test"按钮，查看是否正常发送报告。最后，单击"Add"按钮，完成此定时报告的配置。

6.7.3　工作原理

定时发送报告一直是大家非常期待的功能。对于这个新的报告功能，Zabbix

一直试图通过添加特性，并相互连接它们来尽可能保持一切可定制化，以确保可以用新的方式使用现有功能。

Zabbix 开发团队本可以单独为 Zabbix 创建一个完全成熟的 PDF 报告引擎。但是，通过使用 Zabbix 仪表盘作为所有 PDF 报告的构建模块，Zabbix 的报告功能就具备了多功能性和可定制性。添加的每个新的仪表盘小部件现在都可以在 PDF 报告中使用。这样在不久的将来，只需要添加专注于报告的小部件即可。不管是可视化数据报告、资产管理数据报告还是其他报告，Zabbix 只需要从仪表盘上获取即可，并使用 Zabbix web 服务模块和谷歌 Chrome 浏览器以 PDF 形式发送给用户。一旦满足了这些条件，就提供了一种向任意 Zabbix 用户发送 PDF 报告的方法，前提是他们配置了电子邮件媒介类型。

6.8　创建业务服务监控

在 Zabbix 6.0 中，业务服务监控已经进行了全面改良。如果已经在旧版本中配置了它，那么花一些时间阅读本章可能会有新的收获。

6.8.1　准备

需要在 Zabbix 前端进行配置。依然使用 lab-book-centos 主机操作，还需要一台被监控的主机。为此，使用 Zabbix server 本身。

6.8.2　操作步骤

使用 Zabbix 前端作为一个示例来创建业务服务监控，为此创建一个名为"lab-book-zabbix-frontend"的新主机，其中带有一些监控项和触发器。

1. 配置监控项和触发器

如果你已经阅读过之前的内容，那么到目前为止，应该对配置监控项和触发器有了一定的了解。

首先，登录 Zabbix 前端并单击"Configuration"→"Templates"选项，创建一个新的模板。

单击页面右上角的"Create template"按钮创建模板，填写如图 6.73 所示的内容。

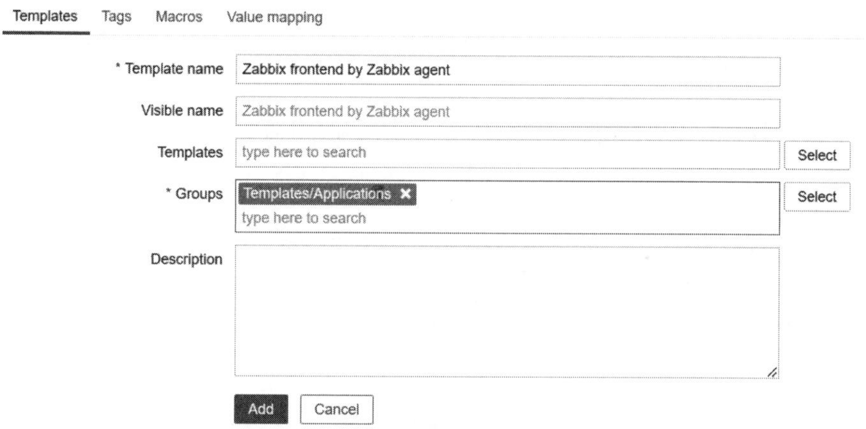

图 6.73

单击"Add"按钮，保存此模板。

然后，配置新主机，单击"Configuration"→"Hosts"选项。

单击页面右上角的"Create host"按钮创建主机，填写如图 6.74 所示的内容。

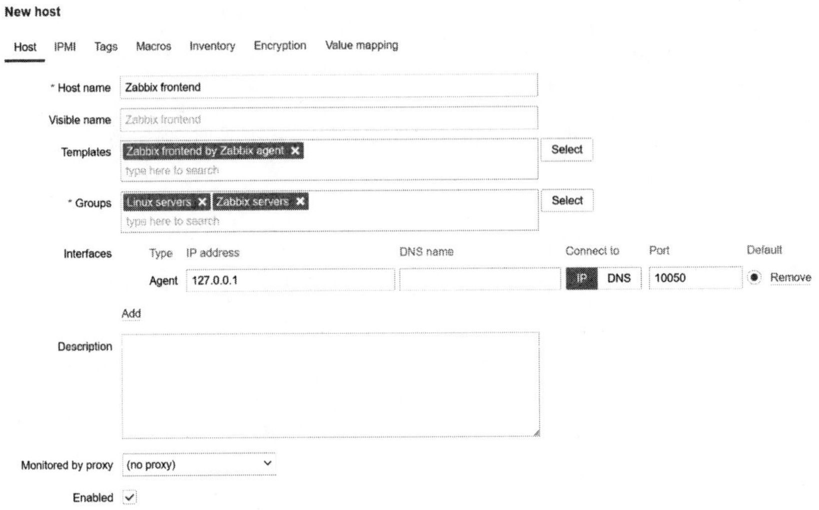

图 6.74

单击"Tags"选项卡，填写如图 6.75 所示的内容。

图 6.75

单击页面最下方的蓝色"Add"按钮，保存设置，再单击"Configuration"
→ "Templates"选项。

编辑"Zabbix frontend by Zabbix agent"模板，并进入"Value mapping"
页面。

单击带有虚线的"Add"链接，填写如图 6.76 所示的内容。

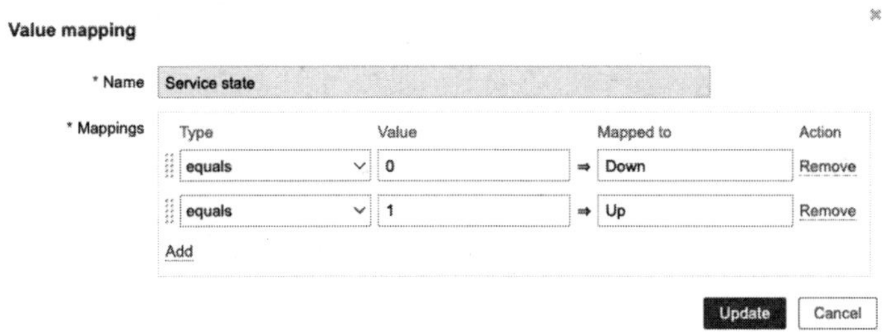

图 6.76

单击"Update"按钮，然后单击刚刚创建的"Zabbix frontend by Zabbix agent"模板。单击页面上方的"Items"选项卡，进入"Items"页面。

单击"Create item"按钮，并填写如图 6.77 所示的内容。

图 6.77

在页面下方找到"Value mapping"字段，填写如图 6.78 所示的内容。

图 6.78

然后，单击"Tags"选项卡，填写如图 6.79 所示的内容。

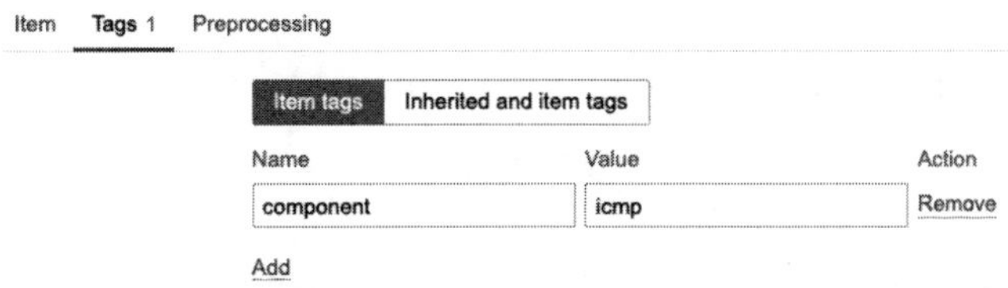

图 6.79

单击页面底部的"Add"按钮。

回到"Items"页面，单击"Create item"按钮，创建另一个监控项，填写如图 6.80 所示的内容。

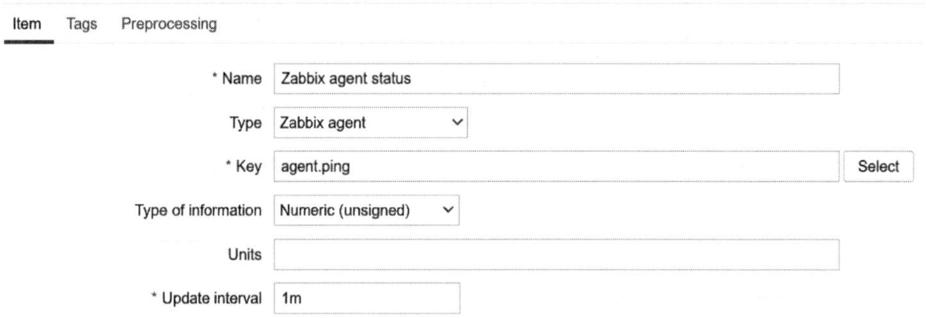

Item	Tags	Preprocessing

* Name	Zabbix agent status
Type	Zabbix agent ⌄
* Key	agent.ping 　　　　　　　　　　　　 Select
Type of information	Numeric (unsigned) ⌄
Units	
* Update interval	1m

图 6.80

单击"Tags"选项卡，填写如图 6.81 所示的内容。

Item	**Tags** 1	Preprocessing

Item tags	Inherited and item tags

Name	Value	Action
component	zabbix agent	Remove

Add

图 6.81

单击页面底部的"Add"按钮，保存创建的监控项。

单击刚刚创建的"Zabbix frontend by Zabbix agent"模板。单击页面上方的"Triggers"选项卡，打开"Triggers"页面。

单击页面右上角的"Create trigger"按钮，并填写如图 6.82 所示的内容，添加一个触发器。

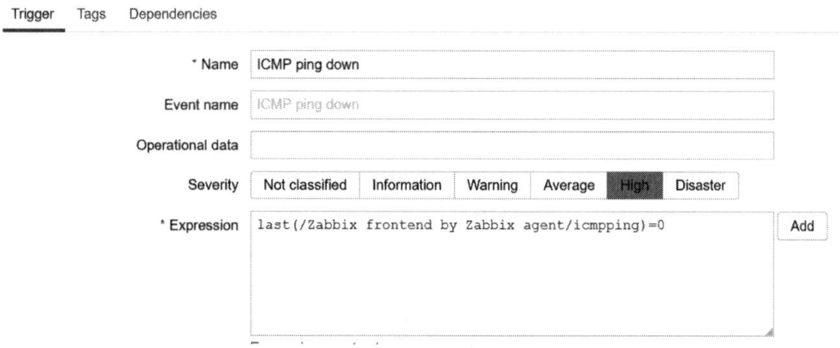

Trigger　Tags　Dependencies

* Name	ICMP ping down
Event name	ICMP ping down
Operational data	
Severity	Not classified　Information　Warning　Average　**High**　Disaster
* Expression	last(/Zabbix frontend by Zabbix agent/icmpping)=0　　　　Add

图 6.82

单击"Tags"选项卡，添加标签，如图 6.83 所示，这表明此触发器将被用于 SLA 监控。

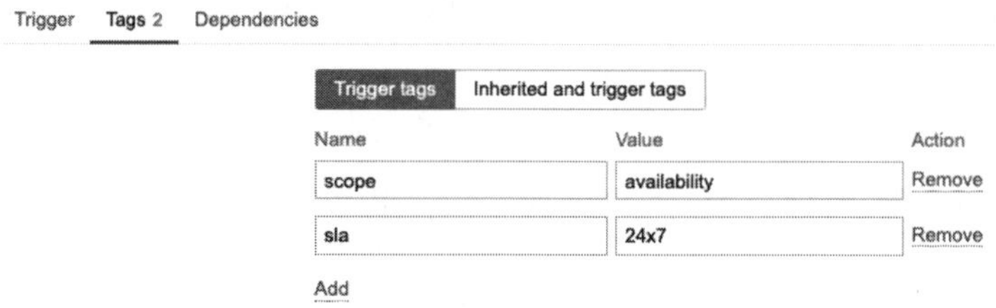

Trigger　**Tags 2**　Dependencies

Trigger tags　Inherited and trigger tags

Name	Value	Action
scope	availability	Remove
sla	24x7	Remove

Add

图 6.83

单击"Add"按钮，添加这个触发器。然后，单击页面右上角的"Create trigger"按钮，填写如图 6.84 所示的内容，再创建一个触发器。

Trigger　Tags　Dependencies

* Name	Zabbix agent is unreachable
Event name	Zabbix agent is unreachable
Operational data	
Severity	Not classified　Information　Warning　Average　**High**　Disaster
* Expression	nodata(/Zabbix frontend by Zabbix agent/agent.ping,1m)=1　　Add

图 6.84

不要忘记添加标签，如图 6.85 所示，这表明此触发器的监控同上例。

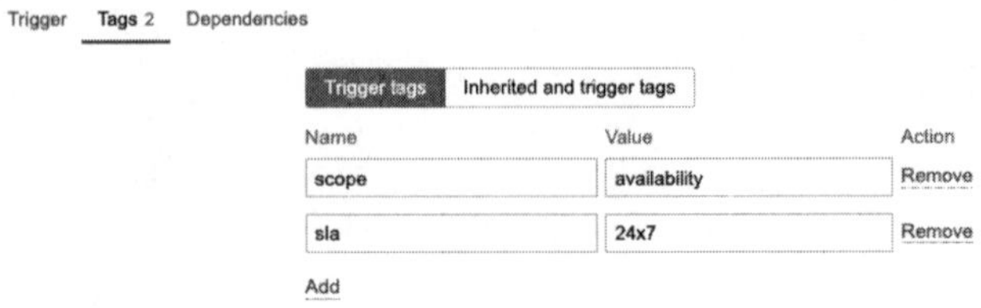

图 6.85

单击"Add"按钮，完成此触发器的配置。

2. 添加业务服务监控配置

在监控项和触发器的配置结束后，可以进行业务服务监控的配置。

单击"Services"→"SLA"选项，再单击页面右上角的"Create SLA"按
钮，弹出一个配置窗口，填写如图 6.86 所示的内容。

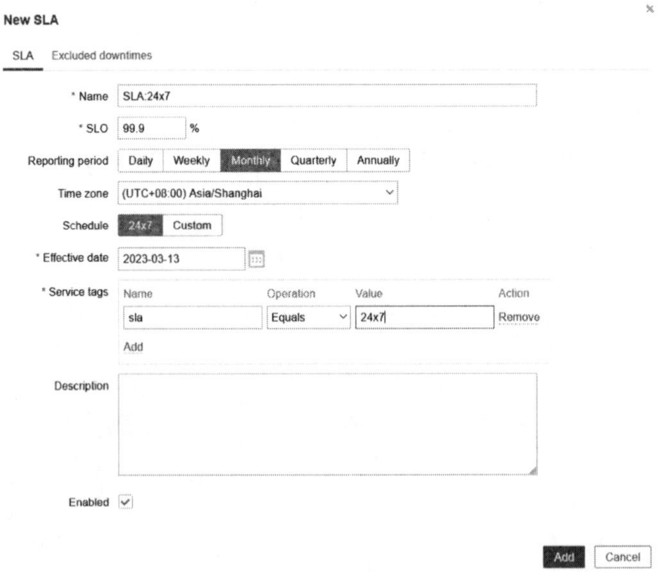

图 6.86

单击"Add"按钮，保存此 SLA 配置。

接下来，单击"Services"→"Services"选项，再单击页面右上角的"Edit"
按钮。单击页面右上角的"Create service"按钮，以添加新服务，如图 6.87 所示。

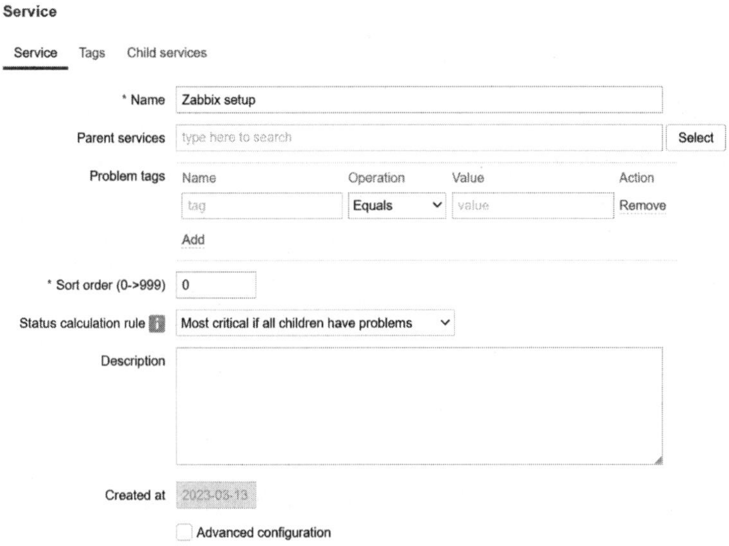

图 6.87

单击"Tags"选项卡，填写如图 6.88 所示的内容。

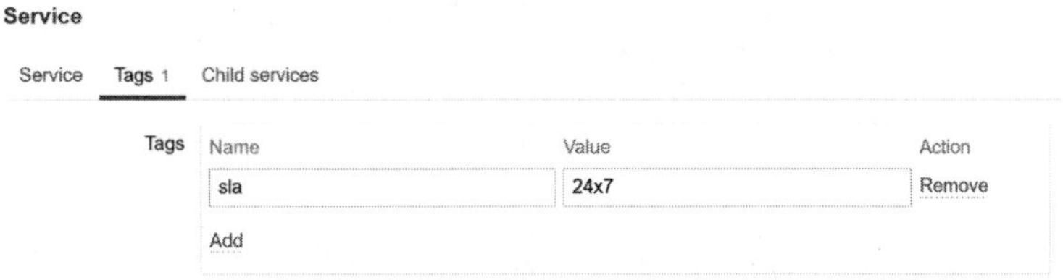

图 6.88

单击页面底部的"Add"按钮，保存此 SLA 配置。然后，再次单击页面右
上角的"Create service"按钮，填写如图 6.89 所示的内容。

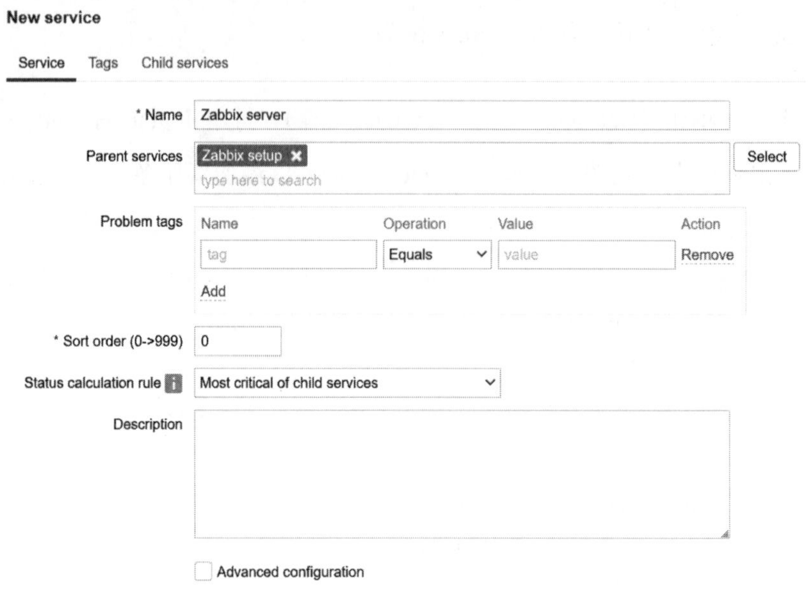

New service

Service　Tags　Child services

* Name	Zabbix server	
Parent services	Zabbix setup ✕	Select
	type here to search	

Problem tags

Name	Operation	Value	Action
tag	Equals ▾	value	Remove
Add			

* Sort order (0->999)	0
Status calculation rule ℹ	Most critical of child services ▾
Description	

☐ Advanced configuration

图 6.89

单击"Tags"选项卡，填写如图 6.90 所示的内容。

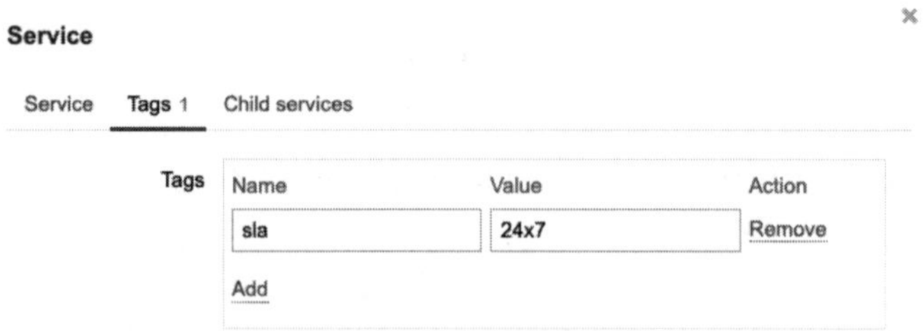

Service　　　　　　　　　　　　　　　　　　✕

Service　Tags 1　Child services

Tags

Name	Value	Action
sla	24x7	Remove
Add		

图 6.90

单击页面底部的"Add"按钮，保存此 SLA 配置。然后，再次单击页面右上角的"Create service"按钮，添加另一个服务，如图 6.91 所示。

单击"Tags"选项卡，填写如图 6.92 所示的内容。

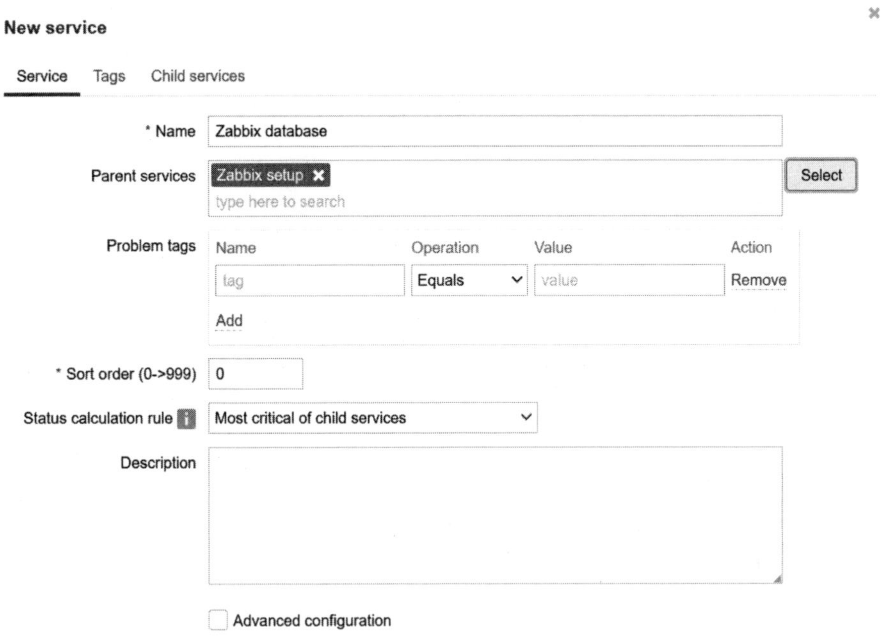

New service

Service　Tags　Child services

* Name	Zabbix database
Parent services	Zabbix setup ✖　type here to search	Select

Problem tags	Name	Operation	Value	Action
	tag	Equals	value	Remove
	Add			

* Sort order (0->999)	0
Status calculation rule	Most critical of child services
Description	

☐ Advanced configuration

图 6.91

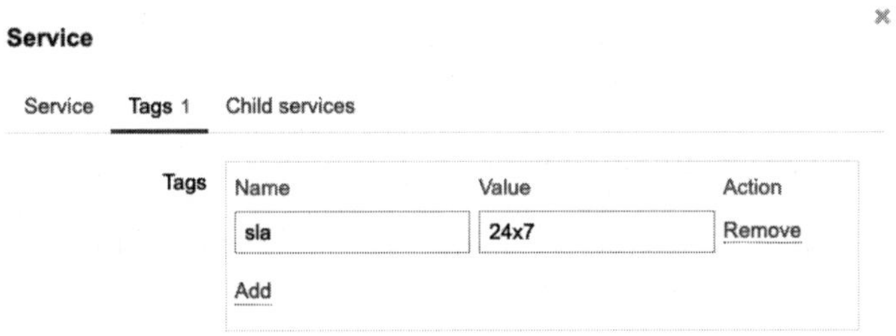

Service

Service　Tags 1　Child services

Tags	Name	Value	Action
	sla	24x7	Remove
	Add		

图 6.92

单击 "Add" 按钮添加此服务。

然后，单击 "Create service" 按钮再添加一个新服务，如图 6.93 所示。

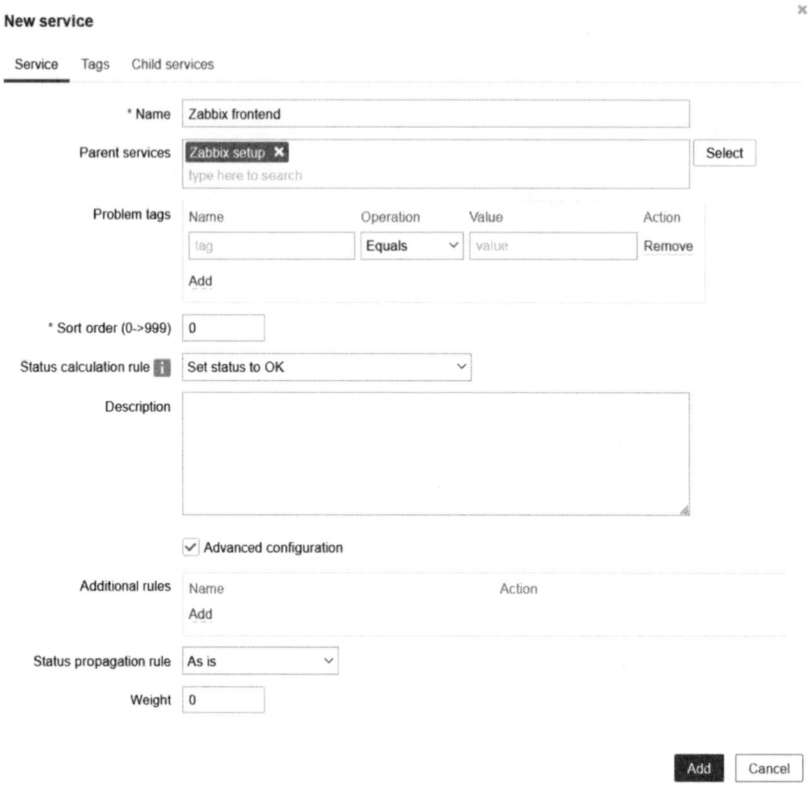

New service

Service　Tags　Child services

* Name	Zabbix frontend
Parent services	Zabbix setup ✕ type here to search　　　　　　Select

Problem tags

Name	Operation	Value	Action
tag	Equals	value	Remove
Add			

* Sort order (0->999)	0
Status calculation rule ⓘ	Set status to OK
Description	

☑ Advanced configuration

Additional rules	Name	Action
	Add	

Status propagation rule	As is
Weight	0

Add　Cancel

图 6.93

　　勾选"Advanced configuration"复选框，单击"Additional rules"字段中的"Add"链接，会弹出一个配置窗口，填写如图 6.94 所示的内容。

New additional rule

Set status to	High
Condition	If at least N child services have Status status or above
N	2
Status	High

Add　Cancel

图 6.94

单击"Tags"选项卡，填写如图 6.95 所示的内容。

Service

Service　Tags 1　Child services

Tags	Name	Value	Action
	sla	24x7	Remove
	Add		

图 6.95

单击页面底部的"Add"按钮，完成此 SLA 配置。

接下来，再添加两个服务。单击"Zabbix frontend"服务，再单击页面右上角的"Create service"按钮，并填写如图 6.96 所示的内容。

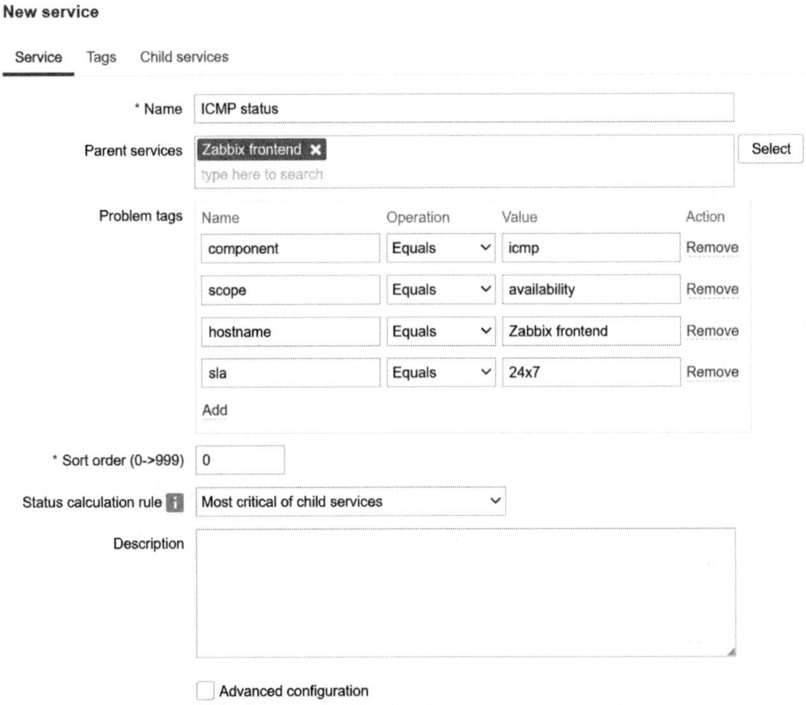

New service

Service　Tags　Child services

* Name	ICMP status
Parent services	Zabbix frontend ✕ type here to search　　　Select

Problem tags	Name	Operation	Value	Action
	component	Equals	icmp	Remove
	scope	Equals	availability	Remove
	hostname	Equals	Zabbix frontend	Remove
	sla	Equals	24x7	Remove
	Add			

* Sort order (0->999)	0
Status calculation rule ℹ	Most critical of child services
Description	

☐ Advanced configuration

图 6.96

单击页面底部的"Add"按钮保存配置。然后，单击"Create service"按钮，填写如图 6.97 所示的内容。

New service

| Service | Tags | Child services |

* Name	Zabbix agent status	
Parent services	Zabbix frontend ✖	Select
	type here to search	

Problem tags	Name	Operation	Value	Action
	component	Equals	icmp	Remove
	hostname	Equals	Zabbix frontend	Remove
	scope	Equals	availability	Remove
	sla	Equals	24x7	Remove
	Add			

* Sort order (0->999)	0
Status calculation rule ℹ	Most critical of child services
Description	
Created at	2023-03-13
	☐ Advanced configuration

图 6.97

单击页面底部的"Add"按钮来添加此服务。在以上配置完毕后，看一看它们是如何工作的。

6.8.3 工作原理

首先,看一看之前都配置了哪些内容。已经使用业务服务监控来监控 Zabbix 堆栈的一部分。刚刚创建了两个层级的业务服务监控。初始级别是 Zabbix setup

（配置），它包括 Zabbix 前端、Zabbix server 和 Zabbix 数据库。

　　在 Zabbix 前端下面，还有一个级别，定义了另外两个服务，它们代表 ICMP
（Internet Control Message Protocol，互联网控制报文协议）和 Zabbix agent 的状
态。当 ICMP 和 Zabbix agent 都处于 Problem 状态时，才计算 SLA 的可用性指
标[①]，如图 6.98 所示。

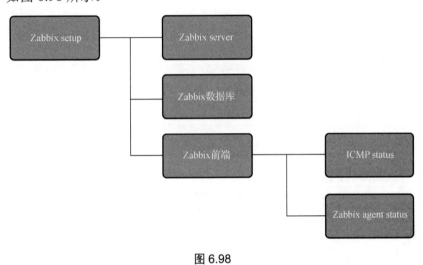

图 6.98

　　下面看一看服务配置，如图 6.99 所示。

　　为了始终保持服务状态为 Ok，该服务仅使用在附加规则部分中定义的内
容。只有当至少有 2 个子服务的状态级别大于等于"严重"级别时，才会对 SLA
产生影响，只有在 Zabbix agent 失效且 ICMP 连接失败的情况下，SLA 才会下降。

　　这里已经构建了一个安全措施，以确保即使有人停止了 Zabbix agent，主机
仍然可以通过 ICMP 进行访问，不会影响 SLA。

---

① 在 Zabbix 中，SLA 的可用性指标简写为 SLA，故本书也这样表示。

Service   ✕

Service   Tags 1   Child services 2

* Name	Zabbix frontend
Parent services	Zabbix setup ✖
	type here to search

Problem tags

Name	Operation	Value	Action
tag	Equals ∨	value	Remove
Add			

* Sort order (0->999)	0
Status calculation rule	Set status to OK ∨
Description	
Created at	2000-01-01

☑ Advanced configuration

Additional rules

Name	Action
High - If at least 2 child services have *High* status or above	Edit Remove
Add	

Status propagation rule	As is ∨
Weight	0

图 6.99

现在看一看监控这些 SLA 的执行结果。在服务里面的 SLA 报告中，可以看到所有配置的服务的状态。可以将过滤器配置为一个想要找到 SLA 的时间段，这个页面会显示类似于如图 6.100 所示的内容。

可以看到 7 天×24 小时的 SLA，预计 SLA 为 99.9%。在 2021 年 10 月建立的 Zabbix 的 SLA 是 100，所以 SLA 满足了要求。2021 年 11 月，注意到 SLA 下降到 100 以下，用红色清楚地表明 SLA 没有得到满足。

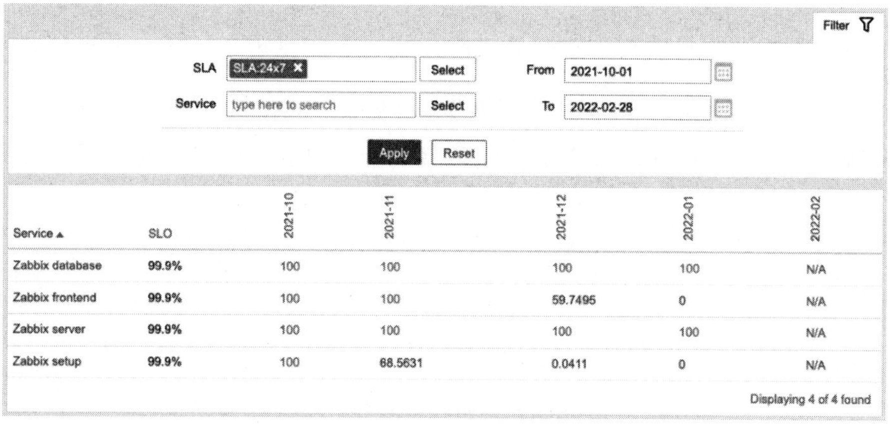

图 6.100

可以更加深入地研究并配置服务（Service）和 SLA，这样就可以得到一个更详细的信息展示页面，可以更加全面地了解业务的健康状态，如图 6.101所示。

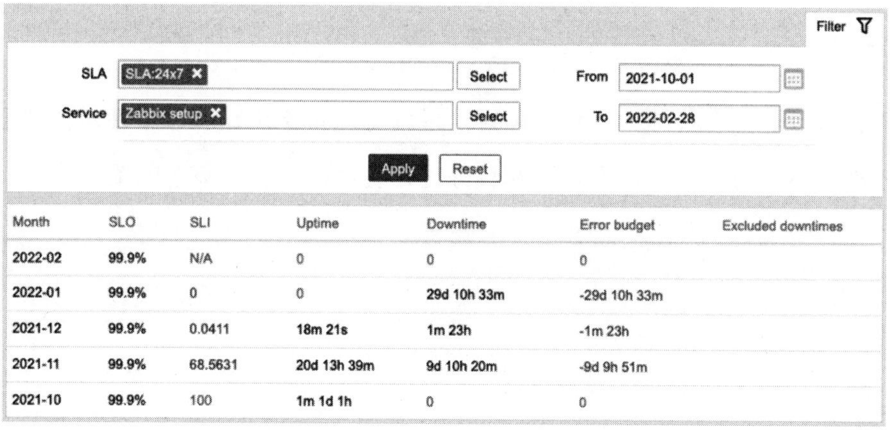

图 6.101

在这里，可以看到关于服务的所有详细信息，包括停机时间和误差。

通过业务服务监控来监控服务的旧方式的主要问题之一是，无法自动化和定制化。自动化主要是通过使用标签来解决的，因为现在可以在主机、模板或触发器级别上定义标签，以定义在业务服务监控配置中使用的内容。

在定制规则方面，Zabbix 提供了更多的选择，如图 6.102 所示。

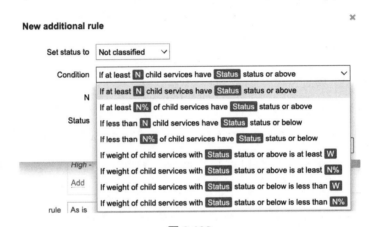

图 6.102

你可以看到有很多内容可以配置，不仅可以指定想在计算中使用的子服务的确切数量，而且可以使用权重和百分比，也可以进行更复杂的配置。

第 7 章　Zabbix 自动发现

为了减少 Zabbix 管理员在配置监控方面的重复性工作，本章介绍如何自动创建主机和监控项。

首先，介绍如何配置 Zabbix Discovery（自动发现）以便自动创建 Zabbix agent 和使用 SNMP 监控的主机。然后，配置主动模式的 Zabbix agent 进行自动注册。最后，介绍 Windows performance counters（性能计数器）和 Java 的 JMX 监控项自动创建。

因为本章介绍主机和监控项的自动发现功能，需要有其他的主机来查看自动发现的效果，所以除了 Zabbix server，还需要一台新的 Linux 主机和一台 Windows 主机。这两台主机都需要安装 Zabbix agent 2。

此外，还需要用到第 3 章配置的 JMX 主机，以及一台使用 SNMP 监控的主机。要想学习如何配置 JMX、使用 SNMP 监控主机，请查看第 3 章。

7.1　Zabbix agent主机自动发现

许多 Zabbix 管理员通常都会使用 Zabbix agent，而且需要花费大量的时间手动创建 Zabbix agent 监控的主机。他们可能不知道如何配置 Zabbix agent 主机自动发现，也许还没有时间充分研究它，或者感觉这个功能比较复杂，配置起来比较烦琐。如果你是一个想偷懒的 Zabbix 管理员，那么建议使用 Zabbix agent 主机自动发现功能。本章介绍如何对它进行配置。

7.1.1　准备

除了 Zabbix server，还需要两台安装了 Zabbix agent 2 的主机：一台 Linux 主机和一台 Windows 主机。如果你不知道如何安装 Zabbix agent 2，那么可以查看第 3 章或查阅 Zabbix 官方文档。

为主机指定以下主机名：

（1）lab-book-disc-lnx：Linux 主机（使用 Zabbix agent 2）。

（2）lab-book-disc-win：Windows 主机（使用 Zabbix agent 2）。

7.1.2　操作步骤

登录 lab-book-disc-lnx 主机并编辑配置 Zabbix agent 2 的文件：

```
# vi /etc/zabbix/zabbix_agent2.conf
```

对以下参数进行修改：

```
Server=192.168.10.20
ServerActive=192.168.10.20
Hostname=lab-book-disc-lnx
```

"Server" 和 "ServerActive" 参数需要根据实际的 Zabbix server 的 IP 地址进行修改。

对 Windows 主机上的 Zabbix agent 2 执行相同的操作，编辑以下配置文件：

```
C:\Program Files\Zabbix Agent 2\zabbix_agent2.conf
```

对以下参数进行修改：

```
Server=192.168.10.20
ServerActive=192.168.10.20
Hostname=lab-book-disc-win
```

接下来，单击 Zabbix 前端的"Configuration"→"Discovery"选项，打开
自动发现规则页面，单击页面右上角的"Create discovery rule"按钮创建自动
发现规则，填写如图 7.1 所示的内容。

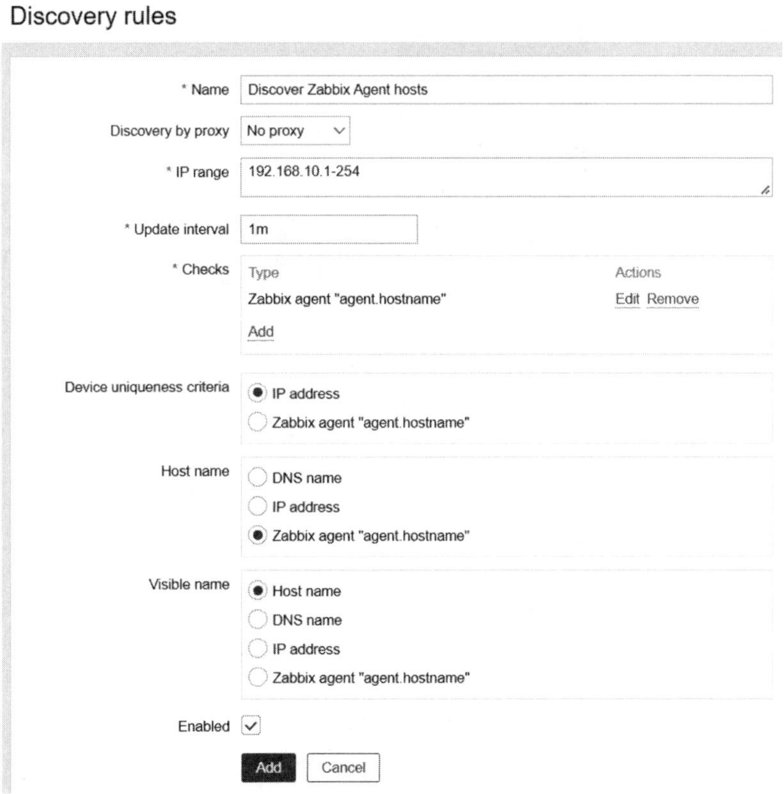

Discovery rules

图 7.1

提示：在此示例中，使用的 Update interval（更新间隔）为 1 分钟（1m）。

这样配置可能会占用主机的大量资源，因此在生产环境中建议调整此值，比如配置成 1 小时。

单击"Add"按钮完成创建。

在配置好自动发现规则后，还需要配置一个操作，也就是当发现主机后需要为主机添加正确的监控模板。单击"Configuration"→"Actions"→"Discovery actions"选项，如图 7.2 所示。

图 7.2

单击页面右上角的"Create action"按钮，然后填写如图 7.3 所示的内容。

	Action	Operations		
* Name	Auto Discovery Linux Zabbix Agent hosts			
Type of calculation	And/Or	A and B and C		
Conditions	Label	Name		Action
	A	Received value contains *lnx*		Remove
	B	Discovery status equals *Up*		Remove
	C	Service type equals *Zabbix agent*		Remove
	Add			
Enabled	✓			
	* At least one operation must exist.			
	Add Cancel			

图 7.3

在创建 Zabbix 自动发现时，务必注意条件的创建顺序，在图 7.3 中看到的
"Label"下的条目是按照创建顺序添加的。这样可以更高效地完成 Zabbix 的
操作。

接下来，单击"Operations"选项卡，添加如图 7.4 所示的内容。

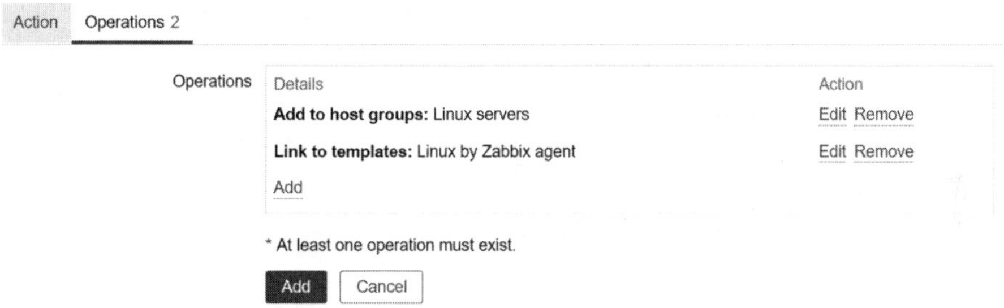

Action	Operations 2	
Operations	Details	Action
	Add to host groups: Linux servers	Edit Remove
	Link to templates: Linux by Zabbix agent	Edit Remove
	Add	

* At least one operation must exist.

Add　Cancel

图 7.4

添加完毕后，单击"Add"按钮保存配置。下面继续配置 Windows 主机的
自动发现规则。

首先，为 Windows 主机创建一个主机组，单击"Configuration"→"Host
groups"选项，再单击页面右上角的"Create host group"按钮，打开如图 7.5
所示的创建主机组的页面。

* Group name　Windows servers

Add　Cancel

图 7.5

单击"Configuration"→"Actions"→"Discovery actions"选项，然后单
击页面右上角的"Create action"按钮，为 Windows 主机创建对应的自动发现
Action，如图 7.6 所示。

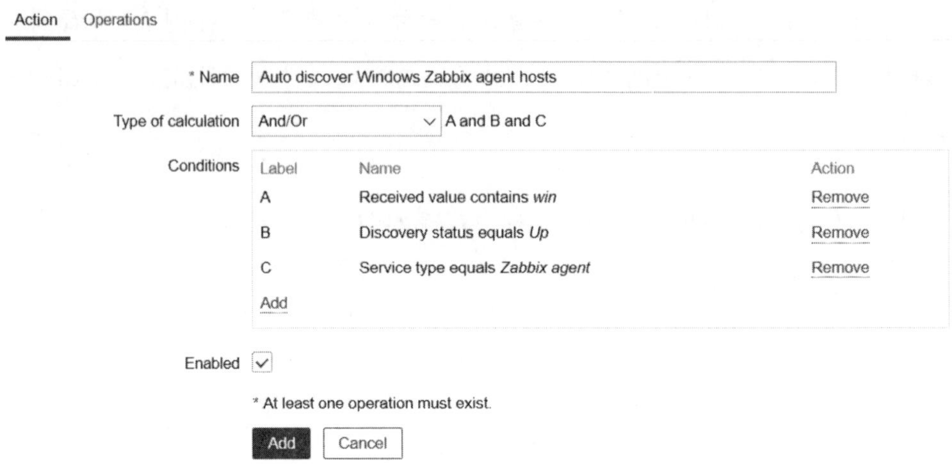

Action　Operations

* Name	Auto discover Windows Zabbix agent hosts
Type of calculation	And/Or ⌄　A and B and C

Conditions

Label	Name	Action
A	Received value contains *win*	Remove
B	Discovery status equals *Up*	Remove
C	Service type equals *Zabbix agent*	Remove
Add		

Enabled ✓

* At least one operation must exist.

Add　Cancel

图 7.6

在单击"Add"按钮之前，还需要对"Operations"选项卡进行配置，填写如图 7.7 所示的内容。

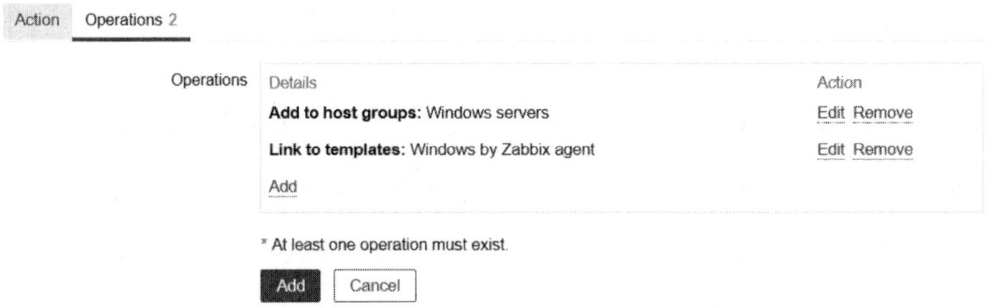

Action　Operations 2

Operations

Details	Action
Add to host groups: Windows servers	Edit Remove
Link to templates: Windows by Zabbix agent	Edit Remove
Add	

* At least one operation must exist.

Add　Cancel

图 7.7

单击"Add"按钮保存配置。另一个自动发现的 Action 就创建完毕了。

单击"Monitoring"→"Discovery"选项，可以观察通过自动发现所创建的新主机的情况，如图 7.8 所示。

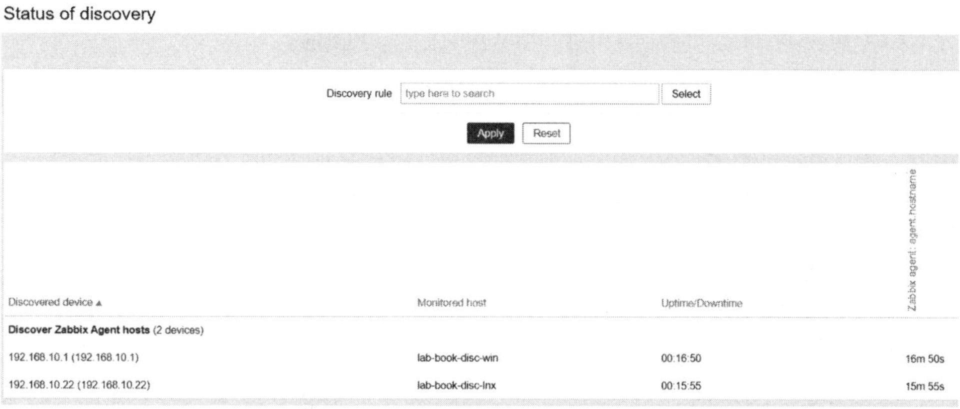

Status of discovery

Discovery rule	type here to search		Select

Apply　Reset

Discovered device ▲	Monitored host	Uptime/Downtime	Zabbix agent: agent.hostname
Discover Zabbix Agent hosts (2 devices)			
192.168.10.1 (192.168.10.1)	lab-book-disc-win	00:16:50	16m 50s
192.168.10.22 (192.168.10.22)	lab-book-disc-lnx	00:15:55	15m 55s

图 7.8

7.1.3　工作原理

Zabbix agent 主机自动发现的配置看起来比较简单，但是仍然有大量的选项需要配置。从此示例中可以看出，如果使用"agent.hostname"这个键值作为检测依据，那么 Zabbix 会根据 Zabbix agent 配置文件中的"Hostname"参数内容来创建主机。

Zabbix 首先通过 Zabbix agent 主机自动发现被监控主机，并检查 Zabbix agent 使用的主机名是什么。然后，此主机名的信息加上 IP 地址将触发 Action，接下来 Action 会根据配置依次进行检查：

（1）这台主机的"Hostname"参数是否包含"lnx"或"win"。

（2）发现时的状态是否为"UP"。

（3）Service type（服务类型）是否为"Zabbix agent"。

如果这些检查都为真，那么 Action 将使用以下各项创建新发现的主机：

（1）默认配置主机到"Discovered hosts"主机组。

（2）添加 Action 中配置的模板。

最终，将获得两台新创建的主机，如图 7.9 所示。

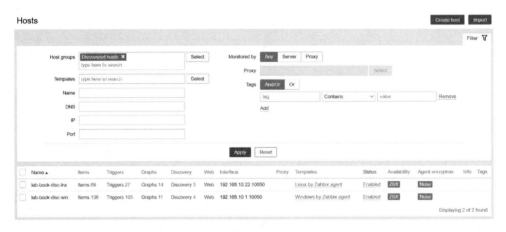

图 7.9

在本示例中，通过配置文件配置所创建的主机，可能有人会觉得这种方式比较麻烦。

如果想用一种更加灵活的方式，甚至不通过 Zabbix agent 配置文件，那么可能需要采用多种检查方法来优化自动发现规则。在以下 Zabbix 官方文档中可以查看能使用哪些方式来构建不同的自动发现规则。

Documentation → current → en → mnaual → config → items → itemtypes → zabbix_agent

7.2　Zabbix snmp主机自动发现

如果你拥有大量支持 SNMP 的设备，但又不想手动配置监控，那么网络自动发现也能帮到你。Zabbix snmp 主机自动发现的使用方式与 Zabbix agent 主机自动发现的使用方式相同，只是使用不同的配置规则而已。

7.2.1　准备

在使用网络自动发现之前，需要一台可以使用 SNMP 进行监控的主机。如果不知道如何配置这样的主机，那么请查看第 3 章中关于 SNMP agent 的内容，并且还需要 Zabbix server。

7.2.2　操作步骤

首先，登录使用 SNMP 监控的主机，并执行以下命令更改主机名：

```
# hostnamectl set-hostname lab-book-disc-snmp
```

执行以下命令重新启动 SNMP 服务：

```
# systemctl restart snmpd
```

单击 "Configuration" → "Discovery" 选项，再单击页面右上角的 "Create discovery rule" 按钮。

创建一个新的 SNMP 自动发现规则，然后填写 "Name" 和 "IP range" 两个字段的内容，如图 7.10 所示。

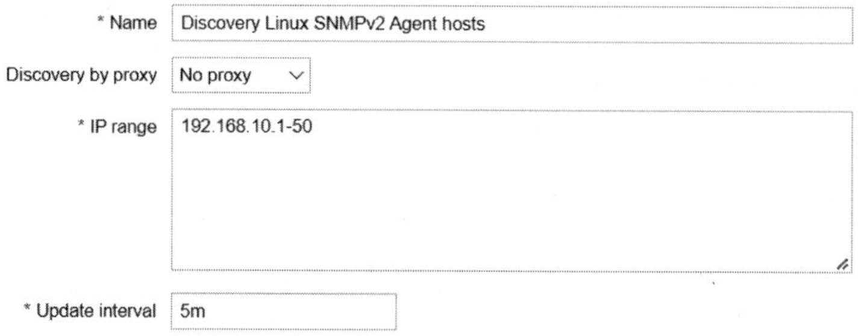

* Name	Discovery Linux SNMPv2 Agent hosts
Discovery by proxy	No proxy
* IP range	192.168.10.1-50
* Update interval	5m

图 7.10

根据实际情况，确保填写的"IP range"字段的内容正确。

创建 SNMP 检查。单击页面下方"Checks"字段旁边的"Add"链接，会看到如图 7.11 所示的内容。

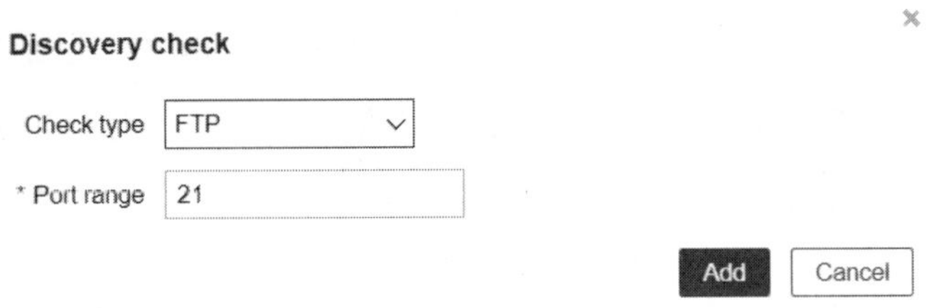

图 7.11

选择"Check type"字段的内容为"SNMPv2 agent"并填写"SNMP OID"字段的内容。在本示例中，填写的 OID 代表的是系统名称，如图 7.12 所示。

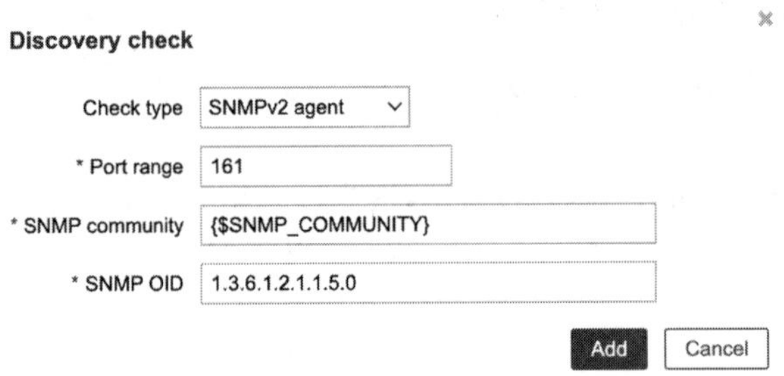

图 7.12

提示：检查类型与 SNMP 版本无关，Zabbix 提供了 3 种 SNMP 版本的检查，因此 Zabbix 有 3 种不同的检查类型可供选择。

单击"Add"按钮后，配置其余部分，如图 7.13 所示。

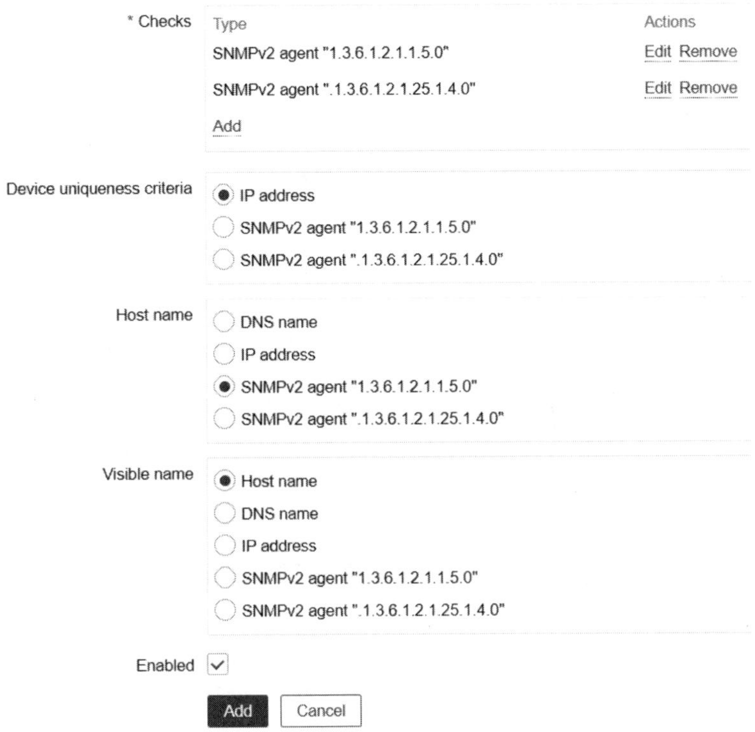

* Checks	Type	Actions
	SNMPv2 agent "1.3.6.1.2.1.1.5.0"	Edit Remove
	SNMPv2 agent ".1.3.6.1.2.1.25.1.4.0"	Edit Remove
	Add	

Device uniqueness criteria
- (●) IP address
- ( ) SNMPv2 agent "1.3.6.1.2.1.1.5.0"
- ( ) SNMPv2 agent ".1.3.6.1.2.1.25.1.4.0"

Host name
- ( ) DNS name
- ( ) IP address
- (●) SNMPv2 agent "1.3.6.1.2.1.1.5.0"
- ( ) SNMPv2 agent ".1.3.6.1.2.1.25.1.4.0"

Visible name
- (●) Host name
- ( ) DNS name
- ( ) IP address
- ( ) SNMPv2 agent "1.3.6.1.2.1.1.5.0"
- ( ) SNMPv2 agent ".1.3.6.1.2.1.25.1.4.0"

Enabled ☑

Add　Cancel

图 7.13

单击"Add"按钮，SNMP 自动发现规则创建结束。

与之前配置 Zabbix agent 的步骤一样，还需要配置一个 Action 通过自动发现规则来创建主机。单击"Configuration"→"Actions"→"Discovery actions"选项，再单击"Create action"按钮。

填写如图 7.14 所示的内容。

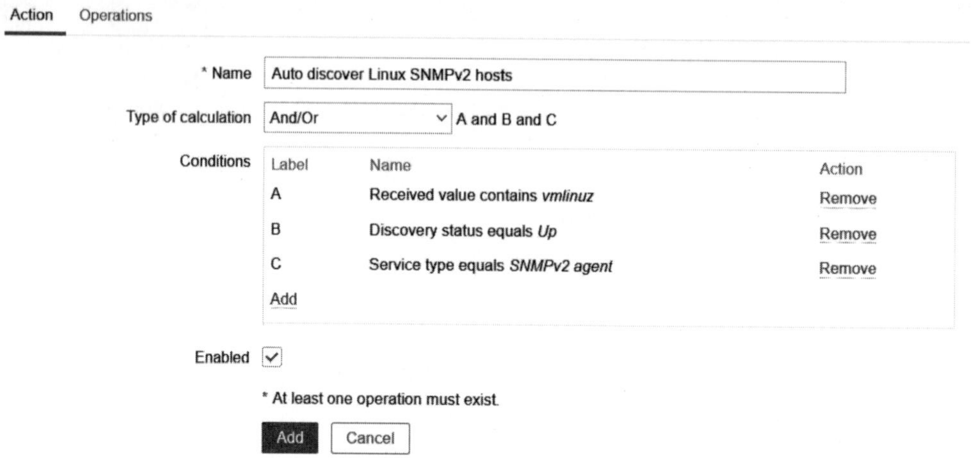

Action　Operations

* Name　Auto discover Linux SNMPv2 hosts

Type of calculation　And/Or　A and B and C

Conditions
Label	Name	Action
A	Received value contains *vmlinuz*	Remove
B	Discovery status equals *Up*	Remove
C	Service type equals *SNMPv2 agent*	Remove
Add		

Enabled ✓

* At least one operation must exist.

Add　Cancel

图 7.14

在单击"Add"按钮之前，还需要配置"Operations"选项卡，如图 7.15 所示。

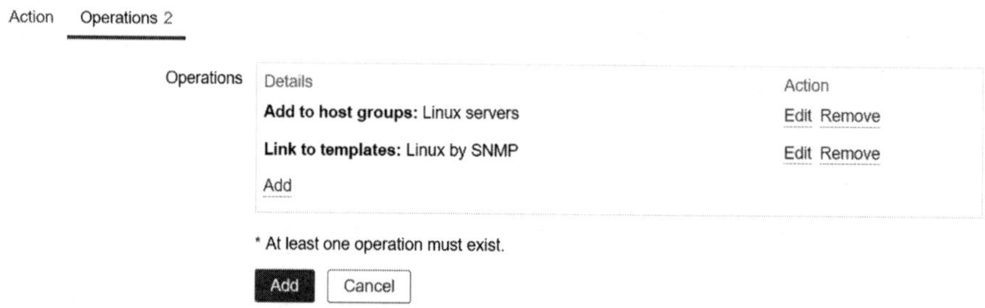

Action　Operations 2

Operations
Details	Action
Add to host groups: Linux servers	Edit Remove
Link to templates: Linux by SNMP	Edit Remove
Add	

* At least one operation must exist.

Add　Cancel

图 7.15

最后，单击"Add"按钮，再单击"Monitoring"→"Discovery"选项查看主机是否创建成功，如图 7.16 所示。

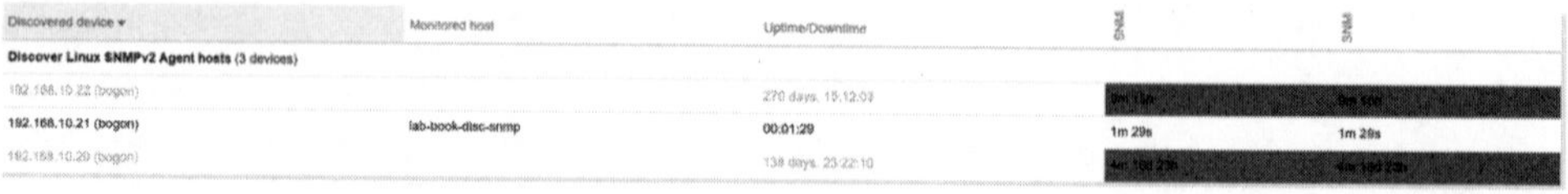

图 7.16

7.2.3　工作原理

在 7.2.2 节中针对 SNMP 创建了一个自动发现规则。正如你所看到的那样，自动发现的原理和配置步骤并没有变，只不过是对应的检查参数有所不同。

当创建这个 SNMP 自动发现规则时，介绍了两个检查条件，而不是在 7.1 节中配置的一个检查条件。在 SNMP OID .1.3.6.12.1.1.5.0 上以检索主机名的方式进行检查，然后以从系统中获取的主机名为 Zabbix 的主机名。

还用了 SNMP OID .1.3.6.1.2.1.25.1.4.0 进行检查，执行 snmpwalk 命令检查将得到以下内容：

```
# snmpwalk -v2c -c public 192.168.10.21 .1.3.6.1.2.1.25.1.4.0
HOST-RESOURCES-MIB::hrSystemInitialLoadParameters.0 = STRING:
"BOOT_IMAGE=(hd0,msdos1)/vmlinuz-4.18.0-394.el8.x86_64 root=/dev/
mapper/cs_lab--book--centos-root ro crashkernel=auto resume=/dev"
```

如果 vmlinuz 字符串存在，那么表示此主机上安装的是 Linux 操作系统。使用多个 OID 检查为 Zabbix 自动发现提供多个检查条件。比如，如果监控一批网络设备，就可以选择一个 OID 来查看它是 Cisco（思科）还是 Juniper（瞻博）网络设备。

可以将.1.3.6.1.2.1.25.1.4.0 替换为任何厂家提供的 OID，然后根据获取的内容（Cisco 或 Juniper）创建 Action，并相应地配置分组，最后添加监控模板。

7.3　Zabbix agent主机自动注册

通过对以上内容的学习，了解到使用网络自动发现创建主机的方式非常简单、有效。但是，如果想更积极地利用环境，并且更进一步实现自动化，该怎么办呢？接下来介绍一下 active agent autoregistration，也就是 Zabbix 提供的自动注册功能。

7.3.1 准备

为了更好地演示，需要准备一台新的 Linux 主机。我们将此主机命名为 lab-book-lnx-agent-auto，并确保安装了 Zabbix agent 2。除了这台新主机，我们还需要用 Zabbix server。

7.3.2 操作步骤

首先，登录 lab-book-lnx-agent-auto 主机并修改配置文件：

```
# vi /etc/zabbix/zabbix_agent2.conf
```

编辑配置文件，填写 Zabbix server 的 IP 地址：

```
ServerActive=192.168.10.20
```

修改配置文件中的主机名参数：

```
Hostname=lab-book-lnx-agent-auto
```

"Hostname" 这个参数并不是必需的，如果未在 Zabbix agent 配置文件中填写，Zabbix 将默认使用系统主机名。

然后，单击 "Configuration" → "Actions" → "Autoregistration actions" 选项，如图 7.17 所示。

单击页面右上角的 "Create action" 按钮创建新 Action。

填写 "Name" 字段的内容后，单击 "Conditions" 字段中的 "Add" 链接添加条件，如图 7.18 所示。

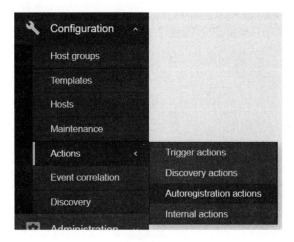

图 7.17

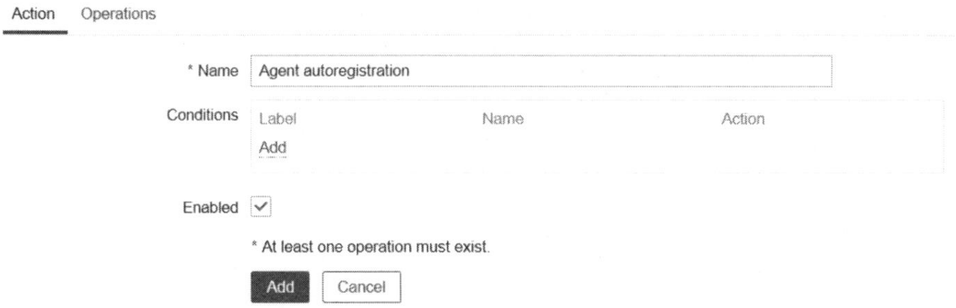

Action　Operations

* Name	Agent autoregistration		
Conditions	Label	Name	Action
	Add		

Enabled ☑

* At least one operation must exist.

Add　Cancel

图 7.18

　　这时，会弹出一个小窗口用于配置条件，可以在此处配置仅使用特定主机名注册主机，如图 7.19 所示。

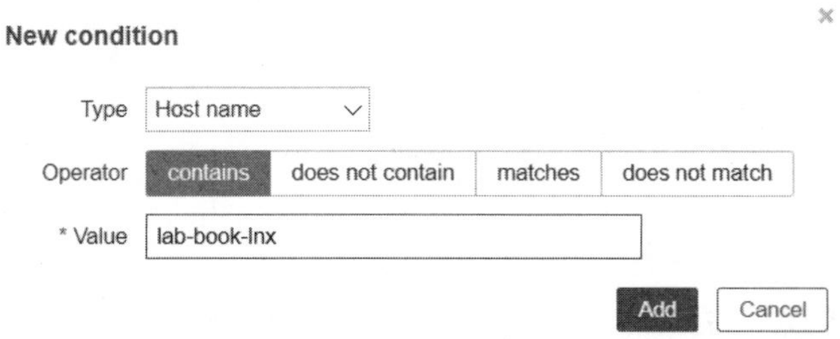

New condition   ✕

Type　Host name　∨

Operator　contains　does not contain　matches　does not match

* Value　lab-book-lnx

Add　Cancel

图 7.19

配置完成后，单击"Add"按钮。添加条件后，页面如图 7.20 所示。

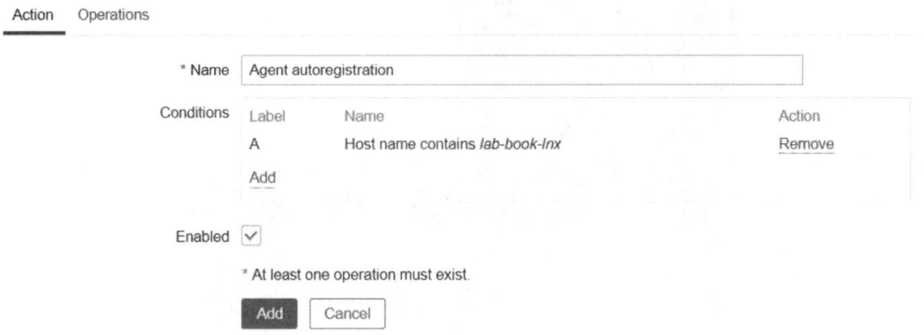

Action	Operations

	* Name	Agent autoregistration

Conditions	Label	Name		Action
	A	Host name contains *lab-book-lnx*		Remove
	Add			

Enabled ☑

* At least one operation must exist.

Add   Cancel

图 7.20

在单击"Add"按钮之前，还需要对"Operations"选项卡进行配置。单击
"Operations"选项卡，再单击"Add"链接，会打开如图 7.21 所示的页面。

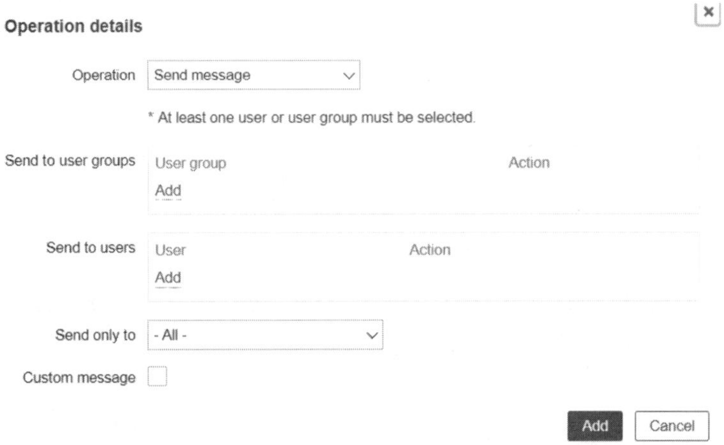

Operation details   ✕

Operation	Send message ▾

* At least one user or user group must be selected.

Send to user groups	User group	Action
	Add	

Send to users	User	Action
	Add	

Send only to	- All - ▾
Custom message	☐

Add   Cancel

图 7.21

在"Operation"字段的下拉列表中选择"Add to host group"选项，然后单
击"Select"按钮，选择"Linux servers"主机组并单击"Add"按钮保存配置，
如图 7.22 所示。

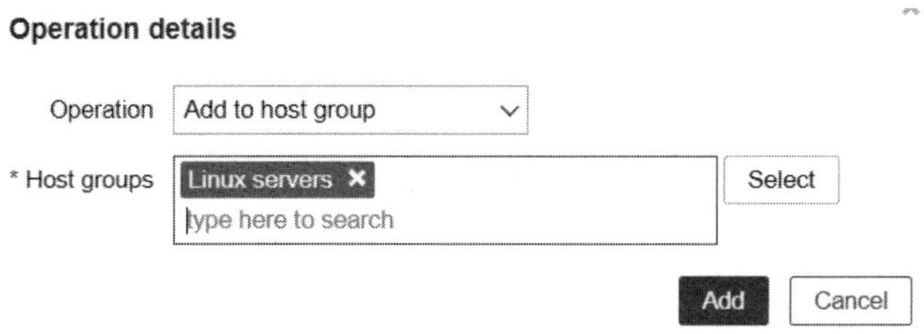

Operation details

Operation　Add to host group

* Host groups　Linux servers ✕

type here to search　Select

Add　Cancel

图 7.22

　　创建一个 Action 将"Linux by Zabbix agent active"这个模板添加到注册的主机中，再次单击"Add"链接，按图 7.23 所示选择，最后单击"Add"按钮。

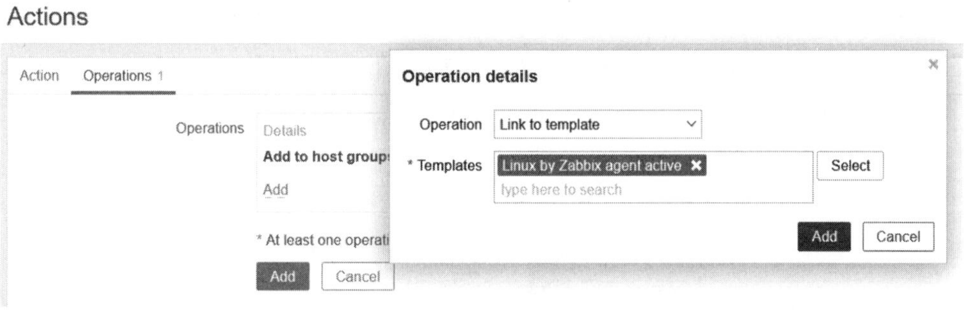

Actions

Action　Operations 1

Operations　Details

Add to host group

Add

* At least one operati

Add　Cancel

Operation details　✕

Operation　Link to template

* Templates　Linux by Zabbix agent active ✕

type here to search　Select

Add　Cancel

图 7.23

　　这样就完成了"Operations"选项卡的配置，单击"Add"按钮后，页面应该如图 7.24 所示。单击"Add"按钮保存配置。

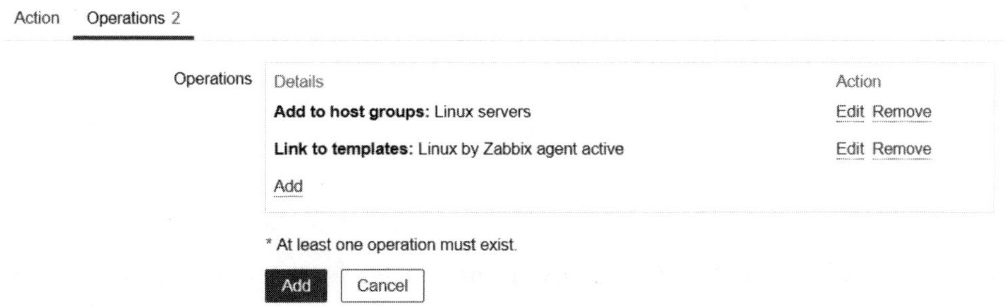

Action　Operations 2

Operations　Details　Action

Add to host groups: Linux servers　Edit Remove

Link to templates: Linux by Zabbix agent active　Edit Remove

Add

* At least one operation must exist.

Add　Cancel

图 7.24

单击“Configuration”→“Hosts”选项，应该可以看到新注册的主机，如图 7.25 所示。

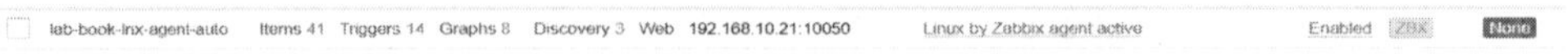

lab-book-lnx-agent-auto
Items 41
Triggers 14
Graphs 8
Discovery 3
Web
192.168.10.21:10050
Linux by Zabbix agent active
Enabled
ZBX
None

图 7.25

7.3.3　工作原理

使用主动模式，并通过 Zabbix agent 主机自动注册是一种很好的自动添加 Zabbix 监控主机的方式。将 Zabbix agent 的“ServerActive”参数的值配置为 Zabbix server 的 IP 地址，Zabbix agent 启动后将向 Zabbix server 请求监控项配置。在 Zabbix server 接收到这些请求后，如果在 Zabbix server 中配置了 Action（就像之前配置的那样），主机就自动注册到 Zabbix 监控平台了，如图 7.26 所示。

Network
Net server 1
注册到服务器
Net server 2
注册到服务器
Zabbix server
注册到服务器
Net server 3

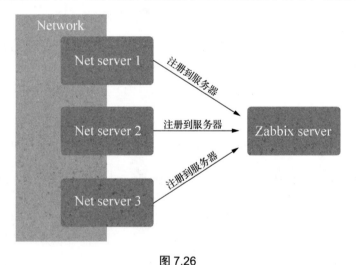

图 7.26

可以利用这个功能实现一些很“酷”的自动化工作，例如通过 Ansible（自动化工具）对多台主机进行 Zabbix agent 2 的批量部署，再修改/etc/zabbix/zabbix_agent2.conf 文件中的“ServerActive”参数。只要在 Zabbix server 的前端配置好自动注册的 Action，就可以等待被监控主机自动加入监控平台。

Zabbix agent 主机自动注册是一种零接触监控环境的完美解决方案，可以使该环境中的主机始终与 Zabbix 监控平台的主机保持一致。

并非每家公司都会使用反映计算机操作系统或其他属性的主机名。这时，Zabbix 的 "HostMetadata" 参数就非常有用了，可以填写此参数用于反映设备的属性。

在配置自动发现时，可以通过填写的 "HostMetadata" 参数进行过滤匹配，起到与之前使用主机名进行匹配相同的作用。

Zabbix agent 配置文件中还包含 "HostInterface" 和 "HostInterfaceItem" 两个参数，它们也可以用于自动注册。主机可以使用指定的 IP 地址或 DNS（Domain Name System，域名系统）主机地址作为 Zabbix agent 接口的 IP 地址或 DNS 主机地址。如 Zabbix 前端所示，可以在使用自动注册创建主机时使用被动模式进行监控。

查看以下 Zabbix 文档可以获取更多自动注册的内容：

Documentation → current → manual → discovery → auto_registration#using_host_metadata

7.4　Windows性能计数器LLD

在 Zabbix 6.0 中，Windows 性能计数器实例是可以 LLD 的。本节介绍通过 perf_instance.discovery[object]键实现 Windows 性能计数器实例 LLD 并监控的整个过程。

7.4.1　准备

使用 lab-book-disc-win 这台主机。需要用 Windows 性能计数器。当然，还需要用 Zabbix server。

7.4.2　操作步骤

单击"Configuration"→"Templates"选项，然后单击页面右上角的"Create template"按钮。

填写如图 7.27 所示的内容创建 Windows 模板。

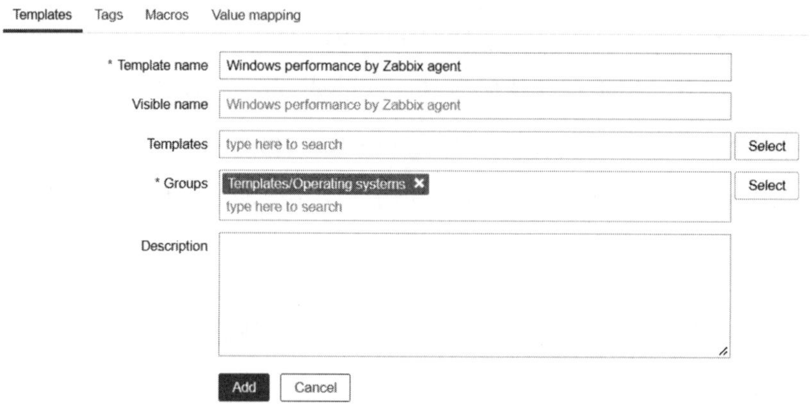

图 7.27

单击"Add"按钮保存配置。

在使用新模板之前，返回 Windows 操作系统，在页面左下角的搜索框中输入"perfmon.exe"，如果页面左下角没有搜索框，那么可以使用"Windows+R"快捷键打开运行窗口，在运行窗口中输入"perfmon.exe"，如图 7.28 所示。

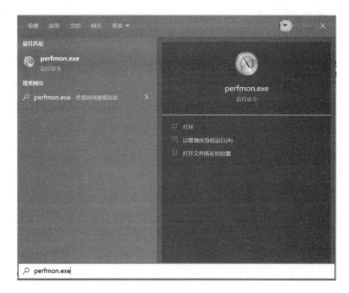

图 7.28

搜索"perfmon.exe"后，将看到如图 7.29 所示的页面。

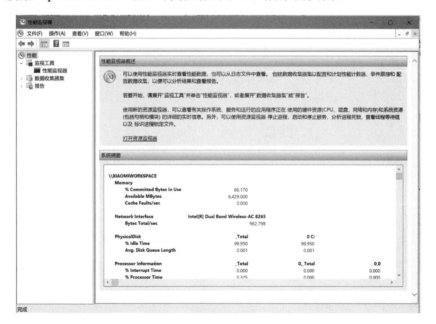

图 7.29

单击"监视工具"→"性能监视器"选项，然后单击绿色的"+"图标，将显示所有可用的 Windows 性能计数器。

这里使用 Processor 计数器。

返回 Zabbix 前端，单击"Configuration"→"Templates"选项，打开并编辑新模板"Windows performance by Zabbix agent"。

在单击模板打开模板配置页面后，单击模板名称旁边的"Discovery rules"链接。

单击页面右上角的"Create new discovery rule"按钮，然后在"Key"这个字段中填写"perf_instance.discovery [Processor]"发现 Processor 对象，如图 7.30 所示。

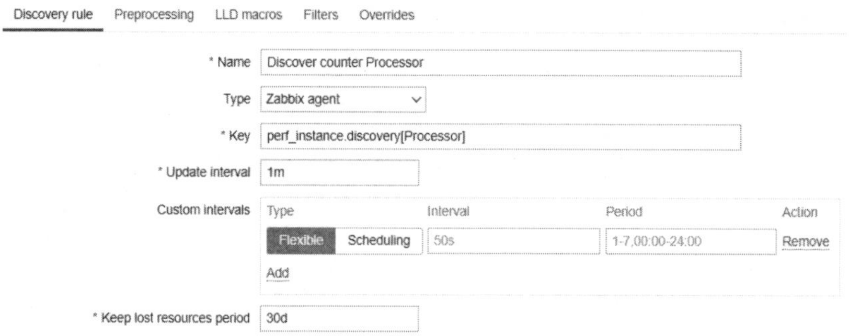

| Discovery rule | Preprocessing | LLD macros | Filters | Overrides |

* Name	Discover counter Processor	
Type	Zabbix agent	
* Key	perf_instance.discovery[Processor]	
* Update interval	1m	
Custom intervals	Type	Interval	Period	Action
	Flexible Scheduling	50s	1-7,00:00-24:00	Remove
	Add			
* Keep lost resources period	30d	

图 7.30

提示：在此示例中，我们使用的"Update interval"（更新间隔）为 1 分钟。这样配置可能会占用主机的大量资源，因此在生产环境中建议调整此值，比如配置成 1 小时。

单击页面底部的"Add"按钮保存配置，然后单击新的"Discover counter

processor"选项。

单击"Item prototypes"选项卡，然后单击页面右上角的"Create item prototype"按钮，在打开的页面中填写如图 7.31 所示的内容来创建 LLD 规则。

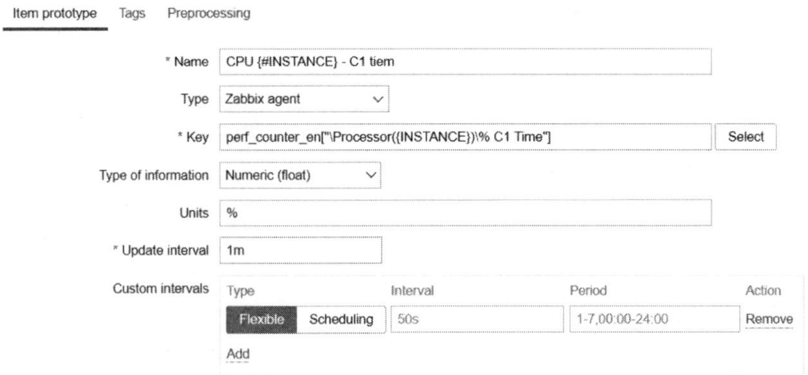

图 7.31

单击"Tags"选项卡，不要忘记添加标签，如图 7.32 所示。

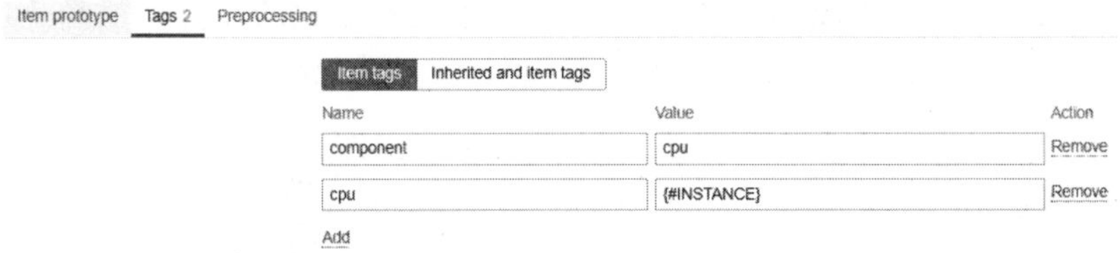

图 7.32

保存刚刚配置好的监控项原型，然后单击"Configuration"→"Hosts"选项，并单击"lab-book-disc-win"主机。

添加"Windows performance by Zabbix agent"模板，如图 7.33 所示。

单击页面下方的"Update"按钮后，再单击"Monitoring"→"Latest data"选项，使用过滤器进行如图 7.34 所示的筛选。

Host

Host　IPMI　Tags　Macros　Inventory　Encryption　Value mapping

* Host name	lab-book-disc-win
Visible name	lab-book-disc-win
Templates	Windows performance by Zabbix agent ✕ 〔Select〕 type here to search
* Groups	Windows servers ✕ 〔Select〕 type here to search

图 7.33

Host groups	type here to search 〔Select〕	Tags	And/Or　Or
Hosts	lab-book-disc-win ✕ 〔Select〕 type here to search		component　Contains ▾　cpu　Remove
Name			Add
		Show tags	None　1　2　**3**　Tag name　**Full**　Shortened　None
		Tag display priority	comma-separated list
		Show details	☐

图 7.34

单击页面中间的"Apply"按钮后，可以看到新创建的监控项已经正常采集数据了，如图 7.35 所示。

TAG VALUES
component: cpu 9
cpu: 0 1 1 2 1 3 1 4 1 5 1 6 1 7 1 Total 1

☐ Host	Name ▲	Last check	Last value	Change	Tags	Info
☐ lab-book-disc-win	CPU 0 - C1 tiem	7s	0 %		component: cpu cpu: 0	Graph
☐ lab-book-disc-win	CPU 1 - C1 tiem	6s	0 %		component: cpu cpu: 1	Graph
☐ lab-book-disc-win	CPU 2 - C1 tiem	5s	0 %	-5.9213 %	component: cpu cpu: 2	Graph
☐ lab-book-disc-win	CPU 3 - C1 tiem	4s	0 %	-3.1515 %	component: cpu cpu: 3	Graph
☐ lab-book-disc-win	CPU 4 - C1 tiem	3s	0 %	-5.5638 %	component: cpu cpu: 4	Graph
☐ lab-book-disc-win	CPU 5 - C1 tiem	2s	0 %		component: cpu cpu: 5	Graph
☐ lab-book-disc-win	CPU 6 - C1 tiem	1s	0 %		component: cpu cpu: 6	Graph
☐ lab-book-disc-win	CPU 7 - C1 tiem	0	0 %		component: cpu cpu: 7	Graph
☐ lab-book-disc-win	CPU _Total - C1 tiem	16s	1.8296 %	+1.8296 %	component: cpu cpu: Total	Graph

Displaying 9 of 9 found

图 7.35

7.4.3　工作原理

Windows 性能计数器已经存在很长时间了，对于任何想要使用 Zabbix 监控

Windows 计算机的用户都非常重要。将 LLD 与 Windows 性能计数器结合使用，可以更轻松、更灵活地创建 Windows 监控。

　　本节使用"perf_instance.discovery[Processor]"监控键，创建了一个非常简单且高效的 Windows 性能计数器 LLD 规则。此监控键的部分参数与 perfmon.exe 有直接关系。通过图 7.36 所示的屏幕截图，可以清楚地看到 Processor 列表。

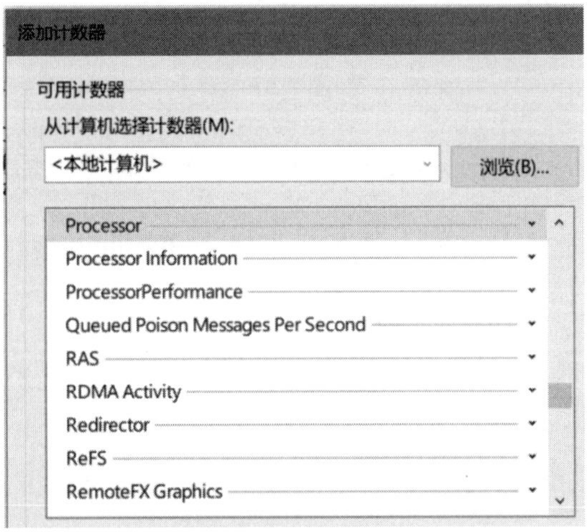

图 7.36

当每次轮询到这个 LLD 规则时，Zabbix agent 都为主机返回以下值：

```
[{"{#INSTANCE}":"0"},
{"{#INSTANCE}":"1"},
{"{#INSTANCE}":"2"},
{"{#INSTANCE}":"3"},
{"{#INSTANCE}":"4"},
{"{#INSTANCE}":"5"},
{"{#INSTANCE}":"6"},
{"{#INSTANCE}":"7"},
{"{#INSTANCE}":"_Total"}]
```

这表示 Zabbix 将把以下 9 个值填充至{#INSTANCE}宏中：

```
0、1、2、3、4、5、6、7、_Total
```

然后，可以通过在监控项原型中使用{#INSTANCE}宏来调用这 9 个值，就像在监控项原型里写的那样，如图 7.37 所示。

图 7.37

Zabbix 使用宏值创建了 3 个监控项，并使用 "% C1 Time" 作为监控计数器 Key（键）的组成部分。如果展开图 7.38 中 perfmon.exe 文件的窗口，那么可以看到添加到监控项原型中用于监控 Windows 主机的所有计数器，如图 7.38所示。

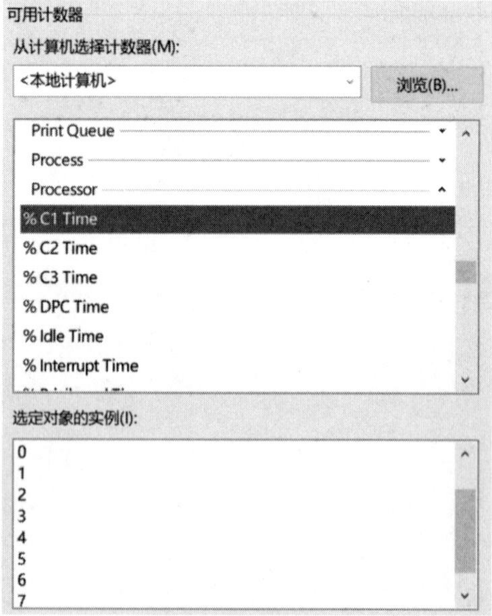

图 7.38

7.5　Zabbix JMX LLD

3.8 节介绍了如何配置 JMX 监控。当时的监控实战并未涉及 JMX 对象发现的配置。本节将介绍如何使用 LLD 自动发现 JMX 对象并进行监控。

7.5.1　准备

需要 3.8 节配置的 JMX 主机。在学习 7.5 节内容之前，请务必学习完 3.8 节的内容。还需要 Zabbix server 主机和名为 "lab-book-jmx" 的主机。

7.5.2　操作步骤

首先，登录 Zabbix 前端，单击 "Configuration" → "Templates" 选项。

单击页面右上角的 "Create template" 按钮创建新模板，填写如图 7.39 所示的内容。

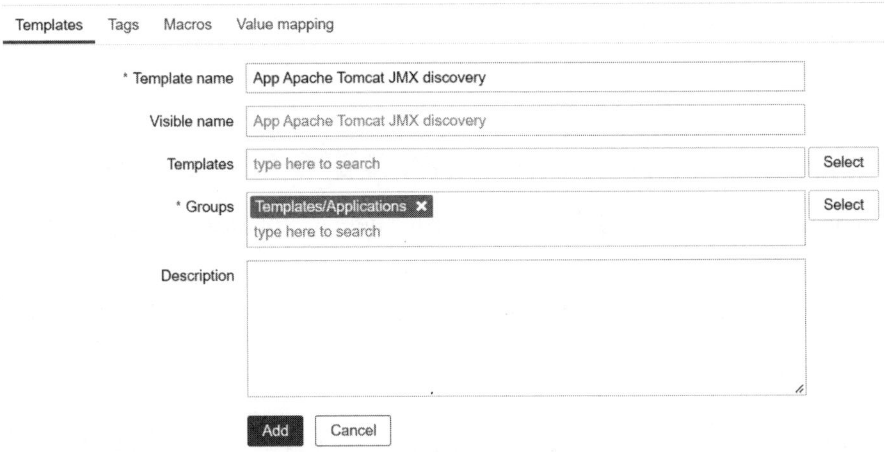

图 7.39

单击"Add"按钮保存模板，返回"Templates"页面，选择新创建的模板。

添加 JMX 自动发现规则，单击模板名称旁边的"Discovery rules"链接。

单击"Create discovery rule"按钮，填写如图 7.40 所示的内容。

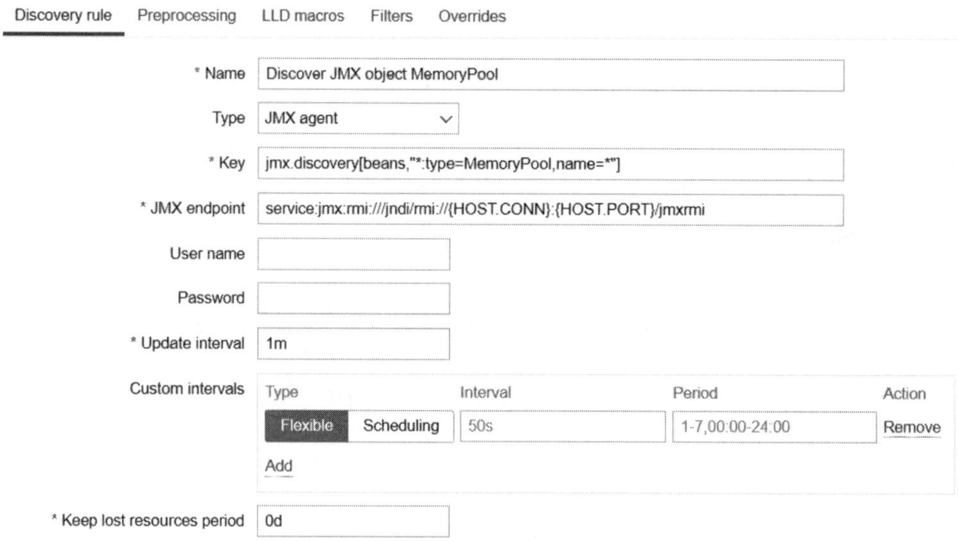

Discovery rule　Preprocessing　LLD macros　Filters　Overrides	
* Name	Discover JMX object MemoryPool
Type	JMX agent
* Key	jmx.discovery[beans,"*:type=MemoryPool,name=*"]
* JMX endpoint	service:jmx:rmi:///jndi/rmi://{HOST.CONN}:{HOST.PORT}/jmxrmi
User name	
Password	
* Update interval	1m

Custom intervals

Type	Interval	Period	Action
Flexible　Scheduling	50s	1-7,00:00-24:00	Remove

Add

* Keep lost resources period	0d

图 7.40

单击页面底部的"Add"按钮进行保存。然后，单击新添加的"Discover JMX object MemoryPool"自动发现规则旁边的"Item prototypes"链接。

单击页面右上角的"Create item prototype"按钮，创建如图 7.41 所示的监控项原型。

不要忘记填写"Tags"选项卡，为监控项添加标签，如图 7.42 所示。

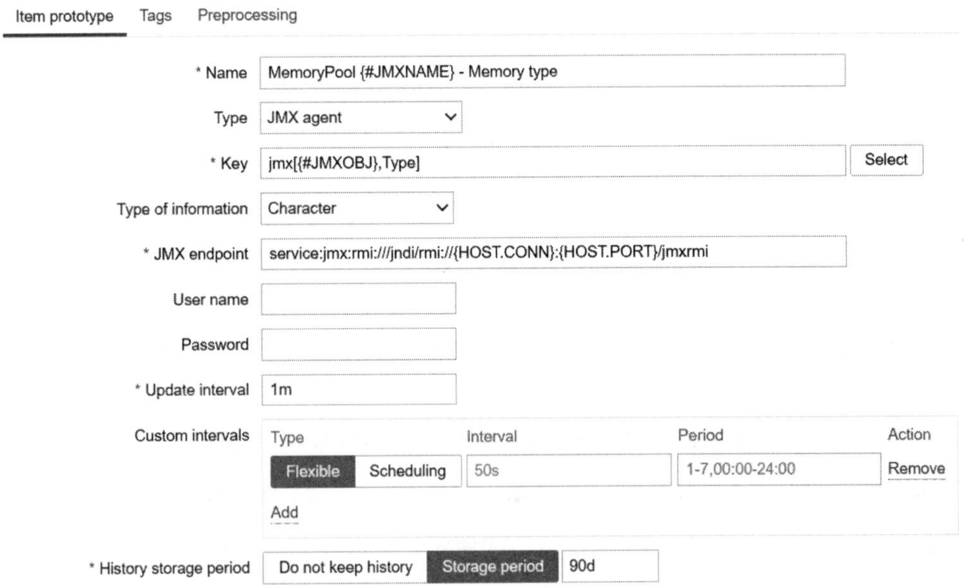

Item prototype　Tags　Preprocessing

* Name	MemoryPool {#JMXNAME} - Memory type
Type	JMX agent
* Key	jmx[{#JMXOBJ},Type]
Type of information	Character
* JMX endpoint	service:jmx:rmi:///jndi/rmi://{HOST.CONN}:{HOST.PORT}/jmxrmi
User name	
Password	
* Update interval	1m

Custom intervals

Type	Interval	Period	Action
Flexible　Scheduling	50s	1-7,00:00-24:00	Remove

Add

* History storage period　　Do not keep history　Storage period　90d

图 7.41

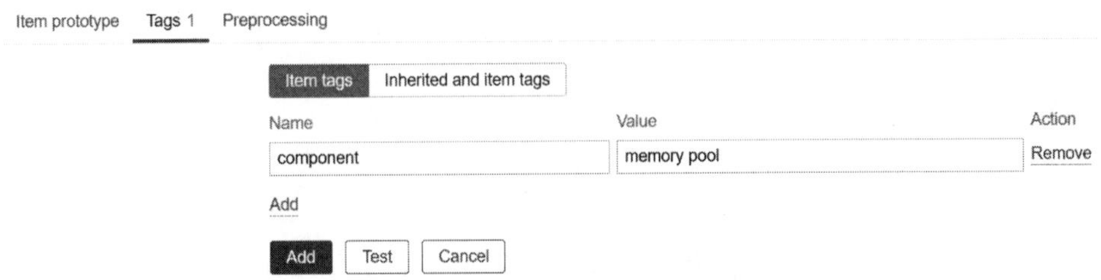

Item prototype　Tags 1　Preprocessing

Item tags　Inherited and item tags

Name	Value	Action
component	memory pool	Remove

Add

Add　Test　Cancel

图 7.42

单击 "Add" 按钮保存配置。

单击 "Configuration" → "Hosts" 选项，选择 "lab-book-jmx" 主机，在选择模板时选用刚创建的模板。

在 "Templates" 字段中添加新创建的模板，如图 7.43 所示。

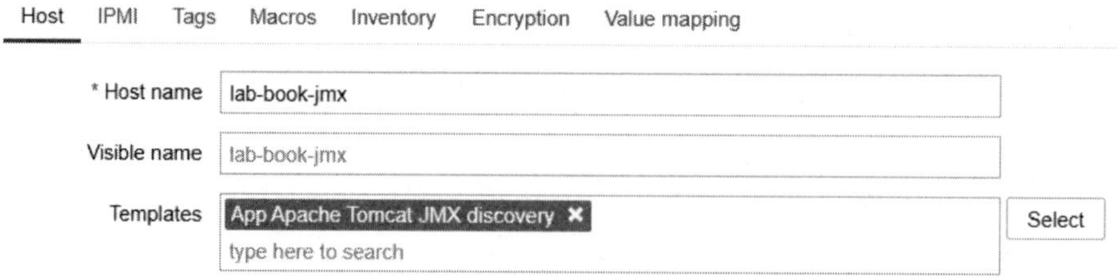

图 7.43

单击页面底部的"Update"按钮，保存更改。

单击"Monitoring"→"Latest data"选项，在"Hosts"字段中选择"lab-book-jmx"，在"Tags"下方的第 1 个字段中填写"component"，在第 3 个字段中填写"memory pool"，如图 7.44 所示。

图 7.44

然后，在正常的情况下应该可以看到如图 7.45 所示的结果。

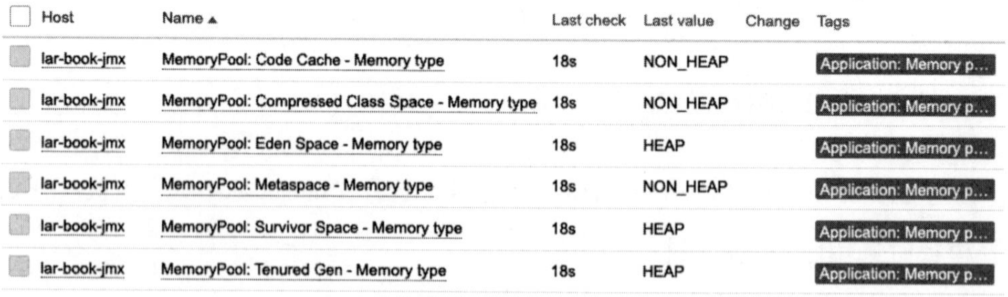

	Host	Name ▲	Last check	Last value	Change	Tags
	lar-book-jmx	MemoryPool: Code Cache - Memory type	18s	NON_HEAP		Application: Memory p...
	lar-book-jmx	MemoryPool: Compressed Class Space - Memory type	18s	NON_HEAP		Application: Memory p...
	lar-book-jmx	MemoryPool: Eden Space - Memory type	18s	HEAP		Application: Memory p...
	lar-book-jmx	MemoryPool: Metaspace - Memory type	18s	NON_HEAP		Application: Memory p...
	lar-book-jmx	MemoryPool: Survivor Space - Memory type	18s	HEAP		Application: Memory p...
	lar-book-jmx	MemoryPool: Tenured Gen - Memory type	18s	HEAP		Application: Memory p...

图 7.45

7.5.3　工作原理

监控 JMX 应用程序在刚开始时可能非常复杂，因为在构建自己的 LLD 规则之前需要做很多工作。不过，经过上述操作，已经为 JMX 监控构建了第一个 LLD 规则，下面再梳理一下 JMX LLD 的具体原理。

首先，LLD 规则通过"jxm.discovery Key"（键）发现 MBean 对象（如下方的键值所示），然后将对象信息添加到 LLD 宏中，再通过 LLD 宏将值传递给监控项原型，最后根据监控项原型创建出对应的监控项。

```
# jmx.discovery[beans,"*:type=MemoryPool,name=*"]
```

通过 LLD 规则创建的监控项如图 7.46 所示。

Name	Triggers	Key
Discover JMX object MemoryPool: MemoryPool Metaspace - Memory type		jmx["java.lang:type=MemoryPool,name=Metaspace",Type]
Discover JMX object MemoryPool: MemoryPool Tenured Gen - Memory type		jmx["java.lang:type=MemoryPool,name=Tenured Gen",Type]
Discover JMX object MemoryPool: MemoryPool Eden Space - Memory type		jmx["java.lang:type=MemoryPool,name=Eden Space",Type]
Discover JMX object MemoryPool: MemoryPool Survivor Space - Memory type		jmx["java.lang:type=MemoryPool,name=Survivor Space",Type]
Discover JMX object MemoryPool: MemoryPool Compressed Class Space - Memory type		jmx["java.lang:type=MemoryPool,name=Compressed Class Space",Type]
Discover JMX object MemoryPool: MemoryPool Code Cache - Memory type		jmx["java.lang:type=MemoryPool,name=Code Cache",Type]

图 7.46

如果查看监控项的键，那么可以发现每个监控项都有不同名称的内存池。

如果你对 MBean 对象不熟悉，那么请务必查看 Java 文档。Java 文档中解释了 MBean 对象是什么，以及如何使用它们来监控 Java 应用程序。

提示：在使用 JMX LLD 之前，请深入研究 Java 文档，其中的很多内容对你创建 LLD 规则非常有用。

第8章 分布式监控

不能只讲 Zabbix 而不讲 Zabbix proxy（代理主机）的使用。Zabbix proxy 可以实现分布式监控。如果希望搭建中型或者大型 Zabbix 监控环境，就需要用到 Zabbix proxy。使用 Zabbix proxy 的最重要的原因是其具有可扩展性，使用 Zabbix proxy 可以分摊 Zabbix server 在数据采集和预处理上的性能压力。使用这种方式可以更轻松地对 Zabbix 环境进行扩展。

本章首先介绍如何配置 Zabbix proxy，然后介绍 Zabbix proxy 的被动和主动两种模式，以及如何使用任意一种模式来监控 Zabbix agent 主机，还将介绍 Zabbix proxy 自动发现，最后介绍如何监控 Zabbix proxy 的监控健康状态。这里先声明一下，本章介绍的大多数监控都通过 Zabbix proxy 的形式实现。

在学习本章的内容时，需要几台新的 Linux 主机，要把它们搭建为 Zabbix proxy 来使用。在以下两台新的主机上安装 CentOS（或者你所熟悉的 Linux 发行版本）操作系统来配置新的 Zabbix proxy，主机名分别为 lab-book-proxy-passive、lab-book-proxy-active。

还需要一台 Zabbix server，并且至少有一台被监控的主机，可以在 lab-book-agent-by-proxy 主机上安装 Zabbix agent。

8.1　Zabbix proxy安装和部署

如果你没有太多使用 Linux 操作系统的经验，那么可能会觉得配置 Zabbix proxy 比较麻烦，但一旦掌握了它，就会觉得其实非常简单。下面将在 lab-book-proxy-passive 主机上安装 Zabbix proxy，在 lab-book-proxy-active 主机上可以重复这个操作。

8.1.1　操作步骤

首先，打开新的 lab-book-proxy-passive 主机命令行页面，添加 Zabbix 安装源。

（1）在 CentOS 操作系统的 Linux 主机上执行以下命令：

```
# rpm -Uvh https://repo.zabbix.com/zabbix/6.0/rhel/8/x86_64/
zabbix-release-6.0-1.el8.noarch.rpm
# dnf clean all
```

（2）在 Ubuntu 操作系统的 Linux 主机上执行以下命令：

```
# wget https://repo.zabbix.com/zabbix/6.0/ubuntu/pool/main/z/
zabbix-release/zabbix-release_6.0-1+ubuntu20.04_all.deb
# dpkg -i zabbix-release_6.0-1+ubuntu20.04_all.deb
# apt update
```

然后，安装 Zabbix proxy。

（1）在 CentOS 操作系统的 Linux 主机上执行以下命令：

```
# dnf install zabbix-proxy-sqlite3
```

（2）在 Ubuntu 操作系统的 Linux 主机上执行以下命令：

```
# apt-get install zabbix-proxy-sqlite3
```

提示：在基于 RHEL 操作系统的主机上，不要忘记将 "Security-Enhandced Linux（SElinux）" 配置成允许使用 Zabbix proxy，或者禁用，因为本书示例的环境是测试环境，所以将其配置成了禁用。但在生产环境中，建议将其配置为允许使用 Zabbix proxy。对于 Ubuntu 操作系统，在实验环境中，可以禁用 AppArmor。

执行以下命令编辑 Zabbix proxy 的配置文件：

```
# vi /etc/zabbix/zabbix_proxy.conf
```

找到以下参数，此参数主要用于配置 Zabbix proxy 使用什么模式，"1" 代表被动模式，"0" 代表主动模式：

```
ProxyMode=1
```

执行以下命令指定 Zabbix server 的 IP 地址：

```
Server=192.168.10.20
```

提示：如果 Zabbix server 使用了高可用架构，那么请确保为每个集群中的节点都添加了 Zabbix server 的 IP 地址。Zabbix proxy 仅将数据发送到主节点。请注意，高可用节点由分号（;）而不是逗号（,）分割。

将以下参数更改为 Zabbix proxy 的主机名：

```
Hostname=lab-book-proxy-passive
```

由于 Zabbix proxy 使用的是 SQLite 数据库，因此配置 DBName 参数如下：

```
DBName=/tmp/zabbix_proxy.db
```

执行以下命令可以启动 Zabbix proxy：

```
# systemctl enable zabbix-proxy
# systemctl start zabbix-proxy
```

可以通过观察 Zabbix proxy 日志确认服务是否启动，命令如下：

```
# tail -f /var/log/zabbix/zabbix_proxy.log
```

8.1.2　工作原理

Zabbix 提供了以下 3 个版本的 Zabbix proxy。

（1）zabbix-proxy-mysql。

（2）zabbix-proxy-pgsql。

（3）zabbix-proxy-sqlite3。

8.1.1 节安装的是 zabbix-proxy-sqlite3 软件包，因为这是一种最简单的安装方法，在通常情况下不需要太担心 Zabbix proxy 数据库的配置。不过也请注意，SQLite 3 不太适合用于存在大量监控主机和监控项的 Zabbix proxy。随着监控对象增加，可以使用对数据库微调的机制来选择是否使用 MySQL 或 PgSQL。

如果在使用 SQLite 3 时遇到数据库问题，那么可以执行以下命令：

```
# rm -rf /tmp/zabbix_proxy.db
```

然后，Zabbix proxy 在启动时会创建一个新的数据库，不过这样有可能导致丢失一部分 Zabbix proxy 数据库中尚未发送到 Zabbix server 的数据。

要想查看有关 Zabbix proxy 安装的更多信息，请参考官方文档：

Documentation→current→manual→installation→install_from_packages

8.2 被动模式的Zabbix proxy

现在已经安装好了 Zabbix proxy，可以开始使用它了。

8.2.1 准备

需要一台安装了 Linux 操作系统的新主机。

还需要 Zabbix 安装源，可以在 Zabbix 官方网站的 Download 页面找到最新版本。

需要安装和部署好 lab-book-proxy-passive 主机，同时使用 Zabbix server 前端管理页面。

8.2.2 操作步骤

首先，登录 Zabbix 前端并单击"Administration"→"Proxies"选项，打开如图 8.1 所示的页面。

图 8.1

单击页面右上角的"Create proxy"按钮，打开创建 Zabbix proxy 的页面，添加新的 Zabbix proxy，填写如图 8.2 所示的内容。

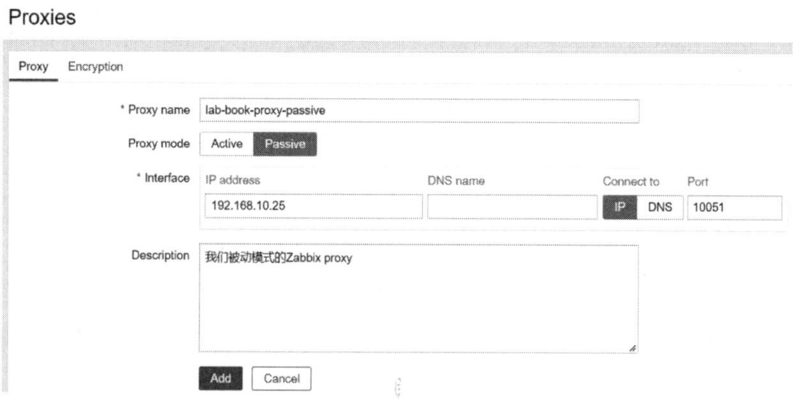

图 8.2

先不要着急单击"Add"按钮，可以看一下"Encryption"选项卡，如图 8.3 所示。

图 8.3

在默认的情况下，此处不会选择任何加密方式。如果 Zabbix server 与 Zabbix proxy 之间传递一些比较重要或者有价值的数据，那么建议使用加密方式进行通信。可以在官方文档中找到关于 Zabbix 加密的更多信息：

Documentation→6.0→zh→manual→encryption

在这里不进行任何修改。单击"Add"按钮，返回 Zabbix proxy 概述页面，如图 8.4 所示。

新添加的 Zabbix proxy 的"Last seen（age）"部分应该显示时间，而不应该是"Never"。

	Name ▲	Mode	Encryption	Compression	Last seen (age)
☐	lab-book-proxy-passive	Passive	None	On	2s

图 8.4

8.2.3　工作原理

在安装完了 Zabbix proxy 后，添加 Zabbix proxy 并不是很难的事情。在完成上述操作后，就可以开始使用此 Zabbix proxy 进行监控了。

刚添加的 Zabbix proxy 使用的是被动模式。Zabbix proxy 通过从 Zabbix server 接收到监控配置进行工作，Zabbix server 将这些监控配置发送至 Zabbix proxy 的 10051 端口上，如图 8.5 所示。

图 8.5

每次 Zabbix server 向 Zabbix proxy 采集监控数据时，监控数据都会在同一个 TCP 连接中发送回去。这就意味着请求始终从 Zabbix server 端发起，配置完成后，Zabbix server 会持续发送监控配置更改，并将轮询获取新的监控数据。

8.3 主动模式的Zabbix proxy

现在知道如何安装和添加 Zabbix proxy 了。接下来将配置主动模式的 Zabbix proxy，与配置被动模式类似，看一看它是如何工作的。

8.3.1 准备

需要使用 lab-book-proxy-active 主机，准备好并安装 Zabbix proxy。依然需要使用 Zabbix server。

8.3.2 操作步骤

单击"Administration"→"Proxies"选项，可以通过"Mode"选项选择不同模式的 Zabbix proxy，如图 8.6 所示，可以看到还没有主动模式的 Zabbix proxy。

图 8.6

"Proxies"页面是配置所有 Zabbix proxy 的地方。

单击页面右上角的"Create proxy"按钮添加新的 Zabbix proxy。

这时，会打开创建 Zabbix proxy 的页面，填写如图 8.7 所示的内容。

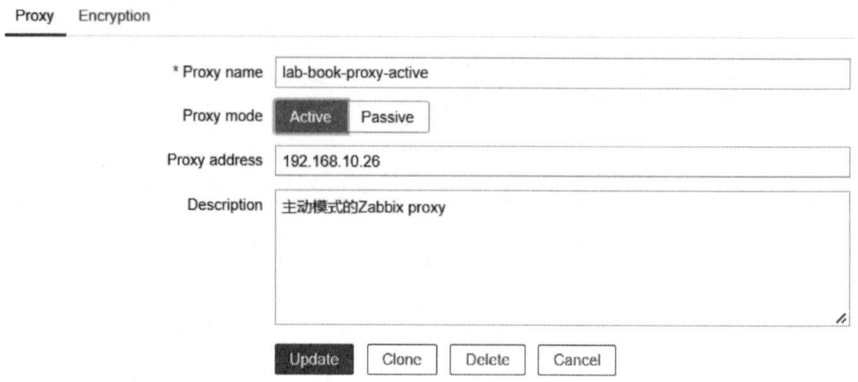

图 8.7

提示：对于主动模式的 Zabbix proxy 来说，Proxy address（代理地址）实际上是可选的。即使不添加 IP 地址，主动模式的 Zabbix proxy 也可以正常运行，但是添加的 IP 地址可以用作白名单，因为只有列出来的 IP 地址才能连接。多个 IP 地址可以通过逗号（,）分割，此字段不支持宏。

单击"Encryption"选项卡，对主动模式也可以进行加密配置，如图 8.8 所示。

图 8.8

在默认的情况下，此处未选择任何加密方式，保持不变。

单击"Add"按钮完成配置。

登录 lab-book-proxy-active 主机，执行以下命令编辑配置文件：

```
# vi /etc/zabbix/zabbix_proxy.conf
```

在默认的情况下，Zabbix proxy 请求更改配置的时间间隔为 3600 秒（即 1 小时），如图 8.9 所示。

```
### Option: ConfigFrequency
#       How often proxy retrieves configuration data from Zabbix Server in seconds.
#       For a proxy in the passive mode this parameter will be ignored.
#
# Mandatory: no
# Range: 1-3600*24*7
# Default:
# ConfigFrequency=3600
```

图 8.9

提示：主动模式的 Zabbix proxy 通过一定的间隔时间向 Zabbix server 发起获取监控配置请求。不过，也可以使用 zabbix_proxy -R config_cache_reload 命令强制执行从 Zabbix server 请求获取监控配置。需要注意的是，这种方法在被动模式下是不起作用的。

与被动模式相同，新添加的 Zabbix proxy 的“Last seen（age）”部分也应该显示时间，而不应该是“Never”，如图 8.10 所示。

Name ▲	Mode	Encryption	Compression	Last seen (age)
lab-book-proxy-active	Active	None	On	5s

图 8.10

根据配置文件中的配置，“Last seen（age）”部分的数据可能需要一段时间才能显示出来。也可以使用提示中的命令强制获取“Last seen（age）”部分的数据。过于频繁地向 Zabbix server 请求监控配置可能会增加负载，但不频繁地轮询又会使 Zabbix proxy 监控配置同步更新变慢，所以要根据自己的实际环境选择合适的更新频率。

8.3.3 工作原理

本节的操作步骤除了增加主动模式和"ConfigFrequency"参数的配置，与配置被动模式的 Zabbix proxy 的操作步骤大致相同。8.3.2 节中添加的是一台主动模式的 Zabbix proxy，如图 8.11 所示，它通过 Zabbix server 的 10051 端口请求监控配置，依照监控配置进行数据的采集工作。

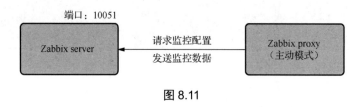

图 8.11

Zabbix proxy 不断地请求监控配置的变更，并且每秒都向 Zabbix server 发送新采集到的监控数据，如果没有可用的监控数据，它就会发送一个心跳。

提示：通常希望 Zabbix proxy 使用主动模式，因为这样可以减少 Zabbix server 上的负载。仅当有充分的理由时才使用被动模式。

8.4 Zabbix proxy监控主机

主动和被动模式的 Zabbix proxy 都已经准备就绪，可以向它们添加一些主机了。使用 Zabbix proxy 监控主机的方式与直接使用 Zabbix server 进行监控的方式大致相同。不过，后端运行逻辑完全不一样，这将在工作原理部分进行介绍。

8.4.1 准备

请确保已经准备好被动模式的主机 lab-book-proxy-passive 和主动模式的主

机 lab-book-proxy-active，请按照本章前面的内容进行配置操作。

还需要 Zabbix server 和至少两台主机进行监控。在本例中，将使用 lab-book-agent_snmp 和 lab-book-agent 主机，不过任何部署了 Zabbix agent 的主机都是可以使用的。

8.4.2　操作步骤

分别使用主动模式和被动模式的 Zabbix proxy 添加监控主机，以展示这两者的区别，先从被动模式开始介绍。

1. 被动模式

首先，登录 Zabbix 前端，单击 "Configuration" → "Hosts" 选项。

将 lab-book-agent_snmp 主机添加到被动模式的 Zabbix proxy。

单击 lab-book-agent_snmp 主机，并将 "Monitored by proxy" 字段中的内容修改成 "lab-book-proxy-passive"，如图 8.12 所示。

图 8.12

单击页面底部的 "Update" 按钮，主机将由 Zabbix proxy 监控。

2. 主动模式

单击 "Configuration" → "Hosts" 选项，将 lab-book-agent 主机添加到主动模式的 Zabbix proxy。

单击 lab-book-agent 主机，并将"Monitored by proxy"字段中的内容修改成"lab-book-proxy-active"，如图 8.13 所示。

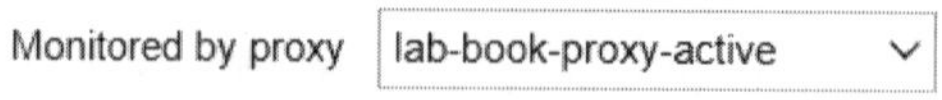

Monitored by proxy　lab-book-proxy-active ▾

图 8.13

单击页面底部的"Update"按钮，保存更改。

接下来，打开 lab-book-agent 主机的命令行页面，执行以下命令：

```
# vi /etc/zabbix/zabbix_agent2.conf
```

当使用主动模式的 Zabbix agent 时，需要确保将 Zabbix proxy 的 IP 地址添加到以下行：

```
# ServerActive=192.168.10.26
```

配置完毕后，主机将由 Zabbix proxy 监控。同样，这可能需要长达 1 小时的时间。

8.4.3　工作原理

使用 Zabbix proxy 监控主机的配置方式，不管是主动模式还是被动模式，都与使用 Zabbix server 的配置方式相同，只需要在 Zabbix 前端配置哪个主机由哪个代理主机（Zabbix proxy）监控即可。

图 8.14 所示为 SNMP 主机由被动模式的 Zabbix proxy 监控。

图 8.14

被动模式的 Zabbix proxy 先从 SNMP agent 上采集监控数据，Zabbix server 再从 Zabbix proxy 上采集此监控数据。看起来这就是整个采集过程，对吧？

图 8.15 所示为主动模式的 Zabbix proxy 通信。

图 8.15

主动模式的 Zabbix proxy 从主动模式的 Zabbix agent 上采集监控数据，然后将监控数据发送到 Zabbix server。这样就不需要为 Zabbix server 配置很多轮询器（StartPoller）去采集监控数据。

这就是为什么建议尽量使用主动模式的 Zabbix proxy 和主动模式的 Zabbix agent，如图 8.16 所示。

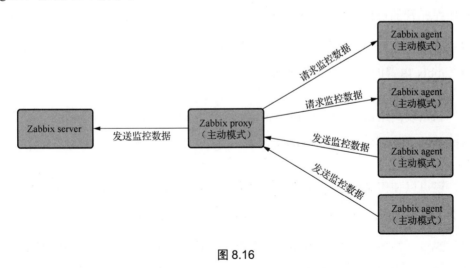

图 8.16

Zabbix 可以选择使用许多不同的组合配置，就像图 8.16 所示的那样。

Zabbix 支持使用多种模式，Zabbix proxy 像 Zabbix server 一样支持被动模式，也同时支持主动模式，并且可以一起使用这两种模式。

提示：在设计 Zabbix 监控架构时，建议添加 Zabbix proxy。这样，以后就不必改变太多，因为添加和更改 Zabbix proxy 很容易，但在架构中从仅使用 Zabbix server 变为使用 Zabbix server 加 Zabbix proxy 比较困难。

目前，我们已经拥有了一个具有可靠的分布式架构的 Zabbix server，两个 Zabbix proxy 也已经启动并正常运行。我们还了解了主动模式和被动模式之间的区别，以及它们对监控的影响。但是，我们为什么要这样进行配置呢？Zabbix proxy 不仅对大型环境有用，而且有时对较小的环境也非常有用。

可以使用 Zabbix proxy 协助进行轮询和预处理等，从而使 Zabbix server 不用采集数据，而是单纯地处理数据。也可以使用 Zabbix proxy 监控异地设备，例如在托管的机房中放置一台 Zabbix proxy 进行监控。很多用户的通用做法是通过虚拟专线网络（VPN）进行监控，即使监控数据通过公网传输，也可以利用 Zabbix 内置的加密功能来保证数据安全。

当出现网络故障时，Zabbix proxy 仍然可以在现场采集监控数据，并在网络恢复时将其发送到 Zabbix server。

还可以使用 Zabbix proxy 绕过防火墙。在被监控网络中的防火墙后放置一台 Zabbix proxy，只需要在 Zabbix server 和 Zabbix proxy 之间配置一条防火墙规则即可。然后，Zabbix proxy 可以监控不同的主机，并将采集到的数据以一种数据流的形式发送给 Zabbix server。

推荐你看一看由 Dmitry Lambert 撰写的博客文章"Hidden Benefits of Zabbix Proxy"，了解更多 Zabbix proxy 的使用方式。

Dmitry 是一位经验丰富的 Zabbix 工程师和 Zabbix 客户支持负责人。他的博客文章很容易理解，并提供了一些新的角度和思路来使用 Zabbix。

8.5　Zabbix proxy自动发现

在第 7 章中介绍了 Zabbix 的自动发现，如果你依照顺序阅读，则应该对编辑自动发现规则有了一定的了解。本章介绍它是如何工作的。

8.5.1　准备

需要先学习第 7 章的内容，学会配置自动发现规则和启用主动模式。还需要使用 lab-book-lnx-agent-auto、lab-book-disc-lnx 和 lab-book- disc-win 这 3 台主机及 Zabbix server。

8.5.2　操作步骤

首先，编写自动发现规则，然后把 Zabbix agent 2 配置成主动模式，以便自动注册到 Zabbix proxy。

1. Discovery rule（自动发现规则）

从编写自动发现规则开始的操作，需要在 Zabbix agent 2 端进行。

登录 lab-book-dis-lnx 主机，并编辑 /etc/zabbix/zabbix_agent2.conf 配置文件，填写以下内容：

```
Server=127.0.0.1,192.168.10.20,192.168.10.25,192.168.10.26
ServerActive=192.168.10.26
```

保存后，执行以下命令重启 Zabbix agent 2：

```
# systemctl restart zabbix-agent2
```

然后，登录 lab-book-disc-win 主机并编辑 C:\Program Files\Zabbix Agent 2\zabbix_agent2.conf 文件。填入 Zabbix proxy 的 IP 地址：

```
Server=127.0.0.1,192.168.10.20,192.168.10.25,192.168.10.26
ServerActive=192.168.10.26
```

这里的"ServerActive"参数只写了 Zabbix proxy 的 IP 地址，因为 Zabbix agent 2 会主动尝试将数据发送给此处列出的所有 Zabbix proxy 或 Zabbix server，因此只写了要使用的主机地址。

执行以下命令重启 Zabbix agent 2：

```
# zabbix_agent2.exe -c "C:\Program Files\Zabbix Agent
2\zabbix_agent2.conf" --stop
# zabbix_agent2.exe -c "C:\Program Files\Zabbix Agent
2\zabbix_agent2.conf" --start
```

单击"Configuration"→"Hosts"选项，并删除自动发现的主机：

```
lab-book-disc-lnx
lab-book-disc-win
```

这样做的目的是防止重复发现主机。

然后，单击"Configuration"→"Discovery"选项。

单击在 7.1.2 节中创建的"Discover Zabbix Agent hosts"规则并改变"Discovery by proxy"字段的内容,如图 8.17 所示。

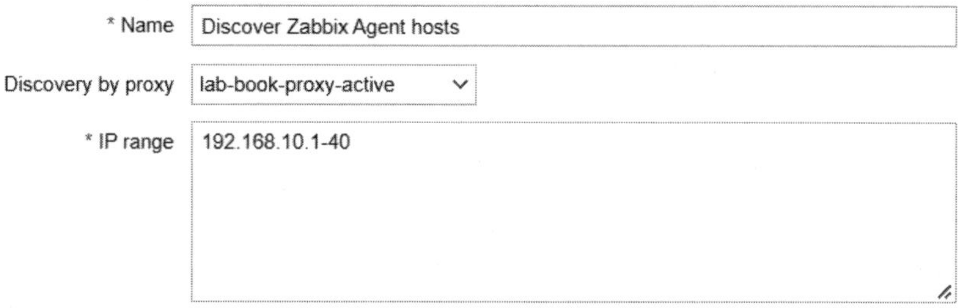

图 8.17

单击页面下方的"Update"按钮,保存更改。

单击"Configuration"→"Hosts"选项,并通过指定 Zabbix proxy 主机进行筛选,如图 8.18 所示。

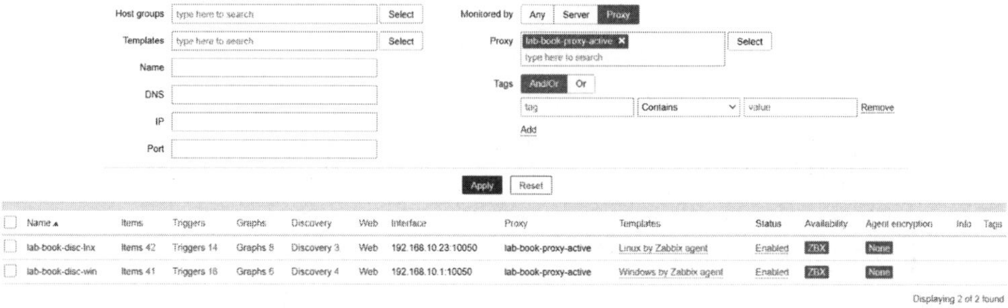

图 8.18

2. Active agent autoregistration(自动注册)

使用 Zabbix proxy 实现主动模式的 Zabbix agent 2 自动注册。

单击"Configuration"→"Hosts"选项，并删除 lab-book-lnx-agent-auto 主机。

要想实现主动模式的 Zabbix agent 2 自动注册到 Zabbix proxy，就需要登录 lab-book-lnx-agent-auto 主机。

执行以下命令编辑 Zabbix agent 2 的配置文件：

```
# vi /etc/zabbix/zabbix_agent2.conf
```

将以下参数修改为 Zabbix proxy 的 IP 地址：

```
ServerActive=192.168.10.26
```

执行以下命令重启 Zabbix agent 2：

```
# systemctl restart zabbix-agent2
```

使用 Zabbix proxy 自动注册的 Zabbix agent 2 主机如图 8.19 所示。

Name ▲	Items	Triggers	Graphs	Discovery	Web	Interface	Proxy	Templates	Status	Availability	Agent en
lab-book-agent-auto	Items 41	Triggers 14	Graphs 8	Discovery 3	Web	192.168.10.21:10050	lab-book-proxy-active	Linux by Zabbix agent active	Enabled	ZBX	None

图 8.19

8.5.3　工作原理

使用 Zabbix proxy 的自动发现与使用 Zabbix server 的自动发现的操作基本相同，唯一的区别是主机添加到 Zabbix 之后这些主机配置页面中的"Monitored by proxy"字段的内容不同，这个字段的内容表示主机由什么组件监控。如果这个字段的内容是"no proxy"，则表示这台主机由 server 监控，如果这个字段的内容是某个 proxy，则表示这台主机由这个 proxy 监控。

如果想了解更多有关自动发现和自动注册的内容，请查看第 7 章。

8.6　Zabbix proxy自监控

很多 Zabbix 用户可能忘了非常重要的一种监控，即 Zabbix proxy 自监控。我们在使用监控平台的同时，也想知道 Zabbix 监控平台整体的运行情况。

8.6.1　准备

需要一台 Zabbix proxy，比如 lab-book-proxy-active 主机，还需要使用 Zabbix server 来监控 Zabbix proxy。

8.6.2　操作步骤

在 Zabbix 前端构建一些监控项，主要用于对 Zabbix proxy 自身的监控。

1. 添加 Zabbix proxy 自监控

可以使用 Zabbix proxy 本身来监控 Zabbix proxy，以确保随时了解监控平台的使用情况。

先登录 lab-book-proxy-active 这台 Zabbix proxy 主机，然后安装 Zabbix agent 2。

（1）在 CentOS 操作系统的 Linux 主机上执行以下命令：

```
# dnf -y install zabbix-agent2
```

（2）在 Ubuntu 操作系统的 Linux 主机上执行以下命令：

```
# apt install zabbix-agent2
```

执行以下命令编辑 Zabbix agent 2 的配置文件：

```
# vi /etc/zabbix/zabbix_agent2.conf
```

编辑以下参数，指向本机：

```
Server=127.0.0.1
ServerActive=127.0.0.1
```

不要忘记添加以下主机名：

```
Hostname=lab-book-proxy-active
```

在以上配置完毕后，登录 Zabbix 前端，单击"Configuration"→"Hosts"选项。

单击页面右上角的"Create host"按钮，然后填写如图 8.20 所示的内容创建 Zabbix proxy 自监控主机。

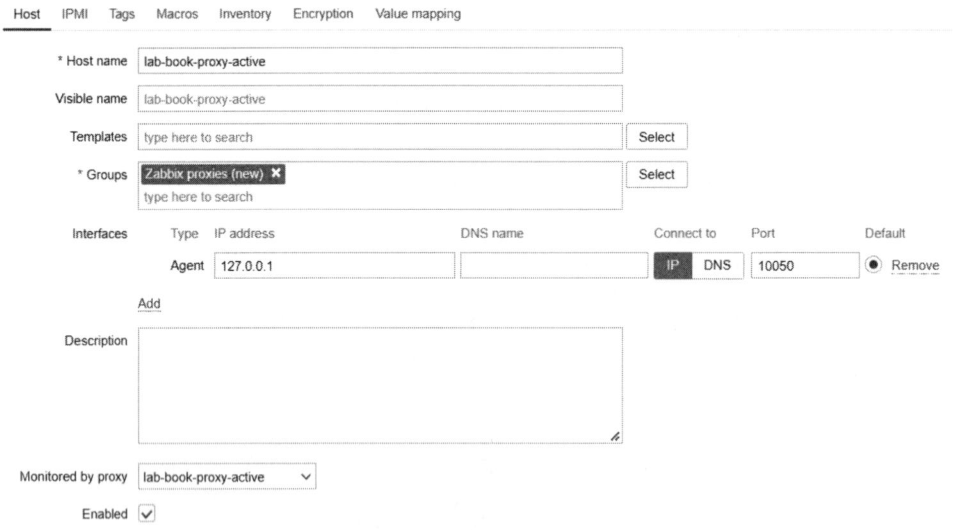

图 8.20

在选择"Monitored by proxy"字段的内容时要格外注意，因为希望用 Zabbix proxy 进行监控，所以需要执行 Zabbix 内部检测，这需要由 Zabbix 守护进程来处理。

在单击页面底部的"Add"按钮之前，请将图 8.21 所示的模板添加到主机。

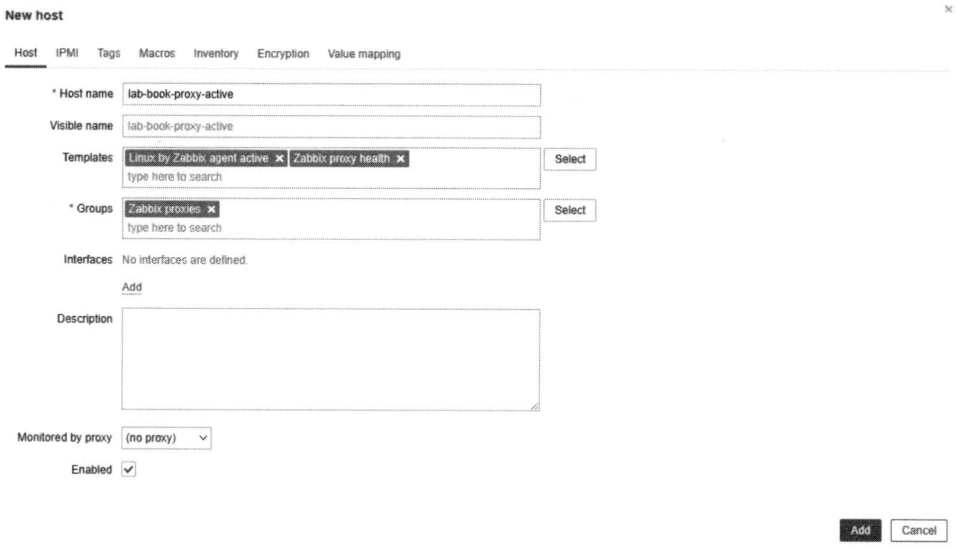

图 8.21

单击"Add"按钮创建主机。

单击"Monitoring"→"Latest data"选项筛选主机，如图 8.22 所示。

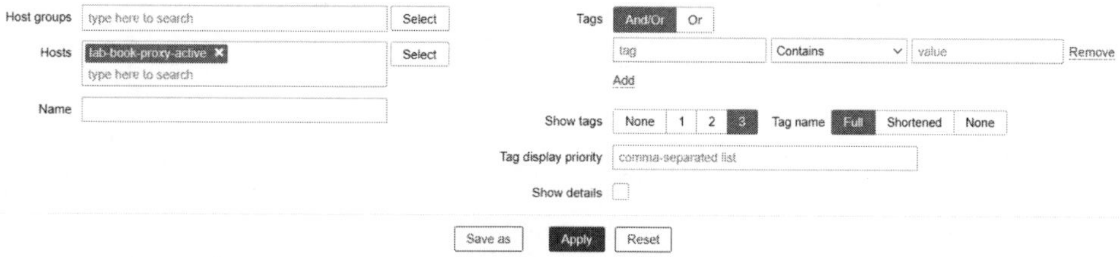

图 8.22

单击"Apply"按钮后，可以看到 Zabbix proxy 的监控数据，比如"Number of processed values per second"和"Utilization of configuration syncer internal processes"，如图 8.23 所示。

Host	Name ▲	Last check	Last value	Change
lab-book-proxy-active	Zabbix proxy: Number of processed values per second 🔲	39s	4.8685	+0.2139
lab-book-proxy-active	Zabbix proxy: Preprocessing queue 🔲	19s	0	
lab-book-proxy-active	Zabbix proxy: Queue 🔲	53s	28	
lab-book-proxy-active	Zabbix proxy: Queue over 10 minutes 🔲	54s	1	+1
lab-book-proxy-active	Zabbix proxy: Required performance 🔲	51s	5.115	
lab-book-proxy-active	Zabbix proxy: Uptime 🔲	50s	01:04:39	+00:01:00
lab-book-proxy-active	Zabbix proxy: Utilization of availability manager internal... 🔲	18s	0 %	
lab-book-proxy-active	Zabbix proxy: Utilization of configuration syncer internal... 🔲	17s	0.1861 %	+0.03394 %
lab-book-proxy-active	Zabbix proxy: Utilization of data sender internal process... 🔲	16s	0.2527 %	-0.08393 %
lab-book-proxy-active	Zabbix proxy: Utilization of discoverer data collector pro... 🔲	15s	100 %	+37.1782 %
lab-book-proxy-active	Zabbix proxy: Utilization of heartbeat sender internal pr... 🔲	14s	0 %	-0.01691 %
lab-book-proxy-active	Zabbix proxy: Utilization of history poller data collector ... 🔲	13s	0.05072 %	+0.03382 %
lab-book-proxy-active	Zabbix proxy: Utilization of history syncer internal proce... 🔲	12s	0.03805 %	-0.03805 %
lab-book-proxy-active	Zabbix proxy: Utilization of housekeeper internal proces... 🔲	11s	0 %	
lab-book-proxy-active	Zabbix proxy: Utilization of http poller data collector pro... 🔲	10s	0 %	
lab-book-proxy-active	Zabbix proxy: Utilization of icmp pinger data collector pr... 🔲	9s	0 %	

图 8.23

2. 添加 Zabbix proxy 远程自监控

还可以用 Zabbix server 远程自监控 Zabbix proxy，下面介绍如何配置。

登录 lab-book-proxy-active 主机，并执行以下命令编辑配置文件：

```
# vi /etc/zabbix/zabbix_agent2.conf
```

编辑以下内容，添加 Zabbix server 的 IP 地址（对于高可用集群需要添加每个节点）：

```
Server=127.0.0.1,192.168.10.20
ServerActive=127.0.0.1,192.168.10.20
```

此外，编辑以下文件：

```
# vi /etc/zabbix/zabbix_proxy.conf
```

编辑以下命令以允许 Zabbix server 连接，并重启 Zabbix proxy：

```
StatsAllowedIP=127.0.0.1,192.168.10.20
```

返回 Zabbix 前端，单击"Configuration"→"Hosts"选项。

单击页面右上角的"Create host"按钮添加主机，在"Agent"字段中填写 Zabbix proxy 的 IP 地址，如图 8.24 所示。

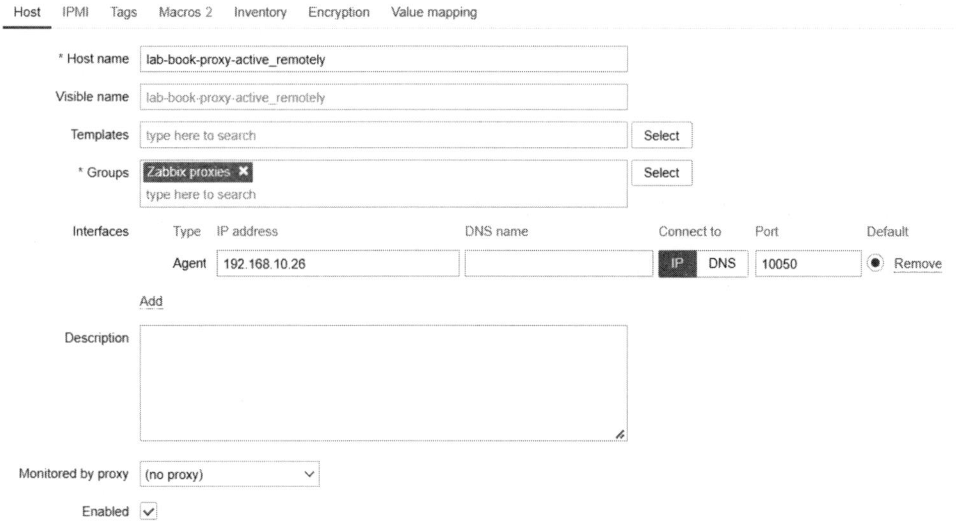

图 8.24

将如图 8.25 所示的模板添加到主机，然后单击"Add"按钮。

单击"Configuration"→"Hosts"选项，再单击新主机"lab-book-proxy-active_remotely"。

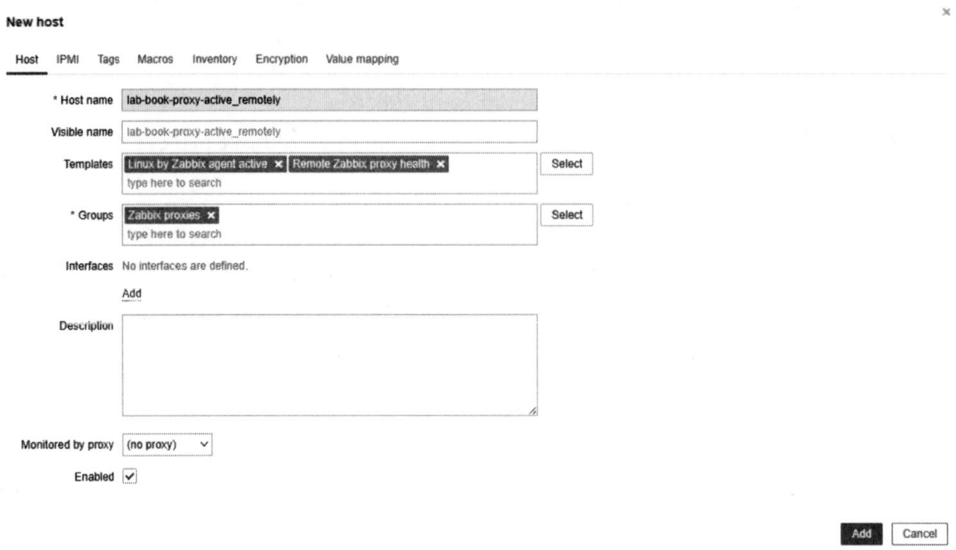

New host

Host　IPMI　Tags　Macros　Inventory　Encryption　Value mapping

* Host name	lab-book-proxy-active_remotely
Visible name	lab-book-proxy-active_remotely
Templates	Linux by Zabbix agent active ✕　Remote Zabbix proxy health ✕　　Select
	type here to search
* Groups	Zabbix proxies ✕　　　　Select
	type here to search
Interfaces	No interfaces are defined.
	Add
Description	
Monitored by proxy	(no proxy) ⌄
Enabled	✔

Add　Cancel

图 8.25

单击"Macros"选项卡，添加两个宏值，如图 8.26 所示。

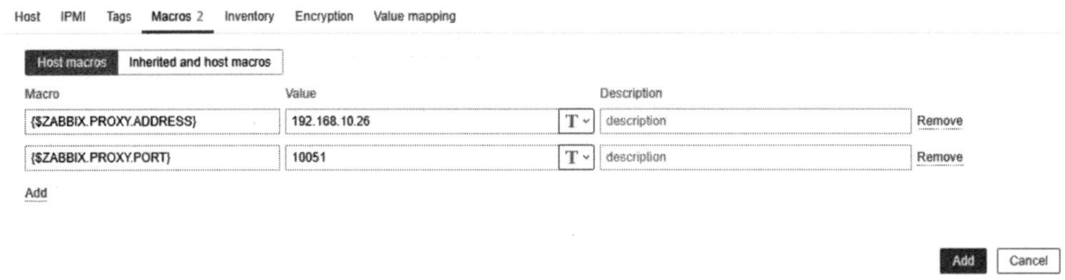

Host　IPMI　Tags　**Macros** 2　Inventory　Encryption　Value mapping

Host macros　Inherited and host macros

Macro	Value		Description	
{$ZABBIX.PROXY.ADDRESS}	192.168.10.26	T ⌄	description	Remove
{$ZABBIX.PROXY.PORT}	10051	T ⌄	description	Remove

Add

Add　Cancel

图 8.26

单击"Add"按钮，保存刚才的变更。

单击"Configuration"→"Latest data"选项并查看这台主机，如果看到如图 8.27 所示的数据，那么说明已经采集到了 Zabbix proxy 自监控数据。

Host	Name ▲	Last check	Last value
lab-book-proxy-active_r...	Remote Zabbix proxy: Zabbix stats 📋		
lab-book-proxy-active_r...	Remote Zabbix proxy: Zabbix stats queue 📋	1m	73
lab-book-proxy-active_r...	Remote Zabbix proxy: Zabbix stats queue over 10m 📋	1m 1s	0

图 8.27

3. 添加 Zabbix proxy 前端自监控

如图 8.28 所示，单击"Administration"→"Queue"→"Queue overview by proxy"选项。

图 8.28

然后，会打开如图 8.29 所示的页面。

Proxy	5 seconds	10 seconds	30 seconds
lab-book-proxy-active	0	0	0
lab-book-proxy-passive	0	0	0

图 8.29

第 9 章　Zabbix 与外部系统集成

Zabbix 与外部系统集成后，可以使用这些外部系统来通知 Zabbix 用户出现了什么问题。本章介绍如何通过公司内的聊天软件（如钉钉、飞书等）接收告警消息。在完成本章学习后，用户就能够有效地将 Zabbix 与其他服务进行集成。

技术要求：需要一台 Zabbix server，最好一直使用这台 Zabbix server，这样就会有一些告警消息供使用。还需要钉钉和飞书（它们在一定程度上是免费的）。

这里只介绍如何通过以上软件发送告警消息，并不会对第三方软件功能本身做过多的介绍。请你确保使用过上述软件，并对这些软件有一些了解。

9.1　Zabbix配置钉钉告警

钉钉是一个广泛使用的发送消息、进行语音/视频聊天和协作的工具。本节介绍如何通过 Zabbix 与钉钉集成，将 Zabbix 问题消息发送到钉钉，以便随时获取告警通知。

9.1.1　准备

确保已经安装了钉钉。可以在钉钉的官网免费获取到它。还需要一个能发送告警消息的 Zabbix server。

9.1.2　操作步骤

单击钉钉页面右上角的加号，再单击"发起群聊"按钮，创建一个可以接收消息的钉钉聊天群，如图 9.1 所示。

图 9.1

单击聊天群右上角的齿轮图标（设置），下拉页面，单击"机器人"选项，如图 9.2 所示。

图 9.2

单击"添加机器人"选项，如图 9.3 所示。

图 9.3

在"机器人管理"页面中选择"自定义"选项，如图 9.4 所示。

图 9.4

单击"添加"按钮，创建自定义 Webhook，如图 9.5 所示。

图 9.5

为机器人起一个名字，并复制 Webhook，如图 9.6 所示。

图 9.6

在这里必须要进行安全设置，如图 9.7 所示。

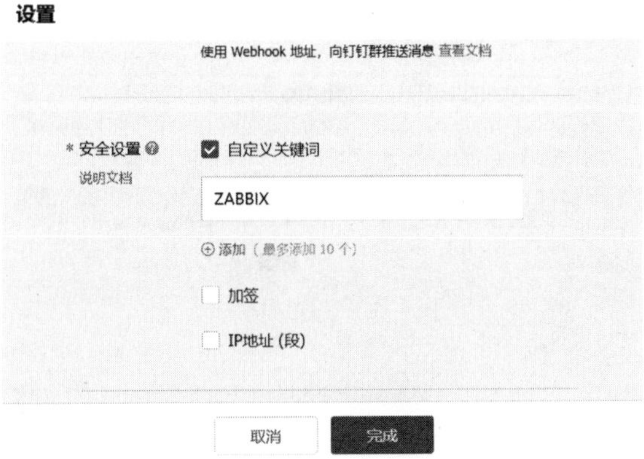

图 9.7

单击"完成"按钮，添加机器人，如图 9.8 所示。

如果添加成功，就会看到图 9.9 所示的内容。

回到 Zabbix 前端，单击"Administration"→"Media types"选项，并单击
页面右上角的"Create media type"按钮创建一个新的媒介类型，如图 9.10 所示。

添加机器人

图 9.8

图 9.9

图 9.10

单击"Message templates"选项卡，再单击"Add"链接，如图 9.11 所示，创建问题消息和问题恢复消息的模板。

图 9.11

在单击"Add"链接后，会弹出一个配置框，框内为默认的问题消息的内容，无须做任何修改。单击"Add"按钮进行保存，如图 9.12 所示。

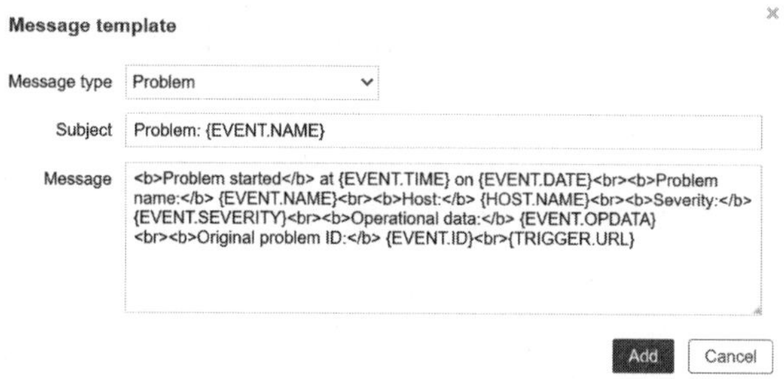

图 9.12

重复上述操作，添加问题恢复消息的内容，最后的"Message templates"选项卡如图 9.13 所示。

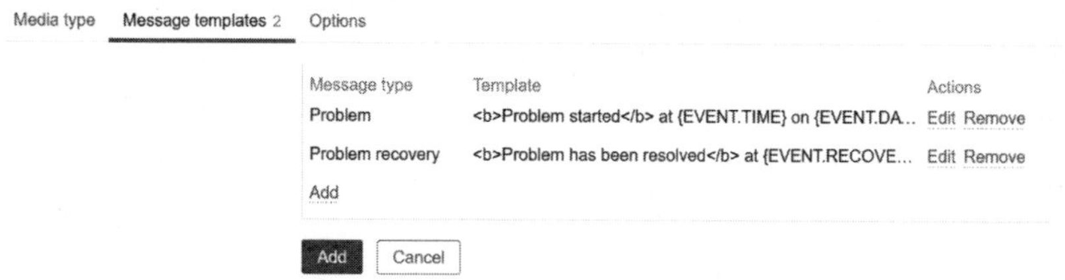

图 9.13

现在要配置一些重要内容，单击"Media type"选项卡，填写如图 9.14 所示的内容。

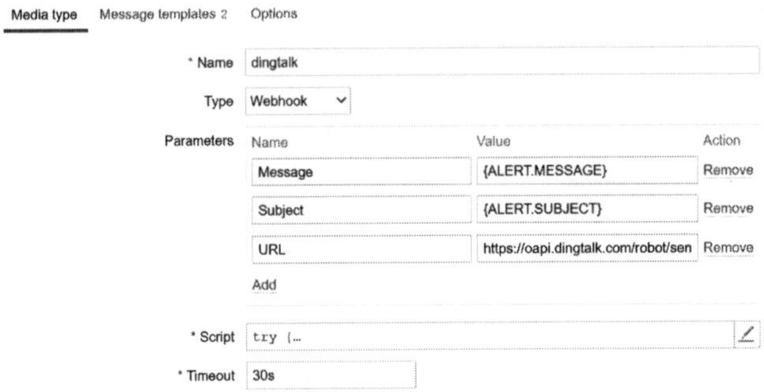

图 9.14

在"Script"字段中编写一段调用 Webhook 的代码，编写完毕后，单击"Apply"按钮，如图 9.15 所示。

图 9.15

最后，单击页面最下方的"Add"按钮，完成配置。接下来，单击刚刚创建的钉钉媒介类型右边的"Test"链接，如图 9.16 所示。

图 9.16

在单击"Test"链接后，如果出现图 9.17 所示的内容，那么代表配置成功。

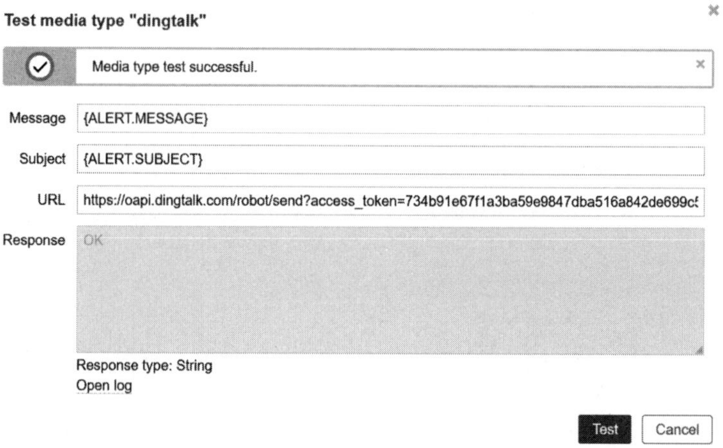

图 9.17

同时，在钉钉消息群中也会收到相应的消息，如图 9.18 所示。

图 9.18

如果出现问题，那么可以单击图 9.17 中的"Open log"链接查看 Debug 日志，如图 9.19 所示。

图 9.19

单击"Administration"→"Users"→"Admin"选项进行配置，如图 9.20 所示。

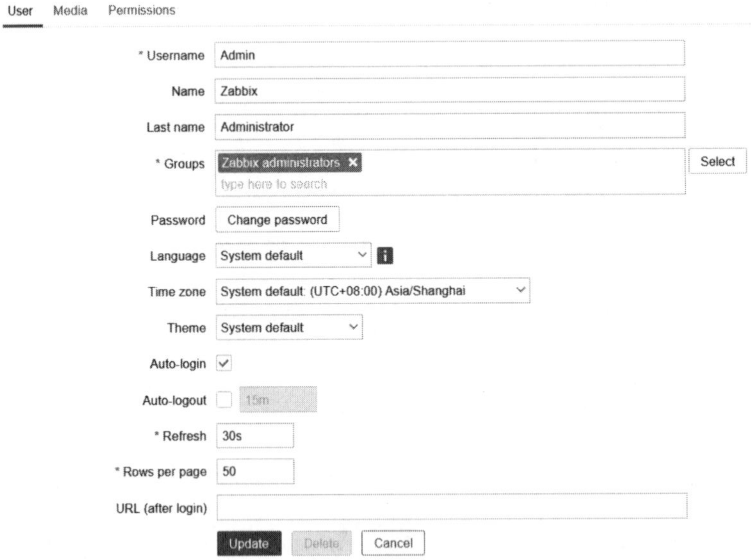

User Media Permissions

* Username	Admin
Name	Zabbix
Last name	Administrator
* Groups	Zabbix administrators ✕ type here to search Select
Password	Change password
Language	System default
Time zone	System default: (UTC+08:00) Asia/Shanghai
Theme	System default
Auto-login	✓
Auto-logout	☐ 15m
* Refresh	30s
* Rows per page	50
URL (after login)	

Update Delete Cancel

图 9.20

单击"Media"选项卡，再单击"Add"链接添加一个媒介类型，如图 9.21 所示。

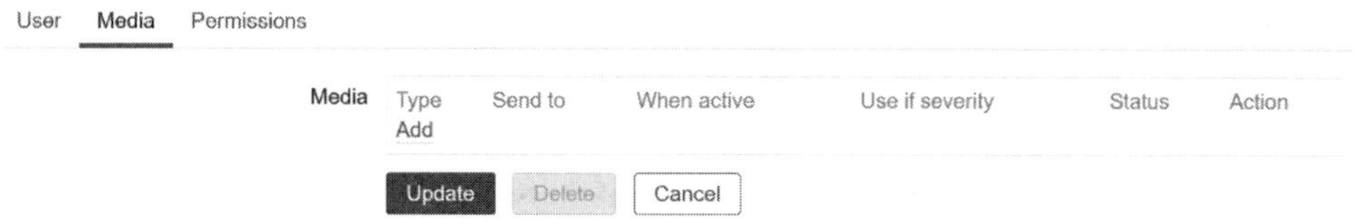

图 9.21

在"Type"下拉列表中选择"dingtalk"，表示用户将调用这个媒介类型。填写图 9.22 所示的内容，然后单击"Add"按钮。

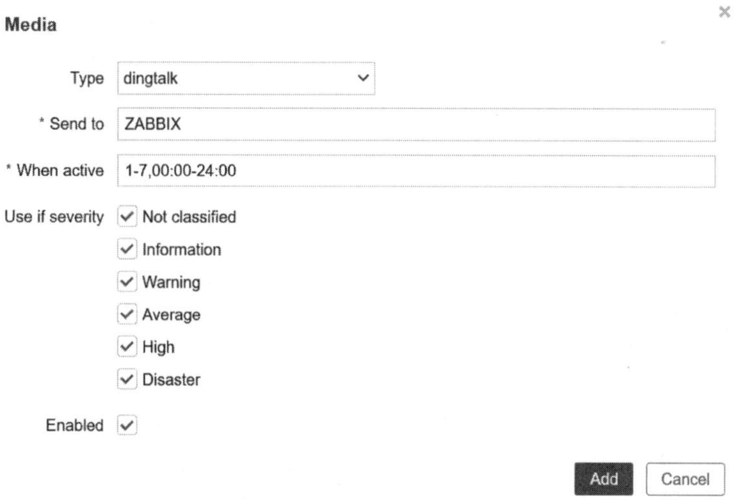

图 9.22

最后，单击"Update"按钮对刚才的配置进行保存，如图 9.23 所示。

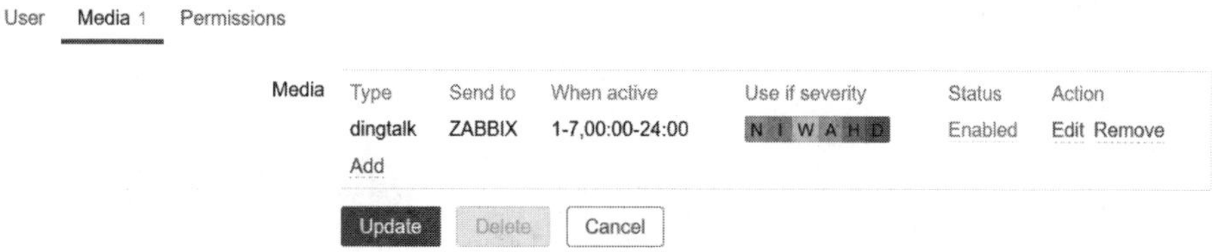

图 9.23

在以上配置完成后，当发生告警时，Admin 用户将调用 dingtalk 媒介类型，将告警消息发送至钉钉的聊天群中，如图 9.24 所示。

图 9.24

9.1.3 工作原理

从 Zabbix 6.0 开始，媒介类型已经发生了一点儿变化。在 Zabbix 6.0 出现之前，一般通过在网上搜寻合适的媒介方式，或者使用 Custom alertscript（自定义告警脚本）方式来自定义媒介类型。

在 Zabbix 6.0 中可以得到许多可以直接使用的预配置媒介类型。用户只需要做必要的配置，填写正确的信息，就像刚才为钉钉所做的那样，在每次创建一个媒介类型时，都可以将与问题相关的信息从 Zabbix 发送到钉钉。

在这个示例中，也可以配置通过告警级别过滤，只发送某个警告级别以上的告警消息到钉钉，如图 9.25 所示。

图 9.25

除了可以自定义发送某个告警级别以上的告警消息，也可以自定义在哪些时间段才会发送告警消息至钉钉。

在示例中，Zabbix 调用 Webhook 将告警消息发送到钉钉 API。然后，在钉钉中配置的机器人应用程序将这个告警消息发送到聊天群中，如图 9.26 所示。

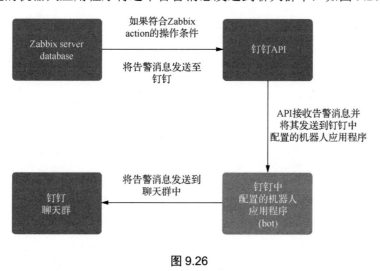

图 9.26

9.2　Zabbix配置飞书告警

9.2.1　准备

确保已经安装了飞书。可以在飞书的官网免费获取到它。还需要一个能发送告警消息的 Zabbix server。

9.2.2　操作步骤

单击搜索栏旁边的加号，创建一个可以接收告警消息的群组，如图 9.27 所示。

图 9.27

填写群名称，并单击页面右下角的"创建"按钮，如图 9.28 所示。

创建群组		✕
群模式	⦿ 对话　◯ 话题 ⑦	
群名称	ZBX告警	
群头像	(ZBX告警) 点击修改	
群成员	🔍 搜索联系人、部门和我管理的群组	已选: 0 人
	👥 组织内联系人　>	
	♻ 外部联系人　>	
	👥 我管理的群组　>	
		取消　创建(Ctrl+Enter)

图 9.28

单击群右上角的三个点图标，然后单击"群设置"→"群机器人"选项，如图 9.29 所示。

单击"添加机器人"按钮，如图 9.30 所示。

在图 9.31 所示的"添加机器人"页面中，单击"自定义机器人"的"添加"按钮，创建飞书的机器人 Webhook 地址，如图 9.32 所示。

图 9.29

图 9.30

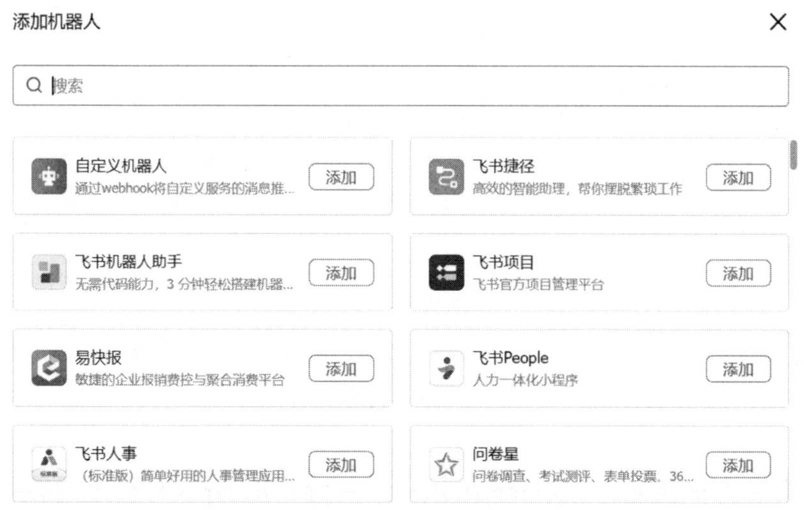

添加机器人　　　　　　　　　　　　　　　　　　　　　×

🔍 搜索

🤖 自定义机器人 通过webhook将自定义服务的消息推...	添加	🔀 飞书捷径 高效的智能助理，帮你摆脱繁琐工作	添加
📋 飞书机器人助手 无需代码能力，3分钟轻松搭建机器...	添加	📊 飞书项目 飞书官方项目管理平台	添加
🅔 易快报 敏捷的企业报销费控与聚合消费平台	添加	🏃 飞书People 人力一体化小程序	添加
🅰 飞书人事 （标准版）简单好用的人事管理应用...	添加	⭐ 问卷星 问卷调查、考试测评、表单投票、36...	添加

图 9.31

图 9.32

飞书会自动创建 Webhook 地址，因为飞书的安全配置并非必选项，所以这里直接跳过。不要忘记复制 Webhook 地址，如图 9.33 所示。

图 9.33

单击 Zabbix 前端的 "Administration" → "Media types" 选项，再单击页面右上角的 "Create media type" 按钮，需要将飞书提供的 Webhook 地址粘贴到

URL 参数中，如图 9.34 所示。

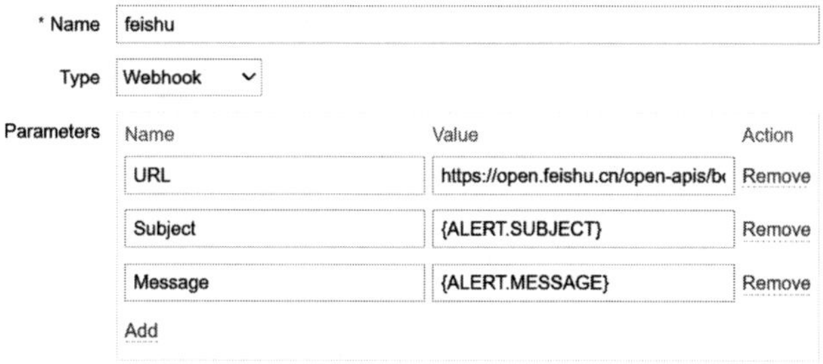

图 9.34

　　单击页面下方的 Script 字段，编写调用 Webhook 的脚本，单击"Apply"按钮，如图 9.35 所示。

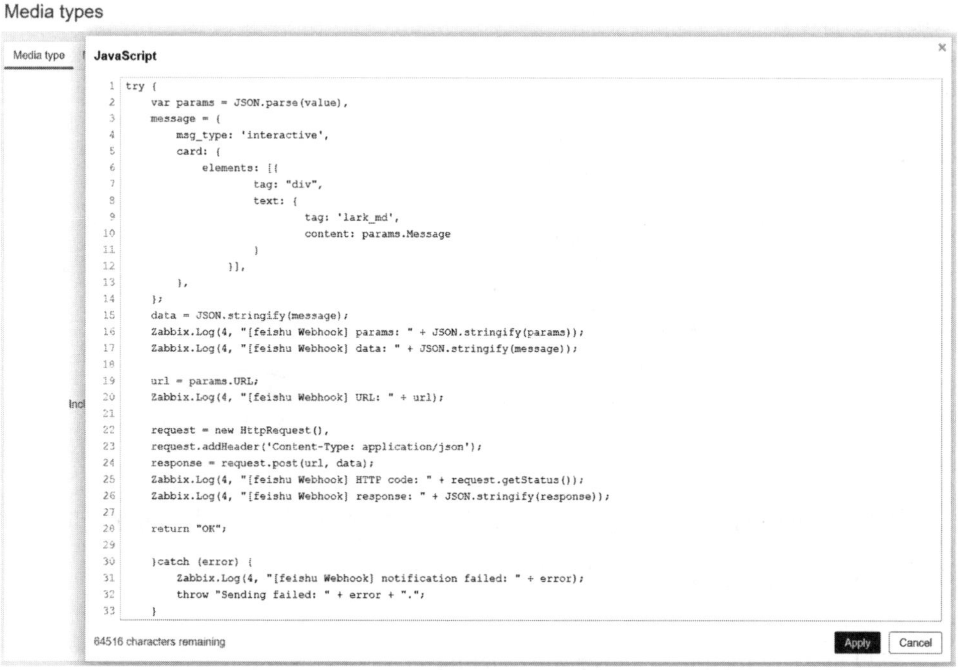

图 9.35

在"Message templates"选项卡中，配置了两种消息类型，也可以根据自己的喜好来编辑这些内容，然后单击"Update"按钮保存这些配置，如图 9.36 所示。

图 9.36

消息内容调用的是 Markdown 的语法，如图 9.37 所示，然后单击"Update"按钮保存配置。

图 9.37

单击"Administration"→"Media types"选项，然后单击刚才创建的"feishu"媒介类型右边的"Test"链接进行测试，如图 9.38 所示。

可以单击"Open log"链接查看 Debug 日志，如图 9.39 所示。

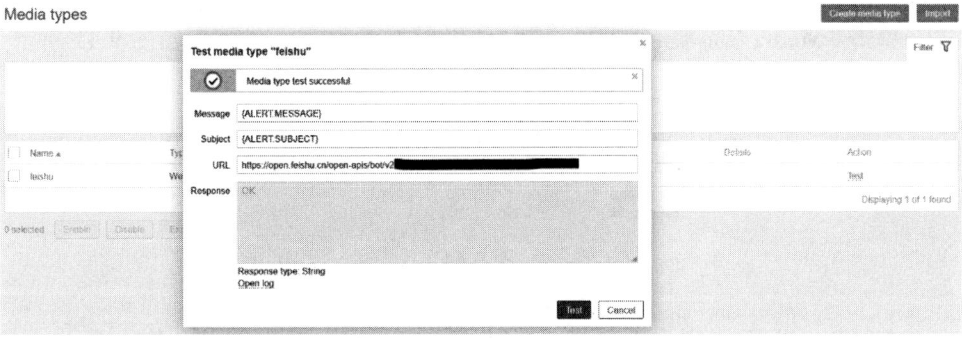

Media types

Test media type "feishu"

Media type test successful

Message	{ALERT.MESSAGE}
Subject	{ALERT.SUBJECT}
URL	https://open.feishu.cn/open-apis/bot/v2
Response	OK

Response type: String
Open log

图 9.38

Media type test log

```
00:00:00.000 [Debug] [feishu Webhook] params: {"Message":"{ALERT.MESSAGE}","Subject":"{ALERT.SUBJECT}","URL":"https://open.feishu.cn/open-apis/b
00:00:00.000 [Debug] [feishu Webhook] data: {"msg_type":"interactive","card":{"elements":[{"tag":"div","text":{"tag":"lark_md","content":"{ALER
00:00:00.000 [Debug] [feishu Webhook] URL: https://open.feishu.cn/open-apis/bot/v2/hook/95430734-6509-4fc7-a75c-77f91e856f13
00:00:00.744 [Debug] [feishu Webhook] HTTP code: 200
00:00:00.744 [Debug] [feishu Webhook] response: "{\"StatusCode\":0,\"StatusMessage\":\"success\",\"code\":0,\"data\":{},\"msg\":\"success\"}"
```

Time elapsed: 744ms

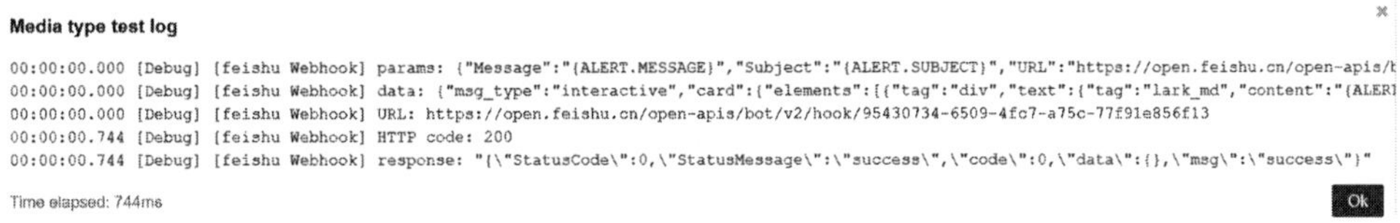

图 9.39

单击"Administration"→"Users"→"Admin"选项进行配置，如图 9.40
所示。

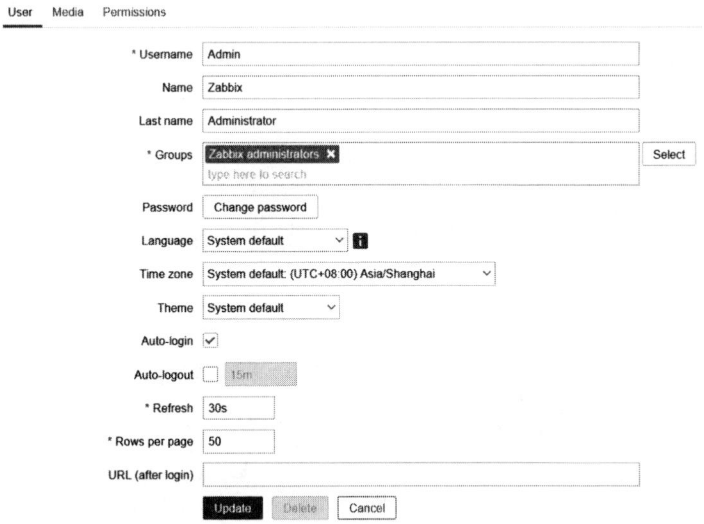

User　Media　Permissions

* Username	Admin
Name	Zabbix
Last name	Administrator
* Groups	Zabbix administrators ✖
	type here to search
Password	Change password
Language	System default
Time zone	System default: (UTC+08:00) Asia/Shanghai
Theme	System default
Auto-login	✔
Auto-logout	15m
* Refresh	30s
* Rows per page	50
URL (after login)	

Update　Delete　Cancel

图 9.40

单击"Media"选项卡，再单击"Add"链接添加媒介类型，如图 9.41 所示。

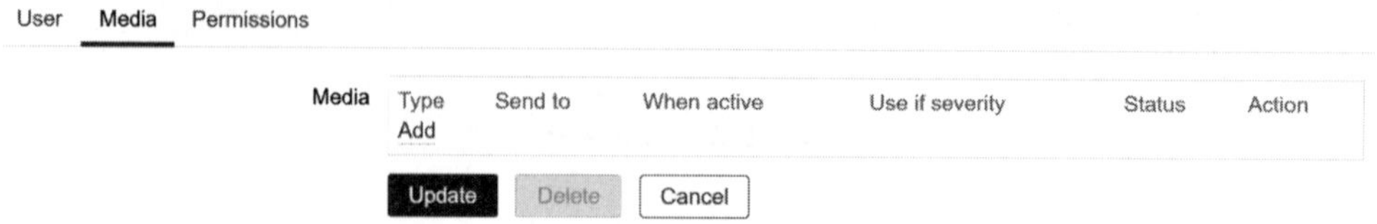

User　Media　Permissions

Media	Type	Send to	When active	Use if severity	Status	Action
	Add					

Update　Delete　Cancel

图 9.41

在"Type"下拉列表中选择"feishu"，表示用户将调用这个媒介类型，并填写图 9.42 所示的内容，然后单击"Add"按钮。

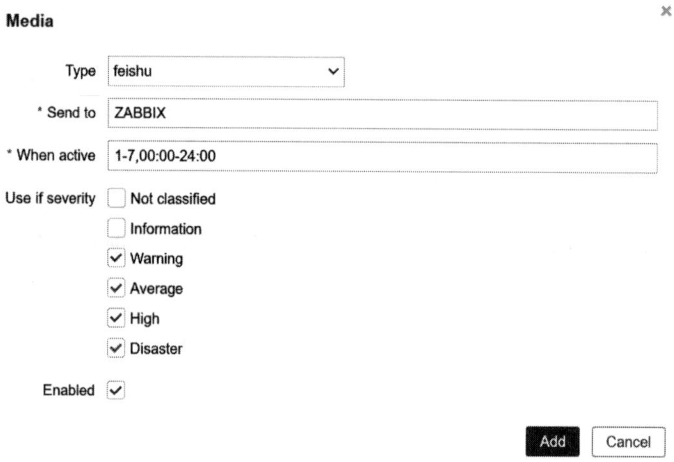

Media　✕

Type　feishu ⌄

* Send to　ZABBIX

* When active　1-7,00:00-24:00

Use if severity　☐ Not classified
　☐ Information
　☑ Warning
　☑ Average
　☑ High
　☑ Disaster

Enabled　☑

Add　Cancel

图 9.42

最后，单击"Update"按钮对刚才的配置进行保存，如图 9.43 所示。

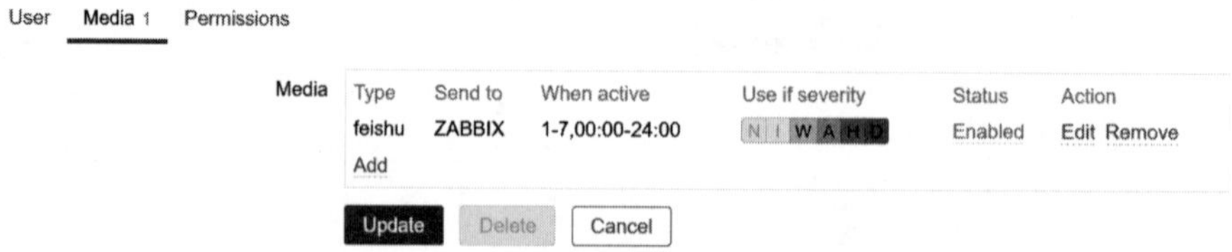

User　Media 1　Permissions

Media	Type	Send to	When active	Use if severity	Status	Action
	feishu	ZABBIX	1-7,00:00-24:00	N I W A H D	Enabled	Edit Remove
	Add					

Update　Delete　Cancel

图 9.43

在以上配置完成后，当发生告警时，Admin 用户将调用 feishu 媒介类型，将告警消息发送至飞书的聊天群中，如图 9.44 所示。

图 9.44

9.2.3　工作原理

Zabbix 对接飞书的配置与之前对接钉钉的配置几乎完全相同。在 Zabbix server 中生成了一个问题以后，如果这个问题与 Zabbix 配置的 Action 中的条件相匹配，那么这个问题就会调用 feishu 媒介类型将告警消息发送至飞书。例如，配置 Zabbix 发送告警级别，使它只向飞书发送告警消息或更高级别的问题（如图 9.45 所示）。

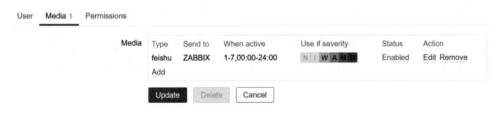

图 9.45

在示例中依然使用的是 Zabbix 的 Webhook 类型的媒介。Zabbix 调用 Webhook 将告警消息发送到飞书 API，然后在飞书中配置的机器人应用程序将这个告警消息发送到所创建的聊天群中，如图 9.46 所示。

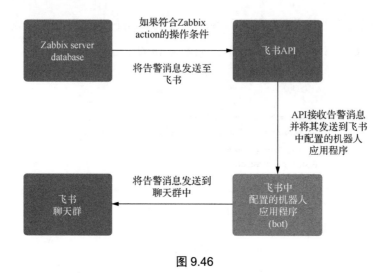

图 9.46

因为使用的都是 Webhook 类型的媒介，所以钉钉和飞书两款软件从使用原理上来说区别不大。只要对接的软件对外提供标准的 API，Zabbix 就可以通过 Webhook 方式对其进行集成。

9.3　Zabbix实时监控数据导出

Zabbix 不仅可以将采集的监控数据实时地保存在数据库中，还提供了将监控数据实时导出到本地文件的功能，通过使用一些采集工具可以轻松地把 Zabbix 采集的数据和其他平台集成起来。下面将介绍如何配置 Zabbix 实时导出数据并与 Kafka 集成。

9.3.1　准备

需要两台 Linux 主机，一台是 Kafka 主机，负责接收 Zabbix 实时性能数据，命名为 Lab-book-kafka，另一台是 Zabbix server，负责实时导出数据，继续使用之前已经配置好的 Lab-book-centos 主机。

9.3.2　操作步骤

进入 Lab-book-kafka 这台 Linux 主机的 CLI（命令行界面），如果没有安装 Kafka 主机，可以按照以下步骤进行安装。

```
dnf install java-1.8.0-openjdk
cd /opt
wget https://dlcdn.apache.org/kafka/3.4.0/kafka_2.13-3.4.0.tgz
```

输入以下命令解压缩 Kafka 主机的安装包：

```
tar xvf kafka_2.12-2.1.0.tgz
```

编辑 Kafka 主机的配置文件：

```
vi kafka_2.13-3.4.0/config/server.properties
```

修改以下参数：

```
advertised.listeners=PLAINTEXT://your.host.name:9092
```

将这个参数中的"your.host.name:9092"修改成你自己的 IP 地址，如图 9.47 所示。

```
advertised.listeners=PLAINTEXT://192.168.10.21:9092
```

图 9.47

在修改完成后，执行以下命令分别启动 ZooKeeper 和 Kafka 服务：

```
cd kafka_2.13-3.4.0/bin
./zookeeper-server-start.sh -daemon ../config/zookeeper.
properties
./kafka-server-start.sh -daemon ../config/server.properties
```

执行以下命令为 Zabbix 创建一个 topic：

```
./kafka-topics.sh --create --bootstrap-server 192.168.10.21:9092
--replication-factor 1 --partitions 1 --topic zabbix
```

接下来，配置 Zabbix 导出参数，先创建一个目录用于存放实时数据文件：

```
mkdir /data
```

为目录添加对应的权限：

```
chown -R zabbix. /data
```

编辑 Zabbix server 配置文件，配置以下两个参数：

```
ExportDir=/data
ExportFileSize=1G
```

重启 Zabbix server：

```
systemctl restart zabbix-server
```

重启后会在/data 目录中生成图 9.48 所示的文件。

```
[root@lab-book-centos data]# ls -l
total 88
-rw-rw-r-- 1 zabbix zabbix 17956 Mar 23 16:19 history-history-syncer-1.ndjson
-rw-rw-r-- 1 zabbix zabbix 22942 Mar 23 16:19 history-history-syncer-2.ndjson
-rw-rw-r-- 1 zabbix zabbix 13266 Mar 23 16:19 history-history-syncer-3.ndjson
-rw-rw-r-- 1 zabbix zabbix 18700 Mar 23 16:19 history-history-syncer-4.ndjson
-rw-rw-r-- 1 zabbix zabbix     0 Mar 23 16:18 history-main-process-0.ndjson
-rw-rw-r-- 1 zabbix zabbix     0 Mar 23 16:18 problems-history-syncer-1.ndjson
-rw-rw-r-- 1 zabbix zabbix    78 Mar 23 16:18 problems-history-syncer-2.ndjson
-rw-rw-r-- 1 zabbix zabbix     0 Mar 23 16:18 problems-history-syncer-3.ndjson
-rw-rw-r-- 1 zabbix zabbix    78 Mar 23 16:18 problems-history-syncer-4.ndjson
-rw-rw-r-- 1 zabbix zabbix     0 Mar 23 16:18 problems-main-process-0.ndjson
-rw-rw-r-- 1 zabbix zabbix     0 Mar 23 16:18 problems-task-manager-1.ndjson
-rw-rw-r-- 1 zabbix zabbix     0 Mar 23 16:18 trends-history-syncer-1.ndjson
-rw-rw-r-- 1 zabbix zabbix     0 Mar 23 16:18 trends-history-syncer-2.ndjson
-rw-rw-r-- 1 zabbix zabbix     0 Mar 23 16:18 trends-history-syncer-3.ndjson
-rw-rw-r-- 1 zabbix zabbix     0 Mar 23 16:18 trends-history-syncer-4.ndjson
-rw-rw-r-- 1 zabbix zabbix     0 Mar 23 16:18 trends-main-process-0.ndjson
```

图 9.48

执行以下命令下载 Filebeat 安装包：

```
wget https://mirrors.huaweicloud.com/filebeat/6.8.9/filebeat-
6.8.9-linux-x86_64.tar.gz
```

执行以下命令解压缩 Filebeat 安装包：

```
tar xvf filebeat-6.8.9-linux-x86_64.tar.gz
```

执行以下命令编写 Filebeat 配置文件：

```
cd filebeat-6.8.9-linux-x86_64
vi zabbix.yml
```

将以下内容填写至 zabbix.yml 文件中：

```
filebeat.inputs:
- type: log
  enabled: true
  paths:
    - /data/*.ndjson
output.kafka:
  hosts: ["192.168.10.21:9092"]
  enabled: ture
  topic: 'zabbix'
```

执行以下命令启动 Filebeat 服务：

```
./filebeat -c zabbix.yml
```

登录 Lab-book-kafka 主机，执行以下命令查看发送过来的数据：

```
cd opt/kafka_2.13-3.4.0/bin
 ./kafka-console-consumer.sh --bootstrap-server 192.168.10.21:9092
--topic zabbix
```

如果执行命令的结果类似于图 9.49，那么说明数据已经发送过来了。

```
[root@Lab-book-kafka bin]# ./kafka-console-consumer.sh --bootstrap-server 192.168.10.21:9092 --topic zabbix
{"@timestamp":"2023-03-24T01:19:29.329Z","@metadata":{"beat":"filebeat","type":"doc","version":"6.8.9","topic":"zabbix"},"host
":{"name":"Lab-book-centos"},"message":"{\"host\":{\"host\":\"lab-book-agent_passvie\",\"name\":\"lab-book-agent_passvie\"},\"
groups\":[\"Linux servers\"],\"item_tags\":[{\"tag\":\"component\",\"value\":\"system\"}],\"itemid\":45778,\"name\":\"System u
ptime\",\"clock\":1679620768,\"ns\":38192625,\"value\":10647,\"type\":3}","source":"/data/history-history-syncer-1.ndjson","of
fset":1579065,"log":{"file":{"path":"/data/history-history-syncer-1.ndjson"}},"prospector":{"type":"log"},"input":{"type":"log
"},"beat":{"name":"Lab-book-centos","hostname":"Lab-book-centos","version":"6.8.9"}}
{"@timestamp":"2023-03-24T01:19:29.330Z","@metadata":{"beat":"filebeat","type":"doc","version":"6.8.9","topic":"zabbix"},"pros
pector":{"type":"log"},"input":{"type":"log"},"beat":{"name":"Lab-book-centos","hostname":"Lab-book-centos","version":"6.8.9"}}
,"host":{"name":"Lab-book-centos"},"source":"/data/history-history-syncer-1.ndjson","offset":1579312,"log":{"file":{"path":"/d
ata/history-history-syncer-1.ndjson"}},"message":"{\"host\":{\"host\":\"Zabbix server\",\"name\":\"Zabbix server\"},\"groups\"
:[\"Zabbix servers\"],\"item_tags\":[{\"tag\":\"component\",\"value\":\"internal-process\"}],\"itemid\":45988,\"name\":\"Zabbi
x server: Utilization of self-monitoring internal processes, in %\",\"clock\":1679620768,\"ns\":386875647,\"value\":0.000000,\
"type\":0}"}
{"@timestamp":"2023-03-24T01:19:29.330Z","@metadata":{"beat":"filebeat","type":"doc","version":"6.8.9","topic":"zabbix"},"sour
ce":"/data/history-history-syncer-1.ndjson","offset":1579613,"log":{"file":{"path":"/data/history-history-syncer-1.ndjson"}},"
message":"{\"host\":{\"host\":\"lab-book-centos\",\"name\":\"lab-book-centos\"},\"groups\":[\"Zabbix servers\"],\"item_tags\":
[{\"tag\":\"component\",\"value\":\"internal-process\"}],\"itemid\":45868,\"name\":\"Zabbix server: Utilization of escalator i
nternal processes, in %\",\"clock\":1679620768,\"ns\":387003326,\"value\":0.118183,\"type\":0}","prospector":{"type":"log"},"i
nput":{"type":"log"},"beat":{"name":"Lab-book-centos","hostname":"Lab-book-centos","version":"6.8.9"},"host":{"name":"Lab-book
-centos"}}
```

图 9.49

9.3.3　工作原理

当想获取 Zabbix 历史数据、趋势数据、事件数据时，用户可能会选择编写 Zabbix API 脚本或者直接从数据库中读取。这样可能会增加数据库负载。建议使用 Zabbix 实时导出监控数据的功能。Zabbix 在获取到监控数据的同时，除了可以将其同步给数据库，还可以将这部分数据以 .json 的格式导出到文件中，而且配置起来非常简单，1 分钟就可以配置好。

正如在图 9.50 中看到的，Zabbix server 会实时将监控数据导出到 .ndjson 格式的文件中，再通过 Filebeat 工具将数据发送给 Kafka。

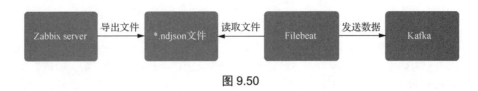

图 9.50

需要强调的是，Zabbix 导出的不仅是监控数据，还包括配置触发器的事件，以及趋势数据。每个同步数据的进程都会创建一个文件，并且当每个文件写满

后都会自动进行轮转，并生成备份文件，也就是说 zabbix_server.conf 配置文件
中的"StartDBSyncers"参数默认为 4 个，意为创建 4 个 DBSyncer 进程，即总
共会创建 8 个文件。由于每个导出文件的默认大小都为 1GB，因此在配置时需
要注意磁盘空间的使用情况。

第 10 章 Zabbix API

Zabbix 提供了许多开箱即用的功能，但真正的亮点是不仅通过前端，而且通过脚本和 Zabbix API 灵活的定制化。

本章将介绍 Zabbix API 的基础知识。然后，将介绍如何通过 Python 语言利用 API 构建一些很酷的东西。

阅读完本章后，你将了解 Zabbix API，并且知道如何使用脚本来扩展 Zabbix 的功能，通过扩展功能使 Zabbix 拥有更多的可能性。

技术要求：需要一台 Zabbix server 及一些新的 Linux 主机。还需要具备一些脚本编程的知识。本章将使用 Python 语言来扩展 Zabbix 的一些功能。

本章所需的代码由 Zabbix 开源社区提供，关注 Zabbix 开源社区并回复"Zabbix 书籍相关"，即可获取本章所需的代码。

10.1 配置Zabbix API token

为了在 Zabbix 中使用 API，需要先进行一些预配置。如果你之前已经使用过 Zabbix API，那么可能知道使用 API 会首先进行身份验证并获取 API token（令牌）以便在脚本中使用，这个过程有些麻烦。现在情况已不再如此，因为可以使用 Zabbix 前端生成 API token。

10.1.1　准备

需要 Zabbix 前端，将在 Zabbix 前端生成 API token。通过 API token 就可以将 Zabbix 与任何系统进行集成。

10.1.2　操作步骤

首先，以超级管理员身份登录 Zabbix 前端。

单击"Administration"→"User groups"选项并单击页面右上角的"Create user group"按钮，创建一个新的用户组。把用户组名称填写为"API users"。

单击"Permissions"选项卡，再单击"Permissions"字段下面的"Select"按钮并选择每个主机组，为"API users"组赋予权限，如图 10.1 所示。

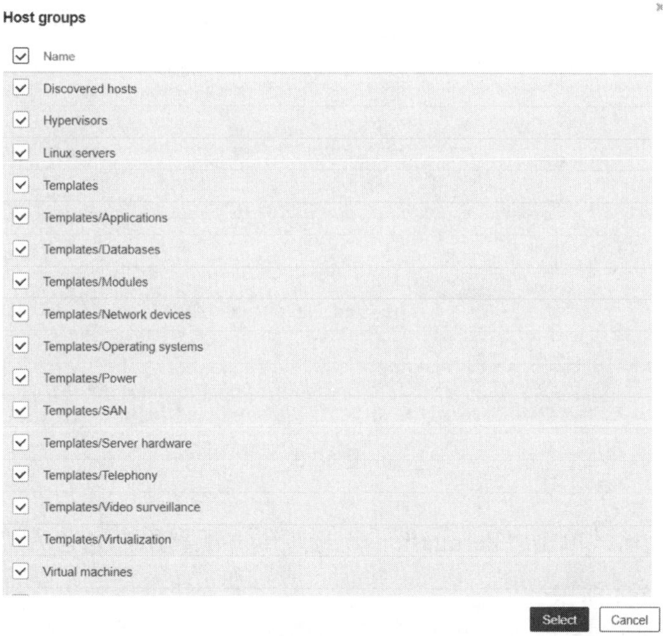

图 10.1

　　单击页面底部的"Select"按钮，然后单击"Read-write"选项，单击"Add"链接，它现在看起来应该如图 10.2 所示。

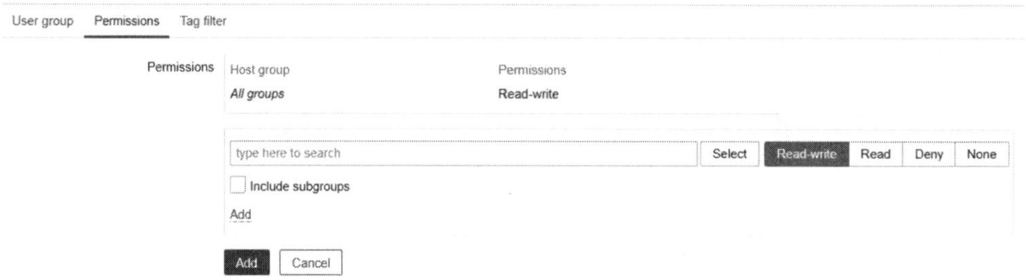

图 10.2

　　单击页面底部的"Add"按钮添加这个新用户组。

　　单击"Administration"→"Users"选项，然后单击页面右上角的"Create user"按钮，创建一个名为"API"的新用户，填写如图 10.3 所示的内容。

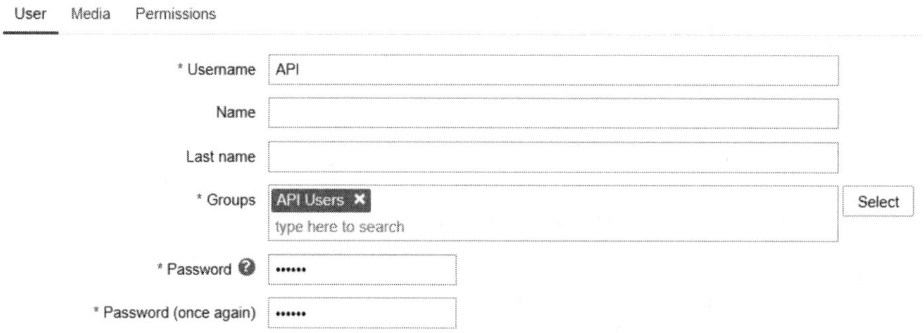

图 10.3

　　在保存之前，单击"Permissions"选项卡并配置用户角色为"Super admin role"，如图 10.4 所示。

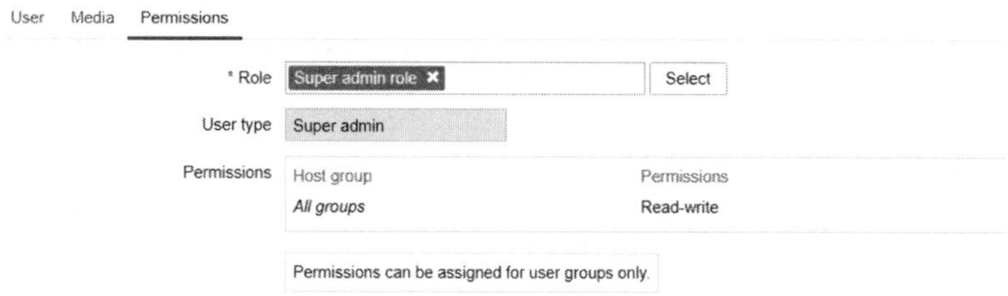

图 10.4

提示：在配置用户角色时，除了将 API 用户创建为超级管理员，可能有时候还希望限制 API 的访问。这时，还可以通过配置限制 API 用户组对主机组的访问权限。

单击页面底部的"Add"按钮添加用户。

接下来，需要为此用户创建一个 API token。单击"Administration"→"General"→"API tokens"选项，再单击页面右上角的"Create API token"按钮，然后在"User"字段中填写"API"，在"Name"字段中填写"API book key"。可以将"Expires at"字段的内容配置为一个很长的时间段，或者想配置的其他时间，如图 10.5 所示。

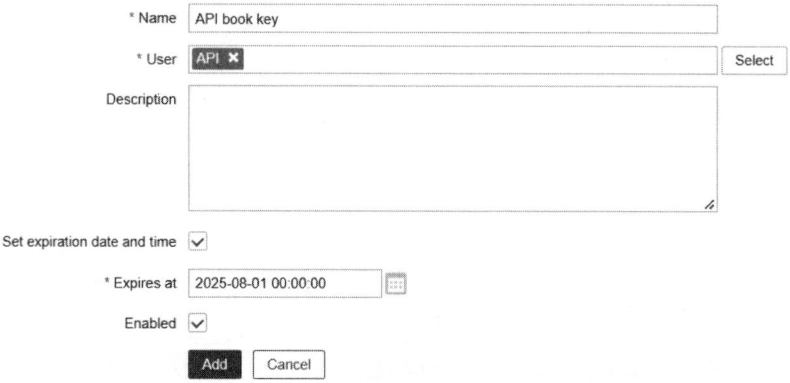

图 10.5

单击"Add"按钮用以生成 API token。单击"Add"按钮后会跳转到图 10.6 所示的页面。

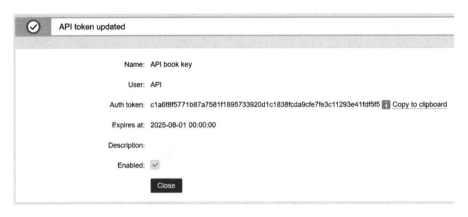

图 10.6

"Auth token"后面的这个字符串就是后续实验中要使用的 API token。需要将它复制出来，保存在另外的地方。在关闭此页面以后，Auth token 的值将无法再次查看。它仅在创建 API token 后显示一次。如果丢失了保存的 API token，就只能重新生成 API token。

单击"Close"按钮跳转回"API tokens"管理页面，可以在这里管理创建的所有 API token，如图 10.7 所示。

图 10.7

10.1.3　工作原理

由于 Zabbix 现在自带内置的 API token 管理，因此 Zabbix API 使用起来更加简单。我们使用专有的 API 用户，可以统一管理 API token，也可以在自己的用户下配置私有的 API token。

本示例创建了一个新的 API 用户组，这非常重要。比如，API token 需要为每一个用户都配置不同的访问权限，这就需要以非 Super admin（超级管理员）的用户角色来创建用户，通过 API 用户组限制其访问权限。

最后，建议为每个 API token 都配置一个过期时间（Expires at）。

10.2　使用Zabbix API token

10.2.1　准备

需要已经监控了一些主机的 Zabbix server，可以通过使用 Zabbix API token 访问 Zabbix 前端并获取相关数据。

因为通过 Python 语言创建 API 调用，所以需要在 Linux 主机上安装 Python 3，另外，需要有一个带有 API token 的 API 用户，如果不知道如何创建 API token，那么请阅读 10.1 节。

10.2.2　操作步骤

首先，在 Linux 主机的命令行界面输入以下命令进入一个新目录：

```
# cd /home/
```

然后，在主机上安装 Python 3。

（1）在 CentOS 操作系统的 Linux 主机上执行以下命令：

```
# dnf install python3
```

（2）在 Ubuntu 操作系统的 Linux 主机上执行以下命令：

```
# apt-get install python3
```

在默认的情况下，Python 语言的 pip 命令应该一并安装，如果没有安装，那么要进行安装。

（1）在 CentOS 操作系统的 Linux 主机上执行以下命令：

```
# dnf install python3-pip
```

（2）在 Ubuntu 操作系统的 Linux 主机上执行以下命令：

```
# apt-get install python3-pip
```

使用 Python 语言的 pip 命令安装相关依赖模块。这些模块将在后续的脚本中使用。

```
# pip3 install requests
```

从 Gitee 网站下载脚本，见网址 1。

接下来，执行以下命令编辑新下载的脚本。

```
# vim api_test.py
```

首先，将"url"变量中的 IP 地址更改为 Zabbix 主机的 IP 地址或域名。然后，将"PUT_YOUR_TOKEN_HERE"替换为 10.1 节中创建的 API token，将它赋值给"api_token"变量。

```
url = "http://127.0.0.1/zabbix/api_jsonrpc.php"
api_token = "c1a6f8f5771b87a7581f1895733920d1c1838fcda9cfe7fe3c
11293e41fdf5f5"
```

还需要在脚本中添加一些代码，以索引主机 ID、主机名和所有 Zabbix 的主机接口。请确保在图 10.8 中显示的注释之间添加新代码。

图 10.8

添加以下代码：

```
def get_hosts(api_token, url):

    payload = {
    "jsonrpc": "2.0",
    "method": "host.get",
    "params": {
        "output": [
            "hostid",
            "host"
        ],
        "selectInterfaces": [
            "interfaceid",
            "ip",
            "main"
        ]
    },
    "id": 2,
    "auth": api_token
    }

    resp = requests.post(url=url, json=payload )
```

```
out = resp.json()

return out['result']
```

然后，还需要添加一个函数，将请求的信息写入文件，以便看到执行后的
结果。

```
def generate_host_file(hosts,host_file):

    hostname = None
    f = open(host_file, "w")

    for host in hosts:
        hostname = host['host']
        for interface in host["interfaces"]:
            if interface["main"] == "1":
                f.write(hostname + " " + interface["ip"] + "\n")

    f.close()
    return
```

编写完成后，可以执行以下命令：

```
# python3 api_test.py
```

当命令执行时，并没有给出任何输出。如果在执行过程中出现异常问题，
那么请按步骤进行检查。

命令执行完后会生成一个文件。可以执行以下命令查看文件的内容：

```
# cat /home/results
```

输出的结果应该如图 10.9 所示。

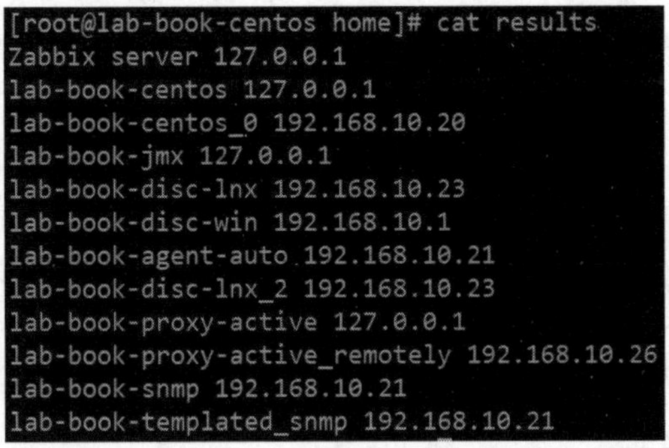

```
[root@lab-book-centos home]# cat results
Zabbix server 127.0.0.1
lab-book-centos 127.0.0.1
lab-book-centos_0 192.168.10.20
lab-book-jmx 127.0.0.1
lab-book-disc-lnx 192.168.10.23
lab-book-disc-win 192.168.10.1
lab-book-agent-auto 192.168.10.21
lab-book-disc-lnx_2 192.168.10.23
lab-book-proxy-active 127.0.0.1
lab-book-proxy-active_remotely 192.168.10.26
lab-book-snmp 192.168.10.21
lab-book-templated_snmp 192.168.10.21
```

图 10.9

如果可以看到与图 10.9 相似的输出结果，那么证明现在已经成功地用 Python 语言通过编写脚本的方式来使用 Zabbix API 了。

10.2.3 工作原理

可以通过 Python 语言编写调用 Zabbix API 的脚本，但这并不是唯一的选择。还可以使用各式各样的编程语言，包括 Perl、Go、C#和 Java。

在上述的示例中使用的是 Python 语言，接下来看一下这个脚本都做了什么。看一下这个完整的脚本，其中编写了以下两个主要函数：

（1）get_hosts。

（2）generate_host_file。

首先，给“api_token”和“url”两个变量赋值，它们主要用于通过 Zabbix API 进行身份验证。然后，使用 get_hosts 函数通过 Zabbix API 检索信息，如图 10.10 所示。

```
import requests
import json

#API login information
url = "http://127.0.0.1/zabbix/api_jsonrpc.php"
api_token = "c1a6f8f5771b87a7581f1895733920d1c1838fcda9cfe7fe3c11293e41fdf5f5"

#Add new code below here

def get_hosts(api_token, url):

    payload = {
    "jsonrpc": "2.0",
    "method": "host.get",
    "params": {
        "output": [
            "hostid",
            "host"
        ],
        "selectInterfaces": [
            "interfaceid",
            "ip",
            "main"
        ]
    },
    "id": 2,
    "auth": api_token
    }
```

图 10.10

这段代码使用 JSON 格式构建了一个 payload 请求信息，通过使用 Zabbix API 的 host.get 函数读取 host 信息，其中包括 hostid（主机 ID）、interfaceid（接口 ID）、IP 地址。

再看下一个函数 generate_host_file，它的主要作用是将主机名和默认接口的 IP 地址写入/home/results 文件中。这样，一个通过调用 Zabbix API 检索主机信息，并写入文件的小脚本就完成了。

如果你不熟悉 Python 语言或者编程，那么可以通过学习使用 Zabbix API 来掌握编程的技能。下面看一看 API 的实际工作原理，如图 10.11 所示。

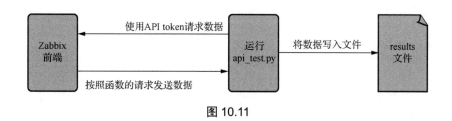

图 10.11

第一步，通过变量指定了接口所要调用的 URL 地址和用于进行身份验证的 API token，并且还包括需要数据的请求参数。

第二步，从 Zabbix 接收 get_hosts 函数请求到的数据，以便在 api_test.py 这个 Python 脚本中继续使用。

第三步就是数据的处理步骤，可以对通过 Zabbix API 获取到的数据做任何想做的操作，例如写入 CMDB。不过在本示例中，格式化数据后将其写入 results 文件。以上就是利用 Zabbix API 功能获取主机名和 IP 地址信息的完整步骤。

如果你有兴趣了解 Zabbix API 的更多信息，那么请查看 Zabbix 官方文档：

Documentation→current→en→manual→api

10.3 为Zabbix用户创建维护周期

过去，不可能单独为一个 Zabbix 用户创建维护周期。在 Zabbix 6.0 中，这可以通过使用用户角色来实现。通过 Python 语言编写调用 Zabbix API 的脚本可以实现快速创建维护周期的功能。对于日常工作来说，这可能非常有用。本节将展示如何使用这个 Python 脚本。

10.3.1 准备

需要 Zabbix server，还需要具备一些 Python 语言的知识，以及使用 Zabbix API 的知识。

10.3.2 操作步骤

首先，登录 Zabbix server 所在的主机并创建一个新的目录：

```
# mkdir /etc/zabbix/frontendscripts
```

执行以下命令进入新目录：

```
# cd /etc/zabbix/frontendscripts
```

从 Gitee 网站下载公共脚本 maintenance.py，见网址 2。

执行以下命令解压缩下载到的 v2.0.1.tar.gz 文件：

```
# tar -xvzf v2.0.1.tar.gz
```

执行以下命令删除 tar 文件：

```
# rm -f v2.0.1.tar.gz
```

执行以下命令将脚本从新创建的文件夹中移动过来：

```
# mv zabbix-maintenance-from-frontend-2.0.1/maintenance.py ./
```

本脚本需要 Python 语言的运行环境，需要安装它。

（1）在 CentOS 操作系统的 Linux 主机上执行以下命令：

```
# dnf install python3 python3-pip
```

（2）在 Ubuntu 操作系统的 Linux 主机上执行以下命令：

```
# apt-get install python3 python3-pip
```

使用 pip 来安装 requests 模块，执行以下命令：

```
# pip3 install requests
```

执行以下命令编辑该脚本：

```
# vim maintenance.py
```

在这个脚本中，需要更改"url"和"token"两个变量。更改"url"变量以匹配实际的 Zabbix 前端 IP 地址或 DNS 域名。然后，用 Zabbix API token 替换"PUT_YOUR_ TOKEN_HERE"。

```
url = 'http://127.0.0.1/zabbix/api_jsonrpc
token = "c1a6f8f5771b87a7581f1895733920d1c1838fcda9cfe7fe3c11293
e41fdf5f5"
```

返回 Zabbix 前端，添加第一个脚本。单击"Administration"→"Scripts"选项，然后单击页面右上角的"Create script"按钮。填写如图 10.12 所示的内容。

* Name	维护周期 1 小时
Scope	Action operation　Manual host action　Manual event action
Menu path	维护/执行
Type	Webhook　Script　SSH　Telnet　IPMI
Execute on	Zabbix agent　Zabbix server (proxy)　Zabbix server
* Commands	python3 /etc/zabbix/frontendscripts/maintenance.py create '{HOST.HOST}' 3600
Description	
Host group	All
User group	All
Required host permissions	Read　Write
Enable confirmation	✓
Confirmation text	为 {HOST.HOST} 创建维护周期 1 小时　　Test confirmation

图 10.12

单击页面底部的"Add"按钮。在打开的页面中，再次单击"Create script"按钮。

填写如图 10.13 所示的内容添加第二个脚本。

单击"Add"按钮保存。依然在打开的页面中，再次单击"Create script"按钮。

填写如图 10.14 所示的内容添加第三个也是最后一个脚本。

* Name	维护周期 24 小时
Scope	Action operation　**Manual host action**　Manual event action
Menu path	维护/执行
Type	Webhook　**Script**　SSH　Telnet　IPMI
Execute on	Zabbix agent　Zabbix server (proxy)　**Zabbix server**
* Commands	python3 /etc/zabbix/frontendscripts/maintenance.py create '{HOST.HOST}' 864000
Description	
Host group	All
User group	All
Required host permissions	**Read**　Write
Enable confirmation	✓
Confirmation text	为 {HOST.HOST} 创建维护周期 24 小时　　　Test confirmation

图 10.13

单击页面底部的"Add"按钮完成最后一个脚本的添加。

单击"Monitoring"→"Hosts"选项进行测试，再单击一台主机，如图 10.15

所示，将打开一个下拉菜单，可以在那里选择这台主机执行的维护周期。

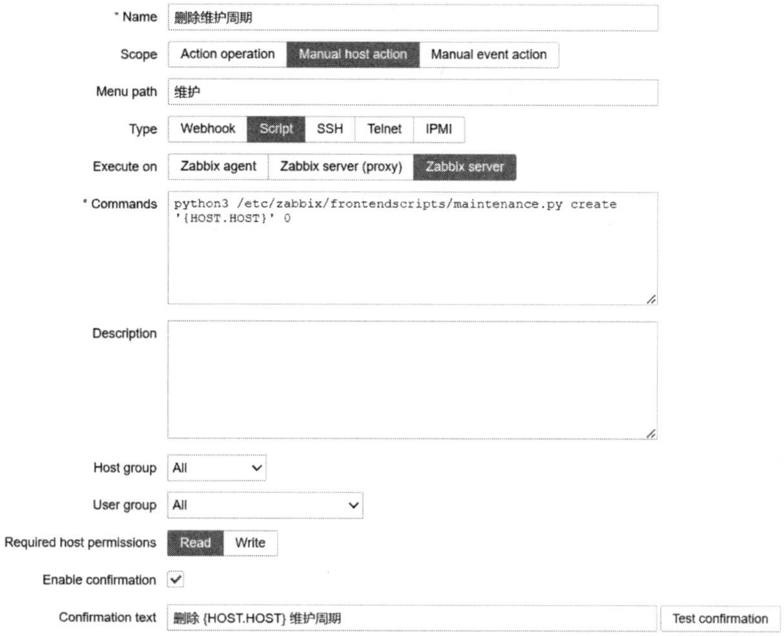

图 10.14

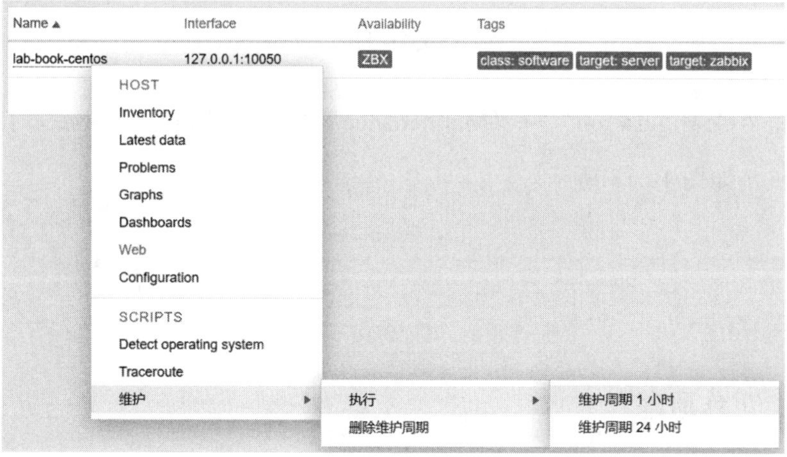

图 10.15

例如，本例选择执行的维护周期为 1 小时，就会弹出一个窗口来确认执行，如图 10.16 所示，单击“Execute”按钮，然后会弹出执行完成的窗口，如图 10.17 所示。

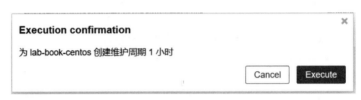

Execution confirmation
为 lab-book-centos 创建维护周期 1 小时
Cancel
Execute

图 10.16

维护周期 1 小时
Script execution successful.
Output
The host lab-book-centos was placed into maintenance. The period ends at: 2023-04-06 17:19:55
You may close this window
Ok

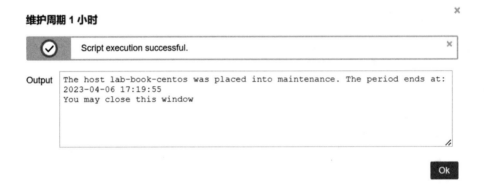

图 10.17

单击“Configuration”→“Maintenance”选项，就可以看到添加了维护周期的主机，如图 10.18 所示。

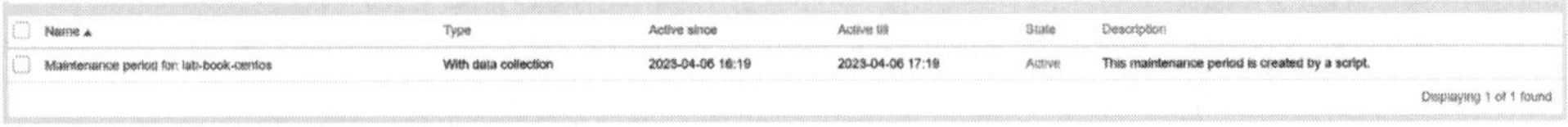

Name ▲
Type
Active since
Active till
State
Description
Maintenance period for: lab-book-centos
With data collection
2023-04-06 16:19
2023-04-06 17:19
Active
This maintenance period is created by a script.
Displaying 1 of 1 found

图 10.18

10.3.3 工作原理

10.3.2 节中使用的脚本是用 Python 语言编写的，调用 Zabbix API 实现了创建维护周期的功能。有了这个脚本，Zabbix user 权限的用户就可以从 Zabbix 前端创建维护周期了。脚本不使用 user 用户的前端权限，而是使用 API 用户的权限来执行。因为 API 用户有更多的用户权限，能通过执行脚本从 Zabbix 数据库中获取主机信息，并将这些信息用于创建维护周期。图 10.19 所示为这个过程。

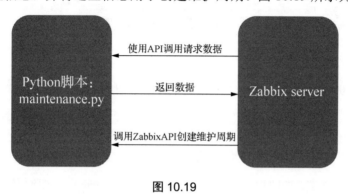

图 10.19

正如在图 10.19 中看到的，脚本中的处理逻辑与其他 Zabbix API 应用程序的处理逻辑大致相同。Zabbix API 非常灵活，可以从前端拉出数据，并用于分析。

第 11 章　Zabbix 日常维护

做好 Zabbix 的维护工作，不仅能排除使用中的错误，使它能够正常工作，还可以对其进行扩展，提高性能和灵活性，为用户带来更高的效益。

本章介绍 Zabbix 的日常维护，日常维护非常重要，可以让 Zabbix 持续、稳定地运行。本章介绍如何创建维护周期、如何进行备份、如何升级 Zabbix 和各种 Zabbix 组件，以及如何进行性能优化。

需要以下主机：

（1）一台运行着 Zabbix 6.0 的主机，用于创建维护周期并进行性能优化。

（2）运行在 CentOS 8 操作系统上的 Zabbix server 5.0，PHP 版本低于 7.4 和 MariaDB 版本低于 10.6。

（3）运行在 Ubuntu 18.04 或 20.04 操作系统上的 Zabbix server 5.0，PHP 版本低于 7.4 和 MariaDB 版本低于 10.6。

这两台主机命名为 lab-book-zbx5，也可以使用实际环境中其他的 Linux 发行版本运行它。

如果你以前没有任何 Zabbix 的使用经验，那么可以通过本章深入了解 Zabbix。

11.1　Zabbix维护周期

在日常工作中，难免需要对 Zabbix server 或者其他主机进行维护，那么在 Zabbix 前端创建维护周期就非常重要。通过创建维护周期，可以确保 Zabbix 用户不会因为出现系统维护导致的问题而收到告警。下面介绍如何创建维护周期。

11.1.1　准备

需要使用 Zabbix server，以及 lab-book-centos 这台主机。还需要一些主机和主机组来为其创建维护周期。

11.1.2　操作步骤

单击"Configuration"→"Maintenance"选项打开维护周期页面，再单击页面右上角的"Create maintenance period"按钮。

然后，进入创建维护周期页面，填写如图 11.1 所示的内容。

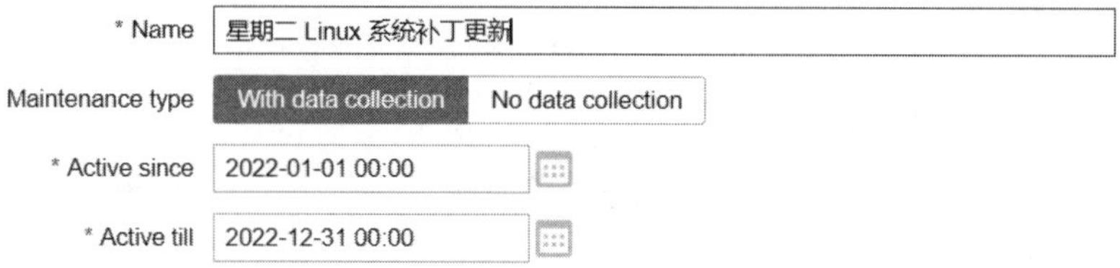

* Name	星期二 Linux 系统补丁更新
Maintenance type	With data collection　No data collection
* Active since	2022-01-01 00:00
* Active till	2022-12-31 00:00

图 11.1

在创建维护周期页面中间的"Periods"字段中，需要单击"Add"链接来配置维护周期，填写如图 11.2 所示的内容。

填写完毕后，单击"Add"按钮，会看到如图 11.3 所示的内容。

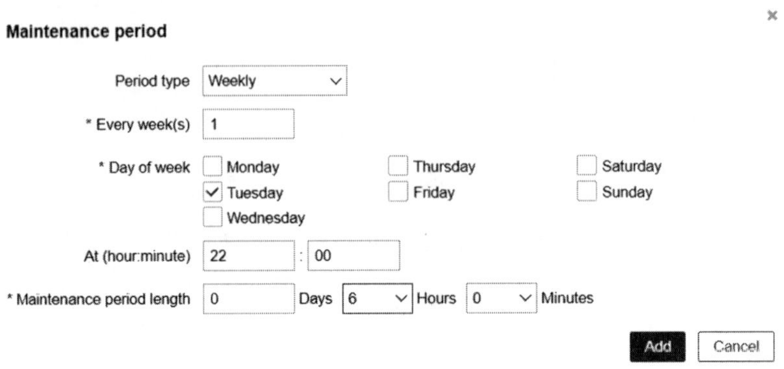

图 11.2

图 11.3

单击创建维护周期页面中间的"Host groups"字段的"Select"按钮，然后选择主机组"Linux servers"，按照如图 11.4 所示的内容添加主机组。

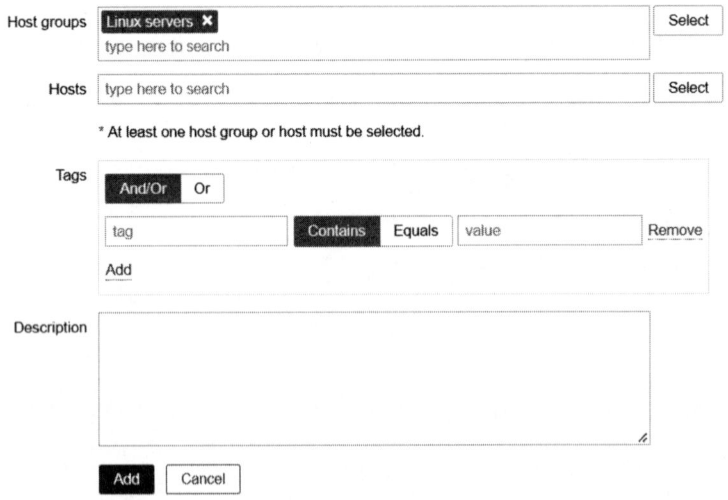

图 11.4

单击页面底部的"Add"按钮，完成维护周期的创建。返回维护周期页面，可以查看已创建好的维护周期。

11.1.3　工作原理

在 Zabbix 中配置 Action，是告诉 Zabbix 在触发器被触发时执行某个定义的操作。维护周期的工作原理是在维护周期中定义的时间段内抑制这些 Zabbix 操作。这样做是为了确保在主机上进行维护时，不会向 Zabbix 用户发送通知，避免造成误报。

本示例为 2022 年全年创建了一个维护周期。假设在日常工作中需要每周对 Linux 主机进行升级，就可以将维护周期配置为每周二 22:00 至 04:00 进行维护。

请记住在 2022 年 12 月 31 日之后，Zabbix 将终止维护，因为它将不再处于 Active（激活）状态。在制订维护计划时，要注意 Active since（开始时间）、Active till（截止时间）和维护周期中的 Period（时间段）。通过这些可以创建动态变化的循环周期。

另外，示例中的配置是在维护周期内采集监控数据，当选择"With data collection"选项时，Zabbix 将持续采集数据，但不会向 Zabbix 用户发送任何问题消息。如果希望在维护周期停止采集数据，那么选择"No data collection"选项即可。

Zabbix 在每分钟第 0 秒计算一个新的维护周期。如果在将来需要配置确切到 1 分钟内创建一个维护周期，那么可能需要稍等片刻才能生效。

11.2　Zabbix备份配置

在对 Zabbix 配置参数进行更改之前，备份所有重要的内容至关重要。本节将介绍一些在对 Zabbix 进行修改或维护之前应该采取的必要步骤。

11.2.1　准备

使用之前的 lab-book-centos 这台 Zabbix server，并且需要打开命令行界面。

11.2.2　操作步骤

首先，通过以下 Linux 命令行登录 Zabbix server，并创建一些用于 Zabbix 备份的新目录。此目录最好位于另一个分区上。

```
# mkdir /opt/zbx-backup/
# mkdir /opt/zabbix-backup/database/
# mkdir /opt/zabbix-backup/zbx-config/
# mkdir /opt/zabbix-backup/web-config/
# mkdir /opt/zabbix-backup/shared/
# mkdir /opt/zabbix-backup/shared/zabbix
# mkdir /opt/zabbix-backup/shared/doc
```

备份所有的 Zabbix 配置文件非常重要，这些文件位于/etc/zabbix/目录中，可以执行以下命令将数据从当前文件夹手动复制到新的备份文件夹中：

```
# cp -r /etc/zabbix/ /opt/zbx-backup/zbx-config/
```

对 httpd 服务的配置文件执行相同的操作：

```
# cp -r /etc/httpd/conf.d/zabbix.conf /opt/zbx-backup/web-config/
```

提示：请注意，如果在 Debian 系统上使用 Nginx 或 Apache2，那么 Web

配置位置可能会有所不同。请相应地调整你的命令。

备份 Zabbix 的 PHP 文件和二进制文件也很重要。可以执行以下命令来完成此操作：

```
# cp -r /usr/share/zabbix /opt/zbx-backup/shared/zabbix/
# cp - /usr/share/doc/zabbix-* /opt/zbx-backup/shared/doc/
```

还可以执行以下命令创建一个定时任务，在每天的 00:00 自动压缩和备份这些文件：

```
# crontab -e
```

添加以下信息：

```
0 0 * * * tar -zcvf /opt/zbx-backup/zbx-config/zabbix.tar.gz
/etc/zabbix/ >/dev/null 2>&1
0 0 * * * tar -zcvf /opt/zbx-backup/web-config/zabbix-web.tar.gz
/etc/httpd/conf.d/zabbix.conf >/dev/null 2>&1
0 0 * * * tar -zcvf /opt/zbx-backup/shared/zabbix/zabbix_usr_
share.tar.gz /usr/share/zabbix/ >/dev/null 2>&1
0 0 * * * tar -zcvf /opt/zbx-backup/shared/doc/zabbix_usr_share_
doc.tar.gz /usr/share/doc/ >/dev/null 2>&1
```

这些都是需要从 Zabbix 中备份的最重要的文件，除了以上方式，还可以使用 Logroate 之类的文件轮转工具来管理这些文件。

备份数据库非常简单，可以使用 MySQL 和 PostgreSQL 数据库提供的内置工具来实现。

（1）执行以下命令备份 MySQL 数据库：

```
# mysqldump --add-drop-table --add-locks --extended-insert
--single-transaction --quick -u zabbixuser -p zabbixdb >
/opt/zbx-backup/databases/backup_zabbixDB_<DATE>.sql
```

（2）执行以下命令备份 PostgreSQL 数据库：

```
# pg_dump zabbixdb > /opt/zbx-backup/database/backup_zabbixDB_
<DATE>.bak
```

提示：对于 MySQL 数据库，可以使用 ExtraBackup。对于 PostgreSQL 数据库，可以使用 PGBarman。使用这些工具为你的系统创建备份文件也是一种不错的选择。

如果数据库本身很大，那么数据库备份文件将非常大，最好转储到另一个磁盘分区，甚至另一台机器上。

执行以下命令为数据库备份添加一个定时任务：

```
# crontab -e
```

对于 MySQL 数据库，添加以下命令行，其中"-u"参数用于填写用户名，"-p"参数用于填写密码，数据库名称是"zabbix"。以下是 MySQL 数据库的命令：

```
* * * * 6 mysqldump -u'zabbixuser' -p'password' zabbix >/opt/zbx-
backup/database/backup_zabbixDB.sql
```

如果想用 crontab 命令备份 PostgreSQL 数据库，那么需要在用户的主目录上创建一个文件：

```
# vim ~/.pgpass
```

将以下内容添加到此文件中，其中"zabbixuser"是用户名，"zabbixdb"是数据库名称：

```
#hostname:post:database:username:password
localhost:5432:zabbixuser:zabbixdb:password
```

然后，将 PostgreSQL 命令添加到 crontab 命令中，如下所示：

```
* * * * 6 pg_dump --no-password -U zabbixuser zabbix >
/opt/zbx-backup/database/backup_zabbixDB_date.bak
```

接下来，还可以添加一个 crontab 命令，用于只保留一定天数的备份文件，如下所示：

```
crontab -e
```

添加以下内容，其中 "+60" 是保留备份文件的天数：

```
* * * * 6 find /opt/zbx-backup/database/ -mtime +60 -type f -delete
```

整个 Zabbix 组件备份的演示到此结束。

11.2.3　工作原理

Zabbix 配置由几个组件组成，Zabbix 前端、Zabbix server 和 Zabbix database。这些组件需要使用不同的软件才能运行，如图 11.5 所示。

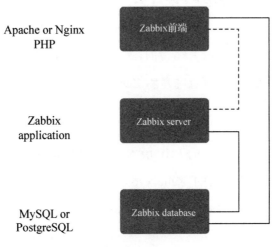

图 11.5

从图 11.5 中可以看到，Zabbix 前端运行在 Apache 或 Nginx 等 Web 应用服务上。另外，还需要 PHP 程序来解析 Zabbix 的页面。这就意味着必须备份两个组件：

- Web 应用服务：Apache、Nginx 或者其他应用服务。

- PHP。

Zabbix server 是 Zabbix 的专有应用程序，需要备份的是 Zabbix server 配置文件。

最后，需要对 Zabbix 后端连接使用的数据库创建 Zabbix 数据库的备份。

上面只是备份了 Zabbix 相关的配置，并不是唯一的方法，也可以使用快照或其他技术进行备份。备份对于系统来说非常重要。

11.3　升级PHP 7.2至PHP 7.4

Zabbix 前端是由 PHP 语言编写的，所有较新的 Linux 版本都已附带了 PHP 7.2 或更高版本的 PHP，这就意味着将 Zabbix 版本从 5.0 升级到 6.0 时，可以直接升级。

Zabbix 6.0 与 Zabbix 5.0 的 PHP 版本要求相同，这就说明只要运行 PHP 7.2 以上版本，就可以运行最新的 Zabbix 6.0。尽管如此，还是建议将其升级到更高的版本，以避免出现一些意外的 Bug（漏洞）。

11.3.1 准备

需要安装 CentOS 8 操作系统，该操作系统将运行 Zabbix server 5.0 和 PHP 7.2。另外，使用 lab-book-zbx5 主机用于演示本节的内容。

最后，在升级 PHP 之前，请确保备份好系统，并详细阅读要安装的新版本的 Zabbix 的发行说明。

11.3.2 操作步骤

本节内容分为两个部分，一个是在 CentOS 8 操作系统上执行升级操作，另一个是在 Ubuntu 操作系统上执行升级操作。

（1）如果已经在 CentOS 8 操作系统上运行了 PHP 7.2，则升级过程会简单一些。下面看一看在这种情况下如何升级主机 lab-book-zbx5。

执行以下命令查看该操作系统当前运行的 PHP 版本：

```
# php-fpm --version
```

如果 PHP 版本低于 7.4，那么执行以下操作：

```
# dnf module list php
```

执行完毕后，会显示类似于图 11.6 的截图，图中显示了 4 个 PHP 版本，分别是 7.2、7.3、7.4 和 8.0。

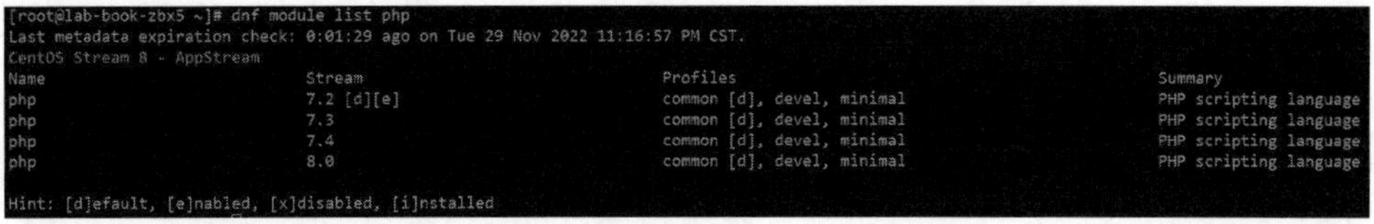

```
[root@lab-book-zbx5 ~]# dnf module list php
Last metadata expiration check: 0:01:29 ago on Tue 29 Nov 2022 11:16:57 PM CST.
CentOS Stream 8 - AppStream
Name        Stream          Profiles                        Summary
php         7.2 [d][e]      common [d], devel, minimal      PHP scripting language
php         7.3             common [d], devel, minimal      PHP scripting language
php         7.4             common [d], devel, minimal      PHP scripting language
php         8.0             common [d], devel, minimal      PHP scripting language

Hint: [d]efault, [e]nabled, [x]disabled, [i]nstalled
```

图 11.6

如果显示的结果与图 11.6 大致相同，就会发现 7.2 或 7.3 是默认的 PHP 模块。图 11.6 中所示的是 7.2，其后边有一个[d]代表默认，[e]代表开启。这时，重置可用的 PHP 模块，执行以下命令，并输入 "Y"，按回车键。

```
# dnf module reset php
```

然后，执行以下命令启用最新的 PHP 版本：

```
# dnf module enable php:7.4
```

输入 "Y"，启用 PHP 7.4，然后使用 dnf update 命令升级 PHP 版本。

再次输入 "Y"，将运行最新的 PHP 7.4。

这些步骤已经在 CentOS 8、Rocky Linux、RHEL 操作系统上进行了测试，因此适用于任何基于 RHEL 8 的操作系统。

（2）在 Ubuntu 操作系统上首先执行以下命令，将 PPA（Personal Package Archive，个人软件包档案）存储库添加到主机上：

```
# apt install software-properties-common
# add-apt-repository ppa:ondrej/php
```

执行以下命令更新存储库：

```
# apt update
```

在安装过程中，存储库的 KEY 可能不可用，因此，可能会看到报错信息 "key is not available"。可以执行以下命令解决此问题，其中 "PUB_KEY_HERE" 是错误中显示的 KEY。

```
# apt-key adv --keyserver keyserver.ubuntu.com --recv-keys
PUB_KEY_HERE
```

执行以下命令安装新版本的 PHP：

```
# apt install -y php7.4 php7.4-fpm php7.4-mysql php7.4-bcmath
php7.4-mbstring php7.4-gd php7.4-xml
```

接下来，验证升级是否成功，执行以下命令检查 PHP 的版本：

```
# php --version
```

11.3.3　工作原理

因为安装 Zabbix 6.0 需要 7.2 或更高版本的 PHP，所以升级 PHP 版本并不是必需的，这与 Zabbix 5.0 的要求相同。如果你仍在使用 RHEL 7、Ubuntu 16.04 或 Debian 8（Stretch），那么建议先升级 Linux 操作系统，Zabbix 6.0 已经放弃了对这些旧 Linux 操作系统的支持。使用支持的软件包的管理方式进行安装比较规范和简单。

现在，仍然可以通过编译的方式在较旧的 Linux 操作系统上安装 Zabbix，但不建议这样做。

对于本章内容来说，PHP 从 7.2（或 7.3）升级到 7.4。在撰写本书时，软件管理器支持的最高 PHP 版本是 PHP 8.0。你可以尝试将 PHP 升级到最高版本，进行此升级不会破坏当前的 Zabbix server，因为 PHP 是向后兼容的。如前所述，升级是一个可选项，因为 PHP 7.2 足以运行 Zabbix 6.0。

现在 PHP 已经升级完毕了，接下来准备升级 Zabbix 数据库。

11.4　升级旧版本的MariaDB至MariaDB 10.6

对于 Zabbix 6.0 的安装，需要 MariaDB 的版本为 10.5 或更高，因此，最好使用最新的数据库版本，以获得更好的处理性能。

本节介绍如何将 MariaDB 升级到最新的稳定版本，即撰写本书时的 MariaDB 10.6。

11.4.1　准备

如果按照之前的操作将 Zabbix 后端的 PHP 从 7.2 升级到 7.4，那么主机上现在应该运行 PHP 7.4。如果没有，那么最好先按照之前章节的内容进行操作。

最后，在升级 MariaDB 之前，请确保备份好系统，并详细阅读要安装的新版本的 Zabbix 的发行说明。

11.4.2　操作步骤

首先，打开 Linux 主机执行以下命令，查看各个软件的当前版本。

查看 Zabbix server 的版本：

```
# zabbix_server --version
```

查看 PHP 的版本：

```
# php-fpm --version
```

查看 MariaDB 的版本：

```
# mysql --version
```

（1）在 CentOS 操作系统的 Linux 主机上检查完版本后，需要做的第一件事就是执行以下命令停止 MariaDB 服务：

```
# systemctl stop mariadb
```

然后，执行以下命令为 MariaDB 配置数据库安装源文件：

```
# vim /etc/yum.repos.d/MariaDB.repo
```

将以下内容添加到此文件中，如果使用 AMD64 以外的架构，请确保在"baseurl"参数之后添加正确的架构：

```
# MariaDB 10.6 CentOS repository list
# http://downloads.mariadb.org/mariadb/repositories/
[mariadb]
name = MariaDB
baseurl = http://yum.mariadb.org/10.6/rhel8-amd64
gpgkey = https://yum.mariadb.org/RPM-GPG-KEY-MariaDB
gpgcheck = 1
```

执行以下命令升级 MariaDB 服务：

```
# dnf install MariaDB-client MariaDB-server
```

执行以下命令重新启动 MariaDB 服务：

```
# systemctl start mariadb
```

很简单吧，执行以下命令再次检查版本，以确保升级成功：

```
# mysql --version
```

（2）在 Ubuntu 操作系统的 Linux 主机上需要做的第一件事也是执行以下命令停止 MariaDB 服务：

```
# systemctl stop mariadb
```

使用 MariaDB 提供的脚本更新数据库安装源，执行以下命令：

```
# curl -sS https://downloads.mariadb.com/MariaDB/mariadb_repo_
setup | bash
```

　　脚本会将最新的数据库安装源添加到/etc/apt/sources.list.d/mariadb.list 文件中。要查看它是否为 MariaDB 10.6 以上版本，那么可以执行以下命令：

```
# vim /etc/apt/sources.list.d/mariadb.list
```

　　该文件的内容应该与下面类似，如果看起来不正确，那么要对其进行编辑以匹配书中的内容。如果使用 AMD64 以外的架构，请确保在"deb"行上添加正确的架构。

```
# MariaDB Server
# To use a different major version of the server, or to pin to a specific
minor version, change URI below.
deb [arch=amd64]
http://downloads.mariadb.com/MariaDB/mariadb-10.6/repo/ubuntu focal
main

# MariaDB MaxScale
# To use the latest stable release of MaxScale, use "latest" as the
version
# To use the latest beta (or stable if no current beta) release of
MaxScale, use "beta" as the version
deb [arch=amd64]
http://downloads.mariadb.com/MaxScale/latest/ubuntu focal main

# MariaDB Tools
deb [arch=amd64] http://downloads.mariadb.com/Tools/ubuntu focal
main
```

　　执行以下命令删除旧的 MariaDB 包：

```
# apt remove --purge mariadb-server mariadb-client zabbix-server-
mysql
```

　　执行以下命令安装新版本的 MariaDB 服务：

```
# apt install mariadb-server mariadb-client zabbix-server-mysql
```

执行以下命令重启 MariaDB 服务：

```
# systemctl restart mariadb-server
```

然后，执行以下升级命令：

```
# mariadb-upgrade
```

这样，就完成了 MariaDB 的升级，执行以下命令再次检查版本：

```
# mysql --version
```

11.4.3　工作原理

虽然数据库升级并不是必需的，但是应该及时、定期地升级数据库版本。新版本的数据库的引擎性能和稳定性会更高。这两者都可以极大地提升 Zabbix server 的业务表现。

虽然 MariaDB 10.6 不是市面上最新的版本，但是建议你在升级时，可以保留 1 到 2 个版本。因为这些版本已经在生产环境中稳定运行了一段时间，新的发行版本可能会有一些 Bug，毕竟，没人喜欢去当"小白鼠"。

对于 Zabbix 6.0，需要安装 MariaDB 10.5 以上版本，请明确这一点。

Zabbix 6.0 允许运行不受支持的数据库版本。如果无法升级 MariaDB 到 10.5 以上版本，那么可以添加以下参数编辑/etc/zabbix/zabbix_server.conf 配置文件：

```
AlloUnsupportedDBVersion=1
```

这个参数允许运行旧版本的数据库，但 Zabbix 官方不建议这么做。查看当前 Zabbix LTS 版本安装要求的官方文档路径如下：

Documentation→current→en→manual→installation→requirements

11.5　Zabbix版本升级

正如在整本书中看到的这样，Zabbix 6.0 提供了大量很酷的新功能。Zabbix 6.0是LTS版本，因此就像Zabbix 4.0和Zabbix 5.0一样，你将得到Zabbix官方对它的长期支持。接下来，看一看如何将 Zabbix server 从 5.0 升级到 6.0 版本。

11.5.1　准备

需要名为 lab-book-zbx5 的这台主机。因此主机需要运行于 CentOS 8、RHEL 8 的 Linux 发行版本或基于 Debian 的发行版本，如 Ubuntu 18.04、Debian 10 或高于这些版本的发行版本。

如果按照之前的操作将 Zabbix 后端的 PHP 从 7.2 版升级到 7.4 版，那么主机现在运行的应该是 PHP 7.4。如果不是，那么最好先按照 11.3 节的步骤操作。

如果按照之前的操作，将数据库从旧的 MariaDB 版本升级到新版本，那么现在的数据库应该是 MariaDB 10.6 或更高的版本，如果不是，那么最好先按照 11.4 节的步骤操作。

最后，在升级 Zabbix 之前，请确保备份好系统，并详细阅读要安装的新版本的 Zabbix 的发行说明。

11.5.2　操作步骤

首先，打开 Linux 主机的命令行界面执行以下命令，查看各个软件当前的版本。

查看 Zabbix server 的版本：

```
# zabbix_server --version
```

查看 PHP 的版本：

```
# php-fpm --version
```

查看 MariaDB 的版本：

```
# mysql --version
```

（1）在 CentOS 操作系统的 Linux 主机上升级 Zabbix server。

执行以下命令停止 Zabbix 服务：

```
# systemctl stop zabbix-server zabbix-agent2
```

执行以下命令添加 Zabbix 6.0 的安装源：

```
# rpm -Uvh https://repo.zabbix.com/zabbix/6.0/rhel/8/x86_64/
zabbix-release-6.0-1.el8.noarch.rpm
```

执行以下命令清空软件管理器的缓存：

```
# dnf clean all
```

执行以下命令升级 Zabbix 相关组件：

```
# dnf upgrade zabbix-server-mysql zabbix-web-mysql zabbix-agent2
```

执行以下命令安装 Zabbix Aapche 配置文件：

```
# dnf install zabbix-apache-conf
```

执行以下命令启动 Zabbix 服务：

```
# systemctl restart zabbix-server zabbix-agent2
```

执行以下命令检查服务是否正常，如果正常，那么显示"Active（running）"：

```
# systemctl status zabbix-server
```

如果服务没有启动，那么执行以下命令检查，分析出现问题的原因：

```
# tail -f /var/log/zabbix/zabbix_server.log
```

检查日志文件中是否有值得注意的错误，如果发现错误，那么先进行修复。

修复错误后，执行以下命令重新启动 Zabbix server，直至运行正常。

```
# systemctl restart zabbix-server
```

执行以下命令更新 php-fpm 模块的时区：

```
# vi /etc/php-fpm.d/zabbix.conf
```

执行以下命令重新启动 Zabbix 组件：

```
# systemctl restart httpd php-fpm zabbix-server mariadb
```

如果顺利，就应该可以看到新的 Zabbix 6.0 前端，如图 11.7 所示。

（2）在 Ubuntu 操作系统的 Linux 主机上执行以下命令停止 Zabbix 服务：

```
# systemctl stop zabbix-server zabbix-agent2
```

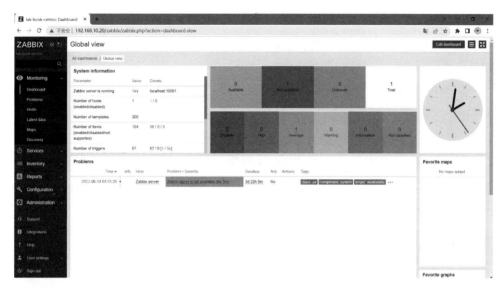

图 11.7

执行以下命令在 Ubuntu 操作系统上添加 Zabbix 6.0 的安装源：

```
# wget https://repo.zabbix.com/zabbix/6.0/ubuntu/pool/main/z/
zabbix-release/zabbix-release_6.0-1+ubuntu20.04_all.deb
# dpkg -i zabbix-release_6.0-1+ubuntu20.04_all.deb
```

提示：关注 zabbix.com/download，以便为系统获取正确的安装源。

执行以下命令更新安装源信息：

```
# apt update
```

执行以下命令升级 Zabbix：

```
# apt install -only-upgrade zabbix-server-mysql zabbix-frontend-php
zabbix-agent2
```

确保不要覆盖 Zabbix server 的配置文件，如果覆盖了配置文件，那么可以用 11.2 节的备份文件恢复它。

执行以下命令启动 Zabbix 服务：

```
# systemctl restart zabbix-server httpd zabbix-agent2
```

如果没有启动，那么执行以下命令检查，分析出现问题的原因：

```
# tail -f /var/log/zabbix/zabbix_server.log
```

检查日志文件中是否有值得注意的错误，如果发现错误，那么先进行修复。

修复错误后，执行以下命令重新启动 Zabbix server，直至运行正常。

```
# systemctl restart zabbix-server
```

在升级结束后，应该可以看到新的 Zabbix 6.0 前端。

11.5.3　工作原理

在运行最新版本的 Linux 操作系统时，升级 Zabbix 可能是一件非常容易的事情。但是，当运行旧版本的软件时，可能会遇到一些问题。

刚刚展示的是从 Zabbix 5.0 升级到 Zabbix 6.0 的过程，可以看到通过系统的软件包进行升级非常简单。因为环境不同，配置不同，所以在升级的过程中，可能会遇到各式各样的问题，但是本书中无法一一列举。

提示：在升级时，请务必留意 zabbix_server.log 文件，因为此文件会告诉你在升级的过程中是否存在问题。

因为 Zabbix 5.0 要求 PHP 的最低版本为 7.2，这使得升级到 Zabbix 6.0 的过程非常简单。对于数据库，Zabbix 为了提高性能、追求稳定引入了一些新的要求，例如，需要 MariaDB 10.5 及更高的版本。

综上所述，Zabbix 6.0 都在使用一些新的应用软件。当然，等到 Zabbix 7.0 问世的时候，你可能又会看到一些新的要求，因为这比较符合 Zabbix 一贯的宗旨，就是面向未来。

11.6　Zabbix性能维护

Zabbix 有几个关键组件对于保持最佳性能非常重要。下面来看一看如何处理其中的一些组件，并让 Zabbix 持续保持平稳运行。

11.6.1　准备

只需要一台配置了 MariaDB 或 PostgreSQL 数据库的 Zabbix server。

11.6.2　操作步骤

在维护 Zabbix server 时经常会遇到以下 3 个主要问题。

1. Zabbix process

你在使用 Zabbix 时遇到的最常见的问题可能是 Zabbix process（Zabbix 进程）太忙了。先登录 Zabbix 前端看一看这个问题是什么样的。

单击"Monitoring"→"Dashboard"选项，然后选择默认的 Dashboard（仪表盘）Global view 页面，可能会看到如图 11.8 所示的内容。

图 11.8

然后，单击"Monitoring"→"Hosts"选项，再单击 Zabbix server 的"Latest data"选项（本例中的 lab-book-centos）查看这台主机的监控数据。

在页面上方的是过滤器，用户可以通过这个过滤器过滤出想要看到的数据。在过滤器中的"Name"字段中输入"discoverer"，然后单击"Graph"按钮，会看到如图 11.9 所示的页面。

图 11.9 表示 discoverer（发现）进程的监控数据始终为 100%，这就解释了仪表盘（如图 11.8 所示）中提示告警的原因。

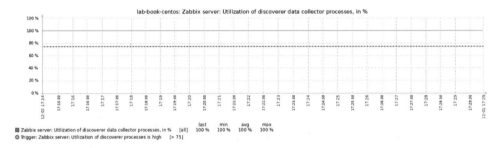

图 11.9

登录 Zabbix server，执行以下命令查看 Zabbix server 的配置文件：

```
# vi /etc/zabbix/zabbix_server.conf
```

如果想给 Zabbix server 配置更多的 discoverer 进程，就需要配置以下参数，如图 11.10 所示。

```
### Option: StartDiscoverers
#       Number of pre-forked instances of discoverers.
#
# Mandatory: no
# Range: 0-250
# Default:
# StartDiscoverers=1
```

图 11.10

将以下内容添加到图 11.10 中参数的下方：

```
StartDiscoverers=2
```

添加完成后如图 11.11 所示，保存并退出。

```
### Option: StartDiscoverers
#        Number of pre-forked instances of discoverers.
#
# Mandatory: no
# Range: 0-250
# Default:
# StartDiscoverers=1
StartDiscoverers=2
```

图 11.11

执行以下命令重新启动 Zabbix server，使其参数生效：

```
# systemctl restart zabbix-server
```

回到 Zabbix 前端，查看之前的图形，应该可以看到如图 11.12 所示的内容。

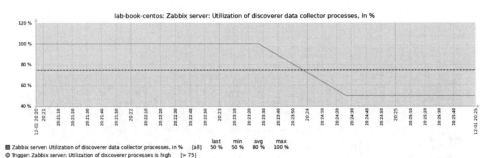

图 11.12

可以看到，discoverer 进程的利用率已经下降，通过增加进程解决了利用率过高的问题。

2. Zabbix housekeeper

你在使用 Zabbix 时，经常会遇到 Zabbix housekeeper 进程繁忙的情况，可以登录 Zabbix 前端查看问题。

单击"Monitoring"→"Dashboard"选项，然后在默认的 Dashboard Global view 页面中，可能会看到如图 11.13 所示的内容。

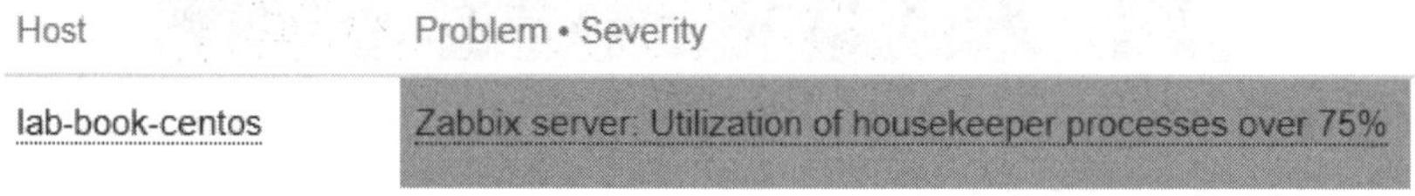

Host	Problem · Severity
lab-book-centos	Zabbix server: Utilization of housekeeper processes over 75%

图 11.13

与之前配置 discoverer 进程类似，也可以配置 Zabbix housekeeper 参数，打开 Zabbix server 的命令行。接下来，编辑以下命令：

```
# vi /etc/zabbix/zabbix_server.conf
```

向下滚动命令行，直到看到如图 11.14 所示的内容。

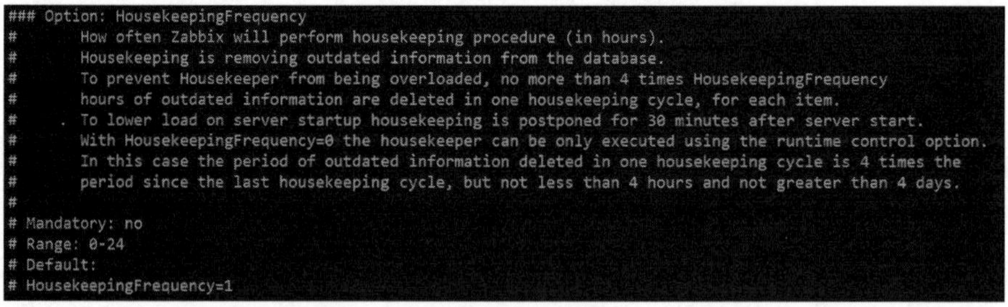

```
### Option: HousekeepingFrequency
#       How often Zabbix will perform housekeeping procedure (in hours).
#       Housekeeping is removing outdated information from the database.
#       To prevent Housekeeper from being overloaded, no more than 4 times HousekeepingFrequency
#       hours of outdated information are deleted in one housekeeping cycle, for each item.
#    .  To lower load on server startup housekeeping is postponed for 30 minutes after server start.
#       With HousekeepingFrequency=0 the housekeeper can be only executed using the runtime control option.
#       In this case the period of outdated information deleted in one housekeeping cycle is 4 times the
#       period since the last housekeeping cycle, but not less than 4 hours and not greater than 4 days.
#
# Mandatory: no
# Range: 0-24
# Default:
# HousekeepingFrequency=1
```

图 11.14

"HousekeepingFrequency"是第一个与 Zabbix housekeeper 进程相关的参数，删除该参数前的"#"并将"1"修改为"2"：

```
HousekeepingFrequency=2
```

提示：延长 Zabbix housekeeper 进程执行的间隔时间并不一定能解决这个问题，只不过拖延了问题发生的时间而已。

再向下滚动命令行，直到看到如图 11.15 所示的内容。

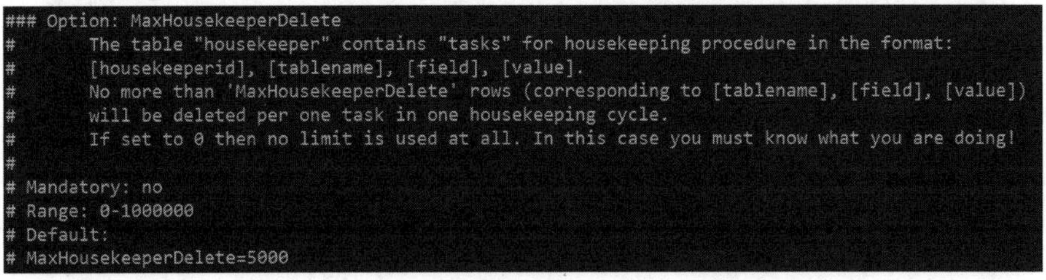

```
### Option: MaxHousekeeperDelete
#       The table "housekeeper" contains "tasks" for housekeeping procedure in the format:
#       [housekeeperid], [tablename], [field], [value].
#       No more than 'MaxHousekeeperDelete' rows (corresponding to [tablename], [field], [value])
#       will be deleted per one task in one housekeeping cycle.
#       If set to 0 then no limit is used at all. In this case you must know what you are doing!
#
# Mandatory: no
# Range: 0-1000000
# Default:
# MaxHousekeeperDelete=5000
```

图 11.15

图 11.15 显示了第二个与 Zabbix housekeeper 进程相关的参数，删除 "MaxHousekeeperDelete" 前的 "#" 并将 "5000" 修改为 "20000"：

```
MaxHousekeeperDelete=20000
```

修改完成后保存并退出，执行以下命令重新启动 Zabbix server，使其参数生效：

```
# systemctl restart zabbix-server
```

3. MySQL 数据库优化

下面看一看如何轻松地优化 MySQL 数据库。首先，在浏览器中输入网址 3。

这是一个由 Major Hayden 发起的开源 GitHub 项目。可以直接下载脚本，或者直接在浏览器中输入网址 4。

可以执行以下命令运行此脚本：

```
# perl mysqltuner.pl
```

这时，可能会提示需要 MySQL 数据库的用户名和密码。在填写用户名和密码后进行后面的操作，如图 11.16 所示。

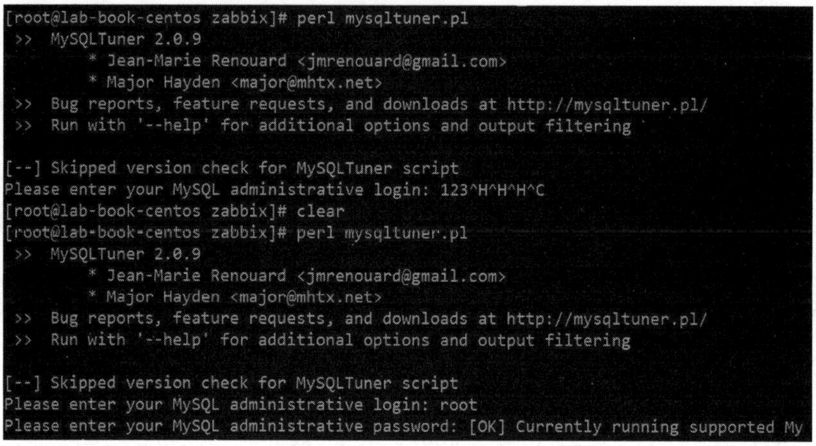

```
[root@lab-book-centos zabbix]# perl mysqltuner.pl
 >>  MySQLTuner 2.0.9
        * Jean-Marie Renouard <jmrenouard@gmail.com>
        * Major Hayden <major@mhtx.net>
 >>  Bug reports, feature requests, and downloads at http://mysqltuner.pl/
 >>  Run with '--help' for additional options and output filtering

[--] Skipped version check for MySQLTuner script
Please enter your MySQL administrative login: 123^H^H^H^C
[root@lab-book-centos zabbix]# clear
[root@lab-book-centos zabbix]# perl mysqltuner.pl
 >>  MySQLTuner 2.0.9
        * Jean-Marie Renouard <jmrenouard@gmail.com>
        * Major Hayden <major@mhtx.net>
 >>  Bug reports, feature requests, and downloads at http://mysqltuner.pl/
 >>  Run with '--help' for additional options and output filtering

[--] Skipped version check for MySQLTuner script
Please enter your MySQL administrative login: root
Please enter your MySQL administrative password: [OK] Currently running supported My
```

图 11.16

脚本将输出很多你需要仔细阅读的信息，但最重要的部分在最后，也就是"Variables"之后的所有内容都要调整，如图 11.17 所示。

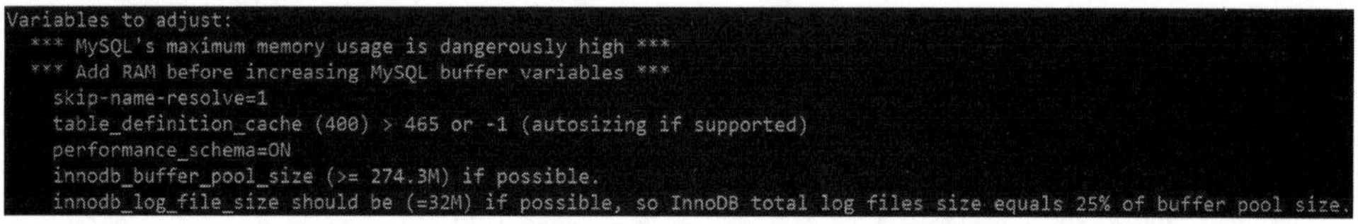

```
Variables to adjust:
 *** MySQL's maximum memory usage is dangerously high ***
 *** Add RAM before increasing MySQL buffer variables ***
    skip-name-resolve=1
    table_definition_cache (400) > 465 or -1 (autosizing if supported)
    performance_schema=ON
    innodb_buffer_pool_size (>= 274.3M) if possible.
    innodb_log_file_size should be (=32M) if possible, so InnoDB total log files size equals 25% of buffer pool size.
```

图 11.17

提示：不要简单地复制此脚本的输出。该脚本只提供了一个指标，只是在 MySQL 数据库的配置中可以调整的内容。你要尽量先了解这些配置的具体含义，再根据所给的建议进行配置。

可以执行以下命令在 MySQL 数据库的 my.cnf 文件中编辑这些参数：

```
# vi /etc/my.cnf.d/server.cnf
```

在修改完通过脚本获得的建议参数后，执行以下命令重新启动 MySQL
服务：

```
# systemctl restart mariadb
```

11.6.3　工作原理

在 11.6.2 节中完成了可以为 Zabbix server 做的主要的性能优化。其实还有
很多工作要做。现在回过头来看一看 11.6.2 节中在配置文件里修改的内容，考
虑一下为什么要修改它们。

1. Zabbix process

Zabbix process 是 Zabbix server 配置中的重要组成部分，必须小心修改。在
11.6.2 节中，我们修改了 discoverer 进程的数量，因为主机还有充足的资源来运
行多个进程。

在图 11.18 中，我们可以看到修改参数之前 discoverer 进程的情况。

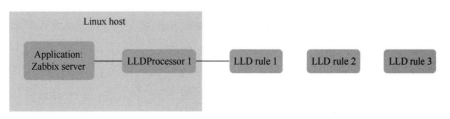

图 11.18

在这里可以看到在一台 Linux 主机上运行着 Zabbix server 应用程序，并且
可以看到 LLDProcessor 1 在发现进程后正在处理 LLD rule 1（规则 1），而 LLD
rule 2 和 LLD rule 3 正在排队。因为 LLDProcessor 1 子进程一次只能处理一个
规则。

正如你看到的那样，为了处理排队的任务，现在需要增加一个 LLDProcessor，如图 11.19 所示。

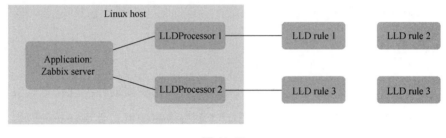

图 11.19

新的配置在一定程度上平衡了系统的负载。LLD rule 只能由单个 discoverer 进程处理。这就意味着，如果有多个 LLD rule，那么可以添加多个 discoverer 进程，以确保每个 LLD rule 都有足够的可用资源。所以，它与其他处理进程的工作方式相同，更多的处理进程意味着可以更快地处理任务。

并非所有问题都通过简单地投入更多的资源来解决。一些 Zabbix 本身的配置就存在问题，例如某些监控项的采集时间过长，占用处理进程的时间必然会增加，占用时间增加必然会导致处理进程繁忙。所以，建议应该先从根本上解决这些配置方面的问题，消除高负载。

另外需要强调的是，可以在限制范围内为 Zabbix server 添加更多的处理进程，在此需要注意 Linux 主机硬件所能达到的负载峰值，确保有足够的内存和 CPU 资源来实际运行这些进程后再使用 Zabbix proxy 分摊这些性能负载。

2. Zabbix housekeeper

在尚未配置 MySQL 表分区或 PostgreSQL 的 TimescaleDB 的情况下，Zabbix housekeeper 进程是一个非常重要的进程。Zabbix housekeeper 进程是一个连接

到 Zabbix 数据库，然后逐行删除已过期信息的进程。你可能会问，过期是什么意思？也就是在 Zabbix server 中配置监控项的数据在数据库中保留多长时间的限制。可以单击"Administration"→"General"选项，然后在下拉菜单中找到"Housekeeping"，如图 11.20 所示。

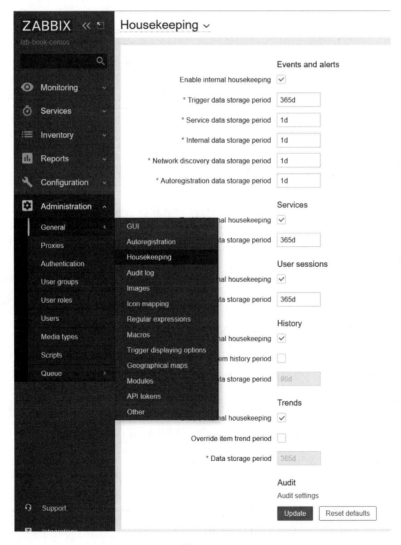

图 11.20

这些是 Zabbix 的全局 History（历史数据）和 Trends（趋势数据）在 Housekeeping 中能配置的参数。这里定义了监控项所采集的监控数据应该在数据库中保留多长时间。如果查看模板或者主机上的监控项，那么可以看到如图 11.21 所示的这些参数。

图 11.21

监控项的配置会覆盖全局配置，因此可以通过这些参数对数据的保存时间进行调整，这就是 Zabbix housekeeper 进程检查数据库的依据。

接下来，看一下之前在 11.6.2 节中对 Zabbix server 配置文件所做的调整，"HousekeepingFrequency" 即 Zabbix housekeeper 进程的执行频率。在 11.6.2 节的 "2. Zabbix housekeeper" 中，我们修改完配置后，已经将它的执行频率从每小时执行一次降低到每两小时执行一次。这样可以避免 Zabbix housekeeper 进程执行频繁，导致所看到的 Zabbix housekeeper 进程负载过高。

这里还更改了 "MaxHousekeeperDelete" 参数，这个参数决定了 Zabbix housekeeper 进程在每次运行时允许删除多少行数据。默认每小时可以删除 5000 行数据。使用新的配置，允许每两小时可以删除 20 000 行数据。

这么做有什么意义呢？在旧的数据越来越少后，Zabbix housekeeper 进程的执行效率会得到提升。环境不同，Zabbix housekeeper 进程的配置不同，所以必须自己去实践以便确定一个最佳参数值。

当 Zabbix 数据库的规模逐渐变大时，Zabbix housekeeper 进程删除数据的速度可能小于写入数据的速度。这时就需要用到 MySQL 的表分区或 PostgreSQL 的 TimescaleDB（针对数据库的底层分区）。如果预计的监控规模比较大，那么从一开始就配置 MySQL 表分区或使用 PostgreSQL 的 TimescaleDB 是非常明智的选择。

3. 调整 MySQL 数据库

这里使用 mysqltuner.pl 脚本调整 MySQL 数据库。通过查看这个脚本运行后的结果，可以总结如下：它查看 MySQL 数据库的当前利用率，然后输出它认为正确的调优变量。

请注意，脚本输出的内容只能用作参考，就像 Zabbix housekeeper 进程配置的参数一样，这里没有办法给出一个明确的标准的数据库配置。这些只是参数调整的参考，其实数据库的优化非常复杂。

在没有优化 MySQL 数据库的思路时，该脚本能够提供一些参考。还可以通过定期阅读有关数据库的博客文章、书籍来扩展知识。

上面介绍了如何调整 MySQL 数据库，但没有介绍如何调整 PostgreSQL 数据库。网络上有很多相关的内容可供参考，所以关于这一点的更多信息，建议查看 PostgreSQL 的维基百科，其中有很多不错的建议可供选择。

第 12 章　高级数据库管理

对于 Zabbix 来说，数据库管理从一开始就很重要，Zabbix 通过数据库不仅管理各种相关的监控配置，还存储监控数据。这些监控数据不仅可以对要发生的故障进行预警，对于发生故障后的复盘分析也起到很重要的作用。但是随着数据库中的数据增加，当存储的数据超过一定容量时，Zabbix housekeeper 进程清理数据的速度小于数据容量的增加速度。这让运维人员面临了一个比较大的挑战。

本章介绍当 Zabbix housekeeper 进程清理数据的速度小于数据容量的增加速度时，如何防止出现因数据库容量过大而导致磁盘空间不足及性能的问题。MySQL 数据库的用户可以使用数据库表分区来解决这个问题，而 PostgreSQL 数据库的用户寻求使用全新的 TimescaleDB（时序数据库）是一种非常不错的解决方案。最后，本章介绍通过加密的方式，建立 Zabbix server 与数据库之间的安全连接。

12.1　为Zabbix数据库配置MySQL表分区

在使用 MySQL 数据库时，面临的一个最大的问题是如何保存这些数据，因为这些数据并没有顺序，所以在清理大块数据时会导致数据库负载很高，严重时会影响 Zabbix server 的正常使用。使用 MySQL 表分区就可以解决这个问题了，下面介绍如何将它配置于 Zabbix server 数据库。

12.1.1　准备

需要准备一台安装有 MySQL（MariaDB）数据库的 Zabbix server 的主机，此主机命名为 lab-book-mysql-mgmt，本示例中使用的是 MariaDB 数据库，因为它的使用方式和 MySQL 数据库的使用方式是一样的，所以足以满足接下来的学习要求，如果要在生产环境中按照以下步骤操作，就要确保先进行数据库备份。

12.1.2　操作步骤

首先，打开服务的命令行界面执行命令。

下面介绍一个终端复用小工具——tmux。对大型数据库进行分区可能需要花费数天的时间，因此保存执行终端的会话非常重要，这样可以防止由于网络中断等原因导致执行终端丢失。如果还没有安装 tmux，那么建议先安装它。

在 CentOS 操作系统的 Linux 主机上执行以下命令：

```
dnf install tmux
```

在 Ubuntu 操作系统的 Linux 主机上执行以下命令：

```
apt install tmux
```

执行以下命令打开新的 tmux 会话：

```
tmux
```

虽然并不是必须在 tmux 窗口中运行分区，但是在对较大的数据库进行分区时，可能需要很长时间，可以将数据库迁移到一台性能比较好的计算机进行分区，如果没有这种条件，建议最好在分区时停止 Zabbix server。

执行以下命令以 root 用户身份登录 MySQL 数据库：

```
mysql -u root -p
```

执行以下命令使用 Zabbix 数据库：

```
USE zabbix;
```

需要对一些表进行分区，首先需要知道表上的 UNIX 时间戳，执行以下
命令：

```
SELECT FROM_UNIXTIME(MIN(clock)) FROM history;
```

如果命令正确执行，应该显示如图 12.1 所示的内容。

```
MariaDB [zabbix]> SELECT FROM_UNIXTIME(MIN(clock)) FROM history;
+---------------------------+
| FROM_UNIXTIME(MIN(clock)) |
+---------------------------+
| 2022-06-16 12:36:24       |
+---------------------------+
1 row in set (0.004 sec)
```

图 12.1

对于需要进行分区的每个表，此时间戳都应该大致相同，通过对其余 history
表执行相同的查询命令可以验证这一点：

```
SELECT FROM_UNIXTIME(MIN(clock)) FROM history;
SELECT FROM_UNIXTIME(MIN(clock)) FROM history_uint;
SELECT FROM_UNIXTIME(MIN(clock)) FROM history_str;
SELECT FROM_UNIXTIME(MIN(clock)) FROM history_text;
SELECT FROM_UNIXTIME(MIN(clock)) FROM history_log;
```

不同的表可能返回不同的值，甚至根本不返回任何值，在创建分区时，需
要考虑到这点，显示 "NULL" 的分区代表没有数据（如图 12.2 所示）。

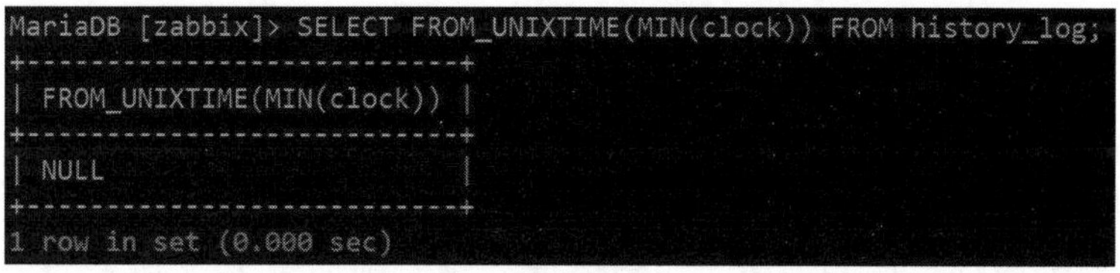

图 12.2

从 history 表开始，我按天对这个表进行分区，执行以下命令，从 2022 年 6 月 16 日开始，创建 7 天的分区，直到 2022 年 6 月 23 日。下面的命令较长，建议先在记事本中编写后再粘贴到命令行执行。

```
ALTER TABLE history PARTITION BY RANGE (clock)
(PARTITION p2022_06_16 VALUES LESS THAN (UNIX_TIMESTAMP("2022-06-17
00:00:00")) ENGINE = InnoDB,
PARTITION p2022_06_17 VALUES LESS THAN (UNIX_TIMESTAMP("2022-06-18
00:00:00")) ENGINE = InnoDB,
PARTITION p2022_06_18 VALUES LESS THAN (UNIX_TIMESTAMP("2022-06-19
00:00:00")) ENGINE = InnoDB,
PARTITION p2022_06_19 VALUES LESS THAN (UNIX_TIMESTAMP("2022-06-20
00:00:00")) ENGINE = InnoDB,
PARTITION p2022_06_20 VALUES LESS THAN (UNIX_TIMESTAMP("2022-06-21
00:00:00")) ENGINE = InnoDB,
PARTITION p2022_06_21 VALUES LESS THAN (UNIX_TIMESTAMP("2022-06-22
00:00:00")) ENGINE = InnoDB,
PARTITION p2022_06_22 VALUES LESS THAN (UNIX_TIMESTAMP("2022-06-23
00:00:00")) ENGINE = InnoDB);
```

如果只保留 7 天的历史数据，那么通过手动创建可能感觉并不困难。如果想保存更多的时间，那么可能需要准备一张大列表。使用 Excel 等软件或编写一个小脚本批量创建这个大列表可能会更容易。

你看到的时间戳可能与这里演示的时间戳不一样。所以，请按照实际查询的时间戳进行匹配，本示例最早的数据来自 6 月 16 日，因此这是旧分区，在创建分区时最新的分区应该与实际分区的日期匹配。

复制并粘贴在记事本中准备好的 SQL 语句，然后按回车键，这可能需要一段时间，因为数据表可能很大，在完成后，将看到如图 12.3 所示的内容。

```
MariaDB [zabbix]> ALTER TABLE history PARTITION BY RANGE (clock)
  -> (PARTITION p2022_06_16 VALUES LESS THAN (UNIX_TIMESTAMP("2022-06-17 00:00:00")) ENGINE = InnoDB,
  -> PARTITION p2022_06_17 VALUES LESS THAN (UNIX_TIMESTAMP("2022-06-18 00:00:00")) ENGINE = InnoDB,
  -> PARTITION p2022_06_18 VALUES LESS THAN (UNIX_TIMESTAMP("2022-06-19 00:00:00")) ENGINE = InnoDB,
  -> PARTITION p2022_06_19 VALUES LESS THAN (UNIX_TIMESTAMP("2022-06-20 00:00:00")) ENGINE = InnoDB,
  -> PARTITION p2022_06_20 VALUES LESS THAN (UNIX_TIMESTAMP("2022-06-21 00:00:00")) ENGINE = InnoDB,
  -> PARTITION p2022_06_21 VALUES LESS THAN (UNIX_TIMESTAMP("2022-06-22 00:00:00")) ENGINE = InnoDB,
  -> PARTITION p2022_06_22 VALUES LESS THAN (UNIX_TIMESTAMP("2022-06-23 00:00:00")) ENGINE = InnoDB);
Query OK, 3165 rows affected (0.042 sec)
Records: 3165  Duplicates: 0  Warnings: 0
```

图 12.3

对下列其他的历史数据表执行相同的分区操作：

- history_uint。

- history_str。

- history_text。

- history_log。

对所有历史数据表进行分区后，还需要对 trends 和 trends_uint 这两张趋势表进行分区。

可以使用以下 SQL 语句查看最早的时间戳：

```
SELECT FROM_UNIXTIME(MIN(clock)) FROM trends;
SELECT FROM_UNIXTIME(MIN(clock)) FROM trends_uint;
```

对于这些表，需要注意较早的月份，示例表的时间戳是 2022 年 6 月。

执行以下命令进行此表的分区：

```
ALTER TABLE trends PARTITION BY RANGE (clock)
 (PARTITION p2022_06 VALUES LESS THAN (UNIX_TIMESTAMP("2022-07-01
00:00:00")) ENGINE = InnoDB,
 PARTITION p2022_07 VALUES LESS THAN (UNIX_TIMESTAMP("2022-08-01
00:00:00")) ENGINE = InnoDB,
 PARTITION p2022_08 VALUES LESS THAN (UNIX_TIMESTAMP("2022-09-01
00:00:00")) ENGINE = InnoDB);
```

同样，从最早显示的 UNIX 时间戳开始进行分区，直到当前月份，并且还为将来的数据创建了一些新分区，如图 12.4 所示。

```
MariaDB [zabbix]> ALTER TABLE trends PARTITION BY RANGE (clock)
 -> (PARTITION p2022_06 VALUES LESS THAN (UNIX_TIMESTAMP("2022-07-01 00:00:00")) ENGINE = InnoDB,
 -> PARTITION p2022_07 VALUES LESS THAN (UNIX_TIMESTAMP("2022-08-01 00:00:00")) ENGINE = InnoDB,
 -> PARTITION p2022_08 VALUES LESS THAN (UNIX_TIMESTAMP("2022-09-01 00:00:00")) ENGINE = InnoDB);
Query OK, 84 rows affected (0.023 sec)
Records: 84  Duplicates: 0  Warnings: 0
```

图 12.4

不要忘了对 trends_uint 表执行相同的操作。

数据库的分区到此结束，为了方便分区，下面提供了分区脚本：

```
wget https://www.grandage.cn/partition_call.sql
wget https://www.grandage.cn/partition_all.sql
```

将以上两个分区 sql 文件下载到/tmp 目录下。

首先，执行以下命令将 partition_call.sql 文件导入数据库中：

```
mysql -uzabbix -ppassword < /tmp/partition_call.sql
```

执行以下命令编辑 partition_all.sql 文件：

```
vi /usr/lib/zabbix/partition_all.sql
```

需要在如图 12.5 所示的部分编辑一些文本。

```
1   DELIMITER $$
2   CREATE PROCEDURE  partition_maintenance_all (SCHEMA_NAME VARCHAR(32))
3   BEGIN
4       CALL partition_maintenance(SCHEMA_NAME, 'history', 15, 24, 5);
5       CALL partition_maintenance(SCHEMA_NAME, 'history_log', 15, 24, 5);
6       CALL partition_maintenance(SCHEMA_NAME, 'history_str', 15, 24, 5);
7       CALL partition_maintenance(SCHEMA_NAME, 'history_text', 15, 24, 5);
8       CALL partition_maintenance(SCHEMA_NAME, 'history_uint', 15, 24, 5);
9       CALL partition_maintenance(SCHEMA_NAME, 'trends', 365, 24, 10);
10      CALL partition_maintenance(SCHEMA_NAME, 'trends_uint', 365, 24, 10);
11  END$$
12  DELIMITER ;
```

图 12.5

"SCHEMA_NAME" 代表需要分区的数据库。

"trends_uint" 代表需要分区的表名。

"365" 代表分区表的最大数量。

"24" 代表按天分区，24 小时。

"15" 代表每次创建 15 个分区（如果定时任务 1 天执行一次，那么该数值可以调整，建议值为 15）。

执行以下命令进行分区：

```
mysql -uroot -p -e "call partition_maintenance_all('zabbix')"
```

执行以下命令查看是否分区成功：

```
show create table trends \G;
```

如果分区成功，那么应该会看到如图 12.6 所示的输出。

```
MariaDB [zabbix]> show create table trends \G;
*************************** 1. row ***************************
       Table: trends
Create Table: CREATE TABLE `trends` (
  `itemid` bigint(20) unsigned NOT NULL,
  `clock` int(11) NOT NULL DEFAULT 0,
  `num` int(11) NOT NULL DEFAULT 0,
  `value_min` double NOT NULL DEFAULT 0,
  `value_avg` double NOT NULL DEFAULT 0,
  `value_max` double NOT NULL DEFAULT 0,
  PRIMARY KEY (`itemid`,`clock`)
) ENGINE=InnoDB DEFAULT CHARSET=utf8mb4 COLLATE=utf8mb4_bin
 PARTITION BY RANGE (`clock`)
(PARTITION `p2022_12` VALUES LESS THAN (1672549200) ENGINE = InnoDB,
 PARTITION `p2023_01` VALUES LESS THAN (1675227600) ENGINE = InnoDB,
 PARTITION `p2023_02` VALUES LESS THAN (1677646800) ENGINE = InnoDB,
 PARTITION `p2023_03` VALUES LESS THAN (1680321600) ENGINE = InnoDB,
 PARTITION `p2023_04` VALUES LESS THAN (1682913600) ENGINE = InnoDB,
 PARTITION `p2023_05` VALUES LESS THAN (1685592000) ENGINE = InnoDB,
 PARTITION `p2023_06` VALUES LESS THAN (1688184000) ENGINE = InnoDB,
 PARTITION `p2023_07` VALUES LESS THAN (1690862400) ENGINE = InnoDB,
 PARTITION `p2023_08` VALUES LESS THAN (1693540800) ENGINE = InnoDB,
 PARTITION `p2023_09` VALUES LESS THAN (1696132800) ENGINE = InnoDB)
```

图 12.6

执行以下命令，编写一个定时任务：

```
crontab -e
```

为了自动执行脚本，将以下内容添加到文件中：

```
0 0 * * * mysql -uroot -p -e "call partition_maintenance_all
('zabbix')"
```

返回 Zabbix 前端，单击"Administration"→"General"选项。

在下拉菜单中单击"Housekeeping"选项，如图 12.7 所示。

由于脚本接管了数据库 History 和 Trends 数据的删除，因此必须禁用 History 和 Trends 的内务管理，如图 12.8 所示。

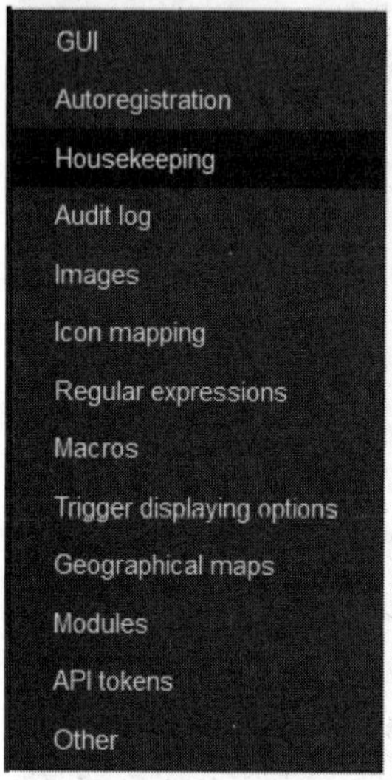

GUI

Autoregistration

Housekeeping

Audit log

Images

Icon mapping

Regular expressions

Macros

Trigger displaying options

Geographical maps

Modules

API tokens

Other

History

Enable internal housekeeping ☐

Override item history period ☐

* Data storage period 90d

Trends

Enable internal housekeeping ☐

Override item trend period ☐

* Data storage period 365d

图 12.7    图 12.8

Zabbix 数据库分区配置到此结束。

12.1.3 工作原理

数据库分区看似是一个比较复杂的任务，但是从上述操作来看，不难做到。它只是将 Zabbix 最重要的数据库表基于时间分区。在配置完这些分区后，只需要执行一条命令管理这些表即可。

假设今天是 2022 年 6 月 16 日，今天的所有 History 数据将写入当天的分区中，所有的 Trends 数据将写入本月的分区中，如图 12.9 所示。

实际上脚本只做了两件事，为将来要写入的数据提前创建分区，并删除旧分区。

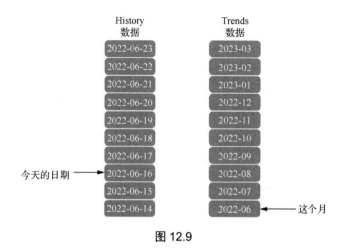

图 12.9

对于删除分区，一旦分区早于指定的时间，它就删除整个分区。对于创建分区，当每次运行脚本时，它都会从今天开始在将来创建 10 个分区，当然，在分区已经存在的情况下除外。

数据库分区比 Zabbix 自带的数据清理要好得多，原因很明显，它的效率更高，清理数据更快。Zabbix housekeeper 进程逐行检查 Zabbix 数据库的 UNIX 时间戳，然后在查找到指定数据后删除该行，这需要时间和性能资源，但是删除分区几乎是即时的。

对 Zabbix 数据库进行分区的一个缺点是，不能再使用前端 Item（监控项）的 History 和 Trends 管理配置，这就意味着无法为不同的 Item 指定不同的 History 数据和 Trends 数据，因为这一切都是全局性的。

12.1.4 参考

当第一次使用 Zabbix 时，我凭借自己的能力，在遇到问题时，在互联网上寻找答案。互联网上有很多、很好的数据分区指南和其他数据库调优的资料。

12.2　使用PostgreSQL数据库的TimescaleDB

TimescaleDB 是一个开源的基于时间序列数据的 PostgreSQL 数据库的扩展插件。使用 PostgreSQL 数据库的 TimescaleDB 为 Zabbix 在数据库方面提供了可靠的保障。接下来将介绍在新主机上安装 PostgreSQL 数据库的 TimescaleDB，以及如何通过使用 Zabbix 来配置它。

12.2.1　准备

需要准备一台 Linux 主机，并命名为 lab-book-postgresql-mgmt。

12.2.2　操作步骤

（1）登录 CentOS 操作系统的 Linux 主机的命令行界面。需要安装 PostgreSQL 11 或更高版本的 PostgreSQL 数据库。这里安装 PostgreSQL 12，先禁用 AppStream，执行以下命令：

```
dnf -qy module disable postgresql
```

执行以下命令添加 TimescaleDB 安装源：

```
dnf install https://download.postgresql.org/pub/repos/yum/
reporpms/EL-8-x86_64/pgdg-redhat-repo-latest.noarch.rpm
```

执行以下命令安装 PostgreSQL 数据库：

```
dnf install postgresql12 postgresql12-server
```

执行以下命令初始化数据库：

```
/usr/pgsql-13/bin/postgresql-12-setup initdb
```

执行以下命令编辑文件：

```
vi /etc/yum.repos.d/timescale_timescaledb.repo
```

将以下信息添加到文件中并保存：

```
[timescale_timescaledb]
name=timescale_timescaledb
baseurl=https://packagecloud.io/timescale/timescaledb/el/7/$base
arch
repo_gpgcheck=1
gpgcheck=0
enabled=1
gpgkey=https://packagecloud.io/timescale/timescaledb/gpgkey
sslverify=1
sslcacert=/etc/pki/tls/certs/ca-bundle.crt
metadata_expire=300
```

执行以下命令安装 TimescaleDB：

```
dnf install timescaledb-postgresql-12
```

提示：对于国内用户来说，这个安装过程可能会稍微慢一些，需要等待一段时间。

（2）登录 Ubuntu 操作系统的 Linux 主机的命令行界面。执行以下命令添加 PostgreSQL 数据库：

```
echo "deb http://apt.postgresql.org/pub/repos/apt/ $(lsb_release -c
-s)-pgdg main" | tee /etc/apt/sources.list.d/pgdg.list
wget --quiet -O
-https://www.postgresql.org/media/keys/ACCC4CF8.asc | apt-key add -
apt update
```

执行以下命令添加 TimescaleDB 安装源：

```
add-apt-repository ppa:timescale/timescaledb-ppa
```

```
apt update
```

执行以下命令安装 PostgreSQL 数据库：

```
vi /etc/yum.repos.d/timescale_timescaledb.repo
```

执行以下命令开启开机启动 PostgreSQL 数据库：

```
vi /etc/yum.repos.d/timescale_timescaledb.repo
```

下面介绍如何配置 TimescaleDB。

先执行以下命令：

```
timescaledb-tune
```

如果运行不起作用，那么需要执行以下命令指定 PostgreSQL 数据库的位置：

```
timescaledb-tune --pg-config=/usr/pgsql-12/bin/pg_config
```

在第一次安装时，按照步骤回答 "Y" 和 "N" 即可。

然后，执行以下命令重新启动 PostgreSQL 数据库：

```
systemctl restart postgresql-12
```

如果还没有安装 Zabbix，那么可以按照下面步骤进行安装。

（1）在 CentOS 操作系统的 Linux 主机上执行以下命令：

```
rpm -Uvh https://repo.zabbix.com/zabbix/6.0/rhel/8/x86_64/zabbix-
release-6.0-1.el8.noarch.rpm
dnf clean all
dnf install zabbix-server-pgsql zabbix-web-pgsql zabbixapache-conf
zabbix-agent2
```

（2）在 Ubuntu 操作系统的 Linux 主机上执行以下命令：

```
wget https://repo.zabbix.com/zabbix/6.0/ubuntu/pool/main/z/
zabbix-release/zabbix-release_6.0-1+ubuntu20.04_all.deb
dpkg -i zabbix-release_6.0-1+ubuntu20.04_all.deb
apt update
apt install zabbix-server-pgsql zabbix-frontend-phpphppgsql
zabbix-apache-conf zabbix-agent
```

执行以下命令创建数据库：

```
sudo -u postgres createuser --pwprompt zabbix
sudo -u postgres createdb -O zabbix zabbix
```

执行以下命令导入 PostgreSQL 数据库结构：

```
zcat /usr/share/doc/zabbix-server-pgsql*/create.sql.gz |
sudo -u zabbix psql zabbix
```

通过编辑它，将数据库密码添加到 Zabbix 配置文件中：

```
vi /etc/zabbix/zabbix_server.conf
```

修改以下参数，其中“DBHost”参数为空，密码为刚才创建数据库时设置
的密码：

```
DBHost=
DBPassword=password
```

执行以下命令启用 TimescaleDB：

```
echo "CREATE EXTENSION IF NOT EXISTS timescaledb CASCADE;" | sudo
-u postgres psql zabbix
```

解压缩位于下面目录中的 timescaledb.sql 文件：

```
gunzip /usr/share/doc/zabbix-sql-scripts/postgresql/timescaledb.
```

```
sql.gz
```

执行以下命令导入 timescaledb.sql 文件：

```
cat /usr/share/doc/zabbix-sql-scripts/postgresql/timescaledb.sql
| sudo -u zabbix psql zabbix
```

在返回 Zabbix 前端之前，还需要编辑 pg_hba.conf 文件，用于允许 Zabbix
前端进行连接。编辑文件如下：

```
vim /var/lib/pgsql/12/data/pg_hba.conf
```

确保文件中的以下行匹配，它们需要以 md5 结尾：

```
# "local" is for Unix domain socket connections only
local all all
md5
# IPv4 local connections:

host all all 127.0.0.1/32
md5
# IPv6 local connections:
host all all ::1/128
md5
```

现在，启动 Zabbix，完成前端配置。

（1）在 CentOS 操作系统的 Linux 主机上执行以下命令：

```
systemctl restart zabbix-server zabbix-agent2 httpd php-fpm
systemctl enable zabbix-server zabbix-agent2 httpd php-fpm
```

（2）在 Ubuntu 操作系统的 Linux 主机上执行以下命令：

```
systemctl restart zabbix-server zabbix-agent2 apache2 php-fpm
systemctl enable zabbix-server zabbix-agent2 apache2 php-fpm
```

单击"Administration"→"General"选项，在下拉菜单中选择"Housekeeping"选项。

编辑以下参数，TimescaleDB 将负责维护数据保留期，如图 12.10 所示。

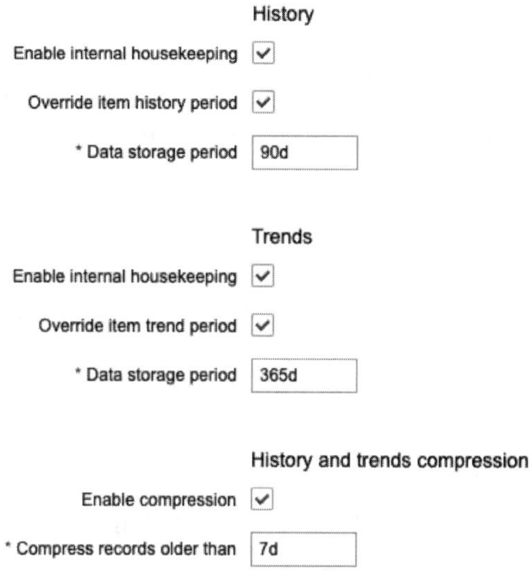

History

Enable internal housekeeping ☑

Override item history period ☑

* Data storage period | 90d |

Trends

Enable internal housekeeping ☑

Override item trend period ☑

* Data storage period | 365d |

History and trends compression

Enable compression ☑

* Compress records older than | 7d |

图 12.10

12.2.3　工作原理

TimescaleDB 的工作原理是将 PostgreSQL 数据库的 Hypertable（时间序列表）基于时间 Chunk（块）进行划分。Zabbix 分区逻辑图如图 12.11 所示。

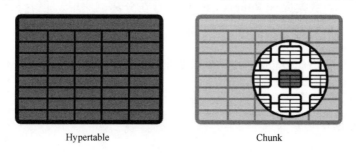

Hypertable　　　　　　Chunk

图 12.11

这种基于时间的 Chunk 从数据库中删除的速度要比使用 Zabbix housekeeper 进程快得多。Zabbix housekeeper 进程通过逐行查询数据库中的 UNIX 时间戳，然后在达到指定的时间戳时删除这一行。这比较消耗时间和性能资源，而删除一个 Chunk 几乎是瞬间完成的。

在 Zabbix 数据库中使用 TimescaleDB 的另一个好处是，仍然可以使用前端监控项的历史记录和趋势配置。最重要的是，TimescaleDB 可以压缩数据，使得数据库更小。

其缺点是不能单独为某个监控项指定不同的 History 数据和 Trends 数据的保存时间，一切都是全局性的。

12.2.4　参考

12.2.2 节详细介绍了 PostgreSQL 数据库的 TimescaleDB 的安装过程。由于这个安装过程不断变化，在安装和部署前请仔细阅读官方的 TimescaleDB 文档。

12.3　配置Zabbix数据库安全连接

Zabbix server 的另一个很棒的功能是能够对数据库和 Zabbix 组件之间的数据进行加密。当数据库和 Zabbix server 运行在分离网络时，很容易受到"中间人攻击（MITM）"或其他网络攻击。利用这些攻击可以获得对监控数据的访问权限。本节将介绍在 Zabbix 组件和数据库之间配置 MySQL 加密，让数据库使用起来更安全。

12.3.1　准备

需要 Zabbix server 配置一个外部使用的数据库。使用 lab-book-secure-db 和

lar-book-secure-zbx 这两台主机。

数据库不会运行在 Zabbix server 上，而运行在 lab-book-secure-db 这台主机上。lab-book-secure-zbx 这台 Zabbix server 主机将用于连接外部 lar-book-secure-db 主机上的数据库。

请确保在 lar-book-secure-db 主机上安装了 MariaDB 数据库，并使用支持加密的最新版本。如果还没有，请参考第 11 章将 Zabbix 的 MariaDB 数据库从旧版本升级到 MariaDB 10.6，或在线查看文档。

12.3.2　操作步骤

准备好两台演示主机后，确保两台主机的 hosts 文件都包含主机名和 IP 地址，执行以下命令编辑该文件：

```
vi /etc/hosts
```

将主机名和 IP 地址填入该文件中，如下所示：

```
192.168.10.170 lab-book-secure-db
192.168.10.171 lab-book-secure-zbx
```

在 lab-book-secure-db 主机上登录 MariaDB 数据库创建 Zabbix 数据库：

```
mysql -u root -p
```

执行以下命令以创建数据库：

```
create database zabbix character set utf8mb4 collate
utf8mb4_bin;
```

为了确保建立一个能够安全访问数据库的用户，这里指定了 Zabbix 主机的 IP 地址。限制其他 IP 地址访问数据库：

```
create user 'zabbix'@'192.168.10.171' identified
BY 'password';
grant all privileges on zabbix.* to 'zabbix'@'192.168.10.171';
flush privileges;
```

退出 MariaDB 数据库，然后执行以下命令运行脚本：

```
mariadb-secure-installation
```

登录 lab-book-secure-zbx 主机并执行以下命令安装 Zabbix 的安装源：

```
rpm -Uvh https://repo.zabbix.com/zabbix/6.0/rhel/8/x86_64/
zabbix-release-6.0-1.el8.noarch.rpm
dnf clean all
```

执行以下命令添加 MariaDB 的安装源：

```
wget https://downloads.mariadb.com/MariaDB/mariadb_repo_setup
chmod +x mariadb_repo_setup
./mariadb_repo_setup
```

然后，请使用以下基于 RHEL 系统的命令安装 Zabbix server 及其所需的组件。

（1）在 CentOS 操作系统的 Linux 主机上执行以下命令：

```
dnf install zabbix-server-mysql zabbix-web-mysql zabbix-apache-conf
zabbix-agent2 zabbix-sql-scripts MariaDB-client
```

（2）在 Ubuntu 操作系统的 Linux 主机上执行以下命令：

```
apt install zabbix-server-mysql zabbix-frontend-php
zabbix-apache-conf zabbix-agent2 mariadb-client
```

从 Zabbix server 连接到远程数据库主机，并执行以下命令导入数据库表结构和默认数据：

```
zcat /usr/share/zabbix-sql-scripts/mysql/server.sql.gz |
mysql-h192.168.10.170 -uzabbix -p'password' zabbix
```

打开一个名为 openssl.cnf 的文件，并编辑它：

```
vi /etc/pki/tls/openssl.cnf
```

在此文件中，需要编辑以下几行：

```
countryName_default = XX
stateOrProvinceName_default = Default Province
localityName_default = Default City
0.organizationName_default = Default Company Ltd
organizationalUnitName_default.=
```

编辑完毕后，应该看起来如图 12.12 所示。

```
countryName                     = Country Name (2 letter code)
countryName_default             = CN
countryName_min                 = 2
countryName_max                 = 2

stateOrProvinceName             = State or Province Name (full name)
stateOrProvinceName_default     = China

localityName                    = Locality Name (eg, city)
localityName_default            = Shanghai

0.organizationName              = Organization Name (eg, company)
0.organizationName_default      = Grandage

# we can do this but it is not needed normally :-)
#1.organizationName             = Second Organization Name (eg, company)
#1.organizationName_default     = World Wide Web Pty Ltd

organizationalUnitName          = Organizational Unit Name (eg, section)
organizationalUnitName_default  = Grandage

commonName                      = Common Name (eg, your name or your server\'s hostname)
commonName_max                  = 64

emailAddress                    = china@zabbix.com
emailAddress_max                = 64
```

图 12.12

要注意以下这一行：

```
dir = /etc/pki/CA # Where everything is kept
```

这说明默认目录是/etc/pki/CA。如果你的目录不同，那么要进行相应的修改操作。保存后关闭该文件。

执行以下命令为私有证书创建新的文件夹：

```
mkdir -p /etc/pki/CA/private
```

执行以下命令创建 CA 根证书：

```
openssl req -new -x509 -keyout /etc/pki/CA/private/cakey.pem
-out /etc/pki/CA/cacert.pem -days 3650 -newkey rsa:4096
```

系统将会提示输入密码，如图 12.13 所示。

```
[root@lab-book-secure-zbx doc]# openssl req -new -x509 -keyout /etc/pki/CA/private/cakey.pem -out /etc/pki/CA/cace
rt.pem -days 3650 -newkey rsa:4096
Generating a RSA private key
.......................................................................+++++
...........................................................+++++
writing new private key to '/etc/pki/CA/private/cakey.pem'
Enter PEM pass phrase:
```

图 12.13

接下来，输入一些信息。可以使用之前在配置文件中填写的默认值，可以直接按回车键，直到出现"Common Name"。

填写 Root CA，并添加电子邮件地址，如图 12.14 所示。

```
Country Name (2 letter code) [NL]:
State or Province Name (full name) [Noord-Holland]:
Locality Name (eg, city) [Shanghai]:
Organization Name (eg, company) [Opensource ICT solutions]:
Organizational Unit Name (eg, section) [Opensource ICT solutions]:
Common Name (eg, your name or your server's hostname) []:Root CA
Email Address []:china@zabbix.com
```

图 12.14

执行以下命令创建 Zabbix server 自签名证书：

```
touch /etc/pki/CA/index.txt
echo 01 > /etc/pki/CA/serial
```

然后，执行以下命令创建文件夹：

```
mkdir /etc/pki/CA/unsigned
mkdir /etc/pki/CA/newcerts
mkdir /etc/pki/CA/certs
```

执行以下命令为 lab-book-secure-zbx 主机创建自签名证书：

```
openssl req -nodes -new -keyout /etc/pki/CA/private/zbx-srv_key.pem
-out /etc/pki/CA/unsigned/zbx-srv_req.pem -newkey rsa:2048
```

系统将会提示再添加一个密码和信息。在公共名称之前使用默认值，如图 12.15 所示。

```
[root@lab-book-secure-zbx ~]# openssl req -nodes -new -keyout /etc/pki/CA/private/zbx-srv_key.pem -out /etc/pki/CA
/unsigned/zbx-srv_req.pem -newkey rsa:2048
Generating a RSA private key
...........+++++
....+++++
writing new private key to '/etc/pki/CA/private/zbx-srv_key.pem'
-----
You are about to be asked to enter information that will be incorporated
into your certificate request.
What you are about to enter is what is called a Distinguished Name or a DN.
There are quite a few fields but you can leave some blank
For some fields there will be a default value,
If you enter '.', the field will be left blank.
-----
Country Name (2 letter code) [NL]:
State or Province Name (full name) [Noord-Holland]:
Locality Name (eg, city) [Shanghai]:
Organization Name (eg, company) [Opensource ICT solutions]:
Organizational Unit Name (eg, section) [Opensource ICT solutions]:
Common Name (eg, your name or your server's hostname) []:lab-book-secure-zbx
Email Address []:china@zabbix.com

Please enter the following 'extra' attributes
to be sent with your certificate request
A challenge password []:
An optional company name []:
[root@lab-book-secure-zbx ~]#
```

图 12.15

执行以下命令为 lab-book-secure-db 主机创建自签名证书：

```
openssl req -nodes -new -keyout /etc/pki/CA/private/mysql-srv_key.
pem -out /etc/pki/CA/unsigned/mysql-srv_req.pem -newkey rsa:2048
```

像如图 12.16 所示这样进行回答。

执行以下命令为 lab-book-secure-zbx 主机颁发证书：

```
openssl ca -policy policy_anything -days 365 -out /etc/pki/CA/
certs/zbx-srv_crt.pem -infiles /etc/pki/CA/unsigned/zbx-srv_req.pem
```

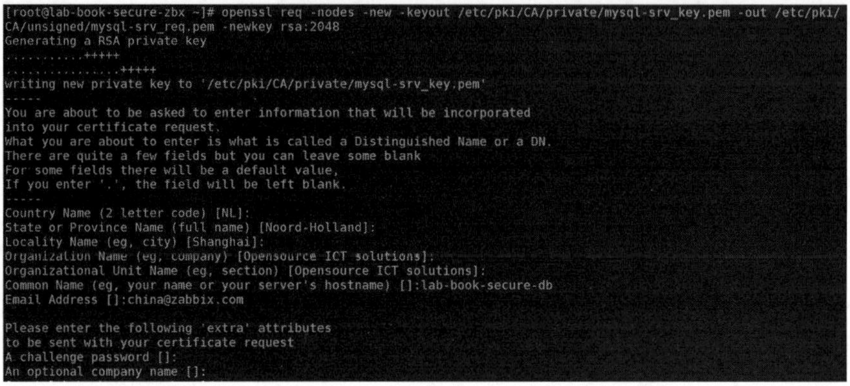

图 12.16

然后，会被提示签署证书吗？输入"Y"来回答这个问题和下面所有的问题，如图 12.17 所示。

图 12.17

执行以下命令为 lab-book-secure-db 主机颁发证书，并重复回答"Y"的操作：

```
openssl ca -policy policy_anything -days 365 -out /etc/pki/CA/certs/
mysql-srv_crt.pem -infiles /etc/pki/CA/unsigned/mysql-srv_req.pem
```

登录 lab-book-secure-db 主机，执行以下命令为证书创建一个目录：

```
mkdir /etc/my.cnf.d/certificates/
```

执行以下命令为目录添加对应的权限：

```
chown -R mysql. /etc/my.cnf.d/certificates/
```

返回 lab-book-secure-zbx 主机，执行以下命令将文件复制到数据库主机中：

```
scp /etc/pki/CA/private/mysql-srv_key.pem root@192.168.10.170:/
etc/my.cnf.d/certificates/mysql-srv.key
    scp /etc/pki/CA/certs/mysql-srv_crt.pem root@192.168.10.170:/
etc/my.cnf.d/certificates/mysql-srv.crt
    scp /etc/pki/CA/cacert.pem root@192.168.10.170:/etc/my.cnf.d/
certificates/cacert.crt
```

登录 lab-book-secure-db 主机，执行以下命令修改文件权限：

```
chown -R mysql:mysql /etc/my.cnf.d/certificates/
chmod 400 /etc/my.cnf.d/certificates/mysql-srv.key
chmod 444 /etc/my.cnf.d/certificates/mysql-srv.crt
chmod 444 /etc/my.cnf.d/certificates/cacert.crt
```

执行以下命令编辑 MariaDB 配置文件：

```
vi /etc/my.cnf.d/server.cnf
```

在[mysqld]块下的配置文件中添加以下各行：

```
bind-address=lab-book-secure-db
ssl-ca=/etc/my.cnf.d/certificates/cacert.crt
ssl-cert=/etc/my.cnf.d/certificates/mysql-srv.crt
ssl-key=/etc/my.cnf.d/certificates/mysql-srv.key
```

执行以下命令登录 MySQL 数据库：

```
mysql -u root -p
```

确保 Zabbix MySQL 数据库用户需要 SSL 加密，修改命令如下：

```
alter user 'zabbix'@'10.16.16.152' require ssl;
flush privileges;
```

退出 MariaDB 数据库的命令行界面，然后执行以下命令重新启动 MariaDB：

```
systemctl restart mariadb
```

回到 lab-book-secure-zbx 主机，执行以下命令为证书创建目录：

```
 mkdir -p /var/lib/zabbix/ssl/
```

使用以下内容将证书复制到此文件夹中：

```
cp /etc/pki/CA/cacert.pem /var/lib/zabbix/ssl/
cp /etc/pki/CA/certs/zbx-srv_crt.pem /var/lib/zabbix/ssl/
zbx-srv.crt
cp /etc/pki/CA/private/zbx-srv_key.pem /var/lib/zabbix/ssl/
zbx-srv.key
```

编辑 Zabbix 主机配置文件以使用以下证书：

```
vim /etc/zabbix/zabbix_server.conf
```

确保正确配置所连接的 lab-book-secure-db 数据库：

```
DBHost=lab-book-secure-db
DBName=zabbix
DBUser=zabbix
DBPassword=password
```

确保正确配置 SSL 相关配置：

```
DBTLSConnect=verify_full
DBTLSCAFile=/var/lib/zabbix/ssl/cacert.pem
```

```
DBTLSCertFile=/var/lib/zabbix/ssl/zbx-srv.crt
DBTLSKeyFile=/var/lib/zabbix/ssl/zbx-srv.key
```

另外，还需要为 SSL 相关文件添加正确的权限：

```
chown -R zabbix:zabbix /var/lib/zabbix/ssl/
chmod 400 /var/lib/zabbix/ssl/zbx-srv.key
chmod 444 /var/lib/zabbix/ssl/zbx-srv.crt
chmod 444 /var/lib/zabbix/ssl/cacert.pem
```

启用 Zabbix 主机。

（1）在 CentOS 操作系统的 Linux 主机上执行以下命令：

```
systemctl restart zabbix-server zabbix-agent2 httpd php-fpm
systemctl enable zabbix-server zabbix-agent2 httpd php-fpm
```

（2）在 Ubuntu 操作系统的 Linux 主机上执行以下命令：

```
systemctl restart zabbix-server zabbix-agent2 apache2 php-fpm
systemctl enable zabbix-server zabbix-agent2 apache2 php-fpm
```

然后，返回 Zabbix 前端，填写数据库相关的配置信息，如图 12.18 所示。

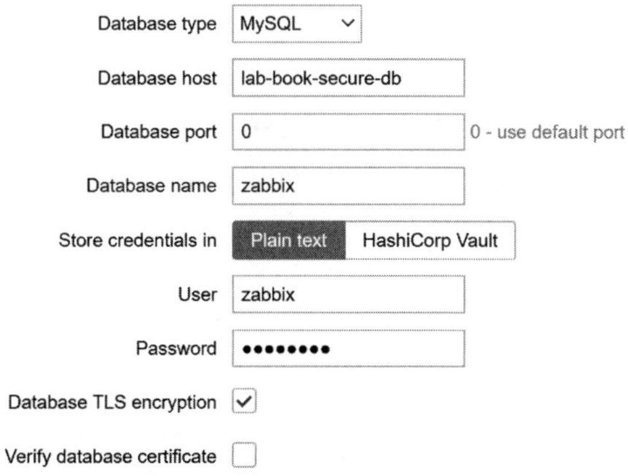

图 12.18

单击"Next"按钮后，完善信息，如图 12.19 所示。

图 12.19

一直单击"Next"按钮，在最后单击"Finish"按钮后，Zabbix 前端配置完成。

12.3.3　工作原理

本节内容相当多，而且复杂，所以为你分解一下：

（1）准备相关的主机。

（2）创建证书。

（3）对 Zabbix 前端进行加密。

通过这些步骤，可以看出配置 Zabbix 数据库是一项相当艰巨的工作。确实如此，创建证书，配置登录过程，大量的步骤会让人觉得非常复杂，所以建议在尝试配置之前，最好深入地学习一下加密方法。

按照本节给出的步骤一步一步操作就可以加密了。这里使用的是私有证书。因为其有效期仅为 365 天，所以需要每年更新一次。

除了 Zabbix server 与 Zabbix 前端之间的通信，所有的 Zabbix 组件都可以进行加密，如图 12.20 所示。

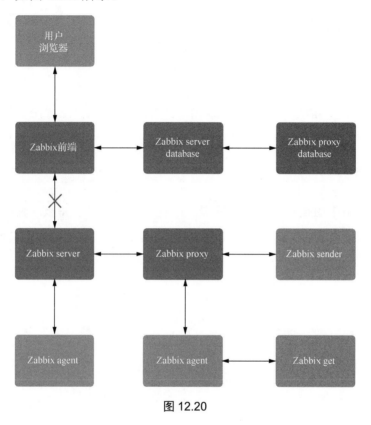

图 12.20

12.3.2 节已经在以下组件之间进行了加密：

（1）Zabbix server 和 MariaDB 数据库之间。

（2）Zabbix 前端和 MariaDB 数据库之间。

这意味着，当 Zabbix server 或 Zabbix 前端请求时或者将数据写入数据库时，它的通信过程将被加密。当 Zabbix 应用程序并未与 Zabbix 数据库在同一台主机上时，这种配置尤为重要。举个例子，如图 12.21 所示。

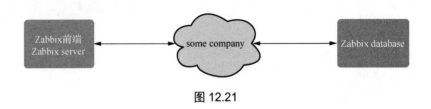

图 12.21

假设某个公司的网络中可能有几个交换机和路由器，它们用于许多具有自己的 VLAN 的客户终端。如果其中一台设备以某种方式被入侵，那么所有的 Zabbix 数据都可以被人看到。

哪怕网络中的设备可以自己管理，但是只要有一台设备被入侵，监控数据就有可能被泄露。这就是为什么可能需要进行加密通信，以增加额外的安全层。

第 13 章 云 监 控

本章介绍一些很特别的内容。一直以来，对于一些用户来说，云监控的复杂令人望而生畏。Zabbix 并没有忽视云计算的重要性。本章将展示使用 Zabbix 监控主流的云计算多么容易。

首先，使用 Zabbix 监控 Amazon Web Services（AWS）云。然后，介绍如何使用 Zabbix 监控微软的 Azure 云和华为云。

在介绍了使用 Zabbix 监控这些公有云产品之后，还会介绍如何使用 Zabbix 对 Docker 进行监控。我经常被问到一个问题，即使用 Zabbix 能监控 Docker 吗？在阅读完本章后，相信你能够轻松地监控这些产品。

由于本章重点关注 AWS 云、Azure 云、华为云、Docker 监控，因此需要先自行注册 AWS 云、Azure 云、华为云账号，配置 Docker 环境。本章不介绍这些内容，请确保自己有操作示例的基础环境。

此外，还需要准备一台运行 Zabbix 6.0 的 Zabbix server。本章将使用 lab-book-centos 这台主机。

可以关注 Zabbix 开源社区，并回复"Zabbix 书籍相关"下载本章的代码。

13.1　配置AWS云监控

下面演示如何使用 Zabbix 监控云上的关系型数据库 RDS（Relational Database Service）实例和对象存储服务 S3（Amazon S3）buckets。

13.1.1　准备

对于接下来要演示的内容，需要准备 RDS 和 S3 buckets 的 AWS 云。还需要导入提前准备好的监控模板。

可以关注 Zabbix 开源社区，并回复"Zabbix 书籍相关"找到这个模板文件。

需要注意，使用 Amazon CloudWatch 会产生费用。

13.1.2　操作步骤

使用命令行模式登录 lab-book-centos 这台 Zabbix server。

在 Zabbix server 上，执行以下命令下载 AWS 云的命令行工具安装包：

```
curl https://awscli.amazonaws.com/awscli-exe-linux-x86_64.zip -o "awscliv2.zip"
```

结果如图 13.1 所示。

图 13.1

使用 unzip 命令进行解压缩，如果没有这个命令，那么需要安装它。

（1）在 CentOS 操作系统的 Linux 主机上执行以下命令安装 unzip 命令：

```
dnf install unzip
```

（2）在 Ubuntu 操作系统的 Linux 主机上执行以下命令安装 unzip 命令：

```
apt install unzip
```

在安装完解压缩命令后，可以使用它来解压缩刚才下载的 AWS 云的命令行工具安装包，命令如下：

```
unzip -q awscliv2.zip
```

执行以下命令安装 AWS 云的命令行工具：

```
./aws/install
```

输出结果如图 13.2 所示。

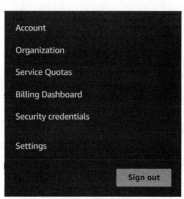

```
[root@Lab-book-centos opt]# ./aws/install
You can now run: /usr/local/bin/aws --version
```

图 13.2

接下来，通过浏览器登录你自己的 AWS 云账号。

然后，单击页面右上角菜单中的 "Security credentials" 选项，如图 13.3 所示。

Account

Organization

Service Quotas

Billing Dashboard

Security credentials

Settings

Sign out

图 13.3

找到访问密钥，如图 13.4 所示。

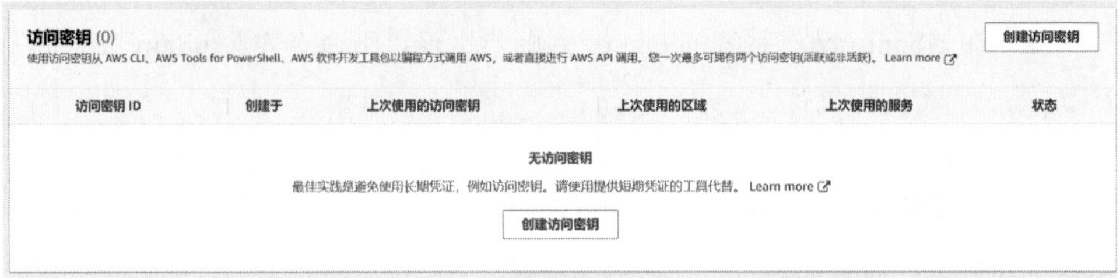

图 13.4

单击"创建访问密钥"按钮以创建新的访问密钥，如图 13.5 所示。

图 13.5

确保已保存访问密钥和秘密访问密钥，因为稍后需要使用它们。

然后，执行以下命令切换到 Zabbix 用户：

```
su -s /bin/bash zabbix
```

在 Zabbix 用户下，执行以下命令：

```
aws configure
```

填写前面已准备好的 AWS 云访问密钥 ID 和秘密访问密钥。另外，请确保
将默认区域更改为首选区域，也就是实际使用哪个区域就填写哪个区域。将输
出格式配置为 "json"。结果如图 13.6 所示。

```
bash-4.4$ aws configure
AWS Access Key ID [****************BR7W]:
AWS Secret Access Key [****************K1tX]:
Default region name [ap-northeast-1]:
Default output format [json]:
bash-4.4$
```

图 13.6

在 Zabbix 用户下的配置已经完成，执行以下命令切换回 root：

```
exit
```

进入以下目录：

```
cd /usr/lib/zabbix/externalscripts
```

然后，执行以下命令在此目录中创建一个名为 "aws_script.sh" 的新脚本
文件：

```
vi aws_script.sh
```

将以下内容添加到该脚本文件中，并保存该文件：

```
#!/bin/bash
instance=$1
metric=$2
now=$(date +%s)
aws cloudwatch get-metric-statistics --metric-name
$metric --start-time "$(echo "$now - 300" | bc)"
--end-time "$now" --period 300 --namespace AWS/RDS
--dimensions Name=DBInstanceIdentifier,Value="$instance"
--statistics Average—dimension
Name=DBInstanceIdentifier,Value="$instance" --statistics
```

```
Average
```

修改 aws_script.sh 用户，并授权，如下所示：

```
chown zabbix:zabbix aws_script.sh
chmod 700 aws_script.sh
```

还需要为 Zabbix agent 添加功能，通过添加用户参数来实现这一点。在
Zabbix 的命令行界面执行以下命令切换目录。

（1）基于 Zabbix agent 的配置文件路径如下：

```
cd /etc/zabbix/zabbix_agentd.d/
```

（2）基于 Zabbix agent 2 的配置文件路径如下：

```
cd /etc/zabbix/zabbix_agent2.d/
```

现在，执行以下命令创建一个新文件：

```
vi userparameter_aws.conf
```

然后，插入以下内容：

```
#Buckets
UserParameter=bucket.discovery,aws s3api list-buckets
--query "Buckets[]"
UserParameter=bucket.get[*], aws s3api list-objects
--bucket "$1" --output json --query "[sum(Contents[].
Size), length(Contents[])]"
#RDS
UserParameter=rds.discovery,aws rds describe-db-instances
--output json --query "DBInstances"
UserParameter=rds.metrics.discovery[*],aws cloudwatch
list-metrics --namespace AWS/RDS --dimensions
Name=DBInstanceIdentifier,Value="$1" --output json
--query "Metrics"
```

执行以下命令，重新加载 Zabbix agent 2：

```
zabbix_agent2 -R userparameter_reload
```

回到 Zabbix 前端，并单击"Configuration"→"Templates"选项。

单击"Import"按钮添加 template_aws.xml 文件。

获取项目代码见网址 5。

然后，单击"Configuration"→"Hosts"选项，再单击"Import"按钮并导入 aws_hosts.xml 文件。

获取项目代码见网址 6。

按照以上步骤操作后将导入一个名为 Template AWS discovery 的监控模板并添加两台 AWS 云主机——Bucket discovery 和 RDS discovery。

13.1.3 工作原理

现在已经在命令行界面完成了所有配置，导入了监控模板和主机，下面看一看它们是如何工作的。单击"Configuration"→"Hosts"选项，目前可以看到两台新的主机。

首先，看一看 AWS Bucket discovery 主机。这台主机会发现 AWS 云的 bucket，如 S3 buckets。可以看到，这台主机只有一个监控配置（Discovery），就是 LLD，如图 13.7 所示。

| | AWS Bucket discovery | | Items | Triggers | Graphs | Discovery 1 | Web | 127.0.0.1:10050 |

图 13.7

单击"Discovery 1"选项后可以看到 Bucket discovery 这个监控项，单击"Bucket discovery"这个监控项以后，可以看到它使用的是"bucket.discovery"这个 Key（如图 13.8 所示）。

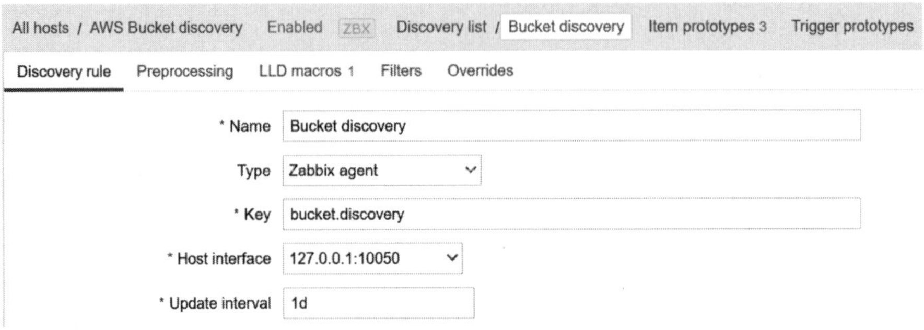

图 13.8

此 Key 就是在"UserParameter"参数中定义的下面这条命令：

```
aws s3api list-buckets --query "Buckets[]"
```

执行这条命令是为了获取每个 AWS 云的 bucket，并将其放入{#NAME} LLD 宏中。此外，在自动发现规则中还有 3 个监控项原型。比较重要的监控项原型是"{#NAME}"，如图 13.9 所示。

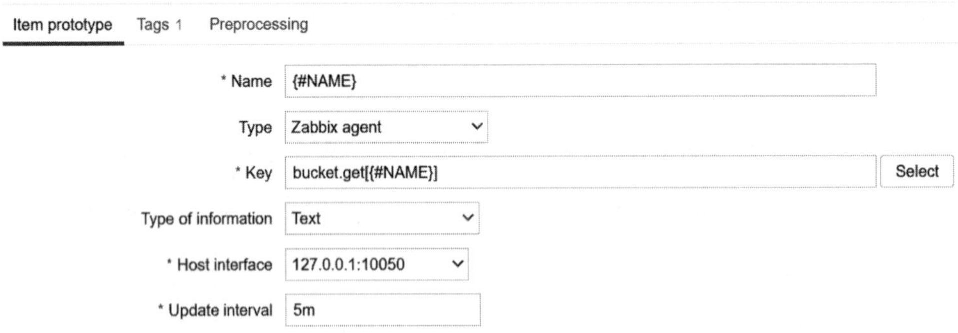

图 13.9

它通过执行 bucket.get 来为"{#NAME}"获取每个 bucket 的信息，也就是对应另一个自定义监控键的执行命令。

```
aws s3api list-objects --bucket "$1" --output json --query
"[sum(Contents[].Size), length(Contents[])]"
```

此命令可以从 AWS 云的 bucket 中获取所有信息。然后，另外两个监控项原型使用依赖监控项从"{#NAME}"中提取相关信息，将它们放在不同的监控项中。若对依赖监控项不了解，则请查看第 3 章了解有关依赖监控项的更多信息。

再看一看 AWS RDS discovery 主机，它用于发现 AWS 云的 RDS 实例。如果查看这台主机，就只能看到一个配置，通过"Instance discovery"规则发现实例，它使用"rds.discovery"这个 Key，如图 13.10 所示。

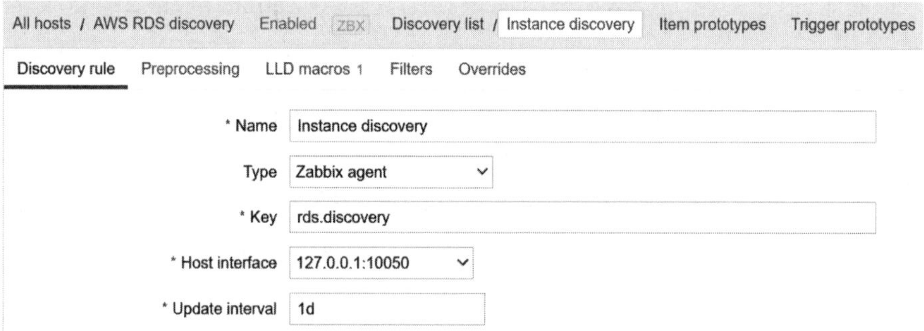

图 13.10

此 Key 就是"UserParameter"参数所定义的下面这条命令：

```
aws rds describe-db-instances --output json --query
"DBInstances"
```

如图 13.11 所示，与 bucket 监控同理，它会将每个 RDS 实例放在 LLD 的"{#NAME}"宏中，并为其创建一个新的 Zabbix 主机。

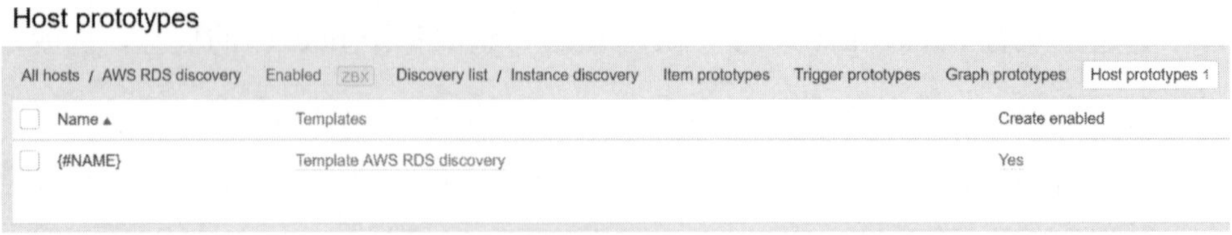

Host prototypes

	Name ▲	Templates				Create enabled
All hosts / AWS RDS discovery	Enabled ZBX	Discovery list / Instance discovery	Item prototypes	Trigger prototypes	Graph prototypes	Host prototypes 1
☐	{#NAME}	Template AWS RDS discovery				Yes

图 13.11

在创建主机之后，它还会将 AWS 云的 RDS 实例自动发现模板链接到新主机。模板有一个自动发现规则，使用 rds.metrics.discovery 键，从 RDS 实例中获取 RDS 监控指标，执行以下命令：

```
aws cloudwatch list-metrics --namespace AWS/RDS --dimensions
Name=DBInstanceIdentifier,Value="$1" --output json --query
"Metrics"
```

简单地说，就是通过 AWS 云的命令行工具使用 Zabbix agent 2 自定义监控，这些自定义监控会在 Zabbix server 上执行相关的命令，最终通过 AWS 云的命令行工具从 AWS CloudWatch 上获取相关的监控数据。

现在已经介绍完了如何使用 AWS 云的命令行工具，通过添加额外的自定义监控命令或创建依赖监控项的方式来获取这些监控信息，从而更进一步扩展了 Zabbix 的监控功能。

13.1.4　参考

在使用 AWS 云监控前可能需要花一些时间去了解 AWS 云的命令行工具。希望本节的示例可以给你奠定一些基础，请查看 AWS 云文档获取更多相关的信息。

13.2　配置Azure云监控

随着数字化转型加速，云需求量日益增加。Azure 云是当今云市场的领导者。本节将介绍如何使用 Zabbix 来监控 Azure 云的 DB 实例。

13.2.1 准备

需要一个 Azure 云的 DB 实例。本节不介绍如何配置 Azure 云的 DB 实例，所以请在操作前做好准备，此处依然使用 lab-book-centos 这台 Zabbix server。

Azure 云的命令行工具是微软 Azure 云团队提供的工具之一，用于通过命令行管理云基础设施，在 RHEL 系统和 Ubuntu 系统上安装时，要确保适配所使用的操作系统环境。

最后，需要准备一个示例的模板。你可以关注 Zabbix 开源社区，并回复"Zabbix 书籍相关"找到示例模板。

13.2.2 操作步骤

Azure 云监控与 AWS 云监控的配置方式类似，看起来可能稍微有点复杂，但其实非常简单。

1. 登录 Zabbix server 命令行模式。在 Zabbix server 上安装 Azure 云的命令行工具。

（1）在 CentOS 操作系统的 Linux 主机上执行以下命令导入 Azure 云存储库键：

```
rpm --import https://packages.microsoft.com/keys/microsoft.asc
```

执行以下命令编辑文件：

```
vi /etc/yum.repos.d/azure-cli.repo
```

添加以下内容：

```
[azure-cli]
```

```
name=Azure CLI
baseurl=https://packages.microsoft.com/yumrepos/azure-cli
enabled=1
gpgcheck=1
gpgkey=https://packages.microsoft.com/keys/microsoft.asc
```

执行以下命令安装 Azure 云的命令行工具：

```
dnf -y install azure-cli
```

（2）在 Ubuntu 操作系统的 Linux 主机上执行以下命令安装所需的依赖包：

```
apt install ca-certificates curl apt-transport-https
lsb-release gnupg
```

执行以下命令下载并安装微软的签名密钥：

```
curl -sL https://packages.microsoft.com/keys/microsoft.
asc |gpg --dearmor | tee /etc/apt/trusted.gpg.d/
microsoft.gpg > /dev/null
```

执行以下命令添加 Azure 云的命令行工具存储库：

```
AZ_REPO=$(lsb_release -cs)
echo "deb [arch=amd64] https://packages.microsoft.com/
repos/azure-cli/ $AZ_REPO main" | tee /etc/apt/sources.
list.d/azure-cli.list
```

更新存储库信息，并执行以下命令安装 Azure 云的命令行工具：

```
apt update
apt install azure-cli
```

2. 配置 Azure 云监控

现在已经安装好了 Azure 云的命令行工具，就可以开始配置 Azure 云监控了。

执行以下命令以 Zabbix 用户的身份登录系统：

```
su -s /bin/bash zabbix
```

作为 Zabbix 用户，现在可以执行以下命令登录 Azure 云的命令行工具：

```
az login
```

会被要求向 Azure 云提供在 Azure 云的命令行工具中显示的密钥和令牌，按照提示操作即可，如图 13.12 所示。

```
[root@Lab-book-centos ~]# az login
To sign in, use a web browser to open the page https://microsoft.com/devicelogin and enter the code IEL3K6J7F to authenticate.
```

图 13.12

成功登录后，执行以下命令从 Zabbix 用户处注销：

```
exit
```

接下来，为 Zabbix 配置自定义键扩展 Zabbix 的功能。

登录 Zabbix server 命令行模式，执行以下命令切换到 Zabbix agent 目录。

（1）Zabbix agent 客户端的配置文件路径如下：

```
cd /etc/zabbix/zabbix_agentd.d/
```

（2）Zabbix agent 2 客户端的配置文件路径如下：

```
cd /etc/zabbix/zabbix_agent2.d/
```

执行以下命令创建一个新文件：

```
vi userparameter_azure.conf
```

在此文件中，添加以下内容：

```
UserParameter=azure.db.discovery,az resource list
--resource-type "Microsoft.DBforMySQL/servers"
```

还需要配置一个 Zabbix 的外部脚本。执行以下命令切换目录：

```
cd /usr/lib/zabbix/externalscripts/
```

然后，执行以下命令创建一个 azure_script.sh 脚本：

```
vim azure_script.sh
```

在脚本内添加以下几行命令：

```
#!/bin/bash
id=$1
metric=$2
curr=$(date --utc +%Y-%m-%dT%H:%M:%SZ)
new=$(date --utc -d "($curr) -5minutes" +%Y-%m-%dT%H:%M:%SZ)
az monitor metrics list --resource $id --metric "$metric"
--start-time "$new" --end-time "$curr" --interval PT5M
```

保存文件，执行以下命令来配置对应的权限：

```
chown zabbix:zabbix azure_script.sh
chmod 700 azure_script.sh
```

重新启动 Zabbix agent。

（1）Zabbix agent 客户端的重启命令如下：

```
systemctl restart zabbix-agent
```

（2）Zabbix agent 2 客户端的重启命令如下：

```
systemctl restart zabbix-agent2
```

在 Zabbix 前端导入模板和主机来进行配置。

单击页面右上角的"Import"按钮导入 template_azure.xml 文件，获取项目代码见网址 7。

然后，单击"Configuration"→"Hosts"选项，再单击"Import"按钮并导入 azure_host.xml 文件，获取项目代码见网址 8。

13.2.3 工作原理

如果阅读了 13.1 节，那么会发现 Azure 云监控的工作原理与 AWS 云监控的工作原理几乎是一样的。

在将监控模板和主机添加到 Zabbix server 之后，回到 Zabbix 前端单击"Configuration"→"Hosts"选项并检查新主机，在这里可以看到一台叫 Discover Azure DBs 的新主机，如图 13.13 所示。

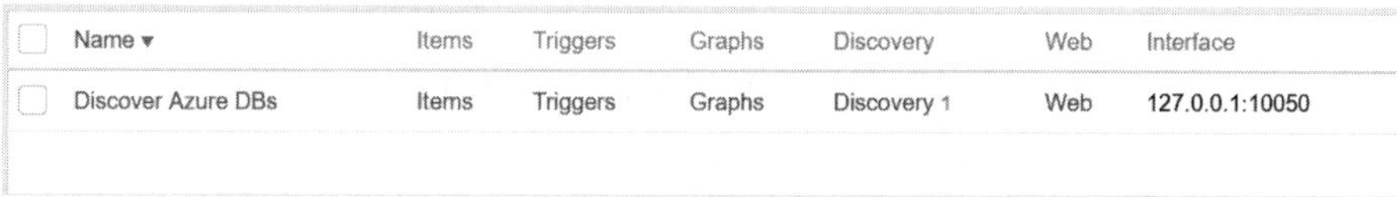

	Name ▼	Items	Triggers	Graphs	Discovery	Web	Interface
	Discover Azure DBs	Items	Triggers	Graphs	Discovery 1	Web	127.0.0.1:10050

图 13.13

当查看这台主机时，可以看到它只有一个配置，也就是一个名为 Discover Azure DBs 的自动发现规则，就像 AWS 那台主机一样，如图 13.14 所示。

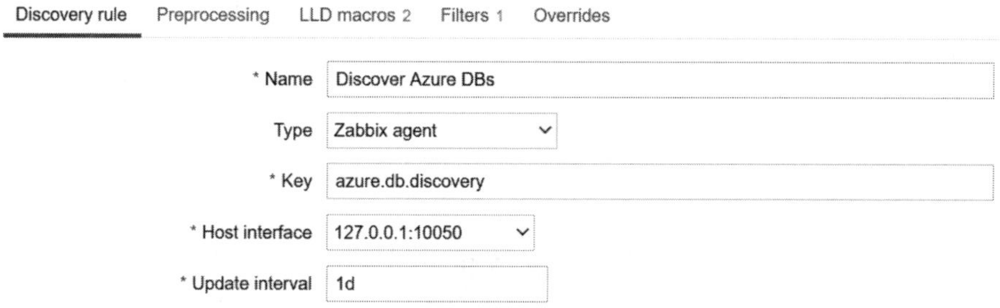

Discovery rule　Preprocessing　LLD macros 2　Filters 1　Overrides

* Name	Discover Azure DBs
Type	Zabbix agent
* Key	azure.db.discovery
* Host interface	127.0.0.1:10050
* Update interval	1d

图 13.14

此主机原型使用自动发现规则的 **azure.db.discovery** 键来执行以下命令：

```
az resource list --resource-type "Microsoft.DBforMySQL/servers"
```

使用此命令，Azure DB 实例名将填充至 {#NAME} LLD 宏，为找到的每个 Azure DB 实例创建一台新主机。然后，新主机将 Azure 云数据库模板添加到其中，如图 13.15 所示。

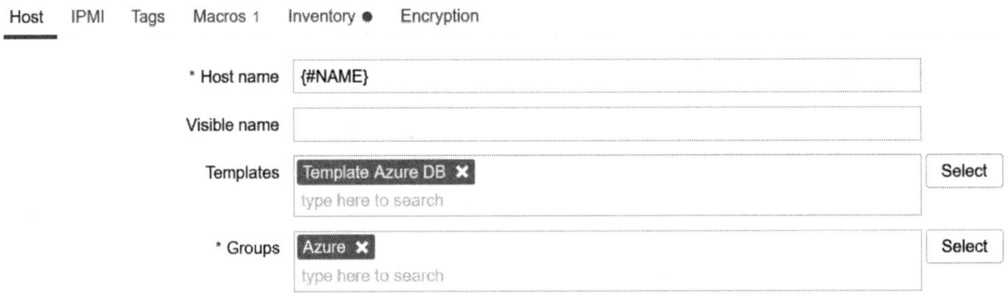

| Host | IPMI | Tags | Macros 1 | Inventory ● | Encryption |

* Host name	{#NAME}
Visible name	
Templates	Template Azure DB ✖ type here to search	Select
* Groups	Azure ✖ type here to search	Select

图 13.15

当单击"Configuration"→"Templates"选项查看这个模板时，可以看到它有 12 个监控项。下面再看一看"CPU Load"这个监控项，它是外部检查类型的，如图 13.16 所示。

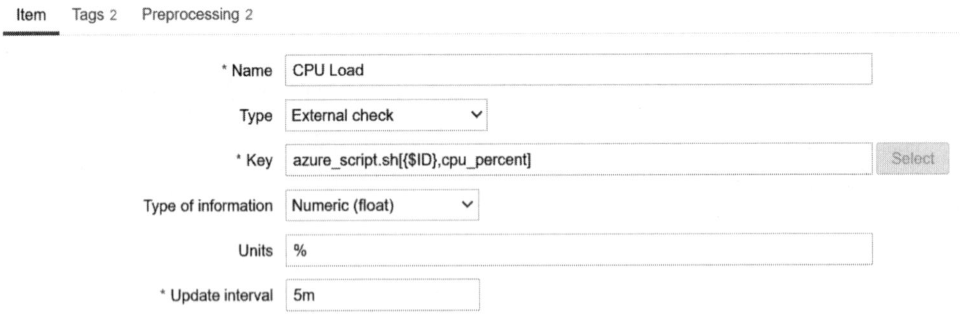

| Item | Tags 2 | Preprocessing 2 |

* Name	CPU Load
Type	External check ∨
* Key	azure_script.sh[{$ID},cpu_percent]	Select
Type of information	Numeric (float) ∨
Units	%
* Update interval	5m

图 13.16

它 使 用 " azure_script.sh[{$ID},cpu_percent] " 键 来 执 行 外 部 脚 本

azure_script.sh，并向这个脚本提供两个参数"{$ID}"和"cpu_percent"，所执行的脚本使用 Azure 云的命令行工具来请求这些数据，然后将结果返回给Zabbix。

13.2.4　参考

通过这种方式，可以从 Azure 云中监控更多的东西。只要向脚本提供正确的 Azure 云指标即可，如图 13.17 所示。更多的指标请查看 Azure 云相关文档。

显示名称	指标 ID	计价单位	说明
使用的备份存储	backup_storage_used	字节	已使用的备份存储量。此指标表示根据为服务器设置的备份保留期保留的所有完整数据库备份、差异备份和日志备份所消耗的存储的总和。备份的频率由服务管理，并在概念文章中进行了说明。对于异地冗余存储，备份存储使用率是本地冗余存储的两倍
CPU 百分比	cpu_percent	百分比	使用的 CPU 百分比
IO 百分比	io_consumption_percent	百分比	使用的 IO 百分比（不适用于基本层服务器）

图 13.17

13.3　配置华为云监控

经过前面两节的介绍，相信你应该对目前大部分云服务的监控有了大致了解，那么结合之前的方式来监控一下华为云。

13.3.1　准备

本节继续使用之前的 lab-book-centos 主机来演示。

需要导入准备好的监控模板。你可以关注 Zabbix 开源社区，并回复"Zabbix 书籍相关"找到这个模板。

13.3.2　操作步骤

登录 Zabbix server 命令行模式。

在 Zabbix server 上，执行以下命令下载 KooCLI 软件安装包：

```
curl -sSL https://hwcloudcli.obs.cn-north-1.myhuaweicloud.com/
cli/latest/hcloud_install.sh -o ./hcloud_install.sh &&
bash ./hcloud_install.sh
```

在下载和安装过程中，会有提问，直接输入"Y"即可，如图 13.18 所示。

```
[root@Lab-book-centos opt]# curl -sSL https://hwcloudcli.obs.cn-north-1.myhuaweicloud.com/cli/latest/hcloud_install.sh -o ./hcloud_install.sh && bash ./hcloud_install.sh
Download KooCLI to the default '/usr/local/hcloud/' directory? To change directory, enter 'n'. [Y/n] y
 % Total    % Received % Xferd  Average Speed   Time    Time     Time  Current
                                 Dload  Upload   Total   Spent    Left  Speed
100 5073k  100 5073k    0     0  8556k      0 --:--:-- --:--:-- --:--:-- 8541k
 % Total    % Received % Xferd  Average Speed   Time    Time     Time  Current
                                 Dload  Upload   Total   Spent    Left  Speed
100   101  100   101    0     0    505      0 --:--:-- --:--:-- --:--:--   505
hcloud
README.md
OpenSourceSoftwareNotice.md
Delete existing '/usr/local/bin/hcloud' and move KooCLI to directory '/usr/local/bin/'? [Y/n] y
KooCLI installed.
[root@Lab-book-centos opt]#
```

图 13.18

为命令添加权限，并执行以下命令查看版本号，确认是否安装成功：

```
chmod 0755 /usr/local/bin/hcloud
hcloud version
```

返回的结果如图 13.19 所示。

```
[root@Lab-book-centos opt]# hcloud version
当前KooCLI版本:4.4.8
[root@Lab-book-centos opt]#
```

图 13.19

接下来，使用浏览器登录华为云账号。登录后，单击页面右上角的"我的凭证"选项，如图 13.20 所示。

图 13.20

单击"访问密钥"选项，打开如图 13.21 所示的页面。

图 13.21

单击"新增访问密钥"按钮创建新的访问密钥。此时，会提示将密钥下载并保存到本地。

打开下载的文件后，看起来应该如图 13.21 所示。

Access Key Id	Secret Access Key
6B3QYECANP6V3MJ2OOJQ	BwDHbRJSsne15u2OURIZhDSu3yLvkzEXZ6dn04pi

图 13.22

回到命令行工具界面，执行以下命令创建一个新目录：

```
mkdir /var/lib/zabbix
chown zabbix:zabbix /var/lib/zabbix/
```

执行以下命令切换到 Zabbix 用户：

```
su -s /bin/bash zabbix
```

在 Zabbix 用户下，执行以下命令：

```
hcloud configure init
```

填写"Access Key Id"和"Secret Access Key"字段。另外，要确保将默认区域更改为首选区域，如图 13.23 所示。

图 13.23

接下来，为 Zabbix 配置自定义键来扩展 Zabbix 的功能。

在命令行工具界面，执行命令切换到 Zabbix agent 目录。

（1）Zabbix agent 客户端执行以下命令：

```
cd /etc/zabbix/zabbix_agentd.d/
```

（2）Zabbix agent 2 客户端执行以下命令：

```
cd /etc/zabbix/zabbix_agent2.d/
```

执行以下命令创建一个新文件：

```
vi userparameter_hcloud.conf
```

在此文件中，添加以下内容：

```
UserParameter=hcloud.ecs.discovery,hcloud ECS ListServersDetails
```

还需要配置一个 Zabbix 的外部脚本。执行以下命令切换目录：

```
cd /usr/lib/zabbix/externalscripts/
```

然后，执行以下命令创建一个 azure_script.sh 脚本：

```
vi hcloud_script.sh
```

在脚本内添加以下几行命令：

```
#!/bin/bash
instance=$1
metric=$2
now=$(date +%s)
to=$(echo "${now} * 1000" | bc)
from=$(echo "$[$now - 300] * 1000" | bc)
hcloud CES BatchListMetricData/v1 --Content-Type="application/json;
charset=UTF-8" --filter="average" --period="300"
--metrics.1.metric_name="${metric}" --metrics.1.namespace="SYS.ECS"
--metrics.1.dimensions.1.name="instance_id"
--metrics.1.dimensions.1.value="${instance}" --from=${from}
--to=${to}
```

保存文件，执行以下命令配置对应的权限：

```
chown zabbix:zabbix hcloud_script.sh
chmod 700 hcloud_script.sh
```

重新启动 Zabbix agent。

（1）Zabbix agent 客户端执行以下命令：

```
systemctl restart zabbix-agent
```

（2）Zabbix agent 2 客户端执行以下命令：

```
systemctl restart zabbix-agent2
```

返回 Zabbix 前端，并单击"Configuration"→"Templates"选项。

单击页面右上角的"Import"按钮导入 template_hcloud.xml 文件，获取项目代码见网址 9。

像之前一样，单击"Configuration"→"Hosts"选项，再单击"Import"按钮导入 hcloud_host.xml 文件，获取项目代码见网址 10。

这将导入一个名为 Template Hcloud ECS 的监控模板，并添加一台华为云主机——Discover Hcloud ECS。

13.3.3　工作原理

从 13.3.1 节和 13.3.2 节的实践中不难看出，华为云的监控逻辑与 AWS 云、Azure 云的监控逻辑如出一辙。按照之前的监控方法，返回 Zabbix 前端，单击"Configuration"→"Hosts"选项，可以看到一台叫 Discover Hcloud ECS 的主机。我对这台主机依然只配置了一个名为 Discover Hcloud ECS 的自动发现规则，这个自动发现规则在执行后，会将每个 ECS 示例的 ID 填入 LLD 的宏 {#ID} 中：

```
hcloud ECS ListServersDetails
```

接下来，使用 Host prototype（主机原型）根据每个 ECS 主机的 ID 生成单独的监控主机，并链接之前导入的 Template Hcloud ECS 模板，如图 13.24 所示。

图 13.24

返回 Zabbix 前端，单击"Configuration"→"Templates"选项，查看导入的华为云模板，在这里要查看一下"CPU 使用率"这个监控项，如图 13.25 所示。

图 13.25

此监控项是调用外部检测类型（External check）的，使用"hcloud_script.sh[{$ID},cpu_util]"键来执行外部 hcloud_script.sh 脚本，并向这个脚本提供两个参数"{$ID}"和"cpu_util"，所执行的脚本使用 KooCLI 向华为云请求对应的数据，然后将数据返回给 Zabbix，如图 13.26 所示。

图 13.26

13.3.4 参考

除了需要提供正确的 Hcloud 监控指标，有部分监控指标可能需要安装华为云的 UVP VMTools 工具才能读取到，如图 13.27 所示。要想查看更多的指标请阅读华为云相关文档。

mem_util	内存使用率	该指标用于统计弹性云服务器的内存使用率。 如果用户使用的镜像文件未安装UVP VMTools，则无法获取该监控指标。 单位：百分比。 计算公式：该弹性云服务器内存使用量 / 该弹性云服务器内存总量。 ◈ 说明： 内存使用率监控指标不支持擎天实例。

图 13.27

13.4 配置Docker监控

自 Zabbix 5.0 发布以来，随着 Zabbix agent 2 和 plugins（插件）的引入，Docker 监控变得越来越容易。在 Zabbix 6.0 的 Zabbix agent 2 中，Docker 监控已升级成了开箱即用的监控。

本节将介绍如何配置 Docker 监控，以及它是如何工作的。

13.4.1 准备

需要一个 Docker，本书不会介绍如何使用和配置 Docker，所以需要你自己准备。此外，还需要在 Docker 上安装 Zabbix agent 2。注意：Zabbix agent 是无效的，需要使用 Zabbix agent 2。

还 需 要 Zabbix server 来 实 际 监 控 Docker，这 里 使 用 的 仍 然 是 lab-book-centos。

13.4.2 操作步骤

首先，登录 Docker 的 Linux 命令行。

添加用于安装 Zabbix agent 2 组件的安装源。

（1）在 CentOS 操作系统的 Linux 主机上执行以下命令：

```
rpm -Uvh https://repo.zabbix.com/zabbix/6.0/rhel/8/x86_64/
zabbix-release-6.0-1.el8.noarch.rpm
dnf clean all
```

（2）在 Ubuntu 操作系统的 Linux 主机上执行以下命令：

```
wget https://repo.zabbix.com/zabbix/6.0/ubuntu/pool/
main/z/zabbix-release/zabbix-release_6.0-1+ubuntu20.04_
all.deb
dpkg -i zabbix-release_6.0-1+ubuntu20.04_all.deb
apt update
```

然后，安装 Zabbix agent 2。

（1）在 CentOS 操作系统的 Linux 主机上执行以下命令：

```
dnf install zabbix-agent2
```

（2）在 Ubuntu 操作系统的 Linux 主机上执行以下命令：

```
apt install zabbix-agent2
```

安装后，编辑 Zabbix agent 2 的配置文件：

```
vim /etc/zabbix/zabbix_agent2.conf
```

执行以下命令指定 Zabbix server 的 IP 地址：

```
Server=127.0.0.1
```

保存文件，然后执行以下命令重新启动 Zabbix agent 2：

```
systemctl restart zabbix-agent2
```

执行以下命令，将 Zabbix 用户添加到 Docker 组中：

```
gpasswd -a zabbix docker
```

在以上操作完成后，返回 Zabbix 前端。单击 "Configuration" → "Hosts" 选项，再单击 "Create host" 按钮。

创建一个名为 Docker containers 的新主机，并将 Docker by Zabbix agent 2 监控模板链接到这台主机上，这个模板只能用于 Zabbix agent 2，如图 13.28 所示。

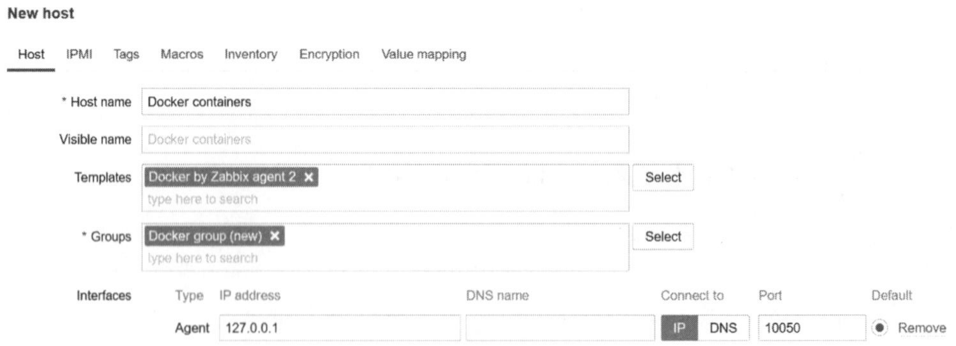

图 13.28

单击“Monitoring”→“Hosts”选项，找到 Docker containers 这台主机，单击“Latest data”选项查看数据，如图 13.29 所示。

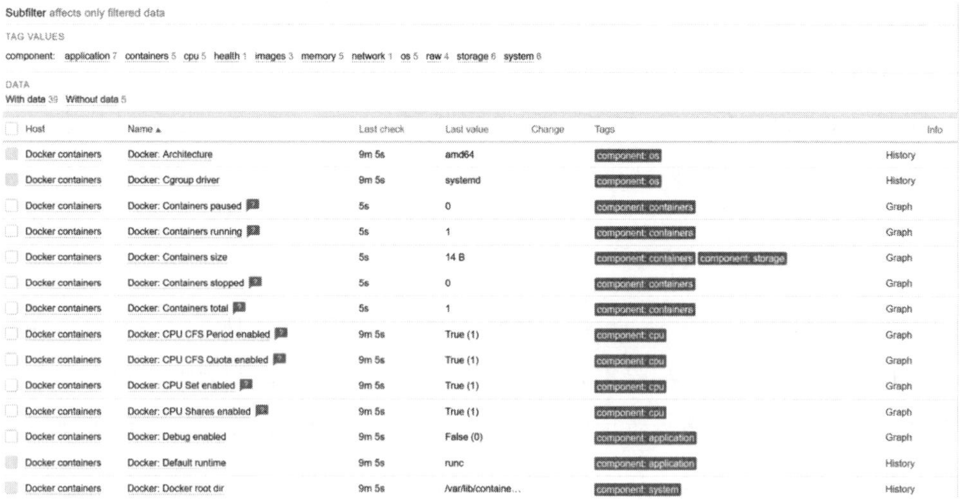

Subfilter affects only filtered data

TAG VALUES

component: application 7 containers 5 cpu 5 health 1 images 3 memory 5 network 1 os 5 raw 4 storage 6 system 6

DATA

With data 39 Without data 5

Host	Name ▲	Last check	Last value	Change	Tags	Info
Docker containers	Docker: Architecture	9m 5s	amd64		component: os	History
Docker containers	Docker: Cgroup driver	9m 5s	systemd		component: os	History
Docker containers	Docker: Containers paused	5s	0		component: containers	Graph
Docker containers	Docker: Containers running	5s	1		component: containers	Graph
Docker containers	Docker: Containers size	5s	14 B		component: containers component: storage	Graph
Docker containers	Docker: Containers stopped	5s	0		component: containers	Graph
Docker containers	Docker: Containers total	5s	1		component: containers	Graph
Docker containers	Docker: CPU CFS Period enabled	9m 5s	True (1)		component: cpu	Graph
Docker containers	Docker: CPU CFS Quota enabled	9m 5s	True (1)		component: cpu	Graph
Docker containers	Docker: CPU Set enabled	9m 5s	True (1)		component: cpu	Graph
Docker containers	Docker: CPU Shares enabled	9m 5s	True (1)		component: cpu	Graph
Docker containers	Docker: Debug enabled	9m 5s	False (0)		component: application	Graph
Docker containers	Docker: Default runtime	9m 5s	runc		component: application	History
Docker containers	Docker: Docker root dir	9m 5s	/var/lib/containe...		component: system	History

图 13.29

13.4.3 工作原理

新的 Zabbix agent 2 自带开箱即用的模板，使得 Docker 监控在 Zabbix 中变得很容易。但有时，自带的模板并不一定满足用户的监控需求，所以下面只简单介绍一下这个模板。

在主机上看到的所有监控项几乎都是依赖监控项，其中大部分监控指标来自主监控项 Docker：Get info，这个主监控项是 Docker 模板中最重要的监控项，它执行 docker.info 这个 Key。这个 Key 内置在 Zabbix agent 2 中，这个主监控项在 Docker 配置中读取包含各种相关信息的列表。最后，其他监控项再使用依赖监控项和预处理在主监控项上获取这些监控数据。

Docker 模板还包含两个 Zabbix 自动发现规则，一个规则用于发现 Docker

镜像，另一个规则用于发现 Docker。再看一下 Docker containers 主机的 Containers discovery 自动发现规则，这个规则使用"docker.containers.discovery"这个 Key 来查找每个 Docker，并将其放在 LLD 宏{#NAME}中。在监控项原型中，使用这个 LLD 宏{#NAME}发现另一个主监控项的统计信息，例如 docker.container_info。然后，从这个主监控项中，使用依赖监控项对其进行预处理，分别获取不同的监控指标。现在你应该可以直接从 Docker 中监控很多数据了。

如果你想监控 Docker 的某个指标，且该指标并不包含在模板中。那么可以先查看模板中的主监控项收集到的信息中是否包含该指标的数据，如果包含，则可以创建一个新的依赖监控项（原型），最后使用预处理从主监控项中获得想要的监控数据。如果想了解更多关于 Zabbix agent 2 的 Docker 键的信息，那么请查看 Zabbix 文档中 Zabbix agent 2 支持的监控项的 Key。

第 14 章　Zabbix 7.0 介绍

14.1　新增功能介绍

Zabbix 7.0 是预计在 2024 年第二季度正式发布的最新的 LTS 版本。与 Zabbix 6.0 相比，Zabbix 7.0 引入了大量令人激动的新增功能。下面对主要的新增功能进行介绍[①]。

14.1.1　零停机时间的 proxy 升级

此功能自 Zabbix 6.4 开始引入。用户以前必须在同一时间升级 Zabbix server 和 proxy，也就是说 server 和 proxy 需要保持为相同的版本。但是现在旧版的 proxy 可以继续与 Zabbix 7.0 的 server 一起工作，当 Zabbix 升级到 Zabbix 7.0 时，proxy 的版本肯定还是旧的，可能还是 6.0 版或 6.4 版，这时可以先升级 server，然后在几小时、几天或几周后再逐步升级所有的 proxy。这项功能为用户提供了向下兼容性和更长的 proxy 升级时间窗口，从而可以显著减少不必要的系统停机时间。

14.1.2　根本原因和症状问题

此功能自 Zabbix 6.4 开始引入。例如，我们有一个交换机及其支持的网络。如果交换机停机了，就会造成很多主机在监控系统中告警，但这只是因为这个交换机停机了。所以，交换机停机是根本原因，其他都只是症状问题。

---

① 在本书完稿时，Zabbix 7.0 仍处于开发阶段，所以本书的介绍可能会与正式发布版本略有差别。

现在 Zabbix 可以将一些问题标记为症状问题，而且症状问题的状态可以在告警事件清单上被隐藏。它们会在根本原因异常下不再显示。这对事件这样的分类非常重要。不过，目前这些标记操作都是手动完成的。未来 Zabbix 将基于拓扑信息或事件关联规则进行自动分类。

14.1.3   即时的配置更新分发

此功能自 Zabbix 6.4 开始引入。如果有一个很大的 Zabbix 系统，由许多 proxy 组成分布式环境，安装了许多 agent，那么当用户在 Zabbix 中进行一些配置更改时，需要花费一些时间将这些配置更改分发给 proxy，还需要花费一些时间才能将配置更改分发给 agent，这确实影响了 Zabbix 的性能。

通过即时的配置更新分发功能，一旦用户在 Zabbix 前端或 API 中进行了配置更新，例如新主机或新监控项的信息变化，该更新就会立即被写入 Zabbix 数据库，然后 Zabbix server 很快就会把这些变化发送给 proxy，继而很快发送给 agent。也就是说，现在 Zabbix 只发送变化的增量，由变化创建一个新的指标，关于这个新指标的信息将很快被分发给 Zabbix 的所有组件。

14.1.4   JIT 的用户配置

此功能自 Zabbix 6.4 开始引入。对于大型企业来说，此功能非常有用，它允许管理 Zabbix 系统以外的用户。例如，可以在 LDAP 或 SAML 或活动目录中保存用户信息而根本没有在 Zabbix 中保存用户信息。用户不再需要在 Zabbix 中添加或维护用户，所有的用户权限基本上都是自动管理的。一旦新用户连接到 Zabbix，对 SAML 进行授权，如果身份验证成功，那么用户就会在 Zabbix 中自动创建。这种方式大大地增加了安全性，因为用户管理不在 Zabbix 中，而在 Zabbix 之外的 LDAP 或 SAML 或活动目录中进行。

14.1.5　实时数据流

此功能自 Zabbix 6.4 开始引入。以往 Zabbix 被人诟病的最大问题就是当监控数据量很大时，后端数据库的表现不佳。虽然 Zabbix 采用了很多方式来改善，但是在整体数据量达到一定级别后，这仍然是很大的业务挑战。此外，在 Zabbix 收集到大量的指标数据和事件数据后，用户可能会把这些数据推送给其他目的端，比如外部的 Redis、Kafka、ElasticSearch 等，从而通过机器学习或人工智能工具来分析或度量指标数据和事件数据。

Zabbix 7.0 可以通过实时数据流功能来推送数据。用户可以创建一个连接器，指定数据类型，即要推送哪种数据，是指标数据还是事件数据，再指定目的端 URL。Zabbix 就可以按照用户的目标将数据实时推送到外部系统。同时，用户可能不想推送所有信息而只想推送信息的子集，那么还可以通过标记进行筛选。

通过把数据推送到外部系统，Zabbix 可以保持业务需要的最小数据集，从而使整体效能表现达到最佳。

注：此功能目前仍处于开发状态。

实时数据流功能的配置非常简单，步骤如下：

（1）配置一个远程系统，用于接收 Zabbix 的数据。

Zabbix 官方实现了一个简单接收器的实例，文档链接见网址 11。

（2）在 Zabbix 中配置所需的连接器工作者数量（需要配置 Zabbix_server.conf 文件中的"StartConnectors"参数），然后重新启动 Zabbix 主机。

（3）在 Zabbix 前端，单击"Administration"→"General"→"Connector" 选项配置一个连接器，如图 14.1 所示，并使用"Zabbix_server -R config_cache_ reload"命令重新加载配置。

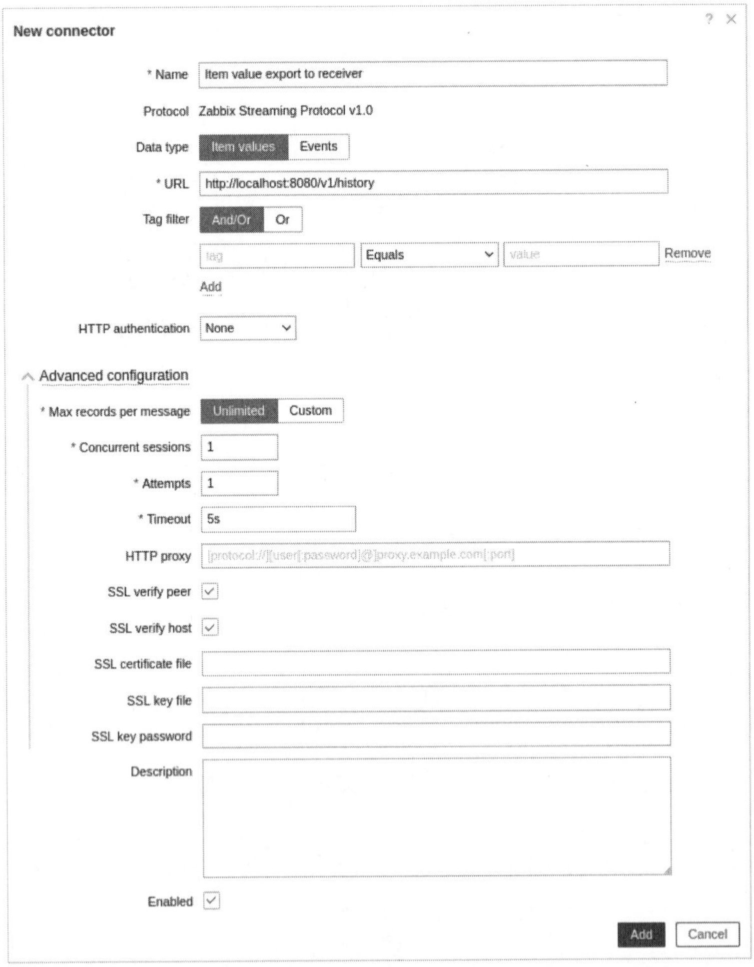

图 14.1

14.1.6　模板版本化

此功能自 Zabbix 6.4 开始引入。用户可以指定模板的相关供应商和版本的信息,以一种清晰的方式展示目前正在运行的模板的版本和谁创建了这个模板。例如,用户可以在 Git 存储库中保存模板,然后使用一些 CI/CD 管道将配置更改推送给 Zabbix,这是管理 Zabbix 模板的一种好方法。

14.1.7　异步数据收集

Zabbix 是一个多处理器进程应用程序。如果用户想运行更多的轮询器(poller),那么 Zabbix 将运行更多的进程。目前,Zabbix 正在从多进程应用程序转向多线程应用程序。

以往用户如果希望从两台主机中并行收集数据,那么实际上需要进行两次轮询,一次轮询一个进程,另一次轮询另一个进程。这就是它的工作原理。但从 Zabbix 7.0 开始,只有一个进程,即一个轮询器能够维护数千个或者十万个连接。它为用户提供了更好的垂直可扩展性。如果用户有一个高配置硬件(比如 128 核的处理器),Zabbix 就可以通过用户系统中的 CPU 数量进行线性扩展,从而加快数据收集。在未来它还将根据负载在该 Zabbix 配置上启用自动缩放功能。如果系统负载较低,那么一切工作正常,不会有任何变动;如果系统负载突然变得很高,Zabbix 就会自动扩展,不需要用户更改任何配置参数、Zabbix server 配置文件或 Zabbix proxy 配置文件。这将使 Zabbix 更容易维护。

14.1.8　性能优化

对于 Zabbix 的性能,其中一个优化的功能是非超级管理员对权限的检查更快了。如果用户是超级管理员,那么 Zabbix 前端运行得会很快,但如果用户是一个普通用户，那么有时 Zabbix 前端的响应速度会比较慢。这是因为 Zabbix 必须验证用户权限，这是需要时间的。现在，有了一种更有效的方法。Zabbix 的目标是将 Zabbix 前端的响应速度至少提高 10 倍。

另一个优化的功能是 proxy 的内存数据收集。proxy 通常会在本地数据库中存储所有信息。但在很多情况下，其实并不需要在本地存储这些信息，而是需要把这些信息推送到 Zabbix server 中。因此，将数据保存在内存中是一种可能的选项。Zabbix 7.0 为 Zabbix proxy 新添加了一种模式，在缓冲区中存储新数据（项目值、网络发现、主机自动注册），并在不访问数据库的情况下将其上传到 Zabbix server 中。

可以在代理配置文件中启用内存缓冲区的使用，通过将"ProxyBufferMode"参数的值从"磁盘"（默认值）修改为"混合"（推荐）或"内存"来实现，注意还需要配置内存缓冲区大小（"ProxyMemoryBufferSize"参数）。

在混合模式下，如果 proxy 进程停止、缓冲区已满或数据太旧，那么通过将未发送的数据刷新到数据库中来保证数据不会丢失。混合模式（"ProxyBufferMode=hybrid"参数）适用于 Zabbix 7.0 之后的版本。

在内存模式下，使用内存缓冲区，但没有防止数据丢失的保护。如果 proxy 进程被停止，或者内存被过度填充，则未发送的数据被丢弃。

此功能为用户提供了更好的 proxy 性能，proxy 性能将提升到很高的水平。同时，它也会减少输入输出操作，并切实降低运行 proxy 的成本，尤其在云环境中，某些云主机实例的存储是根据不同的 IOPS 指标分类收费的，而内存数据收集功能可以使用低 IOPS 的存储，从而让云主机费用大幅降低。

14.1.9　高级事件关联

Zabbix 会收集监控指标和监控项值,然后使用许多不同的方式进行预处理,比如 JavaScript 或者正则表达式等,但目前还没有先进的方法来处理事件。Zabbix 也在努力希望成为用于事件管理的伟大工具。为了实现这一点,Zabbix 7.0 将引入用于复杂事件处理的高级事件关联。这其实是收集事件的能力,不仅收集监控指标的信息,还收集来自外部系统的事件。用户可以进行标准化、过滤、复制,也许可以根据旧事件生成新事件。此外,用户还可以自动对异常情况进行分类,并查看根本原因是什么、症状问题是什么。这种分类将根据事件关联规则自动发生,并可能基于外部来源,如拓扑信息或配置管理工具或资产管理工具。

14.1.10　proxy 负载均衡

这个功能是大型企业用户一直希望实现的。在 Zabbix 7.0 中,用户可以设定所有主机都由某个高可用性组中的 proxy 来监控。Zabbix 将自动为主机分配proxy,而不需要用户手动配置。比如,一组主机由该高可用性组中的 proxy 1监控,另一组主机由该高可用性组中的 proxy 2 监控。

如果其中的一个 proxy 不可用,例如 proxy 1 不可用,那么 Zabbix 会自动检测到这种情况,并在其他可用的 proxy 之间重新分配主机。比如,Zabbix 会让 proxy 2 监控原本由 proxy 1 监控的主机。

特别是在云主机自动伸缩组中,可以采用很好的自动化机制来根据负载运行更多或更少的 proxy。此外,用户还获得了 proxy 的高可用性,因为如果 proxy 1出现故障,其负责监控的主机将自动被重新分配给所有其他可用的 proxy,这就可以保证在数据收集过程中绝对不会有停机时间了。

由此就可以实现 proxy 的自动重新分配、负载平衡和高可用性。同时，Zabbix 7.0 仍然保持兼容性，用户仍然可以将主机分配给单个 proxy 进行监控。

14.1.11　数据可视化

Zabbix 开发团队想确保 Zabbix 是一个很好的数据可视化工具。Zabbix 7.0 将有一些很好的可视化功能，比如只需点击一下鼠标就可以在不同的仪表盘之间切换。此外，Zabbix 7.0 还将引入一种开发新 widget 组件的稳定框架。

例如，如果用户的公司中有开发人员，希望有一些新的可视化方式用于 Zabbix，就会希望创建一个新组件。Zabbix 开发团队会提供一个关于如何创建新的小部件的文档化的方法和框架。它将真正加快新组件的开发速度，并允许第三方开发人员为 Zabbix 创造一个新组件。

此外，Zabbix 7.0 计划引入仪表盘内浏览功能。例如，用户有一个单一的仪表盘，上面显示了一些信息，这就是静态的仪表盘。但从 Zabbix 7.0 开始，用户可以制作更多动态的仪表盘。例如，仪表盘上有一个主机列表，对所选的主机显示不同的图形。用户可以单击一台主机查看该主机的图形，单击另一台主机查看它的另一种图形。实际上，Zabbix 7.0 将创建出动态且灵活的仪表盘，让用户可以创建自定义的用户界面，并具有所有浏览功能。

14.1.12　实时报告的新组件

Zabbix 7.0 将引入新组件，用于实时进行数据分析、数据可视化，生成事件报告，如饼图、圈图、图表。用户可以查看是哪些设备在产生大多数事件并清晰地看到排名。Zabbix 开发团队还计划推出组件导航器、成本导航器、监控项导航器，以及其他更高级的功能组件。

14.1.13　关于监控项超时的集中管理

这个功能看起来可能不那么重要，但非常有用。如果用户正在收集不同的监控项信息，那么会指定全局超时，如 Zabbix 配置文件中的 3 秒。

用户有时需要把有些监控项的监控时间延长到 30 秒，或者 1 分钟。例如，一些大型 SNMP 发现或者正在接收大量的 JSON 或 XML 数据。目前，要做到这一点并不容易。但是从 Zabbix 7.0 开始，可以在全局级别上指定超时，即全局超时，此外也可以在 proxy 级别上覆盖它，还可以在监控项级别上覆盖它。如果已经知道需要 1 分钟来收集特定监控项的数据，用户就可以配置 1 分钟，它是在 Zabbix 用户界面集中管理的，不再需要在 Zabbix proxy 配置文件或 Zabbix agent 配置文件中进行任何更改。这使得 Zabbix 更容易使用，并且大大地降低了 Zabbix 的维护成本。

14.1.14　实时数据摄取

14.1.5 节中提到的"实时数据流"功能是将 Zabbix 系统内的数据传输到外部系统，而"实时数据摄取"功能则是从外部系统接收数据。例如，用户使用了 Kafka、RabbitMQ、Redis 或者云服务，就可以创建连接器从外部系统接收数据。因此，可以从不同的连接器中获取数据到 Zabbix，也可以将数据从 Zabbix 推送给其他工具。于是，Zabbix 成了一个很好的整合工具。

除了上面介绍的新增功能，Zabbix 7.0 官方文档中还有以下更新。

（1）改进了异步轮询器。新的轮询器进程能够同时执行多个检查：

- 代理轮询器（agent poller）。

- HTTP 代理轮询器（HTTP agent poller）。

- SNMP 轮询器（SNMP poller）。

这些轮询器是异步的，能够在不需要等待响应的情况下就启动新的检查，最多可以配置 1000 个并发检查。

之所以开发异步轮询器，是因为相比之下，同步轮询器进程只能同时执行一次检查，并且它们的大部分时间都花在等待响应上。因此，可以通过在等待网络响应的同时启动新的并行检查来提高效率，而新的轮询器就是这样做的。

用户可以通过修改"StartAgentPollers"（一个新的 server/proxy 参数）参数来启动代理轮询器，通过修改"StartHTTPAgentPollers"参数来启动 HTTP 代理轮询器，通过修改"StartSNMPPoller"参数来启动 SNMP 轮询器。

异步轮询器（代理轮询器、HTTP 代理轮询器和 SNMP 轮询器）的最大并发性由"MaxConcurrentChecksPerPoller"参数定义。

（2）对 Oracle 作为后端数据库的支持已被弃用，预计在未来版本中将完全删除。

（3）扩展了模板面板上小部件的可用性。以前在模板面板上，用户只能创建以下小部件：时钟、图形（经典）、图形原型、项目值、纯文本、URL。现在，模板面板支持创建所有小部件。

（4）更新了部分内置函数。

- 聚合函数现在支持非数字类型的计算，这对 count 和 count_foreach 函数很有用。

- count 和 count_foreach 聚合函数支持可选的参数运算符和模式，可用于微调项目筛选，并且只计算符合给定条件的值。

- 所有 foreach 函数不再在计数中包含不支持的项。

- last_foreach 函数以前被配置为忽略时间段参数，现在 Zabbix 将其作为可选参数接受。

- 预测函数返回值的支持范围已扩展，以匹配双数据类型的范围。现在，timeleft 函数可以接受高达 $1.797\,693\,134\,862\,315\,8 \times 10^{308}$ 的值，forecast 函 数 也 可 以 接 受 范 围 从 $-1.797\,693\,134\,882\,315\,8 \times 10^{308}$ 到 $1.797\,693\,134\,862\,315\,8 \times 10^{308}$ 的值。

（5）使用了 proxy 的单独数据库表。

proxy 记录已从主机表中移出，现在存储在新增的 proxy 表中。

此外，proxy 的操作数据（如上次访问、版本、兼容性）已从 host_rtdata 表中移出，现在存储在新增的 proxy_rtdata 表中。

（6）允许服务检查之间的并发性。

以前，每个网络自动发现规则都由一个发现程序进程处理。因此，规则中的所有服务检查只能按顺序执行。

在 Zabbix 7.0 中，网络自动发现过程被重新设计，以允许服务检查之间的并发性。Zabbix 7.0 添加了一个新的 discovery manager（发现管理器）进程及可配置数量的 discovery worker（发现工作器）。

discovery manager 进程处理自动发现规则，并为每个规则创建一个包含任务的发现作业（服务检查）。服务检查由 discovery worker 拾取并执行。只有那些具有相同 IP 地址和端口的检查才会按顺序安排，因为某些设备可能不允许在同一个端口上进行并发连接。

StartDiscoverers 参数代表了 discovery worker 的总数量。它的默认数量已从 1 增加到 5，范围从 0～250 调整到了 0～1000。Zabbix 旧版本的发现程序进程已被删除。

此外，每个规则的 discovery worker 数量现在可以在 Web 前端进行配置。

（7）提供了 RHEL 衍生版本的单独安装包。

Zabbix 7.0 为 AlmaLinux、CentOS Stream、Oracle Linux 和 Rocky Linux 的 8 版本和 9 版本提供了专用安装包。

以前为 RHEL 系统和基于 RHEL 系统的衍生发行版提供的是单一安装包，而现在，RHEL 系统及其上述每个衍生版本都使用了单独安装包，以避免出现二进制不兼容的潜在问题。

以上介绍的内容只是 Zabbix 7.0 的主要新增功能，对于其他新增功能的详细介绍，可以在 Zabbix 官网手册中查看。

14.2　前端模块开发介绍

1. 前端模块的定义

（1）前端模块是一个实体，其清单文件中定义了唯一的 ID、名称、描述、作者和其他字段，以及位于 zabbix/ui/modules（使用 yum、dnf、apt 命令安装的 Zabbix 位于/usr/share/zabbix/modules）目录下的 PHP、JavaScript 及其他文件。

（2）前端模块应该符合简单规则，以保证正确的操作。

（3）管理员必须在前端安装并启用前端模块。

2. 前端模块的用途

（1）自定义前端模块，添加新功能。

（2）创建自定义仪表盘小部件。

（3）覆盖或扩展 Zabbix 系统内置的功能。

3. 前端模块的文件结构

所有与前端模块相关的代码都需要保存在 zabbix/ui/modules/（使用 yum、dnf、apt 命令安装的 Zabbix 位于/usr/share/zabbix/modules）目录下的一个目录中。

4. 前端模块的编写过程

（1）在 zabbix/ui/modules/（使用 yum、dnf、apt 命令安装的 Zabbix 位于 /usr/share/zabbix/modules）目录中为前端模块创建一个新目录。

（2）添加带有前端模块元数据的 manifest.json 文件。

（3）创建视图文件夹并定义前端模块视图。

（4）创建操作文件夹并定义前端模块操作。

（5）创建 Module.php（或用于仪表盘小部件的 Widget.php）文件并定义初始化和事件处理规则。

（6）为 JavaScript 文件（放置到 Zabbix 前端文件的 assets/js 目录中）、CSS 样式（放置到 Zabbix 前端文件的 assets/CSS 目录中）或任意附加文件创建 assets 文件夹。

（7）确保在 manifest.json 文件中指定了所需的视图、操作和资产文件。

（8）在 Zabbix 前端注册前端模块并开始使用。

下面通过编写前端模块和仪表盘小部件的示例，简单说明一下前端模块的具体开发过程。

14.2.1　前端模块（Module）开发示例

在本示例中，首先构建一个前端模块，添加一个新的 "My Address" 菜单，然后将其转换为一个更高级的前端模块，该模块向 https://api.seeip.org 查询并在新创建的 "My Address" 菜单的新页面上显示本机的 IP 地址。

（1）在 zabbix/ui/modules（使用 yum、dnf、apt 命令安装的 Zabbix 位于 /usr/share/zabbix/modules）目录下创建一个子目录 MyAddress。

（2）在 MyAddress 目录下创建一个包含前端模块元数据的 manifest.json 文件，并输入以下代码：

```
{
    "manifest_version": 2.0,
    "id": "my-address",
    "name": "My IP Address",
    "version": "1.0",
    "namespace": "MyAddress",
    "description": "My External IP Address.",
    "actions": {
        "my.address": {
            "class": "MyAddress",
            "view": "my.address"
        }
    }
}
```

（3）在 Zabbix 前端，单击 "Administration" → "General" → "Modules" 选项，然后单击页面右上角的 "Scan directory" 按钮（如图 14.2 所示）。

图 14.2

（4）在"Modules"列表中找到新模块"My IP Address"，然后单击"Disabled"链接将新模块的状态从"Disabled"更改为"Enabled"，如图 14.3 所示。

☐ Map navigation tree	1.0	Zabbix	Allows to build a hierarchy of existing maps and display problem statistics for each included map and map group.	Enabled
☐ My IP Address	1.0		My External IP Address.	Disabled
☐ Plain text	1.0	Zabbix	Displays the latest data for the selected items in plain text.	Enabled

图 14.3

（5）在 zabbix/ui/modules/MyAddress（使用 yum、dnf、apt 命令安装的 Zabbix 位于/usr/share/zabbix/modules/MyAddress）目录下创建 Module.php 文件，并输入以下代码：

```php
<?php
namespace Modules\MyAddress;

use Zabbix\Core\CModule,
    APP,
    CMenu,
    CMenuItem;

class Module extends CModule {
    public function init(): void {
        APP::Component()->get('menu.main')
            ->findOrAdd(_('Monitoring'))
            ->getSubmenu()
            ->insertAfter(_('Discovery'),
                (new CMenuItem(_('My Address')))->setSubMenu(
                    new CMenu([
                        (new CMenuItem(_('External
IP')))->setAction('my.address')
                    ])
                )
            );
    }
}
```

（6）在 MyAddress 目录下再创建子目录 actions。

（7）在 actions 目录下创建 MyAddress.php 文件，并输入以下代码：

```php
<?php
namespace Modules\MyAddress\Actions;
use CController, CControllerResponseData;

class MyAddress extends CController {
    public function init(): void {
        $this->disableCsrfValidation();
    }
    protected function checkInput(): bool {
        return true;
    }
    protected function checkPermissions(): bool {
        return true;
    }
    protected function doAction(): void {
        $data = ['my-ip' =>
file_get_contents("https://api.seeip.org")];
        $response = new CControllerResponseData($data);
        $this->setResponse($response);
    }
}
```

（8）在 MyAddress 目录下创建子目录 views。

（9）在 views 目录下创建 my.address.php 文件，并输入以下代码：

```php
<?php
(new CHtmlPage())
    ->setTitle(_('The HTML Title of My Address Page'))
    ->addItem(new CDiv($data['my-ip']))
    ->show();
```

（10）刷新 Zabbix web 页面，单击“Monitoring”→“My Address”→“External IP”选项，就可以看到 Zabbix server 的外网 IP 地址了。

14.2.2　仪表盘小部件开发示例

在本示例中，将创建一个仪表盘小部件。

（1）在 zabbix/ui/modules（使用 yum、dnf、apt 命令安装的 Zabbix 位于 /usr/share/zabbix/modules）目录下创建一个子目录 lesson_gauge_chart。

（2）在 lesson_gauge_chart 目录下创建一个包含模块元数据的 manifest.json 文件，并输入以下代码：

```
{
    "manifest_version": 2.0,
    "id": "lesson_gauge_chart",
    "type": "widget",
    "name": "Gauge chart",
    "namespace": "LessonGaugeChart",
    "version": "1.0",
    "author": "Zabbix",
    "actions": {
        "widget.lesson_gauge_chart.view": {
            "class": "WidgetView"
        }
    },
    "widget": {
        "js_class": "WidgetLessonGaugeChart"
    },
    "assets": {
        "css": ["widget.css"],
        "js": ["class.widget.js"]
    }
}
```

（3）在 Zabbix web 页面，单击"Administration"→"General"→"Modules"选项，然后单击页面右上角的"Scan directory"按钮（如图 14.4 所示）。

图 14.4

（4）在"Modules"列表中找到新模块"Gauge chart"，然后单击"Disabled"链接将新模块的状态从"Disabled"更改为"Enabled"（如图 14.5 所示）。

	Gauge	1.0	Zabbix	Displays the value of a single item as gauge.	Enabled
	Gauge chart	1.0	Zabbix		Disabled
	Geomap	1.0	Zabbix	Displays hosts as markers on a geographical map.	Enabled

图 14.5

（5）在 zabbix/ui/modules/lesson_gauge_chart（使用 yum、dnf、apt 命令安装的 Zabbix 位于/usr/share/zabbix/modules/lesson_gauge_chart）目录下创建 Widget.php 文件，并输入以下代码：

```php
<?php
namespace Modules\LessonGaugeChart;
use Zabbix\Core\CWidget;
class Widget extends CWidget {
    public const UNIT_AUTO = 0;
    public const UNIT_STATIC = 1;
    public function getTranslationStrings(): array {
        return [
            'class.widget.js' => [
                'No data' => _('No data')
            ]
        ];
    }
}
```

（6）在 zabbix/ui/modules/lesson_gauge_chart（使用 yum、dnf、apt 命令安装的 Zabbix 位于 /usr/share/zabbix/modules/lesson_gauge_chart）目录下创建 includes 目录，再在 includes 目录下创建 WidgetForm.php 文件，并输入以下代码：

```php
<?php
namespace Modules\LessonGaugeChart\Includes;
use Modules\LessonGaugeChart\Widget;
use Zabbix\Widgets\{
    CWidgetField,
    CWidgetForm
};
use Zabbix\Widgets\Fields\{
    CWidgetFieldColor,
    CWidgetFieldMultiSelectItem,
    CWidgetFieldNumericBox,
    CWidgetFieldSelect,
    CWidgetFieldTextBox
};
/**
 * Gauge chart widget form.
 */
class WidgetForm extends CWidgetForm {
    public function addFields(): self {
        return $this
            ->addField(
                (new CWidgetFieldMultiSelectItem('itemid',
_('Item')))
                    ->setFlags(CWidgetField::FLAG_NOT_EMPTY |
CWidgetField::FLAG_LABEL_ASTERISK)
                    ->setMultiple(false)
            )
            ->addField(
                (new CWidgetFieldColor('chart_color',
_('Color')))->setDefault('FF0000')
```

```
            )
            ->addField(
                (new CWidgetFieldNumericBox('value_min', _('Min')))
                    ->setDefault(0)
                    ->setFlags(CWidgetField::FLAG_NOT_EMPTY |
CWidgetField::FLAG_LABEL_ASTERISK)
            )
            ->addField(
                (new CWidgetFieldNumericBox('value_max', _('Max')))
                    ->setDefault(100)
                    ->setFlags(CWidgetField::FLAG_NOT_EMPTY |
CWidgetField::FLAG_LABEL_ASTERISK)
            )
            ->addField(
                (new CWidgetFieldSelect('value_units', _('Units'), [
                    Widget::UNIT_AUTO => _x('Auto', 'history source
selection method'),
                    Widget::UNIT_STATIC => _x('Static', 'history
source selection method')
                ]))->setDefault(Widget::UNIT_AUTO)
            )
            ->addField(
                (new CWidgetFieldTextBox('value_static_units'))
            )
            ->addField(
                new CWidgetFieldTextBox('description',
_('Description'))
            );
    }
}
```

（7）在 zabbix/ui/modules/ lesson_gauge_chart（使用 yum、dnf、apt 命令安装的 Zabbix 位于/usr/share/zabbix/modules/ lesson_gauge_chart）目录下创建 views 目录，再在 views 目录下创建 widget.edit.php 文件，并输入以下代码：

```
    <?php
```

```php
    /**
     * Gauge chart widget form view.
     *
     * @var CView $this
     * @var array $data
     */
    use Zabbix\Widgets\Fields\CWidgetFieldGraphDataSet;
    $lefty_units = new
CWidgetFieldSelectView($data['fields']['value_units']);
    $lefty_static_units = (new
CWidgetFieldTextBoxView($data['fields']['value_static_units']))
        ->setPlaceholder(_('value'))
        ->setWidth(ZBX_TEXTAREA_TINY_WIDTH);
    (new CWidgetFormView($data))
        ->addField(
            (new
CWidgetFieldMultiSelectItemView($data['fields']['itemid'],
$data['captions']['items']['itemid']))
                ->setPopupParameter('numeric', true)
        )
        ->addFieldset(
            (new CWidgetFormFieldsetCollapsibleView(_('Advanced
configuration')))
                ->addField(
                    new
CWidgetFieldColorView($data['fields']['chart_color'])
                )
                ->addField(
                    new
CWidgetFieldNumericBoxView($data['fields']['value_min'])
                )
                ->addField(
                    new
CWidgetFieldNumericBoxView($data['fields']['value_max'])
                )
                ->addItem([
                    $lefty_units->getLabel(),
```

```
              (new CFormField([

$lefty_units->getView()->addClass(ZBX_STYLE_FORM_INPUT_MARGIN),
                  $lefty_static_units->getView()
              ]))
          ])
          ->addField(
              new
CWidgetFieldTextBoxView($data['fields']['description'])
          )
      )
      ->includeJsFile('widget.edit.js.php')

->addJavaScript('widget_lesson_gauge_chart_form.init('.json_encode([
          'color_palette' =>
CWidgetFieldGraphDataSet::DEFAULT_COLOR_PALETTE
      ], JSON_THROW_ON_ERROR).');')
      ->show();
```

（8）在 views 目录下创建 widget.edit.js.php 文件，并输入以下代码：

```php
<?php
use Modules\LessonGaugeChart\Widget;
?>

window.widget_lesson_gauge_chart_form = new class {
    init({color_palette}) {
        this._unit_select = document.getElementById('value_units');
        this._unit_value =
document.getElementById('value_static_units');
        this._unit_select.addEventListener('change', () =>
this.updateForm());
        colorPalette.setThemeColors(color_palette);
        for (const colorpicker of jQuery('.<?=
ZBX_STYLE_COLOR_PICKER ?> input')) {
            jQuery(colorpicker).colorpicker();
        }
```

```
        const overlay = overlays_stack.getById('widget_properties');
        for (const event of ['overlay.reload', 'overlay.close']) {
            overlay.$dialogue[0].addEventListener(event, () =>
{ jQuery.colorpicker('hide'); });
        }
        this.updateForm();
    }
    updateForm() {
        this._unit_value.disabled = this._unit_select.value == <?=
Widget::UNIT_AUTO ?>;
    }
};
```

（9）在 views 目录下创建 widget.view.php 文件，并输入以下代码：

```php
<?php
/**
 * Gauge chart widget view.
 *
 * @var CView $this
 * @var array $data
 */
(new CWidgetView($data))
    ->addItem([
        (new CDiv())->addClass('chart'),
        $data['fields_values']['description']
            ? (new CDiv($data['fields_values']['description']))->
addClass('description')
            : null
    ])
    ->setVar('history', $data['history'])
    ->setVar('fields_values', $data['fields_values'])
    ->show();
```

（10）在 zabbix/ui/modules/ lesson_gauge_chart（使用 yum、dnf、apt 命令安装的 Zabbix 位于/usr/share/zabbix/modules/ lesson_gauge_chart）目录下创建

actions 目录，再在 actions 目录下创建 WidgetView.php 文件，并输入以下代码：

```php
<?php
namespace Modules\LessonGaugeChart\Actions;
use API, CControllerDashboardWidgetView, CControllerResponseData;
class WidgetView extends CControllerDashboardWidgetView {
    protected function doAction(): void {
        $db_items = API::Item()->get([
            'output' => ['itemid', 'value_type', 'name', 'units'],
            'itemids' => $this->fields_values['itemid'],
            'webitems' => true,
            'filter' => [
                'value_type' => [ITEM_VALUE_TYPE_UINT64, ITEM_VALUE_
TYPE_FLOAT]
            ]
        ]);
        $history_value = null;
        if ($db_items) {
            $item = $db_items[0];
            $history = API::History()->get([
                'output' => API_OUTPUT_EXTEND,
                'itemids' => $item['itemid'],
                'history' => $item['value_type'],
                'sortfield' => 'clock',
                'sortorder' => ZBX_SORT_DOWN,
                'limit' => 1
            ]);
            if ($history) {
                $history_value = convertUnitsRaw([
                    'value' => $history[0]['value'],
                    'units' => $item['units']
                ]);
            }
        }
        $this->setResponse(new CControllerResponseData([
            'name' => $this->getInput('name', $this->widget->
getName()),
```

```
            'history' => $history_value,
            'fields_values' => $this->fields_values,
            'user' => [
                'debug_mode' => $this->getDebugMode()
            ]
        ]));
    }
}
```

（11）在 zabbix/ui/modules/ lesson_gauge_chart（使用 yum、dnf、apt 命令安装的 Zabbix 位于/usr/share/zabbix/modules/ lesson_gauge_chart）目录下创建 assets 目录，再在 assets 目录下创建子目录 js，然后在 js 目录下创建 class.widget.js 文件，并输入以下代码：

```
class WidgetLessonGaugeChart extends CWidget {
    static UNIT_AUTO = 0;
    static UNIT_STATIC = 1;
    onInitialize() {
        super.onInitialize();
        this._refresh_frame = null;
        this._chart_container = null;
        this._canvas = null;
        this._chart_color = null;
        this._min = null;
        this._max = null;
        this._value = null;
        this._last_value = null;
        this._units = '';
    }
    processUpdateResponse(response) {
        if (response.history === null) {
            this._value = null;
            this._units = '';
        }
        else {
```

```
            this._value = Number(response.history.value);
            this._units = response.fields_values.value_units ==
WidgetLessonGaugeChart.UNIT_AUTO
                ? response.history.units
                : response.fields_values.value_static_units;
        }
        this._chart_color = response.fields_values.chart_color;
        this._min = Number(response.fields_values.value_min);
        this._max = Number(response.fields_values.value_max);
        if (this._canvas === null) {
            super.processUpdateResponse(response);
            this._chart_container = this._body.querySelector
('.chart');
            this._chart_container.style.height =
                `${this._getContentsSize().height - this._body.
querySelector('.description').clientHeight}px`;
            this._canvas = document.createElement('canvas');
            this._chart_container.appendChild(this._canvas);
            this._resizeChart();
        }
        else {
            this._updatedChart();
        }
    }
    onResize() {
        super.onResize();
        if (this._state === WIDGET_STATE_ACTIVE) {
            this._resizeChart();
        }
    }
    _resizeChart() {
        const ctx = this._canvas.getContext('2d');
        const dpr = window.devicePixelRatio;
        this._canvas.style.display = 'none';
        const size = Math.min(this._chart_container.offsetWidth,
this._chart_container.offsetHeight);
        this._canvas.style.display = '';
```

```
            this._canvas.width = size * dpr;
            this._canvas.height = size * dpr;
            ctx.scale(dpr, dpr);
            this._canvas.style.width = `${size}px`;
            this._canvas.style.height = `${size}px`;
            this._refresh_frame = null;
            this._updatedChart();
        }
    _updatedChart() {
        if (this._last_value === null) {
            this._last_value = this._min;
        }
        const start_time = Date.now();
        const end_time = start_time + 400;
        const animate = () => {
            const time = Date.now();
            if (time <= end_time) {
                const progress = (time - start_time) / (end_time -
start_time);
                const smooth_progress = 0.5 + Math.sin(Math.PI *
(progress - 0.5)) / 2;
                let value = this._value !== null ? this._value :
this._min;
                value = (this._last_value + (value - this._last_value)
* smooth_progress - this._min) / (this._max - this._min);
                const ctx = this._canvas.getContext('2d');
                const size = this._canvas.width;
                const char_weight = size / 12;
                const char_shadow = 3;
                const char_x = size / 2;
                const char_y = size / 2;
    const char_radius = (size - char_weight) / 2 - char_shadow;
                const font_ratio = 32 / 100;
                ctx.clearRect(0, 0, size, size);
                ctx.beginPath();
                ctx.shadowBlur = char_shadow;
                ctx.shadowColor = '#bbb';
```

```
            ctx.strokeStyle = '#eee';
            ctx.lineWidth = char_weight;
            ctx.lineCap = 'round';
            ctx.arc(char_x, char_y, char_radius, Math.PI * 0.749,
Math.PI * 2.251, false);
            ctx.stroke();
            ctx.beginPath();
            ctx.strokeStyle = `#${this._chart_color}`;
            ctx.lineWidth = char_weight - 2;
            ctx.lineCap = 'round';
            ctx.arc(char_x, char_y, char_radius, Math.PI * 0.75,
Math.PI * (0.75 + (1.5 * Math.min(1, Math.max(0, value))))), false);
            ctx.stroke();
            ctx.shadowBlur = 2;
            ctx.fillStyle = '#1f2c33';
            ctx.font = `${(char_radius * font_ratio)|0}px Arial`;
            ctx.textAlign = 'center';
            ctx.textBaseline = 'middle';
            ctx.fillText(`${this._value !== null ? this._value :
t('No data')}${this._units}`, char_x, char_y, size - char_shadow * 4 -
char_weight * 2);
            ctx.fillStyle = '#768d99';
            ctx.font = `${(char_radius * font_ratio * .5)|0}px
Arial`;
            ctx.textBaseline = 'top';
            ctx.textAlign = 'left';
            ctx.fillText(`${this._min}${this._min != '' ?
this._units : ''}`, char_weight * .75, size - char_weight * 1.25, size
/ 2 - char_weight);
            ctx.textAlign = 'right';
            ctx.fillText(`${this._max}${this._max != '' ?
this._units : ''}`, size - char_weight * .75, size - char_weight * 1.25,
size / 2 - char_weight);
            requestAnimationFrame(animate);
        }
        else {
            this._last_value = this._value;
        }
    };
```

```
        requestAnimationFrame(animate);
    }
}
```

（12）在 assets 目录下创建子目录 css，然后在 css 目录下创建 widget.css 文件，并输入以下代码：

```
div.dashboard-widget-lesson_gauge_chart {
    display: grid;
    grid-template-rows: 1fr;
    padding: 0;
}
div.dashboard-widget-lesson_gauge_chart .chart {
    display: grid;
    align-items: center;
    justify-items: center;
}
div.dashboard-widget-lesson_gauge_chart .chart canvas {
    background: white;
}
div.dashboard-widget-lesson_gauge_chart .description {
    padding-bottom: 8px;
    font-size: 1.750em;
    line-height: 1.2;
    text-align: center;
}
.dashboard-grid-widget-hidden-header
div.dashboard-widget-lesson_gauge_chart .chart {
    margin-top: 8px;
}
```

（13）在仪表盘页面，切换到编辑模式并添加一个新的小部件。在"Type"下拉列表中，选择"Gauge chart"选项，单击"Add"按钮完成添加，如图 14.6 所示。

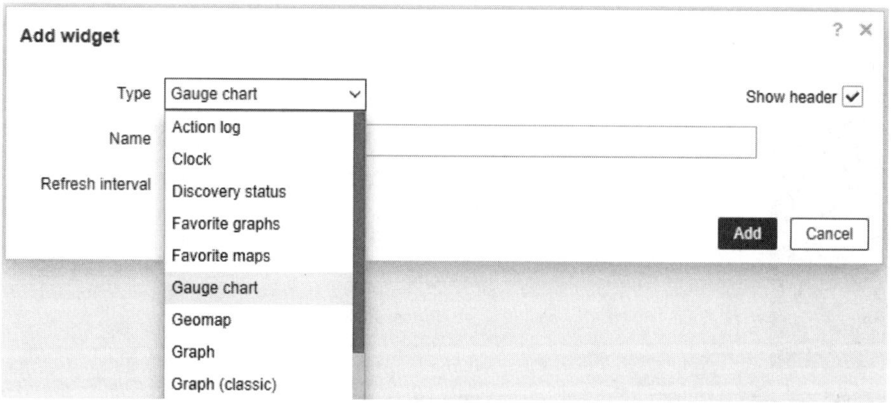

图 14.6

（14）在"Item"字段中选择一台主机的某个监控项，例如"Zabbix server:
Load average (1m avg)"，如图 14.7 所示。

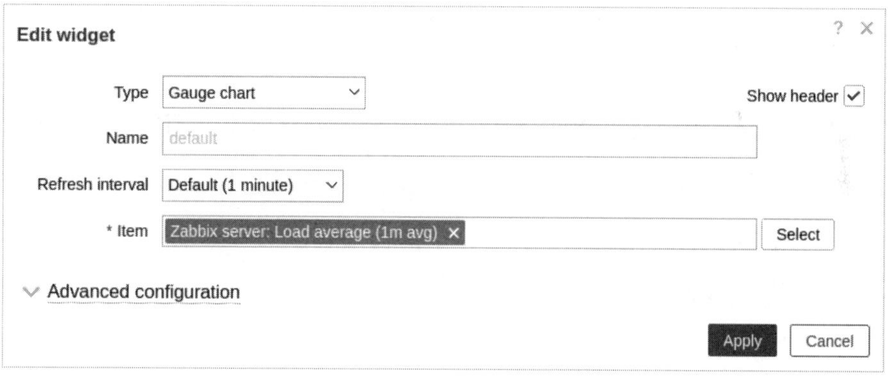

图 14.7

（15）单击"Advanced configuration"下拉列表，在"Description"字段中
输入一段描述文字，例如"Gauge chat description"，并单击"Apply"按钮完成
配置。

（16）最终页面效果中会显示新增的仪表盘小部件的内容，如图 14.8 所示。

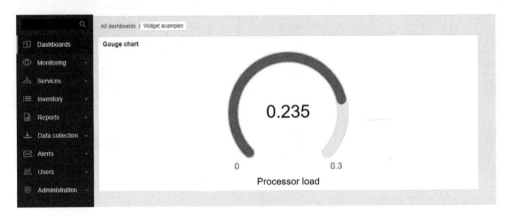

图 14.8

本章对即将正式发布的 Zabbix 7.0 的新增功能进行了相关介绍。可以看到，与 Zabbix 6.0 相比，Zabbix 7.0 添加了大量令人激动的实用功能，从而大幅提升了 Zabbix 系统的效能和运行稳定性，并使用户能够更加灵活、有效地把控 Zabbix 系统运行的成本。

同时，本章介绍了前端模块和仪表盘小部件的自定义编写方法。这让用户具备了自行开发和扩展 Zabbix 系统的强大能力，非常值得学习和使用。目前，GitHub 网站上已有多位国外开发者分享的前端模块和仪表盘小部件，丰富了 Zabbix 监控系统的原有功能。